アミノ酸の種類とペプチド結合

アミノ酸の種類

無極性

- アラニン (Ala, A)
- バリン (Val, V)
- プロリン (Pro, P)
- ロイシン (Leu, L)
- イソロイシン (Ile, I)
- フェニルアラニン (Phe, F)
- トリプトファン (Trp, W)
- メチオニン (Met, M)

極性無電荷

- グリシン (Gly, G)
- セリン (Ser, S)
- トレオニン (Thr, T)
- アスパラギン (Asn, N)
- グルタミン (Gln, Q)
- チロシン (Tyr, Y)
- システイン (Cys, C)

酸性

- アスパラギン酸 (Asp, D)
- グルタミン酸 (Glu, E)

塩基性

- リシン (Lys, K)
- アルギニン (Arg, R)
- ヒスチジン (His, H)

ペプチド結合の形成

遺伝子工学
—基礎から応用まで—

野島　博　著

東京化学同人

L'homme n'est qu'un roseau,
le plus faible de la nature,
mais c'est un roseau pensant.
Il ne faus pas que l'univers entire s'arme pour l'écraser:
une vapeur, une goutte d'eau suffit pour le tuer.
Mais, quand l'univers l'écraserait,
l'homme serait encore plus noble que ce qui le tue,
par ce qu'il sait qu'il meurt,
et l'avantage que l'univers a sur lui;
l'univers n'en sait rien. (Pascal)

ヒトは自然の中で最も弱い一本の葦にすぎない．しかし，それは考える葦である．これを粉砕するには宇宙全体が武装する必要など全く無い．僅かな蒸気，いや一滴の水滴でさえそれを殺すのには十分である．しかし，宇宙が如何にこれを押し潰そうとも，ヒトは依然としてそれを殺したものより高貴である．何故ならばヒトは自分が死ぬということと，宇宙が自分より優れていることを知っているから．宇宙はそんなことは知っていやしない．（パスカル）

(随想集 "パンセ" より: 著者拙訳)

序

 21世紀が始まってすぐにヒトゲノムの全塩基配列が決定されたことで，"いよいよポストゲノムの世紀が始まるのだ！"と感動していたら，もう12年もたってしまった．この間，干支が一回りしたのであるが，21世紀のサイエンスを牽引するキーワードの一つである"ゲノム"は期待通り，IT，ナノテクノロジー，再生，環境という他のキーワードのいずれとも相互に影響し合いながらめざましく進展してきた．なかでも，第2世代・第3世代シークエンサーを駆使した膨大なゲノム塩基配列情報の蓄積は，これからのバイオサイエンスの世界を大きく変貌させる可能性を秘めている．この時代もまたバイオサイエンスにとってだけでなく，人類の歴史においても偉大な足跡の一つとして後世の歴史家に語り継がれるであろう．まさにその時代の生き証人として過ごせるわれわれは幸せである．

 バイオサイエンスの進展を報じるニュースをリアルタイムで理解することは，スポーツニュースや芸能ニュースと同じくらい感動的なはずであるが，その面白さを肌で感じるまでに必要とされる知識は膨大である．スポーツニュースを楽しむにはゲームのルールをある程度は知る必要がある．バイオサイエンスのニュースに感動するためには"遺伝子工学"という言葉に象徴される"ゲノムに関する技術的な側面"を理解することが望ましい．そのためには，遺伝子工学に関する知識を簡潔にまとめてある本が手もとにあり，疑問を感じたときにひもとくことで理解がいっそう深まるという状況が理想的である．筆者は以前，1996年ごろまでに蓄積された遺伝子工学に関する知識をまとめて"遺伝子工学の基礎"として上梓した．ついで，2002年ごろまでに新たに進展した知見を取入れてゲノム工学という側面からまとめた"ゲノム工学の基礎"を上梓した．本書は主として後者の改訂をしながらも，思想的にはこれら二書をまとめた形で，新たに"遺伝子工学―基礎から応用まで―"というタイトルで出版するものである．

 第1章には遺伝子工学の歴史を記述した．現在を知り未来を築くためには現在につながる過去を正しく理解しなければならない．学ぶとは畢竟そういう作業であろうと考えるからである．第2章から第8章までは遺伝子工学を

支える技術の基礎原理と実際を最新の進展を取入れながら詳述した．第9章から第13章にかけては遺伝子工学の応用的な側面について解説した．最後の第14章ではポストゲノム時代につぎつぎと取入れられてきた新たな用語を初心者にもわかりやすく解説した．実際に理解しやすい内容になっているかどうかは読者の評価を待ちたい．なおページ数の制限のため，"ゲノム工学の基礎"の初版から割愛した"DNAコンピューター，遺伝子組換え規制，制限酵素の認識配列による分類表"の内容は東京化学同人のホームページ（http://www.tkd-pbl.com/）および筆者のホームページ（http://molgenet.biken.osaka-u.ac.jp/index.html）の"著書の立読み欄「ゲノム工学の基礎」"に掲載した．併せてご覧いただければ幸いである．

　本書を執筆するにあたり東京化学同人の井野未央子さんには再び大変お世話になった．彼女の継続的な温かい激励と鋭い指摘は本書の執筆に大きな力を与えてくれた．とりわけわかりにくい筆者の文章と粗い原図を，まるで魔法にでもかけたかのように読みやすい文章と美しい図版に変えていった彼女の類いまれなる美的センスは敬服に値する．理解しやすい内容になっている部分があれば，そこでは彼女の貢献が大きいのである．ここに深く感謝したい．

　　2012年 盛夏

　　　　　　　　　　　　　　　　　　　　　　　　　　　野 島　　博

目　次

第1章　遺伝子工学の歴史 …………………………………………1

- 1・1　遺伝子という概念の誕生 …………1
- 1・2　遺伝学の揺籃期 …………………4
- 1・3　遺伝物質の化学的研究 ……………5
- 1・4　形質転換物質としてのDNA ………5
- 1・5　分子生物学の夜明け ………………6
- 1・6　核酸の基本構造 ……………………8
- 1・7　DNAの二重らせん構造の発見 …9
- 1・8　DNAポリメラーゼの発見と
　　　　半保存的複製 …………………11
- 1・9　アダプター仮説とtRNAの発見 …13
- 1・10　mRNAの発見と
　　　　セントラルドグマ ………………15
- 1・11　遺伝暗号の解明 …………………16
- 1・12　遺伝子組換え技術の誕生 ………17
- 1・13　医学への応用 ……………………18
- 1・14　多彩な分野への応用 ……………19
- 1・15　ゲノムプロジェクト ……………20
- 1・16　21世紀のゲノム生物学 …………22

第2章　遺伝子操作を彩る酵素群 …………………………………25

- 2・1　DNAを細工する酵素群 …………25
  - 2・1・1　制限酵素は遺伝子を切る
　　　　　　はさみである ……………25
  - 2・1・2　DNAメチラーゼは遺伝子に
　　　　　　目印を付ける ……………27
  - 2・1・3　大腸菌は制限性によって
　　　　　　身を守る …………………30
  - 2・1・4　ヌクレアーゼは遺伝子を壊す
　　　　　　シュレッダーである ……32
  - 2・1・5　リガーゼは遺伝子を貼り
　　　　　　つけるのりである ………33
  - 2・1・6　ポリメラーゼは遺伝子を
　　　　　　合成する …………………34
  - 2・1・7　逆転写酵素 …………………36
  - 2・1・8　末端核酸付加酵素 …………36
  - 2・1・9　リン酸化・脱リン酸酵素 …37
  - 2・1・10　その他の遺伝子操作に
　　　　　　有用な酵素 ………………38
- 2・2　タンパク質を細工する酵素群 …39
  - 2・2・1　タンパク質の修飾酵素 ……39
  - 2・2・2　タンパク質分解酵素 ………41
  - 2・2・3　タンパク質分解酵素阻害剤 …42

第3章　プラスミドとファージ ……………………………………43

- 3・1　プラスミド ………………………43
- 3・2　バクテリオファージ ……………49
- 3・3　大腸菌を宿主としたベクター系 …55
  - 3・3・1　プラスミドベクターの
　　　　　　基本構造 …………………55
  - 3・3・2　プラスミドベクター ………56
  - 3・3・3　λファージベクター ………59
  - 3・3・4　混成ベクター ………………64
- 3・4　出芽酵母を宿主とした
　　　　ベクター系 …………………67

第4章　宿主と形質転換 …… 68

- 4・1　宿主としてもつべき性質 ……… 68
- 4・2　大腸菌 K-12 株とその亜種 …… 70
  - 4・2・1　遺伝子型記述の原則 ……… 70
  - 4・2・2　遺伝子型の解読例 ………… 72
- 4・3　形質転換 ……………………… 78
  - 4・3・1　大腸菌の形質転換 ………… 78
  - 4・3・2　動物培養細胞の形質転換 … 82
  - 4・3・3　植物の物理的形質転換法 … 93
  - 4・3・4　Ti プラスミドによる
            植物の形質転換法 ……… 95

第5章　遺伝子解析の基礎技術 …… 98

- 5・1　電気泳動 …………………………98
- 5・2　ブロッティング ………………102
- 5・3　ハイブリダイゼーション ……104
- 5・4　プローブ作製法 ………………106
- 5・5　PCR 法による遺伝子
         クローニング ………………112
- 5・6　ICAN（アイキャン）法 ………120
- 5・7　LAMP（ランプ）法 …………121
- 5・8　NASBA（ナスバ）法 …………124
- 5・9　LCR 法と RCA 法 ……………126
- 5・10　ナノカウンター ………………127
- 5・11　DNA 塩基配列決定法 ………129

第6章　遺伝子のライブラリーとクローニング …… 138

- 6・1　ライブラリーの作製 …………138
- 6・2　相同性クローニング …………142
  - 6・2・1　コロニーハイブリダイゼー
            ション …………………142
  - 6・2・2　プラークハイブリダイゼー
            ション …………………144
- 6・3　機能発現クローニング ………145
- 6・4　cDNA サブトラクション法 …153

第7章　遺伝子発現 …… 156

- 7・1　大腸菌を宿主とした組換え体の
         大量発現 ……………………156
  - 7・1・1　GST 融合タンパク質
            発現系 …………………156
  - 7・1・2　ポリヒスチジン融合
            タンパク質発現系 ………158
  - 7・1・3　MBP 融合タンパク質発現系 …159
  - 7・1・4　チオレドキシン融合
            タンパク質発現系 ………159
  - 7・1・5　FLAG 融合タンパク質
            発現系 …………………160
  - 7・1・6　インパクト融合タンパク質
            発現系 …………………160
  - 7・1・7　AviTag 融合タンパク質
            発現系 …………………162
  - 7・1・8　CBP 融合タンパク質発現系 …162
- 7・2　酵母を宿主とした
         大量発現 ……………………164
- 7・3　昆虫細胞を宿主とした大量発現
         （バキュロウイルス発現系）…164
- 7・4　哺乳動物細胞を宿主とした
         発現制御 ……………………166
- 7・5　in vitro 発現系 ………………168
- 7・6　pET システム …………………169
- 7・7　レポーター遺伝子システム …172
- 7・8　蛍光タンパク質を用いた発現
         タンパク質の検出と解析 …175
- 7・9　ファージディスプレイによる
         抗体産生 ……………………176
- 7・10　ペプチドディスプレイ ………178

第8章　遺伝子と遺伝子産物の機能解析 ················· 181

- 8・1　遺伝子の機能解析 ················ 181
  - 8・1・1　遺伝子変異導入法 ············ 181
  - 8・1・2　遺伝子のプロモーター活性の解析 ················ 186
  - 8・1・3　遺伝子座位の決定 ············ 187
- 8・2　転写産物であるRNAの解析法 ················ 188
- 8・3　発現されたタンパク質の解析法 ················ 191
  - 8・3・1　免疫沈降とプルダウンアッセイ ················ 191
  - 8・3・2　蛍光共鳴エネルギー転移法 ················ 193
  - 8・3・3　表面プラズモン共鳴測定 ················ 194
  - 8・3・4　DNA結合因子の解析 ················ 196
  - 8・3・5　クロマチン免疫沈降法 ········ 198
  - 8・3・6　DNA結合配列の決定法 ················ 199
  - 8・3・7　質量分析 ················ 200

第9章　RNA工学とタンパク質工学 ················ 202

- 9・1　RNA工学 ················ 202
  - 9・1・1　アンチセンスRNA ········ 203
  - 9・1・2　リボザイム ················ 204
  - 9・1・3　アプタマー ················ 207
  - 9・1・4　転移メッセンジャーRNA ················ 211
  - 9・1・5　RNA干渉 ················ 213
  - 9・1・6　リコーディング ············ 216
  - 9・1・7　RNA編集 ················ 219
  - 9・1・8　リボスイッチ ················ 222
  - 9・1・9　リボソームディスプレイ ··· 223
- 9・2　タンパク質工学 ················ 224
  - 9・2・1　アミノアシルtRNA合成酵素 ················ 224
  - 9・2・2　人工アミノ酸を取込んだタンパク質の創製 ········ 225
  - 9・2・3　セレノシステインの挿入 ··· 228
  - 9・2・4　ペプチド核酸 ················ 229

第10章　遺伝子診断とゲノム医療 ················ 234

- 10・1　遺伝子診断 ················ 234
  - 10・1・1　ヒトゲノム間の相異の検出 ················ 235
  - 10・1・2　遺伝子変異の検出法 ······ 237
  - 10・1・3　SNPタイピング技術 ······ 240
  - 10・1・4　医療の個別化 ················ 245
  - 10・1・5　ハップマップ計画 ········ 246
  - 10・1・6　コピー数多型 ················ 248
- 10・2　遺伝子治療 ················ 250
  - 10・2・1　遺伝子治療の歴史 ········ 250
  - 10・2・2　遺伝子治療の原理 ········ 251
  - 10・2・3　レトロウイルスベクター ··· 252
  - 10・2・4　アデノウイルスベクター ··· 253
  - 10・2・5　アデノ随伴ウイルスベクター ················ 254
  - 10・2・6　非ウイルス型および混成型ベクター ········ 255
  - 10・2・7　遺伝子治療の実用化 ················ 257
- 10・3　倫理的諸問題 ················ 257

第11章　DNA技術の多彩な応用　　260

- 11・1　親子鑑定　260
- 11・2　DNA鑑定に有用なミトコンドリアDNA　262
- 11・3　犯罪捜査　263
- 11・4　歴史の検証　264
- 11・5　古代DNAの解析　265
- 11・6　分子考古学の勃興　266
- 11・7　分子人類学の誕生　268

第12章　生殖・発生工学　　271

- 12・1　生殖・発生工学の歴史　271
- 12・2　クローン動物　272
- 12・3　トランスジェニック生物　275
- 12・4　遺伝子ターゲッティング　277
- 12・5　遺伝子ノックアウトマウス　278
- 12・6　Cre-loxP系と遺伝子ノックイン　281
- 12・7　絶滅動物の保存　282
- 12・8　幹細胞　283
- 12・9　再生医療　285

第13章　遺伝子組換え作物　　287

- 13・1　高等植物におけるバイオテクノロジー　287
  - 13・1・1　胚培養と人工種子　287
  - 13・1・2　細胞融合　289
- 13・2　遺伝子組換え作物の実例　290
- 13・3　遺伝子組換え作物の抱える諸問題　299

第14章　ポストゲノム時代のゲノム工学　　304

- 14・1　ヒトのゲノム情報の概略　304
  - 14・1・1　タンパク質をコードする遺伝子　304
  - 14・1・2　ゲノムを占拠するジャンクDNA　305
  - 14・1・3　マイクロサテライトとミニサテライト　308
  - 14・1・4　イントロンの起原　309
  - 14・1・5　"RNA新大陸"の発見　309
  - 14・1・6　エピジェネティクス　311
  - 14・1・7　ゲノムのメチル化検索　315
- 14・2　ゲノム解析　317
  - 14・2・1　ゲノミクス　317
  - 14・2・2　メタゲノム解析　317
  - 14・2・3　タイリングアレイ　318
  - 14・2・4　ChIP-Chip法とChIP-Seq法　320
  - 14・2・5　トランスクリプトーム　321
  - 14・2・6　プロテオームとプロテオミクス　322
  - 14・2・7　糖鎖アレイ　324
  - 14・2・8　細胞アレイ　326
  - 14・2・9　高次なレベルでのゲノミクス　326
- 14・3　ゲノム創薬　327

付録　329

索引　337

1 遺伝子工学の歴史

西暦 2001 年に入ってほぼ全貌が明らかにされたヒトの全ゲノム塩基配列は，21 世紀の初頭を飾る輝かしい人類の遺産である．遺伝子（gene）という学術用語が生まれてからわずか 100 年足らずの間にこの成果が達成されたことは，20 世紀にバイオサイエンスがいかに急速に進展してきたかを物語っている．始まったばかりの 21 世紀において，人類はいったいどこまで知識の地平を広げていくのであろうか．将来を的確に予測するためには現在に至るまでの経緯を正しく知ることが肝要である．この章では，今日までに進んできた遺伝子の研究の歴史とそれが "遺伝子工学" とよぶにふさわしい地位を確立した経緯をたどってみよう．

1・1 遺伝子という概念の誕生

遺伝子について語り始めるときには，G. J. Mendel の名前を外すわけにはいかない．彼が活躍したのは今から 130 年以上も昔，日本では明治維新がまさに始まろうとしていたころである．チェコスロバキアの由緒ある古都プラハから南に下った片田舎ブルノーに住んでいた修道士であったこの青年は，本業のかたわら途方もなく大きな問題に一人で取組んでいた．それは "なぜカエルの子はカエルか" という単純な，しかし当時は誰も答えられなかった難問であった．成績優秀のため修道院から大学に留学させてもらえた Mendel は，持ち前の向学心の深さから神学とともに物理学や化学の講義を聴いていた．なかでも彼は，当時初めて分子という概念を生み出していた J. Dalton などの講義を聴いて何かが閃いた． "そうだ，遺伝という現象にも分子のような因子（element）がかかわっているのではないか" これは当時としては非常にとっぴな考え方である．それ以来このアイデアは彼の脳裏から離れることはなかった．修道士を続けながらこのアイデアを何とか実験で証明したいと考え，故郷ブルノーの修道院に赴任してからエンドウを使って遺伝の実験を開始することにした．

彼がエンドウを選んだ理由を以下に列挙するが，その思考過程は現在でもなお，示唆に富む点を多々含んでいる．

1. 遺伝子工学の歴史

1) 安価で済む.
2) 花びらが閉じており風媒による受粉が起こりにくい.
3) 授粉操作が簡単.
4) 花の色や豆のシワなどが一目で簡単に見分けられる.
5) 七つの独立した表現型が見つかる.
6) 1年に1回交配すればよいのでゆっくり解析でき,本業（修道士）と兼務できる.

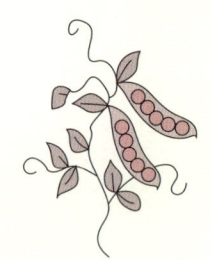

　Mendel は修道院の裏庭にエンドウをたくさん植えてかけ合わせ，生じた色や形の変化を長い年月をかけて丹念に観察した．その結果は彼の予測した通り，確かに何かの因子が色や形を決定していると結論できるものだった．たとえばつやのある丸豆とシワの多い角張ったシワ豆をかけ合わせると実を結んだ豆はすべて丸豆だったが，その丸豆をかけ合わせた結果，次の年に実を結んだ豆の形は丸豆とシワ豆が3：1の割合で現れたのである．これは，遺伝が対の因子（遺伝子）によって支配され，その因子が，別々の配偶子に一つずつ分離されると考えると説明がつく（図1・1a）．この Mendel の発見は**分離の法則**（law of segregation）とよばれる．ここで子世代で現れる丸豆の形質（R により支配される）は，シワ豆の形質（r）を覆い隠すと考える（この場合，R を**優性**，r を**劣性**とよぶ）（**優劣の法則**）．そうすると丸豆であるのは RR か Rr のいずれかで，シワ豆であるのは rr のときとなり，孫世代における組合わせは $RR + 2Rr + rr$, すなわち丸豆とシワ豆が3：1の割合で出現する．

　Mendel はさらに豆の色が黄色か緑色かという区別も加えて，二つの形質が独立に遺伝しているという**独立の法則**（law of independence）を導いた（図1・1b）．これらの結果は，Mendel の予想が的中して何かの因子が，独立した一つの実体として存在することを意味する．Mendel のこの仕事はこれまで漠然と記述されていた"遺伝"という現象を初めてサイエンスの言葉で定式化したものとして，遺伝学だけでなく広く生物学全体の科学的進展を促した研究成果としても高く評価されるべき大発見であった．しかし，1866年に"植物雑種の実験"と題して発表した論文は長らく無視された．それが再発見されるのは Mendel が死んでから16年も後，3人の植物学者が独立に Mendel とまったく同じ遺伝の法則を再発見した1900年まで待たなければならない．

> W. L. Johannsen はこの因子を1909年に出版した"精密遺伝子要綱"の中で**遺伝子**（gene）と命名した．その語源は進化論で有名な C. R. Darwin が汎生論（pangenesis）を唱えたときに仮説として導入した子孫に伝わる生命単位（pangen）である．

1・1 遺伝子という概念の誕生

(a) 一つの対立形質（丸豆とシワ豆）についての交雑実験

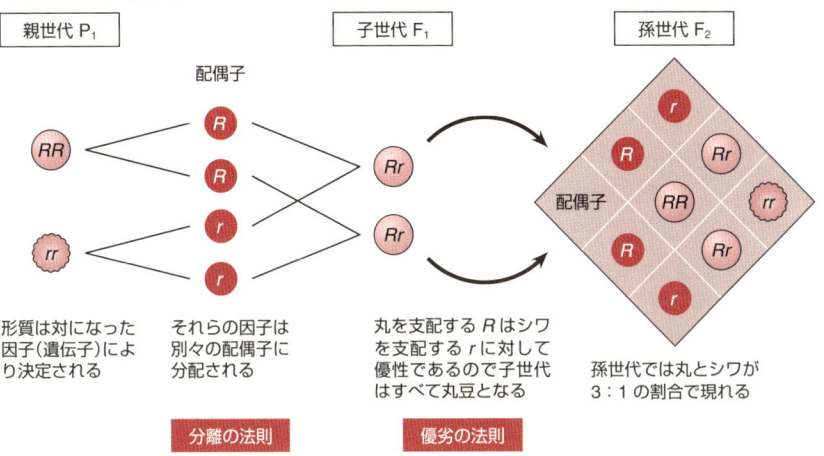

(b) 2種類の対立形質（丸豆とシワ豆，黄豆と緑豆）についての交雑実験

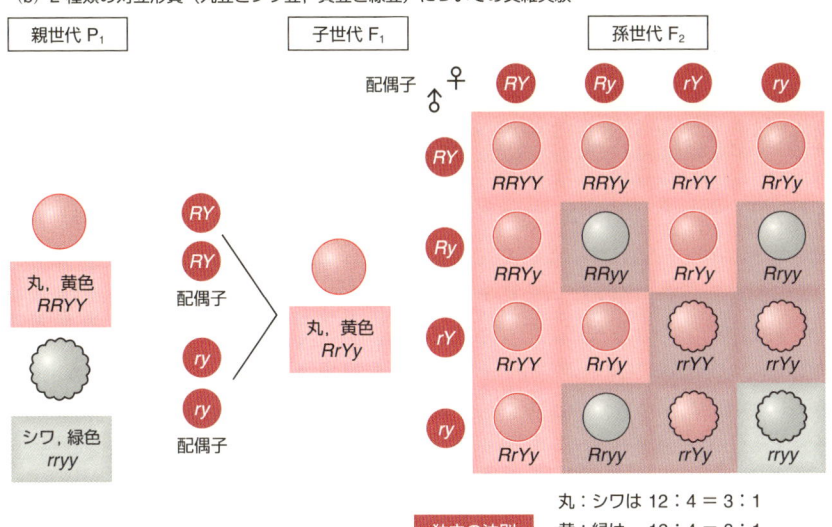

図1・1 メンデルの法則　(a) 丸豆とシワ豆の純系のかけ合わせにより子世代（F_1）では丸豆のみが現れる．F_1どうしのかけ合わせにより孫世代では丸：シワが3：1の割合で現れる．(b) 2組の形質（丸とシワ，黄と緑）を同時に考えるとF_1はすべて丸・黄の豆になるが，F_2では丸：シワ＝3：1，黄：緑＝3：1の表現型を示し，それぞれの形質が独立して遺伝することがわかる．

1・2 遺伝学の揺籃期

　Mendelの業績が再発見されてからは遺伝学も着実に育っていった．翌年にはW. Batesonがニワトリでも同じ法則が成り立つことを証明し（1901年），その直後から幅広い動物で実験されてMendelの法則の普遍性が示された．ただし，雑種第一代が両親の中間型を示す場合や雑種第一代で3：1より複雑な分離比を示す場合，あるいは独立性の弱い複数の遺伝形質をもつ場合などさまざまな例外も発見された．しかし，ここに至ってMendelの論文の中で推論として記述された"両親からひき継いだおのおのの対立形質に対応する遺伝要素は，生殖細胞をつくるときに独立に分配され，受精によって受精卵の中で合体する"という遺伝の原理の重要性が再認識されることとなった．すなわち，これらの例外のいずれもこの遺伝様式で明快に説明できることから，むしろMendelの推論を補強するものとなっていったのである．そこで人々の興味は遺伝子の所在を突き止めることに移ってゆく．

　このころまでに進んできた細胞学の技術がこの問題の解決に役立つこととなった．細胞学者のW. S. SuttonはMendelのいう遺伝子と彼が研究してきた**染色体**の挙動が類似していることに気づき，遺伝子は1対の相同染色体に存在すると指摘した（1903年）．この見解をさらに推し進めたのはショウジョウバエ（*Drosophila*）を遺伝学の材料として選んで交配実験を開始したT. H. Morganと弟子たちである（1910年）．彼らは発生の研究に使っていたキイロショウジョウバエの飼育中に，朱眼から白眼へと**突然変異**を起こした個体を見つけ，交配によってこの表現型が性染色体に伴って遺伝することを発見した．Morganの弟子のA. H. Sturtevantはまだ19歳の学部学生のときにMorganの指導のもとで初めて遺伝子地図を作成した（1911年）．これを契機としてさまざまな突然変異が見いだされ，小型の飼育瓶の中で安価に短期間で世代を重ねられる利点を生かして膨大な交配実験が行われた．その結果，"遺伝子は染色体上に線上に配列し，互いの距離に比例して組換えを起こして新たな遺伝子の組合わせをもつ子孫を生み出す"との結論に到達し，遺伝子の**連鎖群**を同定して各遺伝子の配置を記した**染色体地図**を完成させた（1926年）．

> Morganの弟子のH. J. Müllerは独立したのちショウジョウバエにX線を照射すると高頻度で突然変異体が生まれることを発見し，それまでは自然の中から偶然見つけるしか方法がなかった突然変異体を人工的に作製する道を開いた（1927年）．この技術は遺伝学を飛躍的に発展させることになった．

1・3　遺伝物質の化学的研究

　遺伝を担う物質の化学的な研究が生物学的な研究と並行して進んでいったことも忘れてはならない．その最初の発見が，Mendelと同じ時期にわずか数百キロメートルしか離れていないドイツ南部チュービンゲンで行われたことは何か因縁を感じさせる．化学者であったJ.F.Miescherは近くの病院で捨てる包帯から採取した膿の白血球から細胞核を分離し，酸で沈殿する新しい物質を見いだしヌクレイン(nuclein)と命名した（1869年）．不純物としてのタンパク質が混在していたものの，これが物質としてのDNAの初めての抽出であった．のちにヌクレインを精製してタンパク質と区別する名前が必要と感じた弟子のR.Altmannはこの物質が酸性であることから**核酸**（nucleic acid）と命名した（1889年）．その後，A.Kosselらは4種類の塩基をつぎつぎと見いだした．

> これらの語源は以下のようである．グアニン(guanine)は鳥の糞(guanoという良質の肥料となる)の中にすでに見つけられていた（1844年）．アデニン(adenine)はウシの腺(adeno-)の一つである膵臓の核酸から分離された（1885年）．チミン(thymine)はウシの胸腺(thymus)から抽出された（1893年）．シトシン(cytosine)は酵母の細胞質(cytoplasm)から（1894年），ウラシル(uracil)も酵母で発見された（1900年）．

　これらの物質を材料として，そのころ着実に進展していた有機化学的な技術を駆使してO.HammarstenはDNAに糖（ペントース）があることを見いだし（1900年），P.LeveneはDNAのもつ糖が2′-デオキシリボースであることを示した（1929年）．その後，T.CaspersonがDNAは巨大分子であることを証明した（1934年）．

　A.E.Garrodは"ヒトの遺伝病は酵素の欠失に由来する"という先天性代謝異常の概念を提出することで遺伝子の働きを生化学的に解明する流れをつくった．G.W.Beadleはショウジョウバエの眼色突然変異体は色素合成過程の一酵素の欠失によることを発見し，さらにE.L.Tatumとともにアカパンカビを材料にした実験結果から**一遺伝子一酵素説**を提唱するに至った（1941年）．しかし，このころになってもまだ遺伝子はタンパク質なのかDNAなのかはっきりしなかった．

1・4　形質転換物質としてのDNA

　このようなとき，F.Griffithは意外な実験材料から遺伝子の実体に迫る重要な発見をした．彼が用いたのは当時多くの人々を苦しめていた肺炎の原因となる肺炎双球菌 *Streptococcus pneumoniae* である．病原性の菌は莢膜をもつため光沢をもつなめらかなコロニーを形成するが，彼は病原性のS（smooth）型とは違って，莢膜がないため非病原性となって粗いコロニーを形成するR（rough）型を見いだした

(1923年)．彼は熱殺菌したS型細菌と無害なR型細菌を混ぜてマウスに注射すると肺炎を起こして死ぬことを発見し（図1・2），この理由はS型細菌の遺伝要素が移ることでR型細菌を病原性細菌に**形質転換**（transformation）したためだという仮説を発表した（1928年）．O.T.Avery，C.M.MacLeod，M.McCartyらはS型とR型のコロニーの形態変化によって形質転換物質の化学的同定を試み，熱殺菌済みS型細菌からの沪過抽出物をタンパク質・RNA・DNAを特異的に分解する酵素を別個に加えてから形質転換能を検討した．その結果，DNA分解酵素のみが形質転換能力を完全に失わせたことから，遺伝物質（形質決定因子）はDNAであると初めて実験で証明してみせた（1944年）．しかし，当時は"因子はDNAである"ことはわかったものの"DNAが遺伝子である"というところまでは認められなかった．

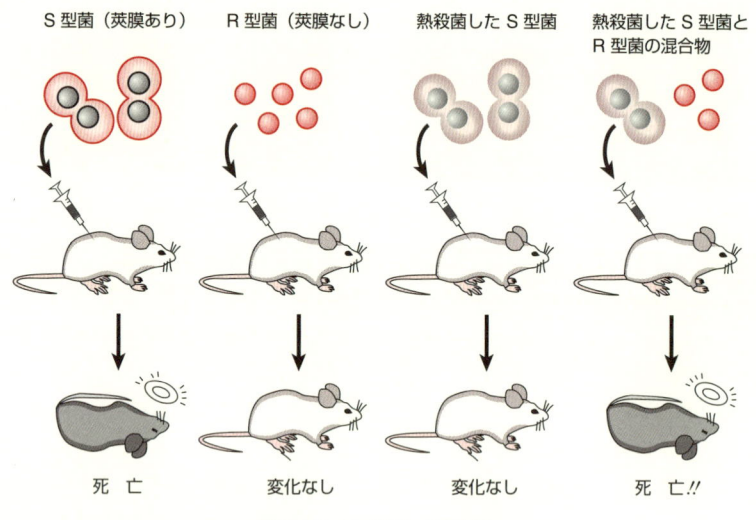

図1・2 Griffithの実験

1・5 分子生物学の夜明け

ドイツから米国に渡ったM.Delbrückは，大腸菌に感染してわずか20分で増殖する**バクテリオファージ**（bacteriophage，ファージともいう）を実験材料とすれば100万個体を扱った遺伝学的実験でも，わずかな時間で結果が出せることに気づき，大腸菌とファージを組合わせて論理的考察と定量的実験を軸とする分子生物学を誕生させた．

1・5 分子生物学の夜明け

実際,彼はS.E.LuriaとともにT系ファージの突然変異体を発見し,ファージも遺伝子をもっていて混合感染すれば組換え体ファージを生み出せることを示すことで遺伝学実験が行えることを示した(1942年).

Tatumの大学院生であったJ. Lederbergは大腸菌でも有性生殖を起こすこと,すなわち菌の間で遺伝物質が移動して形質転換が起こることを発見して微生物遺伝学を開幕させた(1946年).

A. D. HersheyとM. Chaseは分子生物学的技術を利用してDNAが遺伝物質であることを示す決定的な実験に成功した(1952年,図1・3).彼らが着目したのはDNAはリン(P)をもつが硫黄(S)をもたず,タンパク質はシステイン(Cys)に由来する硫黄をもつがリンをもたない点である.用いたT2ファージは遺伝物質であるDNAとコートタンパク質のみから構成されていることがすでにわかっていた.まず放射性同位元素^{35}Sで標識したT2ファージを未標識の大腸菌に感染させると大腸菌は^{35}Sでは標識されなかった.つぎに,^{32}Pで標識したT2ファージを大腸菌に感染させると大腸菌は強く標識された.この結果は感染細菌の中に入った物

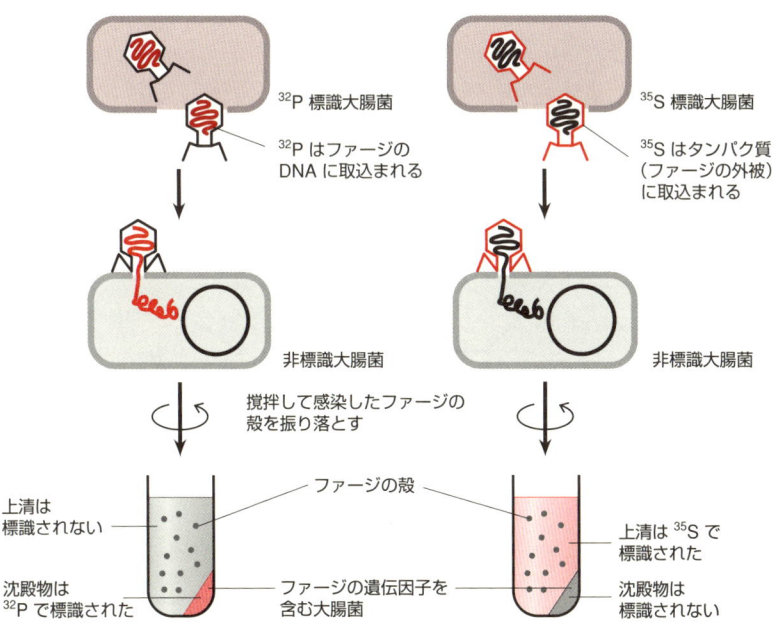

図1・3 ハーシー・チェイスの実験

質(すなわち遺伝子)はDNAでありファージのコートタンパク質ではないことを明瞭に示す.

> ハーシーの楽園(Hershey's paradise): ある境地に達すると,それを行っている本人にとっては単なる繰返しにすぎないので簡単だが,他人から見ると神業とみえる状態のこと.Hersheyにちなんだ格言で,特にサイエンスにおいて記憶しておく価値がある.S. Benzerがλファージの遺伝子地図を作成していたときに自分が置かれた状況をこのように表現したのが始まり.この話は,同僚がHersheyに"科学者として最も幸福な時は?"と尋ねたときに返ってきた答えである"良い実験系を発見し,それを何度も何度もやり続けること"に由来する.

1・6 核酸の基本構造

1950年ころまでには**核酸**の基本構造はペントース(pentose;環状五炭糖),塩基(base),リン酸基(phosphate)の三つの構成要素からなることが明らかにされていた(図1・4a).ペントースはRNAの場合はリボース(ribose),DNAの場合

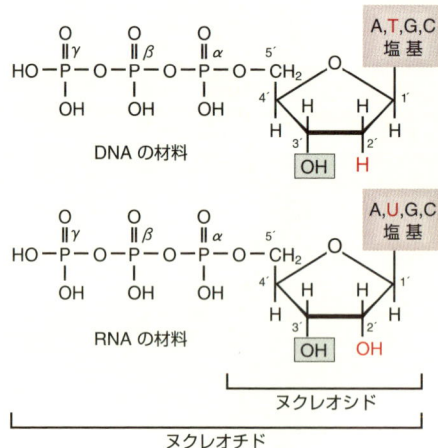

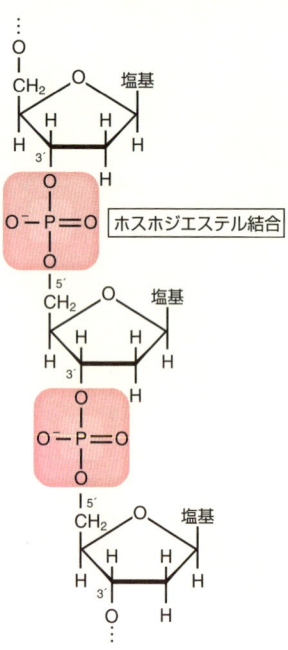

ジデオキシ法などで伸長終結剤として使われるddNTPは3′位のOHがHになっている.(ホスホジエステル結合を形成できない.b図参照)

図1・4 核酸の基本構造

はデオキシリボース (deoxyribose) が用いられる．

> 両者の違いは 2′ 位の OH (RNA) と H (DNA) だけだが，これが高分子における立体構造および生理機能の違いとなって現れる．糖と塩基部分のみはヌクレオシド (nucleoside)，これにリン酸基までが付いたものはヌクレオチド (nucleotide) とよばれる．
> 2′ は "2 プライム" と読む．ダッシュは日本語にもなっているハイフンより少し長い横棒 "—" のことを意味し，たとえば K-12 を英語では "K ダッシュ 12" と読む．3′ 末端を "3 ダッシュ末端" と読むのは英語としては誤りなので，正しく "3 プライム末端" とよぶくせをつけよう．

塩基には**アデニン** (A, adenine)，**グアニン** (G, guanine)，**シトシン** (C, cytosine)，**チミン** (T, thymine) の四つがあり，これらが糖の 1′ 位の炭素原子に N-**グリコシド** (glycoside) 結合している．RNA の場合にはチミンが構造の類似したウラシル (U, uracil) に置き換わっている．これらは構造の類似性から**プリン** (purine) 塩基 (A と G) あるいは**ピリミジン** (pyrimidine) 塩基 (C と T/U) に分類される．DNA は A, G, C, T より構成され，RNA は A, G, C, U より構成される．

> 核酸が強い**負電荷**をもつのは糖の 5′ 位の炭素に 1〜3 個のリン酸基がエステル結合しているからである．これらはアデノシン 5′-一リン酸 (AMP, adenosine 5′-monophosphate，アデニル酸)，アデノシン 5′-二リン酸 (ADP, adenosine 5′-diphosphate)，アデノシン 5′-三リン酸 (ATP, adenosine 5′-triphosphate)，デオキシアデノシン 5′-三リン酸 (dATP, deoxyadenosine 5′-triphosphate) などとよばれる．^{32}P が α，β，γ の 3 種類の位置で標識された核酸は $[\gamma$-^{32}P$]$ ATP，$[\alpha$-^{32}P$]$ dCTP などと表記される．

高分子核酸では隣接するヌクレオチドが，一方の 3′-OH 基と他方の 5′-リン酸が共有結合した**ホスホジエステル結合** (phosphodiester bond) でつぎつぎと結ばれて**ポリヌクレオチド** (polynucleotide) が形成されていることもわかっていた (図 1・4b)．ポリヌクレオチドは 5′ 末端 (5′-P) と 3′ 末端 (3′-OH) で化学構造が異なるため，方向性 (5′→3′ または 3′→5′) をもつ．

1・7 DNA の二重らせん構造の発見

核酸の化学構造は解き明かされていたものの立体構造はまったく未知のまま残されていた．米国の E. Chargaff はヒトから大腸菌に至る多くの異なる生物組織由来の DNA を抽出し，ギ酸で分解した後，**沪紙クロマトグラフィー** (paper chromatography) で分画定量することで四つの塩基の存在量を測定し，"アデニンとチミン，グアニンとシトシンの量比が常に 1 : 1 である" という結果 (**シャルガフの法則**) を得た．これは後に出てくる塩基対という概念の有力な実験根拠となる．

10　　　　　　　　　　　　1．遺伝子工学の歴史

　このころ英国ロンドンのキングスカレッジでは M. H. F. Wilkins と R. E. Franklin が X 線結晶解析技術を用いて DNA の立体構造解明に挑んでいた．J.D.Watson と F.H.C.Crick は彼らのデータ値と Chargaff の結果をもとに，DNA の**二重らせん** (double helix) **モデル**を提唱する歴史的論文を発表した（1953 年）．そこには "一

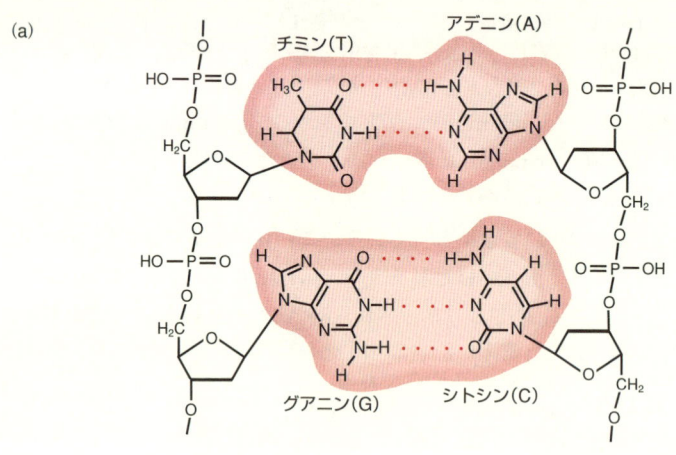

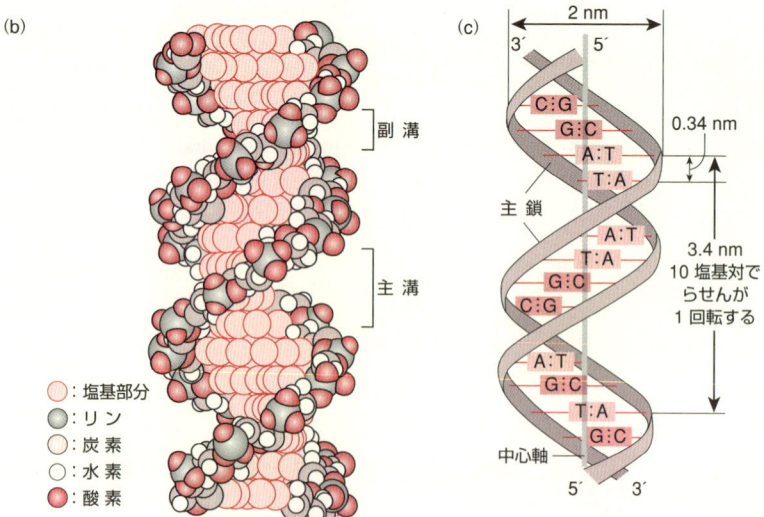

図1・5　DNA の二重らせん構造　(a) A・T および G・C 間の水素結合．(b) 分子の占める空間を考慮した全体の俯瞰図．

本鎖上の塩基の配列が遺伝情報の暗号と推定され，二本鎖の相補鎖の塩基配列は塩基対によって自動的に推定できるため DNA 複製において一方が鋳型となりうる"という恐るべき予測まで記されていた．これは Mendel の予測した遺伝因子としての特徴をすべてもちつつ遺伝情報と複製の大すじを一挙に説明できるという，科学史の中でも特筆に値する大発見である．

このモデルは以下に列挙するような精緻な立体構造モデルである（図 1・5）．

1) 二つのポリヌクレオチド鎖が $5' \rightarrow 3'$ と $3' \rightarrow 5'$ の方向で逆平行（antiparallel）に並んでらせん構造を形成する．
2) 糖-リン酸の骨格（backbone）は外側にある．
3) らせんの直径は 2 nm（ナノメートル，1 nm = 10^{-9} m），らせんの繰返し単位（ピッチ，pitch）は 3.4 nm である．
4) 4 種類の塩基は水素結合（hydrogen bond）により A：T あるいは G：C の塩基対（bp, base pair）を形成してらせんの内側に埋込まれている．これはシャルガフの法則をうまく説明する．
5) 塩基は 0.34 nm の間隔で積み重なった配置をとり，1 回転（ピッチ）当たり 10 個の塩基対が入る．
6) らせんは右巻きである．すなわちらせん軸のどちらの方向からみても鎖は時計回りに軸を巻きながら遠ざかってゆくという構造をとる．
7) らせんの外周には深くて幅の広い**主溝**（major groove）と浅くて幅の狭い**副溝**（minor groove）が存在する．

1・8 DNA ポリメラーゼの発見と半保存的複製

この見事なまでに美しいモデルも遺伝情報と DNA 複製過程の実体が実験的に解明されなければ単なるモデルにすぎない．A.Kornberg は大腸菌の抽出液から DNA を鋳型として相補鎖を生合成する実験系を確立し，ついでこの反応を触媒する酵素である **DNA ポリメラーゼ**（DNA polymerase）を精製した（1956 年）．この *in vitro* DNA 合成系では基質として 4 種類の塩基（A,G,C,T）の三リン酸ヌクレオチド，ATP, Mg イオンのほかに DNA 部分分解物である**プライマー**（primer）が必要であった．すなわち，DNA の合成には DNA が要求されるのである．この発見によって DNA 複製反応は特殊な酵素が触媒することが示されるとともに，DNA 二本鎖が逆平行に並んでいることも初めて実験的に証明された．

M. Meselson と F. W. Stahl は大腸菌の DNA を用いて親の二本鎖がおのおの鋳型となり半保存的に複製されることを巧妙な実験で示した（1958 年）．彼らは重さの

異なる窒素同位体（^{14}N と ^{15}N）を培地に加えて大腸菌を培養した．数世代増殖させると大腸菌の DNA 密度に違いが出てくるので，それを比重の重い塩化セシウム（CsCl）溶液中における DNA の浮遊密度の違いを密度勾配超遠心分離機の中で大きな重力を与えて分離して測定した．^{15}N を含む培地中で数世代培養した大腸菌を ^{14}N を含む培地に移し，さらに培養を続けながら一定の時間ごとに大腸菌を一部ずつ回収して DNA の密度を測定すると，^{14}N 培地中で複製した新生 DNA は移される前の大腸菌の DNA よりも密度が軽かった（図1・6）．これは DNA 複製が**半保存的**（semi-conservative）に行われることを実験的に証明できたことを意味する．

> もし保存的に複製されるのならば，複製の第1世代は ^{14}N と ^{15}N のみからなる二重らせんからなる2本のバンドがきれいに分離して観察され，最初の DNA は ^{15}N のバンドとしていつまでも存在し続けたはずである．

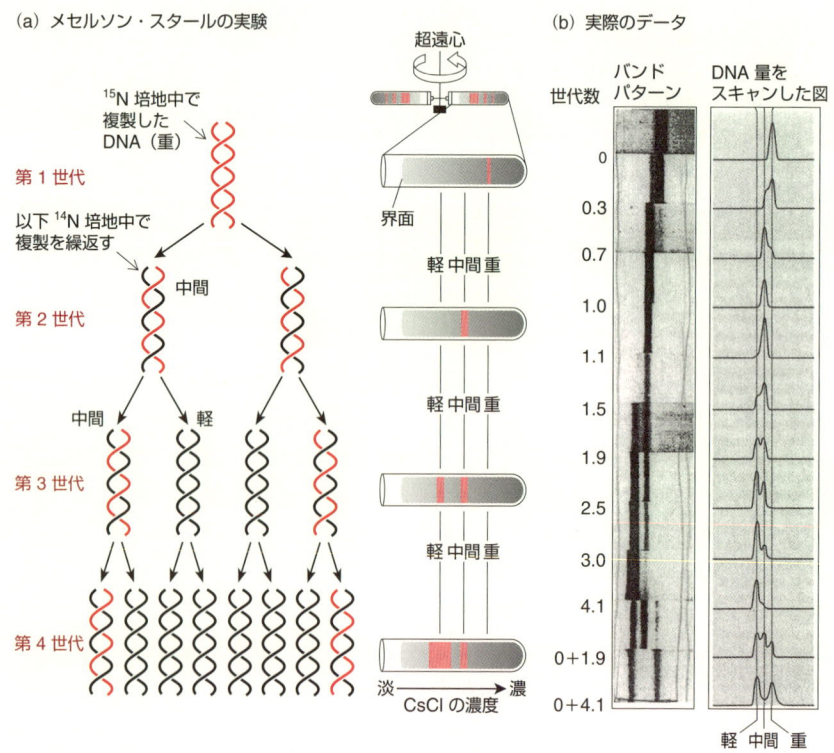

図1・6　DNA の半保存的複製を示す実験

J. Cairns は電子顕微鏡写真によって DNA 複製の半保存的複製様式を可視化してみせた（1963 年）．彼は大腸菌をトリチウム（^{3}H）化した放射性チミンヌクレオチドを含む培地で培養した後，壊さないように注意深く高分子 DNA を抽出して**オートラジオグラフィー**（autoradiography）にかけた．この写真（図 1・7）から，まず大腸菌 DNA が環状であることと DNA 複製の間も環状構造が保たれることが明らかとなった．さらに DNA 複製が環中の二つの移動する Y 接点（Y-junction）で起こっていることが観察され，これが半保存的複製の動かざる証拠となった．

> この写真のような DNA 複製中間体はギリシャ文字の θ（theta）に似ていることから θ 構造をとっていると称される．

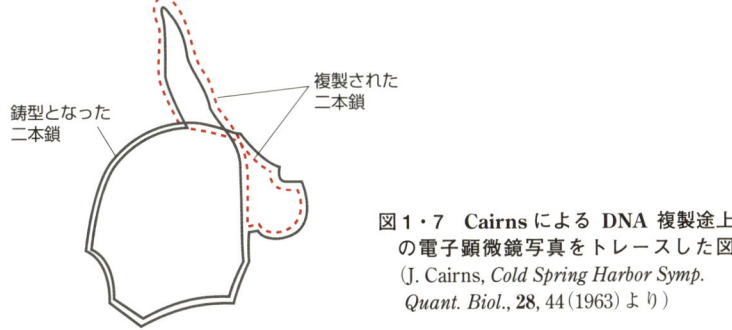

図 1・7　Cairns による DNA 複製途上の電子顕微鏡写真をトレースした図
(J. Cairns, *Cold Spring Harbor Symp. Quant. Biol.*, **28**, 44 (1963) より)

1・9　アダプター仮説と tRNA の発見

Watson と Crick の二重らせんモデルは Mendel 以来の多くの謎を一挙に解決すると同時に，これまでには想像もつかなかった多くの謎を新たに生み出した．当時でも糖や脂質は酵素により生合成されることがわかっていたので，遺伝情報はタンパク質を規定することは予想がついていた．まず大きな壁として立ちはだかったのは 4 種類の塩基から成る遺伝情報が，どのような仕組みでタンパク質を構成している 20 種類のアミノ酸に変換されるかという問題であった．Crick は"一端は特定のアミノ酸に結合し，他端は特定の DNA 塩基配列に結合する仲介因子が存在する"という"アダプター仮説"を提唱した（1956 年）．ちょうどそのころ，エネルギー代謝の研究をしていた R.W. Holley は RNase によって不活性となる因子（本来ならアラニンと結合する）を肝臓の抽出物の中に見つけていた．同じころ P. Berg もメチオニンを活性化する酵素と活性化されたメチオニンを受取る受容体を発見し，受容体を精製してみるとそれは小さな RNA 分子だった．P. Zamecnik と M. Hoagland

は放射能で標識したロイシンを細胞抽出液に入れてから,標識化ロイシンを含む可溶性RNAを抽出して新しい細胞抽出液に入れると,10分後には放射性ロイシンの大半はミクロソーム画分のタンパク質の中に組込まれていた.これら三つのグループはアダプター仮説の存在を知らないまま独立にその実体に迫っていたわけで,"アダプター仮説"が見事にその正しい解釈を与えたのである(1956年).

その後,アダプター分子は**転移RNA**(tRNA, transfer RNA)と命名され,Berg, F. A. Lipmann, Holleyなどが先陣を争い20種類のアミノ酸に対応するtRNAとその活性化酵素であるアミノアシルtRNA合成酵素(aminoacyl-tRNA synthetase)を

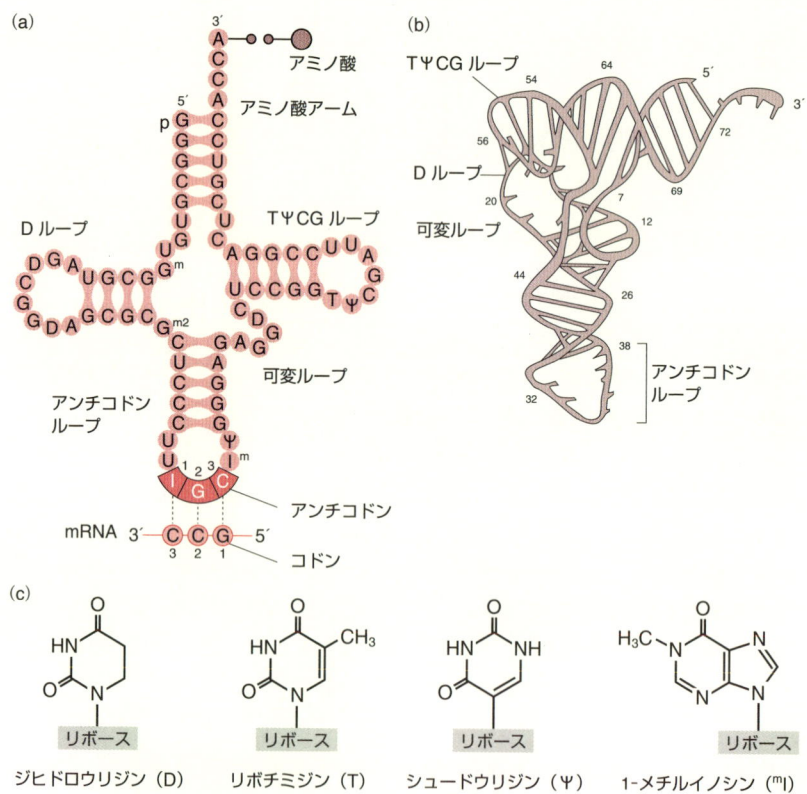

図1・8 **tRNAの構造** (a) クローバー葉構造.tRNAのなかで最初に決定された酵母のアラニンtRNA(tRNA^{Ala})の一次構造. (b) 立体構造. (c) tRNAの修飾塩基.
〔(b)はS. M. Kim *et al., Science,* **185**, 435(1974)による〕

つぎつぎと精製していった．Zamecnik らはすべての tRNA はその 3′-OH 末端に CCA という配列をもっており，そこにアミノ酸が連結されることを見いだした．Holley は酵母のアラニン tRNA を大量に精製し，Sanger によるタンパク質のアミノ酸配列決定法を応用して 7 年がかりで 77 ヌクレオチドからなるその全塩基配列を決定した（1965 年；図 1・8）．ついで他の tRNA の一次構造がつぎつぎと決定されたが，いずれもクローバー葉構造をもっていた．リボソームは 3′ 末端側のループ（T-loop）を認識し，中央のアンチコドンループは遺伝暗号と水素結合を形成し，5′ 末端側のループ（D-loop）はジヒドロウラシルという修飾塩基を含むことがわかった．A. Klug らと A. Rich, S. H. Kim らはほぼ同時に立体構造模型を完成し tRNA 研究は一段落した（1974 年）．

1・10　mRNA の発見とセントラルドグマ

　しかし tRNA は DNA の遺伝情報を直接にアミノ酸へと伝達するには明らかに小さすぎた．何かもう一つ大きな分子量をもつ仲介因子が必要であると考えた Crick と S. Brenner は未知の不安定な RNA 分子を想定していた．彼らの考えを知っていた F. Gros, W. Gilbert, Watson は独自に細菌の中に不安定な RNA を発見し，それが未知の因子であることを決定する実験をした．M. Yčas と W. Vincent は酵母から塩基組成が酵母 DNA と同じ未知の RNA を発見した．しかし，結局 F. Jacob と J. L. Monod がラクトースオペロンに関する実験結果を説明するオペロン仮説を構築するために論理的に必要とされた伝令 RNA（messenger RNA, mRNA）と命名された因子が決定的な証拠となり，そこで mRNA という概念の大枠は完成した（1961 年）．

> この後 DNA-RNA ハイブリダイゼーションなどの実験によって mRNA が確かに鋳型 DNA のコピーであることが証明された．

　1957 年，Crick は**セントラルドグマ**（central dogma, 中心教義）という概念を発表することでこれまでの研究成果を総括した．これは遺伝情報は DNA → RNA → タンパク質と流れ，情報が核酸からタンパク質へ一方向に流れるという仮説である．DNA 塩基配列がアミノ酸配列に対する暗号になっており，一次構造が決まればタンパク質は自発的に折りたたまって立体構造を形成すると予測した．H. M. Temin と D. Baltimore の逆転写酵素の発見（1970 年）による RNA から DNA の情報の逆の流れと，RNA 編集（§9・1・7 参照）による RNA の塩基変換など，いくつかの微細な修正は必要だが，この仮説は大すじとして正しいことが証明され

ている.

1・11 遺伝暗号の解明

では何塩基で一つのアミノ酸をコードしているのか，コンマはあるか否かという問題が生じてきた．この**コドン**（codon）とよばれる遺伝暗号解読の突破口は M. W. Nirenberg と H. Matthaei によって開かれた．彼らはタバコモザイクウイルスの RNA を大腸菌抽出液に加えてタンパク質合成を調べる実験において，対照試料としてポリウリジン（ポリ(U)）を加えた．ところが意外にもポリフェニルアラニン（ポリ(Phe)）の重合体が産生されたのである．Nirenberg はこの結果が"ポリ(U) はポリ(Phe) をコードする"を意味することをすぐに理解した．彼らは続いてポリ(C) がポリプロリンを指令することも決定した.

> その年のモスクワでの国際生化学会における Nirenberg の飛び入り講演（1961 年）の反響は大きく，すぐに残された暗号解読にすさまじい競争が開始された.

Brenner と Crick はフレームシフト（frameshift）と彼らがよんだ読み枠（リーディングフレーム）のずれたファージの変異体の組合わせ実験から，コドンは 3 個の塩基で 1 個のアミノ酸に対応すること，塩基配列は一定の出発点から読まれること，句読点はないこと，コドンは縮重していることなどを突き止め報告した．そうすると UUU が Phe を，CCC が Pro のコドンであることになる.

S. Ochoa は全研究室をあげて各種人工 RNA を合成し，他の多くの研究室に先駆けて競争に参加した．Nirenberg は P. Leder とともに放射性アミノ酸を用いた新たな技術でつぎつぎとコドンを解読していった．UAA, UAG, UGA の三つは停止信号（終止コドン）であることを Brenner や Crick らが解明した．H.G. Khorana らが核酸を自在に化学合成する技術を開発し，これを用いて残されたコドンをすべて解読したことにより，1966 年にはコドンの解読は完了した.

不思議なことに Met コドン（ATG）は開始信号（開始コドン）としても使われる．その区別は開始メチオニン（原核生物では tRNA^{fMet}，真核生物では tRNA^{iMet} とよばれる）とふつうのメチオニン（tRNA^{MMet}）という 2 種類の tRNA が存在することで行われる．原核生物ではメチオニル tRNA におけるメチオニンのアミノ基は特異的酵素ホルミルトランスフェラーゼ（formyltransferase）によりホルミル化される．真核生物の場合はホルミル化はされておらず，tRNA の塩基配列により両者は区別されている．開始メチオニンはアミノ基が N-ホルミル（formyl）基によって保護された特殊な構造をもち，それが認識されてリボソーム上で翻訳を開始するの

である．開始メチオニンはタンパク質合成終了後速やかに除去される．

1・12 遺伝子組換え技術の誕生

遺伝暗号解読の完了をもってワトソン・クリックの二重らせんモデル以降に起こった怒涛のような分子生物学の進展は収まったかにみえた．しかし，その後も着実に積み重ねられた分子生物学の成果は次なる大きな波を起こすためのエネルギーを蓄えていたのである．

そのきっかけは米国スタンフォード大学の大学院生である P. Lobban がつくった．彼は課題として出された実験立案レポートの中で以下のような注目すべきアイデアを披露した（図1・9）．

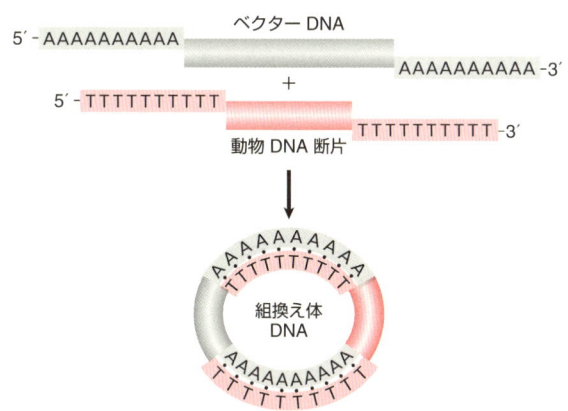

図1・9　Lobban のアイデアを元に考案された遺伝子組換え法の原理

❶ 二つの二本鎖DNA断片を準備し，末端核酸付加酵素を用いて一方にはポリ(A)を，他方にはポリ(T)を付加する．
❷ 両者を混ぜ合わせて A/T 間の水素結合による混成分子（ハイブリッド）を形成させる．
❸ 元の2倍近くの長さになった混成分子を密度勾配遠心分離機を使って分離する．
❹ DNAポリメラーゼを使って環状DNA中のギャップを埋め，対合していない末端を修復する．
❺ 隣接末端をDNAリガーゼで接着し完全な二本鎖環状DNAとする．
❻ 電子顕微鏡を用いて反応が予定どおり進行しているのを確認する．

このレポートに触発されたBergはもう一歩進んで，"ヒトのDNAを大腸菌で大量に増殖できるのではないか"と考えついた．早速自分の実験していたサルに感染してがんをつくるDNAウイルス（SV40）に応用しようとしたが，もともと環状であるSV40は，まず1箇所で開裂しなければならない．しかし，この問題は1960年代後半に発見され，すでに入手可能となっていた*Eco*RIという制限酵素（第2章参照）が解決してくれた．Bergらのλファージと大腸菌の遺伝子をSV40の環状DNAの中に導入する方法についての短い論文（1972年）は大きな衝撃を与えた．

これに続いて以下に列挙するような技術がスタンフォード大学で立て続けに開発されたが，これにはKornbergの貢献が大きい．彼と弟子たちはDNA複製を中心としてDNAを操作する生化学的な仕組みを解明してゆく過程で幾多のDNA修飾酵素群を発見・精製しており，それらを用いたDNAの操作に習熟していたのである．

1) R. Davisらは制限酵素*Eco*RIの切断面が鍵形で相補的な塩基配列（G/AATTC）をもつことと，*Eco*RIの切断面どうしは再会合してハイブリッドを形成しDNAリガーゼによって接合できることを示すことで図1・9のATテール法より簡便な組換えDNA作製法を開発した．
2) プラスミドの研究をしていたS. Cohenと*Eco*RIの名づけ親であるH. Boyerは2種類の薬剤耐性遺伝子（*amp*と*tet*）を組込んだプラスミドベクター（pBR322）を作製した．
3) M. Mandelはカルシウムがある種のファージの感染性を上げることにヒントを得て，カルシウムを用いた大腸菌の前処理による**コンピテントセル**（competent cell）を用いた効率良い大腸菌内へのDNA導入法を開発した．
4) D. KaiserとD. Hognessはファージ DNAを利用して大腸菌内にDNAを導入する技術を確立した．

このほか，数年のうちに幾多の基礎技術が出そろった**遺伝子操作法**は急速に世界中に広まっていった．

1・13　医学への応用

この技術は，まず医薬開発に応用され大きな華を咲かせた．Boyerは組換えDNAに関する特許を取得し，それを基にしてGenentech社を設立し遺伝子組換え技術を商業ベースに乗せた．まず最初に手がけたのは"何万頭ものウシやブタから抽出していた希少な医薬品である成長ホルモンやインスリンなどを大腸菌に大量に安価につくらせること"であった．これをきっかけにベンチャービジネスの波が押

し寄せた1980年代初めはにぎやかな時代であった．

　遺伝子操作技術を用いた遺伝性疾患の研究がまずは原因酵素のわかっている重篤な遺伝性疾患に対して始められた．鎌状赤血球貧血症，サラセミアやフェニルケトン尿症などにおいて原因遺伝子の変異が塩基配列レベルでつぎつぎと解明されていったことは，この技術の有用性をいっそう大きく世の中に知らしめた．1988年にはデュシェンヌ型筋ジストロフィーや慢性肉芽腫症，1989年には欧米で患者の多い囊胞性繊維症などの遺伝性疾患が，病因物質の実体がまったくわからぬまま遺伝子連鎖解析によって病因遺伝子が先に単離されて患者における遺伝子変異が塩基配列レベルで証明された．

> 一方，いわゆる遺伝性疾患ではなく遺伝の影響よりも栄養などの環境の作用のほうが発症に重要な疾患（糖尿病，高血圧症，一部のがんなど）に対しても，その発症しやすい遺伝性素因を探るという形で遺伝子レベルの研究が進んでいる．

1・14　多彩な分野への応用

　医学における遺伝子操作技術の成功は，それ以外の分野へも大きな影響を与え，まさに"遺伝子工学"という名称がぴったりの状況が生まれてきた．まず何といっても，その基礎生物学への貢献ははかり知れないものがある．当初は原核生物を中心に進んできた分子生物学も，この技術のお陰で真核生物，特に哺乳動物細胞における詳細な分子レベルの解析が可能になった．その技術は発生生物学ひいては生殖工学的な技術へと展開し，20世紀中には実現は不可能であると考えられていた哺乳動物の**クローン生物**まで実現してしまった（第12章参照）．遺伝子操作技術の応用は高等植物においても展開され，**遺伝子組換え作物**を生み出し，われわれの食生活に大きな影響を与えている（第13章）．さらに，食糧供給問題とからんで世界的なレベルでの政治・経済問題をひき起こし始めた．まさに生活全般に幅広い影響がみられるようになっている．現在はまだあまり目立っていないが養殖魚を中心にした漁業への遺伝子操作技術の応用もこれから問題となってこよう．

　遺伝子操作技術はこれまで文科系の学問であると思われていた人類学や考古学の分野へ大きな影響を与えつつある（第11章参照）．考古学的遺物や古代の化石から抽出したDNAを用いた塩基配列レベルでの明確な証拠は，従来は手掛かりの少なかった諸問題に新たな光を投げかけて波紋をひき起こしている．さらには犯罪捜査においても有力な証拠としての立場を確かなものにしつつある．そしてつぎに述べるゲノムプロジェクトの展開によって遺伝子操作技術は"遺伝子工学"から"ゲノ

ム工学，RNA 工学，タンパク質工学，細胞工学"へと広がってゆくこととなる．

1・15 ゲノムプロジェクト

F. Sanger や W. Gilbert らによる DNA 塩基配列決定技術の開発（§5・11 参照）は，やがてヒト全ゲノムの塩基配列を決定しようという壮大な計画を生む出発点となった．しかし，そこに至る道のりは平坦なものではなかった．ヒト全ゲノムは 22 組の常染色体と X・Y 性染色体の合計 24 染色体に分かれて収納されている．ヒトゲノムプロジェクトは，ヒトの全ゲノムを構成する染色体を一つずつ取上げて遺伝子地図をつくり，体系的に DNA 断片を集めて，その全塩基配列を決定しなければならない．この計画はとても通常の研究費と人員で遂行可能なものではなく，莫大な労力と資金を投じるべき国家プロジェクトである．

まず 1985 年，R. Ginsheimer の主宰したカリフォルニア大学サンタクルズ校での会議によってヒトの全ゲノムの塩基配列を決定しようというヒトゲノムプロジェクトが正式に提案され検討が始まった．同年，米国エネルギー省の"健康と環境研究所"の副所長であった C. DeLisi も医学的・学問的興味とは別の視点から同様な計画を論じ始め，1987 年には予算をつけ始めている．1970 年代のエネルギー危機の際に創設された省庁であるエネルギー省は，状況が変化しつつある 1980 年代に入ると廃止も取りざたされるほど落ちぶれてしまった．そこで社会や議会に訴える新しい魅力的なプロジェクトを存亡を賭けて探していたのである．第二次世界大戦時のマンハッタン計画（原子爆弾プロジェクト）からひき継いだ四つの国立研究所を管轄しており，そこで行われてきた放射線が原因のヒトの遺伝子の変異にかかわる研究内容を考慮すると，ヒトゲノムプロジェクトの推進という役回りもあながち不自然ではない．1986 年にはサンタフェで DeLisi が主催する会議が開かれ，そこで彼のアイデアに賛同した W. Gilbert が "ヒトゲノムプロジェクトはヒト遺伝学における聖杯である"と発言したためヒトゲノムプロジェクトが広く世に伝わることとなった．

Gilbert にとってもこのプロジェクトは魅力的に響いたらしく，彼は自らの手で会社を設立して私的に計画を実行に移したのみでなく，幅広い人脈とその影響力を利用して多くの著名な分子生物学者をヒトゲノムプロジェクト推進派の仲間に加えた．その甲斐があってか，1986 年には *Science* 誌の巻頭論文でウイルス学の大御所である R. Dulbecco が "ヒトゲノムの塩基配列決定によってがんに対する研究がいっそう速く進展するであろう"とのお墨つきを与えた．この論文は世界中に大きな反響をよび，特に Dulbecco の出身地であるイタリアでは彼を運営委員長にして

1・15 ゲノムプロジェクト

1987年には早くもゲノムプロジェクトをスタートさせた.

英国では医学研究委員会（MRC）のS.Brennerと英国がん研究基金（ICRF）のW.Bodmerとが中心となってゲノムプロジェクトをスタートさせた．フランスではヒトの遺伝子地図作成を推進していたパリにあるヒト多型性研究センター（CEPH）が中心となって計画がスタートした．そのほかドイツ，デンマーク，ソ連（当時），日本，カナダなどでも計画がスタートした．

1986年6月には米国のコールドスプリングハーバーで"ホモサピエンスの分子生物学"というシンポジウムが開催され，人類遺伝学と分子生物学の巨人たちが一堂に会してヒトゲノムプロジェクトの意義を議論した．そこでは他の基礎生物学研究を圧迫しないよう，解析対象をヒトに限らずに他の生物も含めて幅広いゲノムプロジェクトを推進してゆこうという方針でプロジェクト推進が決議された．早速，酵母と線虫のゲノムプロジェクトが動き出し，1996年の4月には出芽酵母 *Saccharomyces cerevisiae* の全ゲノムDNA塩基配列が先陣をきって発表され，ついで線虫（*Caenorhabditis elegans*；1998年12月），キイロショウジョウバエ（*Drosophila melanogaster*；2000年3月），シロイヌナズナ（*Arabidopsis thaliana*；2000年12月）などの全ゲノムDNA塩基配列がつぎつぎと決定された．

1988年，米国の国立衛生研究所（NIH）はDNAの父としてのWatsonを所長とするヒトゲノム研究所を設立し，1年後には国立ヒトゲノム研究センターと改称されて米国でのゲノムプロジェクトを強く推進することとなった．1988年の米国コールドスプリングハーバーにおけるシンポジウムではHUGO（human genome organization）と命名されたヒトゲノムプロジェクトを協力して推進する国際組織がつくられ，それ以来定期的に国際会議を開いて各国間の調整を行っている．

しかし，計画はスタートしたものの技術が未熟で塩基配列決定には時間とコストがかかりすぎ，いつになったらプロジェクトが完了するのか見当もつかない状態であった．どのグループもまずは遺伝子地図をつくり塩基配列決定は後で行う戦略を取ったため，しばらくはフランスのCEPHが中心的な役割を果たした．しかし，塩基配列自動解析装置（シークエンサー）が生み出され，つぎつぎに改良されて迅速な塩基配列決定が可能となってからは塩基配列決定に主眼がおかれるようになった．特にApplied Biosystems社が開発したABI PRISM 3700は大量に採用され世界中で大活躍した．1992年，米国NIHの研究者であったC.Venterは塩基配列の決定を専門とするゲノム研究所（TIGR, The Institute of Genome Research）を設立し *Haemophilus influenzae* を初めとする多数の細菌ゲノムの塩基配列を決定した．ついで，1998年5月にはバイオベンチャーのCelera Genomics社を設立し，3年以内

のヒトゲノム塩基配列決定を宣言した．彼は遺伝子地図を使わずに全ゲノムショットガン法に基づいて決定された膨大な量の塩基配列を大規模なコンピューター解析によって組上げるという独自の方法を採用した．多額の資金を資本家から集め，膨大な数のシークエンサーと技術員を採用して猛然たるスピードで塩基配列を決定しはじめたため，周囲が予想していた以上の速度で塩基配列が決定されていった．

1996年2月にバミューダ諸島（英領）において国際的な会合が開かれ，"ゲノムプロジェクトで決定された塩基配列は公的なデータベース（Nature(London)，2001年2月15日号を参照）に24時間以内に提供する"との合意がなされ（これを"バミューダ原則"とよぶ），これにより公開された塩基配列は誰でも無料で閲覧が可能となった．しかし，Venterはこの原則に従わず，決定した塩基配列を有料としたため，米・英・日など数カ国が協力して進めていた国際共同チーム（International Human Genome Sequencing Consortium）と対立したまま塩基配列決定が並行して進められた．それでもVenterらの塩基配列決定の方が速かったので高額な閲覧料を払っていち早くゲノム創薬（第14章参照）に取組んだ企業が現れてきた．さらにVenterらは発現配列タグ（EST, expressed sequence tag）として決定した塩基配列に対する特許を申請したので，この点でも公的なグループと対立するようになった．

このVenterの速度の速さと商業主義に反発した国際共同チームも一段と塩基配列決定のスピードを上昇させ，1999年にはヒト染色体のうち22番染色体の全塩基配列が発表された．そして遂に予定よりも数年早く2001年2月にはヒトゲノム全塩基配列の大まかなデータ（draft sequence）として，Venterのグループの論文は科学雑誌Scienceに，国際共同チームの論文は科学雑誌Natureに掲載され，ほぼ同時に公表された．

1・16　21世紀のゲノム生物学

こうしてヒトゲノムを初めとしてさまざまな生物のゲノム塩基配列が決定されてからというもの生物学の状況は一変した．21世紀において人類はどのような形で知識の地平を拡大してゆくのであろうか．

まず，近い将来に知見が膨らむのは"ヒトの知能とは何か"という問題であろう．その解決の一助として，チンパンジーやボノボといった進化的にヒトに近く知能も発達した生物のゲノム塩基配列も決定された．すべてのゲノム塩基配列が決定されてから，これらを比較すればヒトの脳にしか発現されていない遺伝子がいくつか近

い将来発見されるかもしれない．その中にヒトをヒトたらしめる遺伝子が含まれているはずである．

では知能のうち何がヒトをヒトたらしめているのだろうか．それは"自分が死ぬということを知っていることである"とフランスの哲学者パスカルは随想集"パンセ"の中で指摘した．かの有名な"人間は考える葦である"という一節のすぐあとに，この随想の中で最も重要な文章である"ヒトは葦のように弱いが，自分が死ぬということを知っているという点で強大な宇宙すべてよりも高貴である"と述べている（扉裏を参照）．5万年前のネアンデルタール人の骨のすぐそばで多量の花粉が見つかったところから花を添えて埋葬したのではないかと推測されるというニュースが流されたことがあるが，これはすでに5万年前には埋葬するという気持ちが生まれるほど"死を認識していた"ことを意味する．では"死を認識する遺伝子"は存在するか．脳の活動を具現しているのは遺伝子産物たるタンパク質であることを考えると存在すると考えるのが自然である．進化上のある時期に大きなストレスに曝された人類が遺伝子の重複によって新たな遺伝子を生み出し，それが"死の認識"を可能としたがゆえに万物の霊長としてのヒトに進化しえたのではないか．"死の認識"はすべての文化・文明の源泉である．

もうひとつの知能の謎として解析の対象となりうる問題に"本能（instinct）"と"行動（behavior）"があげられる．すでにモデル生物を用いた"本能"や"行動"に関する分子遺伝学的な研究が進んでおり，ゲノム塩基配列の知識はその変異の原因遺伝子を同定する速度を格段に上げるであろう．

> "行動"のひとつである"育児"についてはすでに面白い報告がある．がん遺伝子として知られる *Fos B* を欠損したノックアウトマウスの雌は自分が産んだ仔マウスに乳を与えないというのである．この実験をしていた研究者は身体を調べても何の異常も見つからないのに仔マウスが成長しない原因を調べあぐねていたが，マウスの飼育かごをじっと観察してみると母マウスが仔マウスをすべて放置して死なせてしまっても平気であるのに気づいた．この意外な結果を最初は信じがたく，さまざまな実験をしてみて初めてこの不思議な表現型を確信したのである．

擬態のゲノム遺伝学も解析できる対象となってくるであろう．擬態とは外敵から身を守るために体を外界に模する現象で，特に遺伝的に固定された形質をもつ生物が解析対象となる．木の葉や落ち葉の形をしたコノハムシ，咲き誇るランの花にそっくりのハナカマキリ，海草と見間違えそうなリーフィー・シードラゴン（leafy seadragon）（タツノオトシゴの一種）は生まれたときから擬態が始まっている，すなわち，遺伝的に形が規定されているのである．

> たとえばコノハムシは生まれ落ちた卵はまるで植物の種のようであり，成長すれば木の葉そっくりとなり，虫食い穴まで模しているという凝りようである．

この形を規定している遺伝子は何か．どのような仕組みで環境を認識してゲノムの中に遺伝情報として取込んだのかなど謎は尽きない．

ここに至って"見えるものと見えないものの関係"が解析の対象となってくるであろう．A, G, C, T という四つの塩基は化学的な実体として存在が明らかであるが，その並び方だけで決まる遺伝情報から生み出される"死の認識"や"行動"だって確かに存在するのである．しかし化学的実体としては同定できない，いわゆ

コノハムシ

る目には見えない．しかし，それらも変異体が見つかって原因となる遺伝子が同定されれば，その時点までは目に見えてくる．しかし，それでも最後にどこかで見えなくなるのである．そこに何か未知の仕組みが存在するのではないか．

20 世紀の初めの物理学もこのような状況にあった．当時は"光"が粒子であると同時に波動でもあるという二面性が大きな謎であったが，それを解決しようと試みた多くの先達の努力によって，量子力学が生み出され素粒子論に発展して宇宙の起源まで理解できるようになったのである．波動方程式の発見で量子力学を誕生させた E. Schrödinger の書いた "What is life？" は Delbrück, Crick, Gilbert など多くの若き物理学者が生物学に挑戦することで分子生物学を生み出すきっかけとなった．量子力学を大きく育てた N.H.D. Bohr は"光のもつ二面性のように矛盾する性質を同時に考慮することで成り立つ概念"を"相補性"とよんで，"生命を物理・化学の法則で解明しようとすると，どこかで生きているという前提と矛盾する局面が出てくる"と講演"光と生命"（1932 年）の中で指摘した．この"生命についての不確定性原理"こそが Delbrück の追い求めた"生命を特徴づける見えないもの"であったろう．Delbrück の見果てぬ夢がポストゲノム時代の 21 世紀では理解できるようになるかもしれない．

2 遺伝子操作を彩る酵素群

　遺伝子操作の基礎となる核酸やタンパク質などを加工する酵素はいずれも自然界にもともとあったものである．それらを純化し，機能を解析してきた基礎研究の蓄積をもとにして，自然界ではそう簡単には起こらないような変化を試験管内で人工的に操作して実現させたのが遺伝子操作である．その原理を正しく理解するために大切な，各反応ステップで働く酵素の性質をこの章で学んでゆこう．なお，RNA を細工する酵素については第 9 章で解説する．

2・1　DNA を細工する酵素群
2・1・1　制限酵素は遺伝子を切るはさみである

　制限酵素（restriction enzyme）は DNA を特定の塩基配列で認識し切断することができる．自然界にある制限酵素は 3 種類（Ⅰ型，Ⅱ型，Ⅲ型）に分類されるが，遺伝子操作に役立つのは**Ⅱ型制限酵素**である．Ⅱ型制限酵素は Mg^{2+} の存在下で認識配列内または近くの特異的な位置で DNA を切断する．Ⅰ型制限酵素は反応に Mg^{2+} のみでなく SAM（S-アデノシルメチオニン），ATP を必要とするという点で扱いにくい．さらに特定の塩基配列を認識して結合するものの，そこから数キロ塩基対も離れた位置のランダムな塩基配列で DNA を切断するため遺伝子操作には役立たない．Ⅲ型制限酵素も認識配列からおよそ 25 bp 離れた不確定な位置で DNA を切断するため実用的でない．

　Ⅱ型制限酵素では，切断する塩基配列は 4〜8 塩基と短くきっちりと決まっており遺伝子を切るはさみとして便利である．切断配列の基本となるのは 4 塩基，6 塩基，8 塩基の左右どちらから読んでも同一となるような**回文**（パリンドローム，palindrome）配列だが（図 2・1），それ以外の非対称な認識配列も数多く見つかっている（よく使われる制限酵素の認識配列と切断位置を後見返しに示す）．切断の様式には 2 種類が知られており，一つは切断面が 5′ 側あるいは 3′ 側で飛び出ている**付着末端**（cohesive end または sticky end）で，二つめは切断面が平らな**平滑末端**（blunt end）である（図 2・2）．

　　　　　　　付着末端は・塩基の水素結合に助けられてくっつきやすい．
　　　　　　　　　　　　・同じ制限酵素で切ったものでないとくっつけられない．
　　　　　　　　　　　　・突出部分を削って平滑末端にすることもできる．

平滑末端は・くっつきにくい.
・別な制限酵素断片どうしでもくっつけられる.
・ただし，向きがある（3′末端と5′末端の構造は違う）ので

$$\begin{matrix} —A_{OH} & {}_{HO}C— \\ —T_{P} & {}_{P}G— \end{matrix}$$

のようなことはできない.

BamHⅠ認識配列
BamHⅠ認識配列に結合
BamHⅠ二量体
DNA 鎖の切断

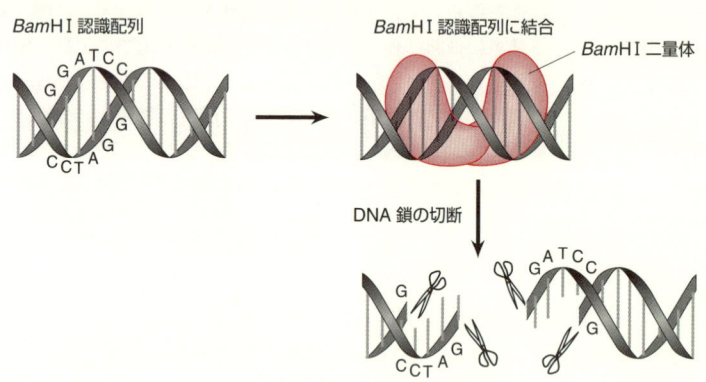

図2・1　制限酵素による DNA 鎖切断の想像図　制限酵素はおもに回文塩基配列を認識するが，その理由は酵素が二量体(ダイマー)を構成していることにある．制限酵素単独および酵素・DNA 結合状態にある三次元 X 線結晶構造が比較され，実際にはさみのような動きをして開き，DNA を捕まえて取囲むことが示されている．

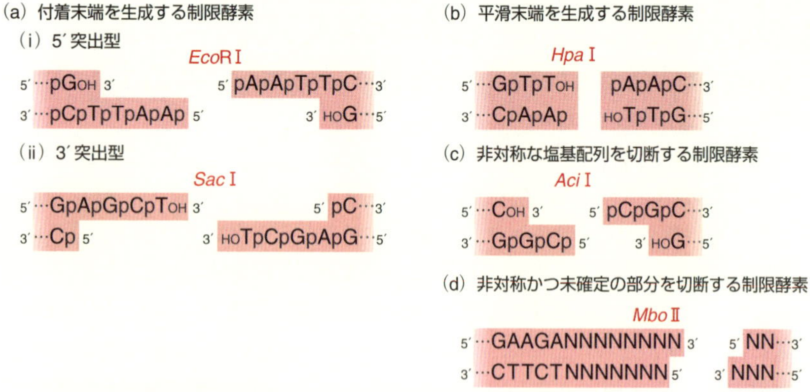

(a) 付着末端を生成する制限酵素
(i) 5′突出型
EcoRⅠ
5′…pGOH 3′　5′ pApApTpTpC…3′
3′…pCpTpTpApAp 5′　3′ HOG…5′
(ii) 3′突出型
SacⅠ
5′…GpApGpCpTOH 3′　5′ pC…3′
3′…Cp 5′　3′ HOTpCpGpApG…5′
(b) 平滑末端を生成する制限酵素
HpaⅠ
5′…GpTpTOH　pApApC…3′
3′…CpApAp　HOTpTpG…5′
(c) 非対称な塩基配列を切断する制限酵素
AciⅠ
5′…COH 3′　5′ pCpGpC…3′
3′…GpGpCp 5′　3′ HOG…5′
(d) 非対称かつ未確定の部分を切断する制限酵素
MboⅡ
5′…GAAGANNNNNNNN 3′　5′ NN…3′
3′…CTTCTNNNNNNN 5′　3′ NNN…5′

図2・2　Ⅱ型制限酵素におけるいくつかの切断パターン　(a) 回文配列を認識して5′末端あるいは3′末端が突出した付着末端を生成する制限酵素．(b) 回文配列を認識して平滑末端を生成する制限酵素．(c) 非対称な塩基配列を切断して5′末端が突出した付着末端を生成する制限酵素．(d) 非対称かつ塩基配列は何でもよいが切断位置を確定させて切断し3′末端が突出した粘着末端を生成する制限酵素．

2・1 DNAを細工する酵素群

人工制限酵素（ZFN と TALEN）

制限酵素 *Fok*I は DNA 切断ドメインと DNA 結合ドメインが独立して挙動し，切断する DNA の塩基配列に特異性はない．ZFN（zinc finger nuclease）は 3 個のジンクフィンガーを *Fok*I の DNA 切断ドメインに融合したタンパク質で，ジンクフィンガーが認識する DNA 塩基配列特異的に二重鎖切断を入れる．切断された DNA は，相同組換えあるいは非相同末端連結により修復されるが，このときに目的の遺伝子を改変できる．転写因子 DNA 結合ドメインと *Fok*I を融合した TALEN（transcription activator-like effector nuclease）も考案されている．DNA 結合ドメインの塩基配列特異性は比較的容易に改変できるので，個別に ZFN や TALEN を作成することで，あらゆる標的遺伝子に対する次世代のノックアウト（ゲノム編集）技術としての展開が進んでいる．実際，これらはさまざまな動物，植物，哺乳類培養細胞（ES 細胞や iPS 細胞を含む）において成功例が報告されている．

同じ塩基配列を認識する異なる菌株由来の制限酵素を，互いに**アイソシズマー**（isoschizomer）とよぶ．*Sma*I（CCC↓GGG）と *Xma*I（C↓CC*GGG）は切断点（↓）が異なるアイソシズマーである．

> この場合，3 番目の C がメチル化（*）されていると *Xma*I でのみ切断される．この性質は覚えておくと便利である（§2・1・3 参照）．

制限酵素は足場を必要とするため，DNA 鎖の端は切断されにくい．たとえば *Hin*dⅢ や *Not*I の場合，端におのおの 3 塩基あるいは 8 塩基くらいは余分の塩基がないと切れにくい．

> PCR 法（§5・5 参照）により DNA を増幅する際，できた断片を制限酵素で切断する目的でプライマーを設計するときには，この性質を考慮して両端を 3 塩基くらい余分に合成すべきである．

2・1・2 DNA メチラーゼは遺伝子に目印を付ける

細菌は侵入してきた外敵ファージの DNA を自己の DNA と見分けるために，特定の塩基配列上のアデニン(A) あるいはシトシン(C) を認識し**メチル化**する **DNA メチラーゼ**（DNA methylase）を産生している．使われ方はメチル化された DNA のみを制限酵素が切断する場合と，その逆のメチル化されていない DNA のみを制限酵素が切断する場合があり，細菌によって異なる．

実験に用いられる大腸菌の親株は Dam メチラーゼ，Dcm メチラーゼ，*Eco*K メチラーゼのいずれかをもつ．目的の DNA をこれらの大腸菌内で増やせば，自動

制限酵素の発見

　DNAを特定の塩基配列で切断する制限酵素の発見は遺伝子操作を現実化したという意味で特筆に値する．その発見の種は意外なところにまかれていたが，研究の成功には才能だけでなく運も大事であることが示されたよいケースである．

　まず，発見のきっかけをつくったのは天才 W. Arber である．彼は大腸菌で増殖した P1 ファージが他の大腸菌では増殖できなくなるという現象（宿主支配性制限修飾）に遭遇して，その理解に頭を抱えていたが，ある日これは"ウイルス DNA を特異的に修飾して目印を付ける酵素と，それを選んで切断する別々の酵素を大腸菌が産生している"からではないかとひらめいた．これは的を的確に射た推察であった．彼は前者を核酸のメチル化酵素と考え，後者をウイルスの増殖を"制限する"という意味で制限酵素と名づけた．そして，実際にファージが感染した大腸菌から制限酵素を精製したのである．

　ここまでは，ひらめきといい，迅速に精製に成功した実行力といい素晴しいの一言に尽きる．しかし，彼には運がついてこなかった．彼が研究対象としたのは後で考えるとⅠ型制限酵素で，扱いが難しく DNA の切断認識配列もあいまいな厄介な代物だったのである．もしこのまま終わっていたら遺伝子操作の開始がずっと遅れ，20世紀の科学の歴史もまったく違ったものになっていただろう．

　しかし，歴史には運のよいヒーローも出現するもので，ここに H.O.Smith と D.Nathans が登場する．Arber の研究のニュースを知った Smith は手元にある別の細菌 *Haemophilus influenzae* から制限酵素を精製し *Hin*d2 と名づけた（1968年）．これは大当たりであった．現在では制限酵素といえばこれをさすくらい便利な，特定の塩基配列を認識して DNA を切断するⅡ型制限酵素だったのである．Smith らのグループが切断される塩基配列を決定したニュースはたちまち世界を巡った．

　彼の幸運はさらに続く．同僚の Nathans が，この酵素を借りて自分が研究していたサルの細胞にがんをひき起こす SV40 ウイルスの DNA を切断してみたところ，運よく数本の特異的な断片に切断され，それらが電気泳動で分離できたのである（1971年）．彼はこうして得た DNA 断片の配列順序をいち早く決定して SV40 の遺伝子構造を初めて明らかにしたが，この結果は遺伝子操作の出発点となるのみでなく，DNA レベルでのがん研究の口火をきったことも意味していた．これもそれだけで大発見である．

　彼らがラッキーだったのは *Hin*d2 が現在 *Hin*dⅡ，*Hin*dⅢ とよばれている二つの制限酵素の混合物であったがために，SV40 ウイルスの DNA がほどよい間隔で切断されたことである．彼らの技術がもう少し洗練されていて二つの酵素を分離したうえで別々に使っていたら，こうも都合のよいサイズでは切断されなかったことになる．

　Arber も 1972 年にはファージの認識部位変異を用いて制限と修飾による制限性という彼の予測を証明する実験に成功した．ノーベル賞委員会はこの3名の業績を公平に評価して 1978 年のノーベル医学生理学賞を与えた．

2・1 DNAを細工する酵素群

図2・3 メチルアデニンとメチルシトシンの化学構造

的にそれぞれのメチラーゼでメチル化されたDNAとなる．メチラーゼによりメチル化を受ける塩基はCまたはAと決まっていて，S-アデノシルメチオニン（S-adenosylmethionine）由来のメチル基が転移される．それぞれ4位の窒素（$m^4C : N^4$-メチルシトシン）または5位の炭素（$m^5C : C^5$-メチルシトシン）あるいは6位の窒素（$m^6A : N^6$-メチルアデニン）がメチル化される（図2・3）．

大腸菌以外からもいくつかの制限酵素部位を認識してメチル化するメチラーゼが知られている（表2・1）．なかでも 5′…CG…3′ と続くCをすべてメチル化するCpGメチラーゼは，多くの高等動物の遺伝子の発現を不活性化するCGと続くC

表 2・1 メチラーゼの種類

名 称	認識配列[†]	メチル化部位	由来する菌
AluI メチラーゼ	AGCT	C5	*Arthrobacter luteus*
BamHI メチラーゼ	GGATCC	N4	*Bacillus amyloliquefaciens* H
ClaI メチラーゼ	ATCGAT	N6	*Caryophanon latum*
FnuDII メチラーゼ	CGCG	C5	*Fusobacterium nucleatum* D
HaeIII メチラーゼ	GGCC	C5	*Haemophilus aegyptius*
HindIII メチラーゼ	AAGCTT	N6	*Haemophilus influenzae* Rd
HhaI メチラーゼ	GCGC	C5	*Haemophilus haemolyticus*
HpaI メチラーゼ	GTTAAC	N6	*Haemophilus parainfluenzae*
HpaII メチラーゼ	CCGG	C5	*Haemophilus aphrophilus*
MspI メチラーゼ	CCGG	C5	*Moraxella* sp.
PstI メチラーゼ	CTGCAG	N6	*Providencia stuartii*
SssI メチラーゼ	CG	C5	*Spiroplasma* sp.
TaqI メチラーゼ	TCGA	N6	*Thermus aquaticus*
Dam メチラーゼ	GATC	N6	*Escherichia coli*
Dcm メチラーゼ	CCAGG	C5	*Escherichia coli*
EcoK メチラーゼ	AAGTGC TTCACG	N6	*Escherichia coli*
EcoRI メチラーゼ	GAATTC	N6	*Escherichia coli*
Dum t 1	CG	C5	*Homo sapiens*

[†] メチル化される塩基を赤字で示した．

のメチル化にかかわっている酵素との関連が注目されている．

2・1・3　大腸菌は制限性によって身を守る

　大腸菌が身を守るために備えている**制限性**（restriction）という性質は，外来の DNA を自身の遺伝子とは区別したうえですべて切断するものだから，そもそも外来遺伝子を細工しようとしている遺伝子操作には不便である．制限性を与えている遺伝子座は四つ（*hsd*, *mcrA*, *mcrBC*, *mrr*）あるので，それらを壊してしまえば制限性はなくなるであろう．そう考えて，これら遺伝子を欠失した変異株が樹立され遺伝子操作のための宿主として提供されてきた．

　hsd 遺伝子座は *hsdR*, *hsdM*, *hsdS* の三つの遺伝子によって構成され，これらはいずれも EcoK メチラーゼのサブユニットをコードする．この EcoK 制限性は配列が保護されていない（メチル化されていない）DNA を制限酵素 *Eco*KⅠ あるいは *Eco*BⅠ が外来と判断して分解する系である．

> これら二つの制限酵素は異なる *hsdRSM* 対立遺伝子によってコードされており，異なる塩基配列を認識する．

一方 *mcrA*, *mcrBC*, *mrr* 各遺伝子産物はそれらの認識配列のシトシンがメチル化されているときにのみ DNA を分解する．

> McrBC は 5′…Pu$\overset{m}{C}$($N_{40\sim2000}$)Pu$\overset{m}{C}$…3′ という DNA を切断する酵素として市販されている（ここで Pu (purine) は A または G）．

前述の *Eco*KⅠ，*Eco*BⅠ のように制限酵素のなかには認識部位がメチル化されていると切断できなくなるものがある（表2・2）．たとえば *Bcl*Ⅰ（認識部位 TGATCA）

表 2・2　Dam メチラーゼあるいは Dcm メチラーゼによる制限酵素の切断への影響[†]

	Dam: G^{m}ATC		Dcm: C^{m}C(A/T)GG	
切断されなくなる制限酵素	*Bcl*Ⅰ	TGATCA	*Apa*Ⅰ	GGGCCC(a/t)gg
	*Cla*Ⅰ	gATCGAT	*Bal*Ⅰ	TGGCCAgg
	*Mbo*Ⅰ	GATC	*Bsl*Ⅰ	CC(A/T)GGNNNNGG
	*Nru*Ⅰ	gaTCGCGA	*Eco*RⅡ	CC(A/T)GG
	*Taq*Ⅰ	gaTCGA	*Sfi*Ⅰ	GGCC(A/T)GGNNGGCC
	*Xba*Ⅰ	TCTAGAtc	*Stu*Ⅰ	AGGCCTgg
影響を受けない制限酵素	*Bam*HI	GGATCC	*Bgl*Ⅰ	GCC(A/T)GGNNGGC
	*Bgl*Ⅱ	AGATCT	*Bst*EⅡ	GGTNACC(a/t)gg
	*Pvu*Ⅰ	CGATCG	*Kpn*Ⅰ	GGTACC(a/t)gg
	*Sau*3AI	GATC	*Nar*Ⅰ	GGCGCC(a/t)gg

[†] 大文字は制限酵素の認識部位．小文字はメチラーゼが認識するための隣接配列，下線部 Dam メチラーゼ，Dcm メチラーゼの認識配列を示す．

はDamメチラーゼ（認識部位GATC）をもつ大腸菌（dam^+）内で増やしたDNA（TGATCAのAがメチル化されている）は切断できない．これらで切断したいときは変異大腸菌（dam^-）を用いなければならない．

一方，この性質は同じ塩基配列を都合によって切断できなくする目的にも使われる．たとえばMboIとSau3AIは共に5′-GATC-3′を認識して切断するが，メチル化されたDNAでも切断できるのはSau3AIのみである．

メチル化部位	メチル化による切断	
↓	可能	不可能
5′-GATC 　　CTAG-5′	Sau3AI	MboI

そこでDNA断片の一方をdam^-大腸菌で増やし，他方をdam^+大腸菌で増やしておくと，両者を接合したキメラDNAをMboIで切断すれば片方しか切断されない．同じトリックは表2・2で示したさまざまな制限酵素の組合わせにおいても使

イントロンにコードされたエンドヌクレアーゼ

真核生物のミトコンドリア，葉緑体などのイントロンやT2, T4などのT偶数系のファージには表2・3に示すように長い認識配列をもち3′突出端を生成するエンドヌクレアーゼが存在する．この酵素はイントロンを挿入する反応において重要な役割をもつと考えられている．たとえばI-CeuIは400万塩基対ある大腸菌DNAを7箇所でしか切断しないというふうに，これらの認識配列はゲノム上にまれにしか存在しないため，巨大なDNA分子を少数の断片に切断したいときには便利である．

表2・3　イントロンにコードされたエンドヌクレアーゼ類

酵素名	認識配列（　　　3′突出端，▼切断位置）	由来
I-CeuI	TAACTATAACGGTCCTAA▼GGTAGCGA	クラミドモナスの葉緑体rRNA遺伝子
I-TliI	GGTTCTTTATGCGGACAC▼TGACGGCTTTATG	好熱菌のDNAポリメラーゼ遺伝子
I-PpoI	ATGACTCTCTTAA▼GGTAGCCAAA	粘菌の核内染色体外rDNA
I-PspI	TGGCAAACAGCTATTAT▼GGGTATTATGGGT	高度好熱菌$Pyrococcus$遺伝子
I-SceI	TAGGGATAA▼CAGGGTAAT	出芽酵母のミトコンドリア21（SrRNA）
VDE	TCTATGTCGGGTGC▼GGAGAAAGAGGTAATG	出芽酵母のVMA1 ATPアーゼ遺伝子

われることを知っておくと便利である．

2・1・4　ヌクレアーゼは遺伝子を壊すシュレッダーである

自然界には制限酵素以外にも核酸を分解する酵素（**ヌクレアーゼ**，nuclease）が数多く見いだされてきた．それらは塩基配列とは無関係に一本鎖 DNA（ssDNA, single stranded DNA），二本鎖 DNA（dsDNA, double stranded DNA），RNA などをヌクレオチドにまで分解する．遺伝子操作には制限酵素とは別の使い道があって重宝されている．表 2・4 には代表的なヌクレアーゼの性質をまとめたが，標的がそれぞれに特異的で使い分けがなされる．

ヌクレアーゼには，端から順にヌクレオチドを除去する**エキソヌクレアーゼ**（exonuclease）と，核酸鎖内部の糖-リン酸骨格を切断する**エンドヌクレアーゼ**（endonuclease）がある．これらは $5'\text{-pN}_{OH} \downarrow \text{pNp-}3'$ という切れ口，あるいは

表 2・4　各種ヌクレアーゼの特徴

ヌクレアーゼ	標的	消化法	消化産物	由来
DNase I	ssDNA, dsDNA	エンド	$5'\text{-p(Np)}_n\text{N}$	ウシ膵臓
S1 ヌクレアーゼ	ssDNA, RNA	エンド	$5'\text{-p(Np)}_n\text{N}$	*Aspergillus oryzae*
Mung Bean ヌクレアーゼ	ssDNA, RNA	エンド	$5'\text{-p(Np)}_n\text{N}$	マメ（Mung bean）の芽
Exo VII ヌクレアーゼ	ssDNA	エキソ ($5'\to 3'$)	$5'\text{-p(Np)}_n\text{N}$	大腸菌
Bal 31 ヌクレアーゼ	ssDNA dsDNA	エンド エキソ ($5'\to 3'$)	$5'\text{-p(Np)}_n\text{N}$ $5'\text{-NMP}$	海洋細菌
Exo III ヌクレアーゼ	dsDNA	エキソ ($3'\to 5'$)	$5'\text{-NMP}$	大腸菌
T7 gene 6	dsDNA	エキソ ($5'\to 3'$)	$5'\text{-NMP}$	λファージ T7
RNase H	DNA/RNA 混成物の RNA	エキソ ($3'\to 5'$)	$5'\text{-p(Np)}_n\text{N}$	レトロウイルス
	DNA/RNA 混成物の RNA	エンド	$5'\text{-p(Np)}_n\text{N}$ $(C/U)\text{-p-}3'$	動物細胞
RNase I	ssRNA	エンド	$5'\text{-p(Np)}_n$	ウシ膵臓
RNase	ssRNA	エンド	Up↓N, Cp↓N	*Bacillus cereus*
RNase Phy M	ssRNA	エンド	Ap↓N, Up↓N	*P. polycephalum*
RNase T1	ssRNA	エンド	Gp↓N	*A. oryzae*
RNase U2	ssRNA	エンド	Ap↓N	*U. sphaerogena*
RNAzyme	ssRNA	エンド	CUCUp↓N	テトラヒメナ
λターミナーゼ	dsDNA	エンド	5' 付着末端（12 bp）	λファージ

5′-pNp↓$_{HO}$Np-3′ という切れ口を生み出す．

2・1・5　リガーゼは遺伝子を貼りつけるのりである

制限酵素をはさみにたとえるならば**リガーゼ**（ligase）はのりに相当する（図2・4）．リガーゼにはDNAリガーゼとRNAリガーゼがあり，細菌やファージのみでなく哺乳動物も含めたあらゆる生物に見つかる酵素である．

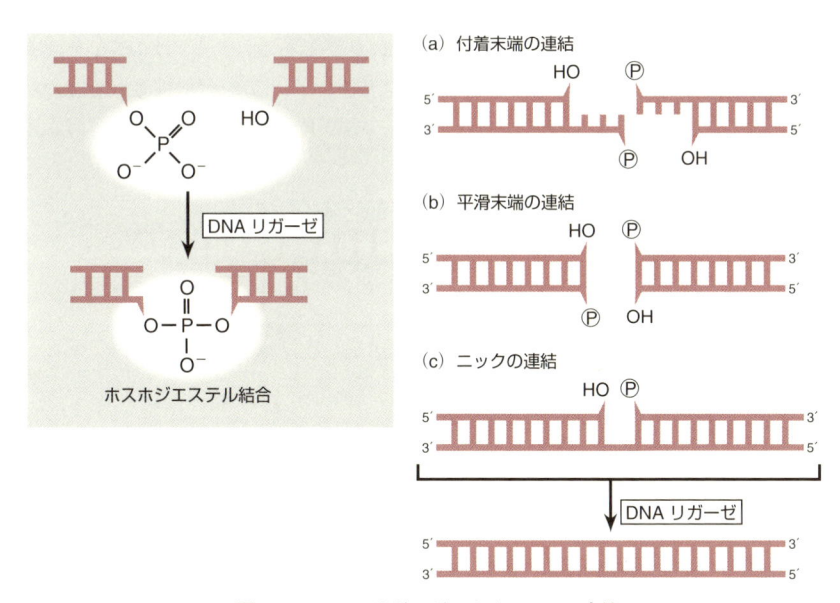

図2・4　DNAリガーゼによるDNAの連結

遺伝子操作に使われるDNAリガーゼには2種類あり，それらは特徴が異なる．T4ファージ由来の**T4 DNAリガーゼ**は突出末端も平滑末端もホスホジエステル結合で連結できるが，**大腸菌DNAリガーゼ**は突出末端どうししか連結できない．またT4 DNAリガーゼがDNAとRNA，およびわずかながらRNAどうしでも連結できるのに対して大腸菌DNAリガーゼにはそのような能力はない．

> これらの違いを利用してcDNAライブラリー作製時にわざわざ大腸菌DNAリガーゼを用いることもある．

T4 RNAリガーゼはオリゴヌクレオチドの5′-P末端と3′-OH末端とを連結する酵素で，RNAの3′末端の標識などに用いる．RNAどうしのほか，DNAとRNAの結合も反応速度は遅いながらも触媒できる．また最小ではpNpおよびNpNpN

までも連結できる．

2・1・6　ポリメラーゼは遺伝子を合成する

ポリメラーゼ（polymerase）は DNA を鋳型にし，それに相補的な DNA または RNA を，ヌクレオチドをつぎつぎと重合することによって合成する酵素で，合成ミスのほとんどない優れた酵素である（図 2・5）．大腸菌 DNA ポリメラーゼ I（Pol I）の反応には鋳型 DNA や dNTP とともに合成を開始する位置を指定するオリゴヌクレオチド（**プライマー**，primer）が必要である．Pol I は DNA を両側（$5' \to 3'$，$3' \to 5'$）方向へ削ってゆくというエキソヌクレアーゼ活性ももち合わせるが，この能力は目的によっては邪魔である．幸い Pol I をタンパク質分解酵素に

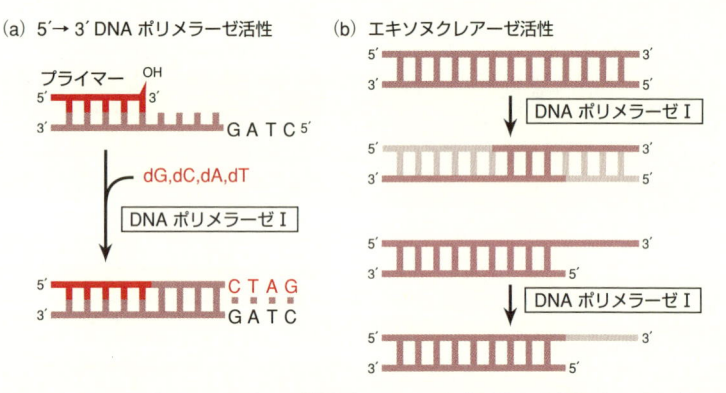

図 2・5　DNA ポリメラーゼ I が触媒する DNA 合成反応と分解反応　(a) 鋳型とプライマーの存在下で dNTP を基質とし，鋳型に相補的な DNA を $5' \to 3'$ 方向に合成する．(b) 二本鎖特異的 $5' \to 3'$ エキソヌクレアーゼ活性と一本鎖特異的 $3' \to 5'$ エキソヌクレアーゼ活性．

よって断片化することで得られた**クレノウ断片**（**クレノウ酵素**，Klenow enzyme；発見者の名前にちなむ）は $5' \to 3'$ 方向へのエキソヌクレアーゼ活性のみを欠損するため，二本鎖 DNA の末端およびギャップの修復に適しており遺伝子操作においては Pol I まるごとより頻用される．

> T4 DNA ポリメラーゼは Pol I と同様に相補鎖 DNA を合成でき，もともと $5' \to 3'$ エキソヌクレアーゼ活性をもたない．ただし，クレノウ酵素ほどは長期保存がきかないのが欠点である．しかしクレノウ酵素に比べて約 250 倍も強力な一本鎖 DNA 特異的 $3' \to 5'$ エキソヌクレアーゼ活性があるので，それを利用した DNA 断片の $3'$ 末端からの標識に使われる．

煮えたぎった温泉中でも生育できる高度好熱菌（*Thermus aquaticus*）から精製された ***Taq* DNA ポリメラーゼ**は，DNA 二本鎖が一本鎖に解離するほどの高温下（95℃以上）でも失活しないため，PCR 法（§5・5 参照）による DNA の増幅に用いられる．

> この酵素は 400 塩基に一つの割合で合成ミスを生じるという重大な欠点をもつが，遺伝子操作によって改善された LA-*Taq* などが開発されてきた．一方，海底火山などより単離された好熱菌や好熱古細菌などから数多くの耐熱性 DNA ポリメラーゼが単離されている（*Vent*, *Pfu*, *BcaBEST*, *KOD* など）．これらの合成ミスは一般に *Taq* より一桁低いが，合成能力が低いため *Taq* はいまだに重宝されている．

RNA ポリメラーゼは DNA を鋳型に，NTP をつぎつぎと重合することによって相補的な RNA を合成する酵素である．反応開始にはプロモーターとよばれる特別な塩基配列（図 2・6）が必要なため，合成したい DNA のすぐ 5′ 側にこの塩基配列をもたせておかなければならない．

> 大腸菌に感染する T3 または T7 ファージ由来のもの，あるいはサルモネラ菌（*Salmonella typhimurium* LT2）に感染するファージ SP6 由来のものが遺伝子操作に使われる．

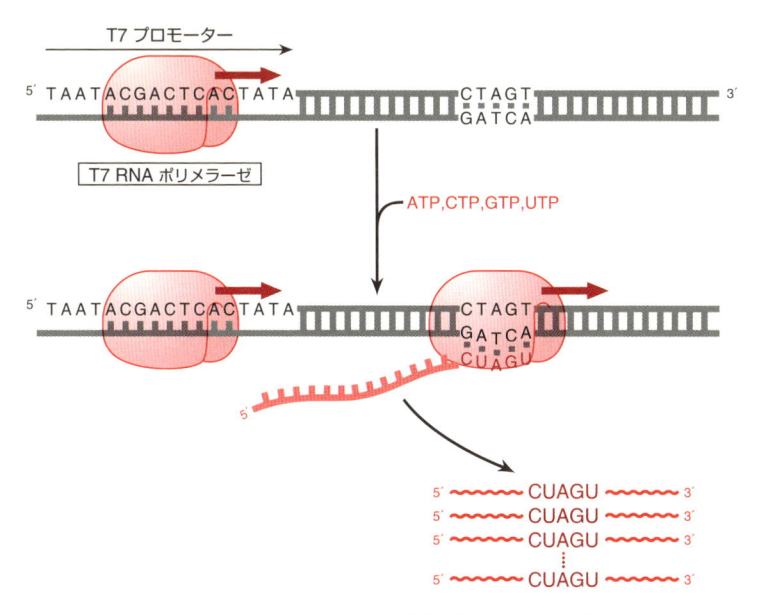

図 2・6　RNA ポリメラーゼが触媒する RNA 合成反応

2・1・7 逆転写酵素

逆転写酵素(reverse transcriptase)は一本鎖RNA(またはDNA)を鋳型としてそれに相補的なdNTPをプライマー(DNAまたはRNA)の3′-OH末端に順々に重合させることで5′→3′の方向にDNAを合成する。RNAに相補的なこのDNAを**相補的DNA**(complementary DNA, **cDNA**)とよぶ(図2・7)。mRNAは不安定があるがcDNAは安定で細工もしやすいことから遺伝子工学で重宝されている。

> 逆転写酵素はRNA型がんウイルス(**レトロウイルス**)であるAMV(*Avian myeloblastosis virus*, トリ骨髄芽球ウイルス)、RAV-2(Rous associated virus-2, ラウス随伴ウイルス-2)、MMLV(Moloney murine leukemia virus, モロニーマウス白血病ウイルス)にコードされる。

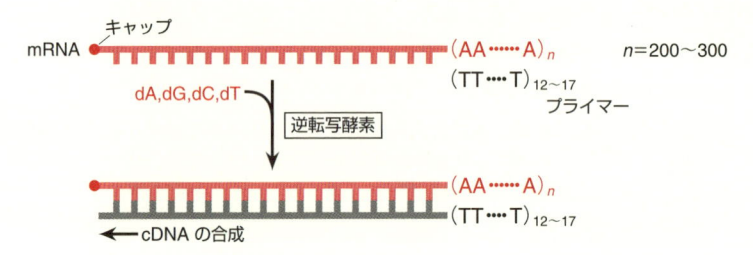

図2・7 逆転写酵素はmRNAを鋳型としてcDNA(相補的DNA)を合成する反応を触媒する

RNase HとよばれるヌクレアーゼはRNA/DNAハイブリッドのRNA部分のみを3′→5′方向に分解する。逆転写酵素もこれと同様のRNA分解活性をもつ。cDNA合成のためには鋳型になるmRNAのポリ(A)テールにハイブリダイズさせるため、12〜17塩基からなるオリゴ(dT)をプライマーとして用いることが多い。

> この酵素は便利であるが不安定で扱いにくかった。そこで遺伝子操作によって改善した酵素(SuperscriptⅡ)が開発された。これはcDNA合成を阻害していたmRNAの立体構造を壊すため高温(50℃)でも反応できるようにした酵素で、cDNAの伸びが良くなったため、cDNAライブラリー作製にとても有用である。

2・1・8 末端核酸付加酵素

TdT(terminal deoxyribonucleotidyl transferase, ターミナルトランスフェラーゼともいう)はDNAの3′-OH末端にdNTPのうち同一のヌクレオチドをつぎつぎと重合してゆく酵素である(図2・8)。最小三つの塩基から成るオリゴヌクレオチドでも基質となって、その3′-OH末端にモノヌクレオチドが重合してゆく。何個

重合させるかの制御は容易でなく，反応温度や反応時間，あるいは反応液に加える dNTP の濃度を調節するしかない．

> この酵素は遺伝子操作の口火をきった P. Lobban のアイデア（p.17，図 1・9 参照）を実行する際になくてはならない酵素であったという意味で歴史的な価値がある．現在では必要性が減って，cDNA ライブラリー作製時のベクター cDNA に相補的なホモポリマーの付加や，DNA の 3′ 末端の標識に時おり用いられる程度になってしまった．

図 2・8　TdT（末端核酸付加酵素）は DNA の 3′ 末端へポリ(A)を付加する反応を触媒する

2・1・9　リン酸化・脱リン酸酵素

たとえば *Eco*RⅠの切断面は 5′-pApApTpTpCp‥‥-3′ となるように，ヌクレアーゼによる DNA の切断面には 5′ 側にリン酸基が残っている．ここに [γ-^{32}P]ATP（γ 位を ^{32}P で放射能標識した ATP）を用いて標識するためにはこのリン酸基を除かなくてはならない．大腸菌の脱リン酸酵素（**BAP**，bacterial alkaline phosphatase，大腸菌アルカリホスファターゼ）はこの目的に適している（図 2・9a）．

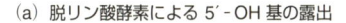

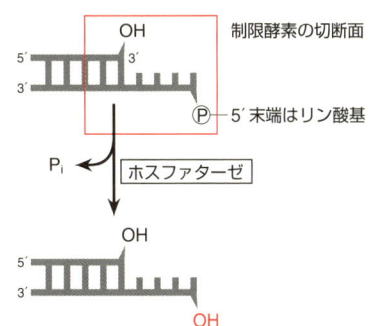

(a) 脱リン酸酵素による 5′-OH 基の露出
(b) T4 ポリヌクレオチドキナーゼによる ^{32}P 標識

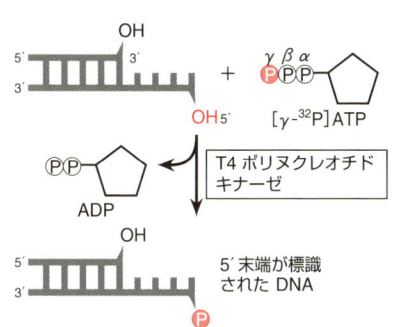

図 2・9　脱リン酸反応およびリン酸化反応の模式図　(a) 脱リン酸酵素は DNA の 5′-OH 基を露出させる生化学反応を触媒する．(b) リン酸化酵素の一つであるポリヌクレオチドキナーゼは露出した DNA の 5′-OH にリン酸を付加する生化学反応を触媒する．これによって DNA の 5′ 末端を放射性同位体（^{32}P）で標識できる．

> 同様な酵素活性をもつウシ小腸由来の酵素（**CIP**, calf intestine alkaline phosphatase）は熱安定な BAP とは異なり，熱処理（60℃）で失活するため，その後の反応にすぐに移れて便利だが，より低温（37℃）で反応させなければならない分，脱リン酸能力が BAP よりは劣る．

T4 ポリヌクレオチドキナーゼは ATP の γ 位リン酸を DNA 断片やポリヌクレオチドの 5′-OH 末端（3′ 末端は不可）に転移する（図 2・9b）．このとき ATP が ADP へ変化することでリン酸が供与される．γ 位が ^{32}P で標識された ATP を用いて DNA や RNA の 5′ 末端を標識するのによく用いられる．

2・1・10 その他の遺伝子操作に有用な酵素

DNA ポリメラーゼによる dNTP の取込みの際には有機ピロリン酸（PP$_i$, pyrophosphate）が生成する．これが DNA ポリメラーゼ活性を阻害するのみでなく，高温で DNA や RNA が分解する原因ともなり，特に PCR においては邪魔である．高度好熱菌（*Thermus thermophilus*）から精製された**ピロホスファターゼ**（pyrophosphatase）は高温でも作用して PP$_i$ を除去するため PCR の効率上昇に一役かっている．

ウラシル-DNA グリコシラーゼ（**UDG**, uracil-DNA glycosylase）は DNA 複製過程で誤って生じるデオキシウリジン（dUTP）の取込みや，シトシンの脱アミノ（図 9・15 参照）の際に誤って生じたデオキシウリジンを含む DNA（これを U-DNA とよぶ）からウラシルを除去することで，DNA 内に無塩基部位をつくり出す．この部位はアルカリ条件下の加熱処理に感受性で，DNA がそこで切断される（図 2・10）．RNA のリボウラシル塩基は UDG の基質とならないため，意図的に dUTP を取込ませて，その後，部位特異的に U-DNA を切断することができる．

> この技術は主として PCR において擬似陽性の増幅をもたらす原因となる持込み混雑物（carry-over contamination）を除くために用いられる．

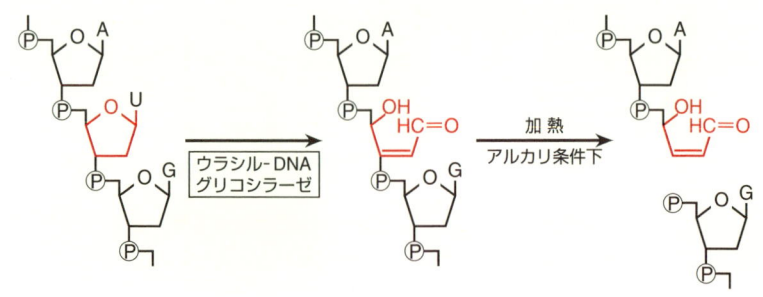

図 2・10　U-DNA 部位におけるウラシル・グリコシル結合の加水分解とアルカリ条件下での加熱による切断の模式図

2・2 タンパク質を細工する酵素群

ポストゲノムの時代に入ってタンパク質の生理機能を包括的に解析するという**プロテオミクス**（§14・2・6参照）の考え方が重要になってきた．そこでは遺伝子産物であるタンパク質を直接に細工する酵素が大切な働きをする．タンパク質の生理活性発現には翻訳後の修飾が重要であるとともに，使用済みのタンパク質を分解して不活性化することも，作ることと同じくらい大切である．

2・2・1 タンパク質の修飾酵素

ジスルフィド結合（disulfide bond, Cys-Cys）は多くのタンパク質で見つかる翻訳後修飾であり，そのタンパク質の正確な立体構造の保持に必要とされる．大腸菌でジスルフィド結合をもつタンパク質を大量発現させるときにはランダムな結合が形成されやすいので，グルタチオン，DTT（dithiothreitol）などを用いて正しいジスルフィド結合の形成や間違った結合の矯正を助けなければならない．

> 細胞内ではチオレドキシンによりジスルフィド結合が制御されるが，これを自在に使いこなすのは難しい．小麦粉由来の corystein（purothionin），ウシ肝臓由来のタンパク質 PDI（protein disulfide isomerase）あるいは組換え大腸菌チオレドキシン由来の rProFold などは外から加えるだけで，生体内と同じゆるやかな条件下で誤ったジスルフィド結合を矯正する．

大腸菌由来の**シャペロニン**（chaperonin）タンパク質の一つである 14 量体（サブユニットは 60 kDa）の GroEL，あるいは七量体（サブユニットは 10 kDa）の GroES から構成される複合体は，誤った立体構造をもってしまったタンパク質を元通りに矯正できる．

> たとえば大腸菌内で大量発現させたことで正しい立体構造を構築できずに不溶性となって**封入体**（inclusion body）とよばれる細胞内構造に取込まれてしまったタンパク質が GroEL，GroES によって再構築されることもある．

タンパク質のリン酸化（あるいは脱リン酸）は活性発現に重要な働きをする．リン酸化・脱リン酸されるアミノ酸は Ser，Thr あるいは Tyr のみであり，リン酸化は特定のタンパク質リン酸化酵素（**プロテインキナーゼ**，protein kinase）によって行われる（図 2・11 最上段）．一方，脱リン酸酵素（**ホスファターゼ**，phosphatase）は特性が低いため *in vitro* 実験に適しており，たとえば λ ホスファターゼはタンパク質中のリン酸化された Ser，Thr，Tyr のいずれからもリン酸基を外すことができる．

そのほか，特定のタンパク質は図2・11に示すようなさまざまな修飾を細胞内で受けている．哺乳動物のDNAを大腸菌内で大量発現させると，これらの修飾を受けず本来の生理活性を発現しないこともあるので注意する．

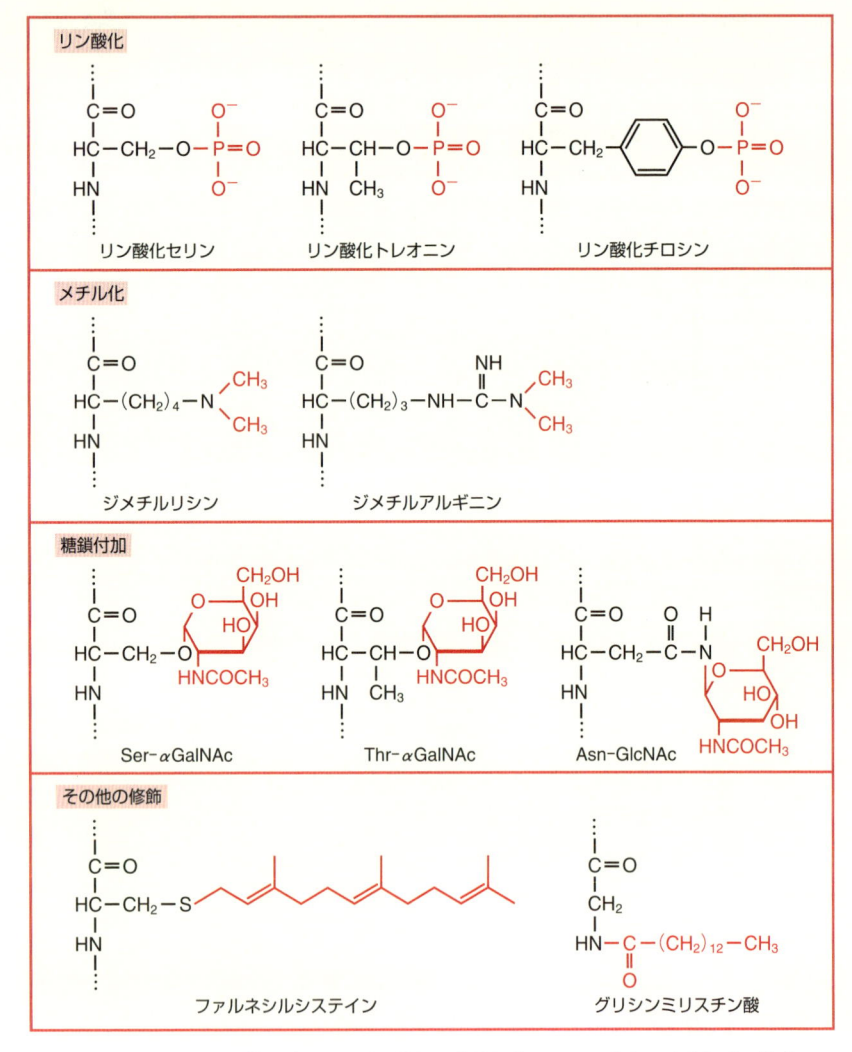

図2・11 タンパク質が受ける各種の修飾　修飾部位のアミノ酸との連結部分の構造を示す．

2・2・2 タンパク質分解酵素 (プロテアーゼ)

タンパク質は特定のタンパク質分解酵素 (**プロテアーゼ**, protease) あるいはペプチド分解酵素 (**ペプチダーゼ**, peptidase) によって分解される. これらはアミノ酸配列の決定や大腸菌につくらせた融合タンパク質の不要部分の切除などに有用

表 2・5 タンパク質分解酵素, ペプチド分解酵素の性質

特異的切断のできるタンパク質分解酵素(プロテアーゼ)の性質		
酵 素 名	切断の特異性	由 来
アスパラギンエンドペプチダーゼ	$-\text{Asn} \downarrow \text{X}-$	マメ (Jack bean)
アルギニンエンドペプチダーゼ	$-\text{Arg} \downarrow \text{X}-$	マウス顎下腺
プロテアーゼ I	$-\text{Lys} \downarrow \text{X}-$	*Achromobacter*
TPCK トリプシン (trypsin)	$-\text{Arg} \downarrow \text{X}-$	ウシ膵臓
	$-\text{Lys} \downarrow \text{X}-$	
エンドプロテイナーゼ Asp-N	$-\text{Asp} \downarrow \text{X}-$	*Pseudomonas fragi*
	$-\text{Cys} \downarrow \text{X}-$	
V8 プロテアーゼ	$-\text{Glu} \downarrow \text{X}-$	*Staphylococcus* V8 株
Xa 因子	$-\text{Ile}-\text{Glu}-\text{Gly}-\text{Arg} \downarrow \text{X}-$	ウシ血清, ヒト血清
トロンビン (thrombin)	$-\text{Leu}-\text{Val}-\text{Pro}-\text{Arg} \downarrow \text{Gly}-\text{Ser}$	ウシ血清

アミノ酸配列解析に用いられるペプチド分解酵素(ペプチダーゼ)の性質		
酵 素 名	切断の特異性	由 来
ククミシン (cucumisin)	荷電アミノ酸(Cys, Asp, Glu, Lys, Arg)のカルボキシ側のペプチド結合を優先的に切断.	メロン果肉
アミノペプチダーゼ SG	タンパク質やペプチドの N 末端からアミノ酸を順次遊離する (ただし X-Pro の場合のみ X のアミノ酸は遊離しない).	微生物 (*Streptomyces griseus*)
アミノペプチダーゼ M		ブタ腎臓
カルボキシペプチダーゼ P	タンパク質やペプチドの C 末端からすべての L-アミノ酸を順次遊離する.	微生物 (*Penicillium janthinellum*)
カルボキシペプチダーゼ Y		出芽酵母
ピログルタミン酸アミノペプチダーゼ	N 末端がピログルタミン酸であるペプチドおよびタンパク質からピログルタミン酸を遊離.	ブタ肝臓
メチオニンアミノペプチダーゼ	N 末端がメチオニンであるタンパク質から N 末端メチオニンのみを特異的に遊離.	微生物 (*Pyrococcus furiosus*)
Ac-DAP[†] DAP	ミリストイル基などを含む N 末端修飾アシル基とそれに続くアミノ酸を順次遊離する.	

† Ac-DAP : *N*-acetyl deblocking aminopeptidase.

である．表2・5に示すように特定のアミノ酸のすぐあとで分解する特異性をもつ酵素もいくつか見つかっているが，制限酵素が核酸を切断するほどの多様な特異性をもつ酵素はない．これらのおかげで，従来解析が困難だった微量タンパク質のN末端近傍のアミノ酸配列の解析が可能となった．

2・2・3　タンパク質分解酵素阻害剤（プロテアーゼインヒビター）

タンパク質は壊れやすいのでタンパク質分解酵素から保護するタンパク質や薬剤も重要である．

低分子阻害剤である **PMSF**（フェニルメタンスルホニルフルオリド）は幅広いタンパク質分解酵素の活性を阻害する．**シスタチン**（cystatin）はシステインプロテアーゼ（パパインなど）に対して阻害活性をもつタンパク質の総称で，三つのタイプに分類される．1型のヒト由来シスタチン（12 kDa）は分子内にジスルフィド結合を含まない．2型の卵白由来のシスタチン（13 kDa）は標的酵素への高い特異性と結合力を示す可逆・拮抗的な阻害をする．3型のヒト由来**カルパスタチン**（calpastatin）は137アミノ酸からなるタンパク質で，活性部位にシステインをもつタンパク質分解酵素である**カルパイン**（calpain）を特異的に阻害する．

> システインプロテアーゼまたはセリンプロテアーゼという名称は酵素活性部位にある中心的な働きをするアミノ酸がシステインかセリンかによって分類されたタンパク質分解酵素の総称である．

一方，卵白由来のオボインヒビター（ovoinhibitor）は活性部位にセリンをもつトリプシン（trypsin），キモトリプシン（chymotrypsin），プロテイナーゼK（proteinase K）などを阻害する．これをアガロースゲルに臭化シアン化法で固定化し，試料を通過させることでセリンプロテアーゼをアフィニティー精製除去できるキットProtrapは実用的である．そのほかウシ肺由来のアプロチニン（aprotinin）や，ペプスタチン（pepstatin），ロイペプチン（leupeptin）も活性部位にセリンをもつタンパク質分解酵素を阻害する．

3. プラスミドとファージ

遺伝子操作技術はミクロの世界を操る技術である．その実現のために二つの小さな生き物が利用された．この章で扱うプラスミドとファージがそれである．これらの小さな生き物は，そのゲノムの中にヒトの遺伝子を組込んで大腸菌の中へ運び込む運搬装置（ベクター）として理想的なミクロマシーンの働きをしてくれる．まさに天からの授かりものと言ってもよいこの可愛らしい生き物をうまく使いこなせるようになるまでには，長い間の（といってもたかだか 30 年くらいであるが）地道な分子生物学の基礎研究の積み重ねが必要であったことを忘れてはなるまい．

3・1 プラスミド

プラスミド（plasmid）は生き物というにはあまりにも単純すぎるかもしれない．なにしろ DNA だけから成り立っているため宿主細胞に寄生しないと生きてゆけないのだから．しかし，大方の複製関連酵素は宿主のものを拝借しているとはいえ，自身の遺伝情報をもって自己複製して個体数を増やして生活しているのであるから，立派な生き物であることには違いない．おもに細菌（大腸菌や枯草菌など）の細胞内に細菌の DNA とは独立して主として環状 DNA として存在する．

> プラスミドは，真核生物でも出芽酵母（キラープラスミド）や植物細胞（Ti プラスミド）に見つかっているが，ヒトなどの哺乳類細胞には見つかっていない．

プラスミドはふだんは宿主細胞にとって何の役にも立たないただの居候にすぎないが，環境が激変して宿主細胞の生存が危ぶまれる事態に陥るとこれが大活躍するのである．

> たとえば抗生物質が存在する環境下では，抗生物質耐性遺伝子をのせた R プラスミドをもつ細菌だけが耐性となって生き延びられる．ここに，抗生物質は元来は自然界に存在する物質だったことを思い起こそう．

3・1・1 プラスミドの性質

プラスミドは，おそらくは共通の祖先 DNA から進化してきたからであろうか，どれもいくつかの基本単位から成り立っている．この性質は，これらの基本単位を他の生物由来の DNA 断片と接続させることで新たな機能ユニットを構築できるこ

3. プラスミドとファージ

とを意味する点で有用である．

プラスミドは環状 DNA 分子である（図 3・1）．小さなものでは 2 kb 程度しかなく，大きいものでも 200 kb くらいである．

> 酵母のキラープラスミドのみが例外的に RNA 分子として知られている．

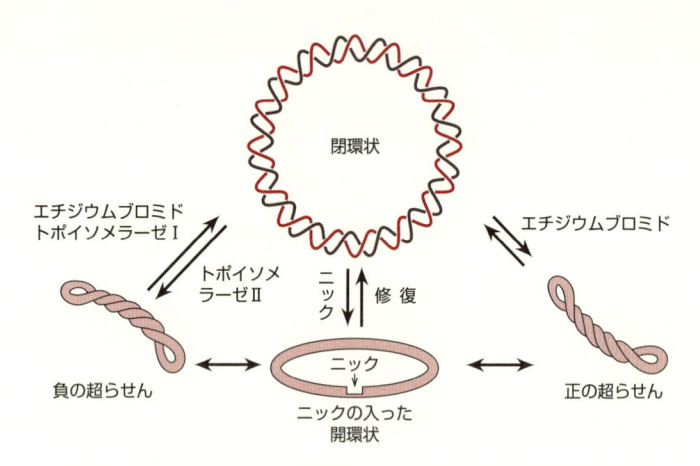

図 3・1　プラスミド DNA の構造　プラスミド DNA は環状の二本鎖 DNA で，細胞内では開環状，正あるいは負の超らせんという少なくとも三つの異なる構造をとっていると考えられている．

細胞当たりには複数個存在し，少ないもの（F プラスミド）で 1〜2 個である．これは**厳格複製**（stringent replication）様式をとっているからで，F プラスミドの DNA の複製・分離は宿主染色体の複製・分離と同じ制御を受けているため勝手には複製できない．一方，大半のプラスミドはそのような制御から自由な**緩和複製**（relaxed replication）様式であるため複製は自由で，多いものでは細胞内に数百コピーも存在できる．

> 初期の技術では，蛍光色素のエチジウムブロミド（EtBr，ethidium bromide）を加えた塩化セシウム（CsCl）密度勾配遠心チューブ内で，超遠心分離によりプラスミドを宿主大腸菌の DNA と分離していた．一昼夜の超遠心後，密度勾配が形成された遠心チューブに暗室で紫外線を照射すると 2 本のバンドが観察される．上のバンドは操作中に断片化した大腸菌 DNA なので，これを混ぜないように下にきているプラスミド DNA のバンドを注射針で抜き取る．この面倒であるが初心者にはプロの仕事としての達成感のある作業は，今ではキット化による簡単カラム操作で済むようになって便利ではあるが味気なくなってしまった．

2種類のプラスミドが同じ細胞内に存在することもある．この世界にも仲良しもあればそうでないものもあり，その鍵は複製制御機構にある．もし二つのプラスミドがまったく異なる複製制御下にあれば争うことなく共存するのでこの二つのプラスミドは**和合性**（compatibility）を示すという．しかし同じ複製制御下にあると，同じコピー数で複製したとしても宿主細胞の分裂後にはプラスミドDNAは娘細胞にはランダムに分配されるためコピー数に偏りが生じ，やがては1種類のプラスミドのみが優勢となってゆく．このような場合には二つのプラスミドが**不和合性**（incompatibility）を示すという．

3・1・2　プラスミドの種類

多種類見つかっている大腸菌プラスミドのうち，遺伝子操作技術に有用な機能ユニットを提供してきたプラスミドについて学んでゆこう．

a.　ColE1系プラスミド

約6 kbの環状DNA分子である**ColE1系プラスミド**類は高分子抗生物質であるコリシンE1を産生する大腸菌株から単離された．このプラスミドには有用な抗生物質に対する耐性遺伝子が含まれていたため遺伝子組換え実験初期からベクターとして採用されてきた．なかでもColE1由来のプラスミドベクター（pMB9）にアンピシリン抵抗性のマーカーをもったトランスポゾンであるTn3を導入して作製されたpBR322（4.3 kb）は現在使われている多くのプラスミドベクターの母体となっている（p.57，図3・10参照）．pBR322は緩和複製様式をとるため大腸菌内で1細胞当たり15～20コピー存在する．

> タンパク質合成阻害剤のクロラムフェニコールを加えて宿主大腸菌を殺し，さらに数時間以上培養し続けると（大腸菌が死んでからも大腸菌のDNAポリメラーゼIを利用して複製し続ける）プラスミド数は数十倍に増幅される．

その改良版の**pUCベクター**（pUC118やpBluescript IIなど）はこのColE1複製制御系（レプリコン）の抑制ユニットを除いてあるためさらにコピー数が増えて，通常の培養条件下で500～700と高いコピー数を示す．

b.　F因子系プラスミド

大腸菌にも雄と雌がある．雄は接合架橋とよばれる管を雌につなげ，その中を通してDNAを直接伝達させるのである．大腸菌が雄となるには**F因子**（fertility factor，稔性因子）を産生する遺伝子をもつプラスミド（**Fプラスミド**）を保有しなければならない．

細菌の性を発見した Lederberg

1946年,細菌が性をもつことを発見した J. Lederberg は当時まだ21歳のエール大学大学院生であった. L. Tatum の指導下にあった彼は大腸菌の栄養要求変異株である菌株A ($met^-\ bio^-$;メチオニンとビオチン要求性)と菌株B ($thr^-\ leu^-$;トレオニンとロイシン要求性)を混ぜたとき,約10^7個に1個という予想外に高い割合で非栄養要求株($met^+\ bio^+\ thr^+\ leu^+$)が出現することを見いだした. 一つの栄養要求変異では約10^6個に1個の割合で自然に復帰突然変異($met^-\to met^+$など)を起こすので,この実験のように二重変異株の場合には両方の変異が復帰する確率は10^{-12}とずっと低くなるはずである. 実際,二つの株を混ぜなかった場合には予想どおりの割合で自然復帰した.

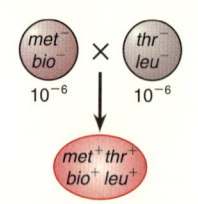

この現象を見逃さなかった彼は,この現象が何か高分子物質によってひき起こされているだろうと考えて,右図に示すような巧妙な実験を考案した.

まず細菌は通さないが高分子物質は通過させるフィルターで仕切ったデービスのU字管に完全栄養培地を入れ,一方には菌株Aを他方には菌株Bを入れて培養する. つぎに一方の管口から吸引したり圧力をかけたりして培養液内のDNAや高分子物質をよく通過させ混ぜ合わせておいてから培養を止めておのおのの菌株を最少栄養培地に植えるのである. 結果は,どちらの菌株からも復帰株は出現しないという意外なものであった. 高分子物質の移動ではなく大腸菌どうしの接触そのものが重要らしい.

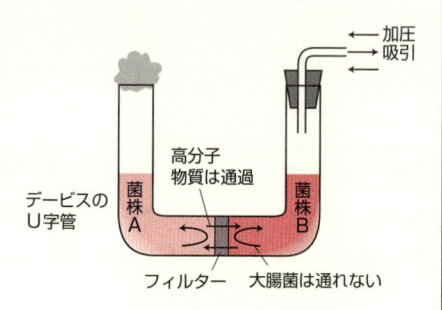

さしもの彼らもこの結果の説明には困り,まずは常識的に二つの菌が融合して二倍体の接合体を形成するというモデルを考えた. しかし,それは二つの菌株を混ぜる直前に一方を殺す実験,特に供与菌は殺しても平気だが受容菌を殺すと非栄養要求株は出現しなくなったという結果により否定された.

ここに至って彼らは大腸菌株の間で遺伝子がやりとりされている,言いかえれば大腸菌にも雌雄の区別,すなわち性があるという当時の常識からはかけ離れた過激な仮説を提唱することとなった. その後,多くのグループが実験を重ねてこの仮説が正しいらしいことを証明してきたが,"百聞は一見にしかず",1956年に T. Anderson が大腸菌どうしが短く細い管でつながっている接合の瞬間の電子顕微鏡写真を撮ることに成功して最終的に認められた. これらの貢献が評価されて Lederberg は1958年に W. Beadle, Tatum とともにノーベル賞を受けた.

3・1 プラスミド

Fプラスミドをもつ雄はF$^+$菌株と表記され，Fプラスミドをもたない雌はF$^-$菌株と表記される．大腸菌ではFプラスミドがまるごと組込まれることはなく，主としてF因子のみが組込まれる．

Fプラスミドは分子量の大きい（94.5 kb）環状二本鎖DNAプラスミドで，大腸菌内では1〜2コピーしか存在しない．この低コピー性は，大量発現してしまうと大腸菌が死んでしまうような遺伝子を大腸菌内で増幅したいときに役立つ．

Fプラスミドは接合伝達に関与する領域，自律増殖に必要な領域，組換えに関与する領域，の三つの機能単位で構成されている．このうちF因子をもたない領域である自律増殖に必要な領域（5.5 kb）を取出し薬剤耐性遺伝子を連結させた"ミニFプラスミド"が開発されている．

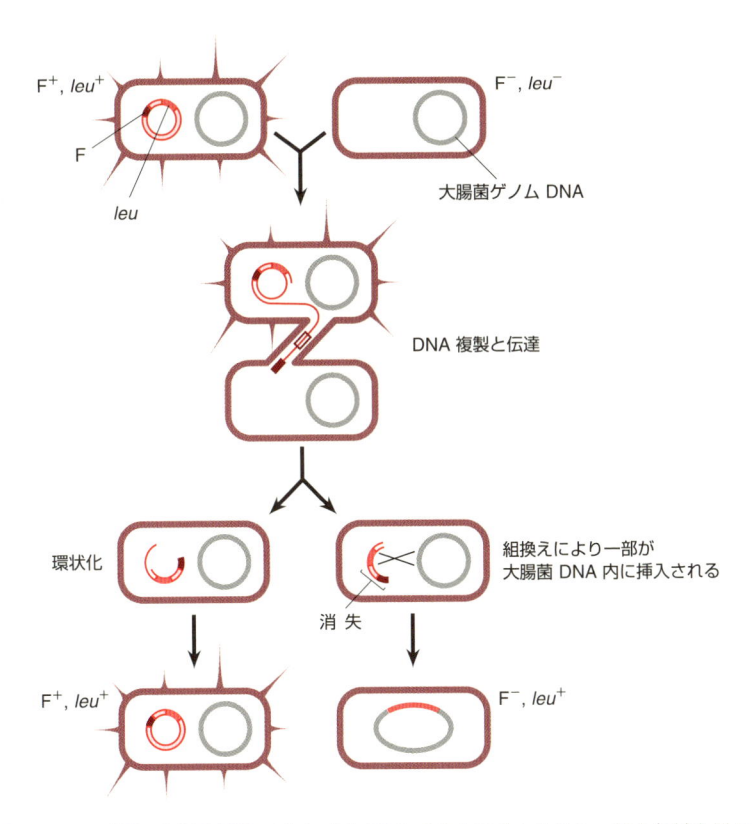

図3・2 Fプラスミドの伝達 F$^+$ *leu*$^+$とF$^-$ *leu*$^-$をかけ合わせると，接合架橋を通じて供与菌から受容菌へF$^+$ *leu*$^+$を含むDNA領域が移る．そのうち，ある受容菌（左）はF$^+$ *leu*$^+$が環状化してF'プラスミドをもつ株に変化し，ある受容菌（右）は*leu*$^+$のみが大腸菌ゲノムへ組込まれてロイシンなしの培地でも増殖できるようになる．

Fプラスミドは核外環状DNAとして存在するのみでなく，大腸菌の染色体DNAの中に組込まれて存在することもできる．図3・2には染色体外にあるFプラスミドの伝達の仕組みをまとめた．この性質によるF′プラスミドの生成は大腸菌の遺伝子型変換に有用である．特に注目すべきは，そのとき近くの大腸菌染色体DNAの一部も一緒に伝達してしまうことである．

Fプラスミドの大腸菌染色体内への組込みは染色体上のランダムな場所で起こるので個々の菌では異なった染色体上の位置から染色体伝達が始まる．いったんDNA伝達が始まると接合架橋が外れないかぎり大腸菌の染色体全体さえも伝達されてしまうが，それには100分間もかかる計算になる．絶えず動きまわっている大腸菌どうしでそのような長時間の接合は不可能である．実際には伝達終了を待たずに2個の細胞は離れてしまいDNA伝達は途中で中断する．

> このとき，雌細胞はFプラスミドDNAの最初の一部と雄大腸菌染色体の一部分を受取るが，それを強調する場合にはFの右肩に［′］を添えてF′のように区別して記し，その中にある遺伝子の名前をつけてよぶ．たとえばF′ *lac pro* はこのF′プラスミドが *lac* と *pro* の二つの大腸菌遺伝子を搬出，保有していることを示す（p.70, 遺伝子型の読み方参照）．

F因子は大腸菌の接合を促進するのでF因子をもつ株では染色体伝達が高頻度で起こる．特に，Fプラスミドが大腸菌のゲノムDNA内に組込まれたHfr（high frequency of recombination）とよばれる株では通常のF⁺株に比べて千倍もの効率で染色体伝達が起こる．

> F因子を宿主大腸菌から除去するには培地にアクリジン色素を加えて培養する．この操作を治療（curing）とよび，その結果大腸菌はF⁻菌株となる．

c. R因子系プラスミド

抗生物質が効かなくなるのは医療上深刻な問題であるが，その原因は抗生物質を無毒化できる因子（無毒化酵素）をコードする遺伝子をもつプラスミドが細菌に取込まれて薬剤耐性株に変化することにある．最初に見いだされたこの因子は**耐性**（resistance）という意味を込めて**R因子**と名づけられ，それを運ぶプラスミドは**耐性伝達因子**（RTF, resistance transfer factor）または**Rプラスミド**とよばれる．

> これまでに見つかってきた作用様式，耐性作用様式とも少しずつ異なる代表的な抗生物質耐性遺伝子を付録1に示す．

遺伝子領域と**r決定基**（r determinant）とよばれる領域がつながった基本構造をもつ典型的なRプラスミド（約100 kb）は厳格複製を受けて大腸菌内で1細胞当たり約1コピー存在する．1セットの性決定因子をコードするr決定基は数kb〜数十

kbの大きさで，一つあるいは複数の抗生物質耐性遺伝子をもつ．これらの領域は細菌プラスミド間で頻繁に交換と再構成を起こす能力をもつため，つぎつぎと新たな組合わせをもつプラスミドが出現する．まさに遺伝子操作が自然界でも行われているのであり，これが抗生物質耐性菌株が突然に出現して急速に広まる理由である．

3・2　バクテリオファージ

バクテリオファージ（bacteriophage）は細菌に感染するウイルス様の生命体である．遺伝情報を運ぶDNAとそれを包み込むコートタンパク質と感染・増殖に必要な制御タンパク質から構成され，エネルギー生産系やアミノ酸源および複製，転写，翻訳系の機能は自弁せずに宿主細胞のものを利用する．ベクターとしてはλファージとM13ファージが重宝され，遺伝子操作に必要な酵素類はこれら以外にもT4ファージやSP6ファージなどから提供されてきた．

λファージやT4ファージなどは単一の直鎖状（環状にもなりうる）二本鎖DNAに遺伝情報を書き込んで運んでいるが，M13ファージは一本鎖DNAをコートタンパク質で包み込んでいる．外被は**プロトマー**（protomer）とよばれるポリペプチドサブユニットが決められた数だけ集合して規則正しい三次元の幾何学構造を構成している．T4ファージは頭部が正確な正二十面体からなる，あたかも月面着陸船のような形状をしており，λファージはそこから脚を取去ったような形をしている（図3・3）．DNAはこの頭部に規則正しく収納されており，大腸菌に取りつくと細

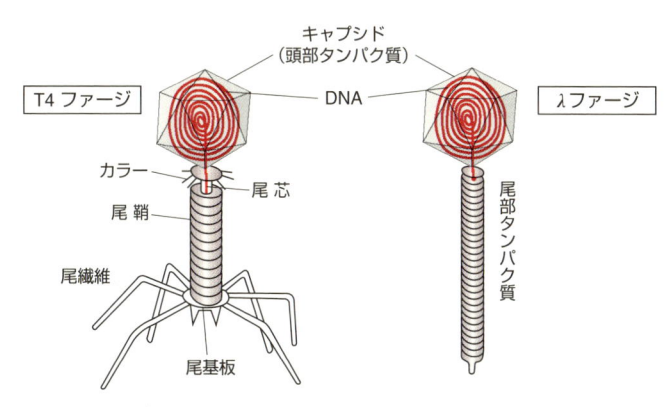

図3・3　**λファージとその親戚にあたるT4ファージの構造の比較**　キャプシドは両者ともタンパク質で構成されたそっくりな正二十面体でできておりDNAを包んでいる．T4ファージは月面着陸船のような脚（尾繊維）が尾基板から伸びているが，λファージには尾繊維はない．

胞膜に穴をあけ，中空の尾鞘を通して DNA が注射されるように大腸菌の中に入ってゆく．

> M13 ファージではユニットタンパク質が細長い繊維状に集合してできたタンパク質の殻に一本鎖 DNA が包まれて環境から保護されている．

3・2・1　λファージの生活環

　λファージは環境によって**溶原化**（lysogenic）**サイクル**または**溶菌**（lytic）**サイクル**という2種類のライフスタイル（生活環）をとる．溶原化サイクルにあるファージ DNA は大腸菌の染色体 DNA に組込まれて静かに潜伏しており，その限りにおいては大腸菌の増殖になんら影響を与えない．この状態のファージは**溶原性ファージ**（temperate phage, lysogenic phage；temperate は穏やかなという意味）とよばれる．一方，溶菌サイクルにあるファージは大腸菌にとっては**毒性ファージ**（virulent phage）で，**溶菌ファージ**（lytic phage）ともよばれ，ファージが感染した大腸菌はすべての増殖機構を占拠されて娘ファージを産生するのに使われ，やがて細胞膜が破壊されて殺されてしまう．

a. 溶原化サイクル

　溶原化は二本鎖 DNA ファージ（λファージ，P1 ファージなど）に特有な性質で，感染細菌を殺さないで共存することである（図3・4）．

　まず，ファージは細菌の細胞膜に吸着する．

> 細菌の細胞表層には本来は細菌の生育に何らかの役割を果たしている細胞膜タンパク質が存在する．ファージはこれを足場として着地するように進化してきたと考えられている．

吸着した後は細胞膜に穴をあけ，頭部に収納してあった DNA を細菌の中に注入する．λファージが細胞に付着し DNA が注入されると，直鎖 DNA の両端で単鎖状態にある *cos* 末端（cohesive end，付着末端の意味）とよばれる 12 bp の相補的な塩基配列が塩基対を形成して環状となる．つぎに，ファージ DNA の組換え酵素である**インテグラーゼ**（integrase）や発現抑制タンパク質である**リプレッサー**（repressor）が発現される．リプレッサーの働きによって速やかにファージ遺伝子の転写が抑制され，インテグラーゼが働いてファージ DNA が感染細菌の染色体に組込まれる．組込まれた状態のファージを**プロファージ**（prophage）とよぶ．溶原化された感染細菌は通常どおりに成長と増殖を続け，λファージ遺伝子は細菌染色体の一部として複製される．

b. 溶菌サイクル

プロファージはいったん指令が入ると牙をむく．たとえば細菌に紫外線が照射されると細菌が弱るため，ファージはこの宿主を見限って溶原化状態から単一のDNA分子として切り出され，溶菌サイクルへ切り換わる．大量の娘ファージを生成した後，溶菌して娘ファージを培地中に放出する．これを**紫外線誘発**（UV induction）とよぶ．

高頻度で組換え体を生じさせることのできるFプラスミド保持菌（Hfr株）にλファージが溶原化していた場合，それがF⁻菌株に伝達されると，F⁻菌株にはリプレッサーが存在しないため抑制が外れて溶菌に必要な遺伝子群が発現され始め，溶菌サイクルへ切り換わってしまう．

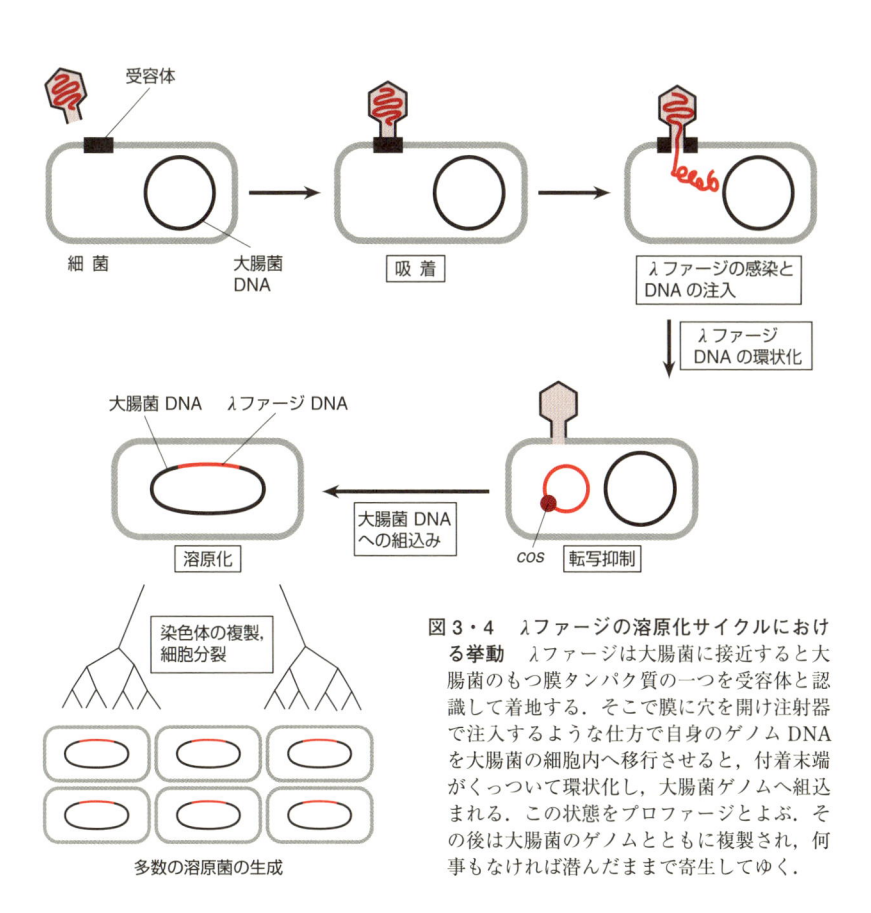

図3・4　λファージの溶原化サイクルにおける挙動　λファージは大腸菌に接近すると大腸菌のもつ膜タンパク質の一つを受容体と認識して着地する．そこで膜に穴を開け注射器で注入するような仕方で自身のゲノムDNAを大腸菌の細胞内へ移行させると，付着末端がくっついて環状化し，大腸菌ゲノムへ組込まれる．この状態をプロファージとよぶ．その後は大腸菌のゲノムとともに複製され，何事もなければ潜んだままで寄生してゆく．

これを**接合誘発**（zygotic induction）とよぶ．ただし，F⁻菌株にすでにリプレッサーを含んだλファージが溶原化していれば接合誘発は起こらない．

溶菌サイクルに変化すると感染細胞の複製および転写そのものは停止させ，大腸菌の転写，翻訳システムを利用してファージDNAのコピーだけを複製するような指令を出す（図3・5）．

ファージのなかには（T3，T7，SP6など）自前のRNAポリメラーゼ遺伝子をもっている種類もある．

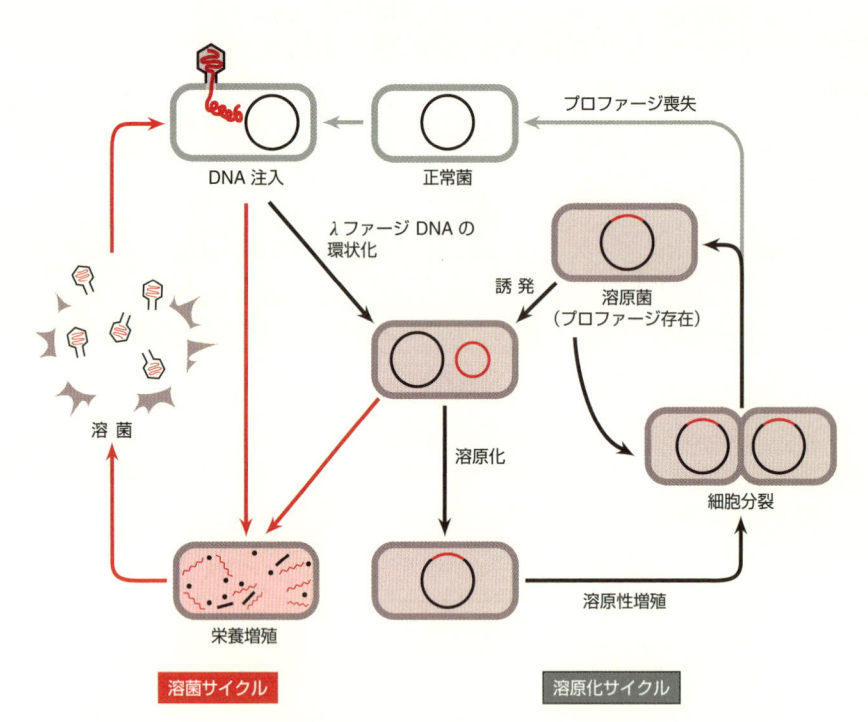

図3・5　λファージの溶原化サイクルから溶菌サイクルへの転換　λファージは溶原化サイクルと溶菌サイクルのいずれかの生活環をとる．ふだんは大腸菌のゲノムの中に組込まれたプロファージとして潜んでおり，複製も大腸菌のゲノム複製と一緒に行われる．しかし，宿主である大腸菌の生命を脅かすような危険が迫る（たとえば紫外線を大量に浴びるなど）と突如として牙をむき（誘発され），お世話になった宿主のゲノムから飛び出して溶菌サイクルに入る．すなわち，大腸菌の複製機構と発現機構を利用して大量のλファージゲノムを複製させるとともに自身の体を構成するタンパク質を大量発現させる．ついで，大腸菌内で多数のファージ粒子を構成すると大腸菌膜を溶かす酵素を大量発現させて膜を溶かし，大腸菌を爆発させて外へ出る．そしてまた新たな元気のよい宿主大腸菌を探して取りつくのである．

いったん占拠されると大腸菌はひたすらファージ遺伝子の発現に協力し，大量のファージ粒子の構成成分を合成するようになる．これらは大腸菌内部で順序よく組立てられ新しいファージ粒子がつぎつぎとでき上がってゆく．通常，一つの細菌細胞の中で50～1000個くらいのファージ粒子がつくられるという．十分な数のファージが合成された時点で，細菌の細胞壁を崩壊させる触媒作用をもつ**リゾチーム**（lysozyme）とよばれる酵素を合成し，感染細胞の細胞壁を溶かして娘ファージを培地中に放出する．この過程を**溶菌**（lysis）とよぶ．

 λファージでは1回の溶菌サイクルはわずか20～60分で完了する．

3・2・2　λファージDNAの複製

　λファージDNAは頭部，尾部，DNA複製，組換えの遺伝子群が別々に四つの集団を形成している（図3・6）．ファージ頭部ではDNAは直鎖状で収納されている

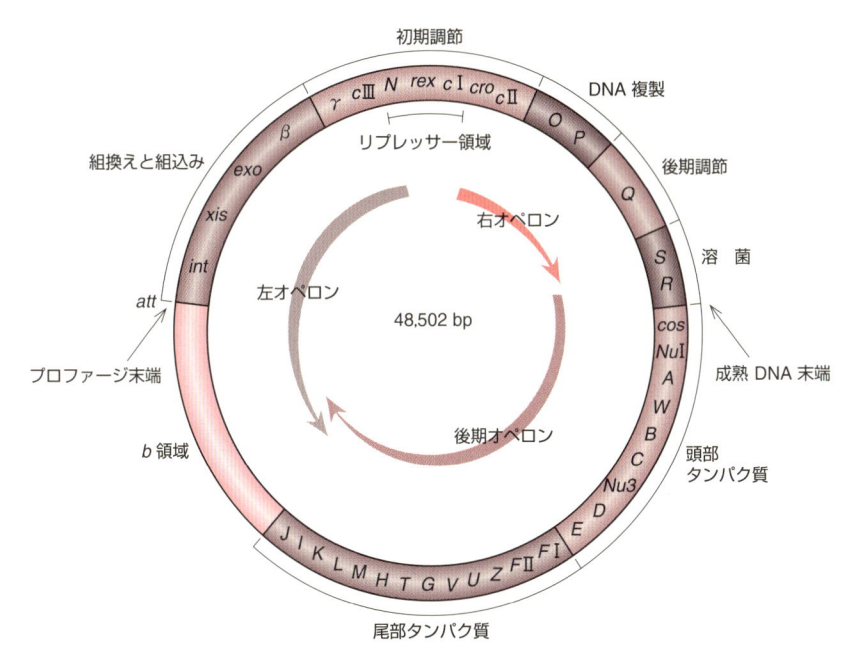

図3・6　λファージDNAの構造　λファージDNAは大腸菌に感染後すぐに環状化されるので遺伝地図を示すときには環状で表現される．多数の遺伝子が同定されており，頭部，尾部，DNA複製，組換えの遺伝子群が別々に四つの集団を形成している．

が，cos 末端の塩基対形成を介して感染後は大腸菌の中ですぐに環状化される．通常のλファージDNAの複製は1箇所の複製起点（開始点）から始まり同じくらいの速度で両端方向へ進んでゆく．この複製様式は途中の形がギリシャ文字のシータ（θ）に似ている（p.13参照）ことからθ方式とよばれる（図3・7a）．

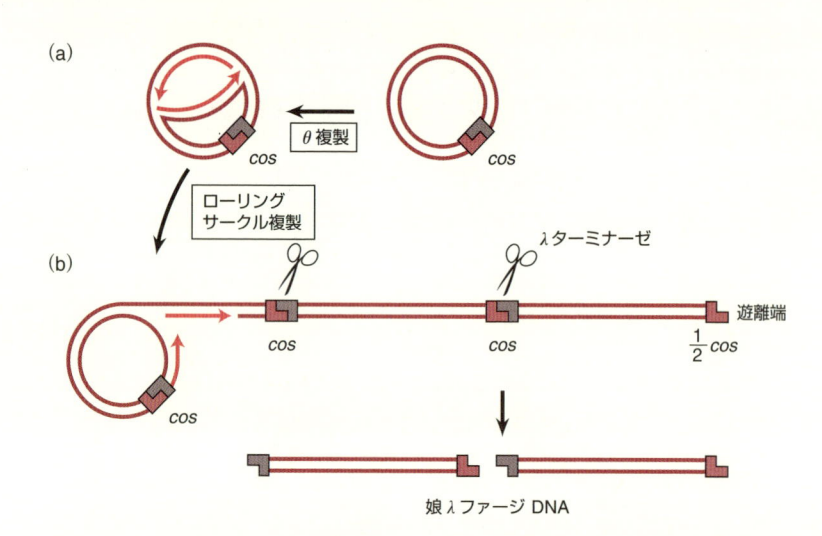

図3・7 λファージ DNAの複製機構 λファージDNAは複製と切断が一体となった反応として進む．まず，λファージDNAの複製は1箇所から両方向へ進むθ方式をとるが，娘ファージDNAでは複製はローリングサークル型に転換して，σ文字様の長い直鎖状枝分かれを形成する．λターミナーゼは直鎖部分にある cos 部位を認識して，娘ファージDNAを端から順に切り出してゆく．この切り出し反応には2個の cos 部位，または1個の cos 部位と遊離の単鎖DNAが必要とされるため，環状部分は切断されない．そのため，切断が起こっても複製は滞りなく継続できる．

ところが溶菌サイクルにおいて大量の娘ファージDNAを短時間に複製するときには，ちょうどトイレットペーパーを巻き出すような形のローリングサークル型に転換し，ギリシャ文字のシグマ（σ）に似た形で娘ファージDNAが連なったままつぎつぎと合成されてくる（図3・7b）．この直鎖部分にある cos 部位（12 bp）は端から順次切断されるが，その役割はλファージDNAがコードするλターミナーゼとよばれる塩基配列特異的なヌクレアーゼが果たす．

> ただし，λターミナーゼは環状部分は切断しないので，複製の進行には影響を与えない．

3・3 大腸菌を宿主としたベクター系

ヒトの DNA を大腸菌で大量に増やすという発想は大きなインパクトをもって人々に迎えられ,その後の遺伝子操作の原動力となった.その実現のために考えられたのがヒトの DNA を大腸菌細胞の中へ導入する (transfection) ことのできる運搬ユニットとしてのベクター (vector) である.ベクターとしての必要条件は宿主細胞内で働く DNA 複製起点をもち大量に増幅できることとされる.この条件にかなうものとして現在使われているベクターは**プラスミドベクター**,**ファージベクター**,両者を混ぜた**混成ベクター**,酵母を宿主とした人工的なプラスミドである**酵母人工染色体ベクター** (**YAC ベクター**) の四つに分類される.これらのベクターは運搬可能なサイズが異なる.

通常,プラスミドベクターは 10 kb 以下,λファージベクターは 20 kb 程度,混成ベクターである**コスミドベクター**は 35〜45 kb,ファージ P1 ベクターやミニ F プラスミドは 100 kb 程度,酵母人工染色体ベクターは数百 kb〜1000 kb の DNA 断片を運搬できる (図 3・8).

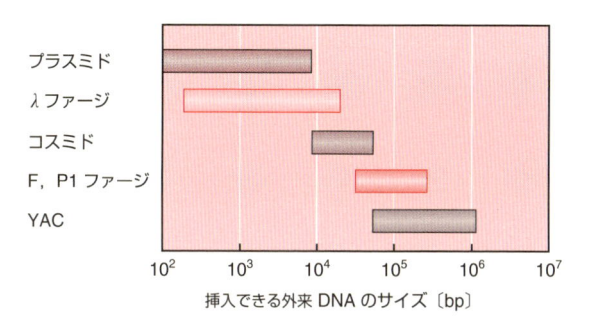

図 3・8 各種ベクターが挿入できる外来 DNA のサイズ分布

3・3・1 プラスミドベクターの基本構造

遺伝子操作実験を行うときに最も頻繁に使われるのはプラスミドベクターである.用途に合わせて多種多様なベクターが開発されているが,その多くが以下に列挙するような特殊なユニットを組合わせた基本構造をもっている (図 3・9).

1) **DNA 複製開始点** (*ori*) は大腸菌細胞内でプラスミドとして自律増殖するために必須である.f1 ファージの *ori* を追加で組込んでおくと一本鎖 DNA を精製することができて便利である.
2) **選択マーカー**もプラスミド保有菌 (組換え体) を選択的に増殖させるために重要で,抗生物質抵抗性 (*amp*^{r} など),栄養要求性 (*ura*$^+$) などのマーカーを組込む.

3) **プロモーター**（promoter）は哺乳動物細胞など大腸菌以外の宿主細胞内で効率良く発現させるためには必須のユニットで，SV40（*Simian virus 40*）由来のものや CMV（*Cytomegalovirus*）由来のものがよく使われる発現能力の高いプロモーターである．これ以外にも培地に薬剤添加することによってプロモーター活性が強くなる誘導型プロモーターもよく使われる（第7章参照）．
4) **ポリリンカー**（polylinker），あるいは **MCS**（multicloning site，**マルチクローニング部位**）とよばれる 100 塩基対くらいの長さの領域．ベクターに1箇所しかない制限酵素認識部位を集中して並べてある．この領域は DNA 断片を挿入するのに便利である．
5) **レポーター遺伝子**も有用で，たとえば *lacZ* 遺伝子は α 相補（p.58 参照）を利用した青白選択を行いたいときには必須のユニットとなる．
6) 融合タンパク質として発現させるために**タグ**（FLAG, HA, GST, GFP など）を組込んであるベクターもさまざまな目的の実験に有用である（第7章参照）．

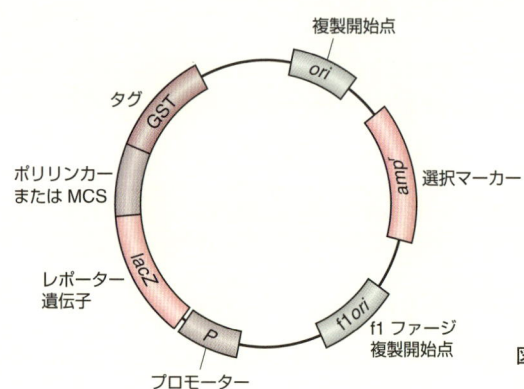

図 3・9　プラスミドベクターの基本構造

3・3・2　プラスミドベクター

初期の遺伝子組換え実験で使われたプラスミドベクター pSC101 は長さ 8.7 kb の，大腸菌内に 1〜2 コピーしか存在しない厳格複製様式をとるプラスミドで，テトラサイクリン耐性の選択マーカーをもつ．しかしこれでは大量のプラスミド DNA を調製できなくて不便であるため，コピー数の多い緩和型プラスミドベクター pBR322（全長 4361 bp）が開発された（図 3・10a）．

> 現在では古典的なベクターとなってしまった pBR322 も開発当時はアンピシリン（ampicillin, Amp）耐性とテトラサイクリン（tetracycline, Tet）耐性の二つの選択マーカーをもつ最新鋭ベクターで，これらの抗生物質を含んだプレー

ト上ではプラスミドをもたない宿主菌は育たないという性質を利用して形質転換体のみを効率良く選択できる技術は重宝された．さらにアンピシリン遺伝子の中にある制限酵素部位（*Pvu*IやPstI）を利用して外来遺伝子を挿入すれば**組換え体**（recombinant）はアンピシリン分解酵素を欠損するためアンピシリンを含む培地で生育できなくなることで区別できる点でも便利であった．

今日の多くのプラスミドベクターはpBR322を改変したもので，そのサイズを短縮し（～3 kb），一本鎖DNAがとれるようにf1ファージの複製起点を含め，RNAポリメラーゼのプロモーター（T3/T7）や制限酵素部位を集中的にもつ領域（マルチクローニング部位）を挿入し，プラスミドDNAの収率を上げたベクター（pUC118, pUC119やpBluescriptなど）が使われている（図3・10b）．さらにはα相補の原理（p.58，図3・11参照）を応用して*lacZ*遺伝子の"一部"をもたせてあり，残りの*lacZ*をもつ宿主大腸菌と接合するとX-galプレート上に青いコロニーを形成する

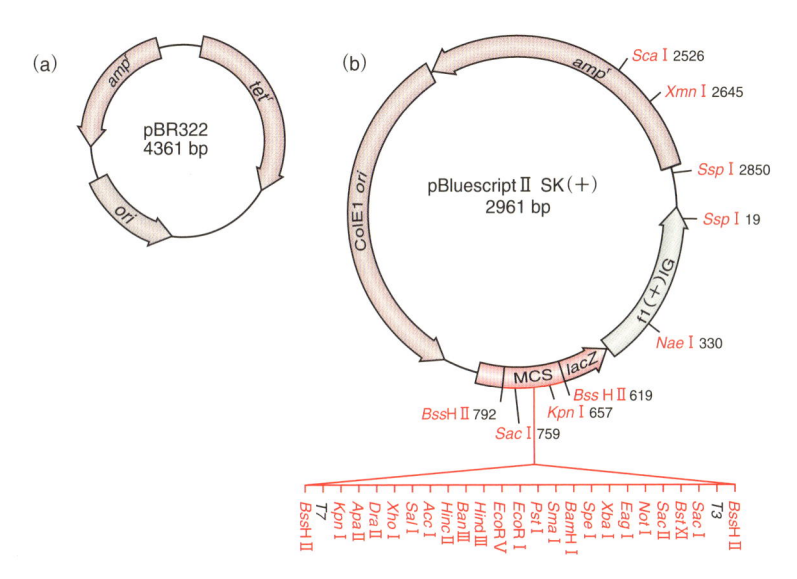

図3・10　古典的なプラスミドベクターpBR322と，それを改良したよく使われているpBluescriptベクターの構造　pBR322ではアンピシリンとテトラサイクリンの2種類の抗生物質による選択が可能であったがテトラサイクリンは光によって分解されやすく扱いにくいので最近のベクターではアンピシリンだけになっている．pBluescriptⅡでは外来DNAの挿入に便利なマルチクローニング部位（MCS），ヘルパーファージ感染によって一本鎖DNAが採集できるユニット（f1(+)G），α相補によって青白選択ができるユニット（*lacZ*），2種類のRNAポリメラーゼによってRNAへ変換できるユニット（T3, T7）が組込まれている．またMCSあるいはf1の方向を逆に設計した4種類のベクターSK(+)，SK(−)，KS(+)，KS(−)もあり便利である．

α 相 補

α 相補（α complementation）はリプレッサーの発見で有名なフランスのA. Ullman, F. Jacob, J. L. Monod の 3 人が 1967 年に報告した現象で，組換え体の**青白選択**（blue-white selection）として実験室で頻繁に使われている．

宿主としては大腸菌の β-ガラクトシダーゼ遺伝子（*lacZ*）の変異株（通常はFプラスミドに含まれているので遺伝子型は F′ *lacZ* Δ *M15*）を用いる．この株はN末端側が欠失した（ω 断片）不活性な β-ガラクトシダーゼしか発現できない．この大腸菌に β-ガラクトシダーゼのN末端側（α 断片）のみをコードする *lacZ* を外から導入して発現させると，二つの断片が足りない部分を補足するように会合して β-ガラクトシダーゼ活性を回復する．

J. Messing はこの現象を応用するべく，彼が開発したM13ファージ（アンピシリン耐性遺伝子を含む）に α 断片をコードする *lacZ* 領域（約 220 bp）を真ん中にマルチクローニング部位が割込む形で組込んだ（図 3・11）．マルチクローニング部位にはオリゴヌクレオチド合成によって多数の制限酵素認識配列を並べて外来 DNA を挿入できるようにしてある．

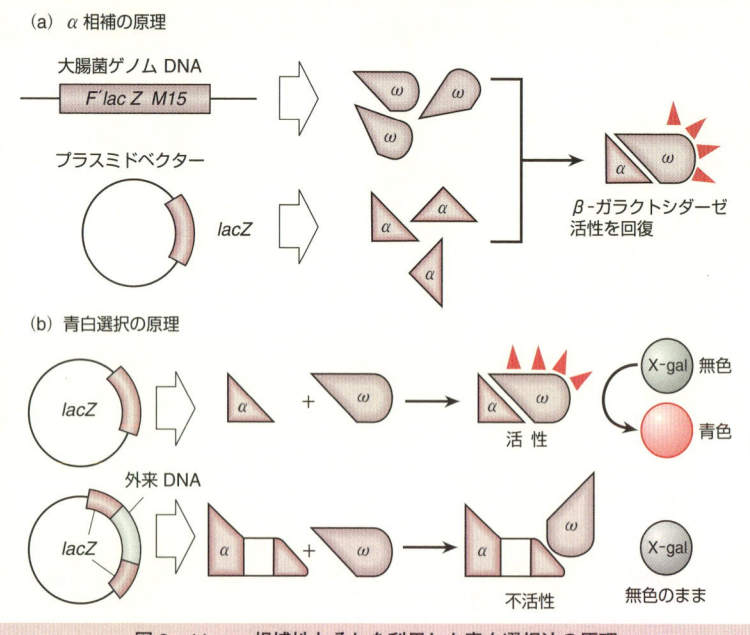

図 3・11 α 相補性とそれを利用した青白選択法の原理

このベクターを lacZ Δ M15 変異をもつ大腸菌に導入し，無色の基質（X-gal, 5-bromo-4-chloro-3-indolyl-β-D-galactoside）と IPTG（isopropyl 1-thio-β-D-galactoside; lac リプレッサーを不活性化して lacZ の発現抑制を解く）を加えたアンピシリンプレートにまくと，一夜培養ののちベクターを取込んだ大腸菌だけが生えてくる．ベクターだけをもつ大腸菌は α 相補のおかげで β-ガラクトシダーゼが働いて X-gal を青色に変えるため，コロニーは青くなる．一方，外来 DNA 断片が挿入された組換え体は lacZ 領域が分断されて α 断片が発現できないため X-gal は無色のままでコロニーは白色に見える．このようにコロニーの色によって組換え体が容易に区別できるという便利な技術である．

X-gal（無色） → β-ガラクトシダーゼ → 5-ブロモ-4-クロロインジゴ（青色）

という便利な機能を加えた．そのためマルチクローニング部位を介して外来 DNA 断片がベクターに挿入されると LacZ（β-ガラクトシダーゼ）が破壊されるため白いコロニーとなり，形質転換体のみを容易に選択できる．

3・3・3　λファージベクター

通常の遺伝子組換え実験では扱いが簡単で大量の DNA が回収可能なプラスミドベクターが最もよく使われるが，多少は不便でもファージベクターを用いなくてはならない場合あるいは好ましい場合がつぎに列挙するようにいくつかある．

1) ツーハイブリッド法やウェスタンブロット法（第6章参照）などによって発現されたタンパク質をスクリーニングする場合には，タンパク質を大腸菌外へ放出させなければならない．その目的には溶原化されたファージが最適であるが，それを実現するにはλファージベクターを用いなくてはならない．
2) プラスミドベクターは実質的に 10 kb 以下の挿入 DNA 断片しか扱えないが，λファージベクターは 20〜30 kb の挿入 DNA 断片が許容できる．
3) プラスミドをベクターとして cDNA ライブラリー（第6章参照）を作製すると増幅のたびにサイズの短いものがより早く増えるため挿入サイズの偏りが生じや

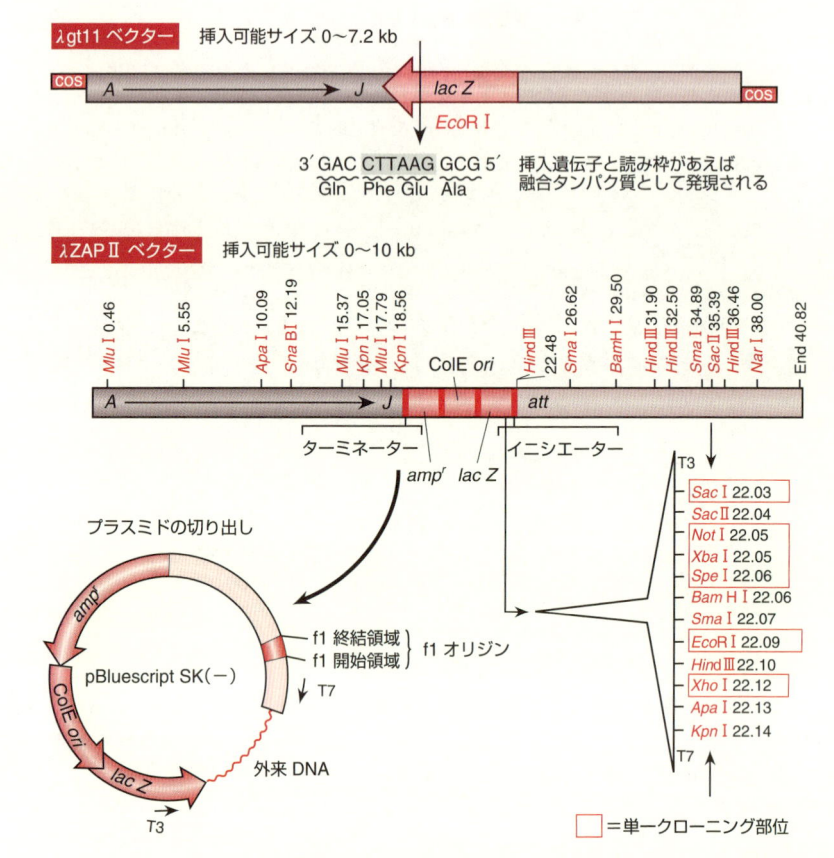

図 3・12 cDNA ライブラリー作製に用いられる λgt11 および λZAP II の構造 λgt11 は抗体をプローブとしてウェスタンブロット法により抗原タンパク質をコードする遺伝子をクローニングするための cDNA ライブラリー作製用ベクターとして開発された．EcoR I で切断された 0〜7.2 kb の外来遺伝子を挿入でき，青白選択が使える．読み枠が合えばガラクトシダーゼとの融合タンパク質として発現でき，溶菌サイクルで大腸菌を溶菌させれば抗体によって検出できる．宿主大腸菌として以下の 3 種類を使い分けるとよい．

① Y1088 で増やすと EcoK メチラーゼでメチル化修飾されるので EcoK 制限系で切断されることなく安定に増幅できる．
② Y1090r⁻ は融合タンパク質を安定に発現させるのでスクリーニングのときに推奨される．
③ Y1089r⁻ は hflA によりファージが溶原化しやすくなっているので発現誘導がかかりやすくタイミングを計っての大量発現に適している．

なお，cDNA ライブラリーを増幅するときに pMC9（pBR322 や pUC の祖先ベクター）が 10^{-5} 程度の確率で混入するので pBR322 や pUC を用いて作製した DNA はプローブとして用いない方がよい．

λZAP II は 0〜10 kb の外来遺伝子を挿入でき，青白選択が使える．f1 ファージの開始領域/終結領域を含んでいるのでヘルパーファージを感染させるだけでプラスミドベクター（pBluescript II）に外来遺伝子が挿入された形で切り出せる（ExAssist システム）．

すい．その点，λファージベクターは挿入サイズが短い DNA をもつファージは死んでしまうので選択できる．

4) 一般に遺伝子をライブラリーからスクリーニングするときにはプラークを生じるファージベクターの方が扱いやすく，いったんクローン化した場合はプラスミドの方が扱いやすい．両者の利点を生かすべく，ヘルパーファージを感染するだけでファージに内蔵されたプラスミドを *in vivo* で切り出す実験系（ExAssist；Stratagene 社）が開発されている．

λファージベクターは cDNA ライブラリー作製用（λgt11, λZAPⅡなど）とゲノムライブラリー作製用（EMBL3, EMBL4, λDASH など）の二つに分類できる（図3・12, 図3・13）．ともにλファージ DNA のうち生育に不要な中央領域（これをスタッファー stuffer とよぶ）と必須な両端領域（これをアーム arm とよぶ）を残し

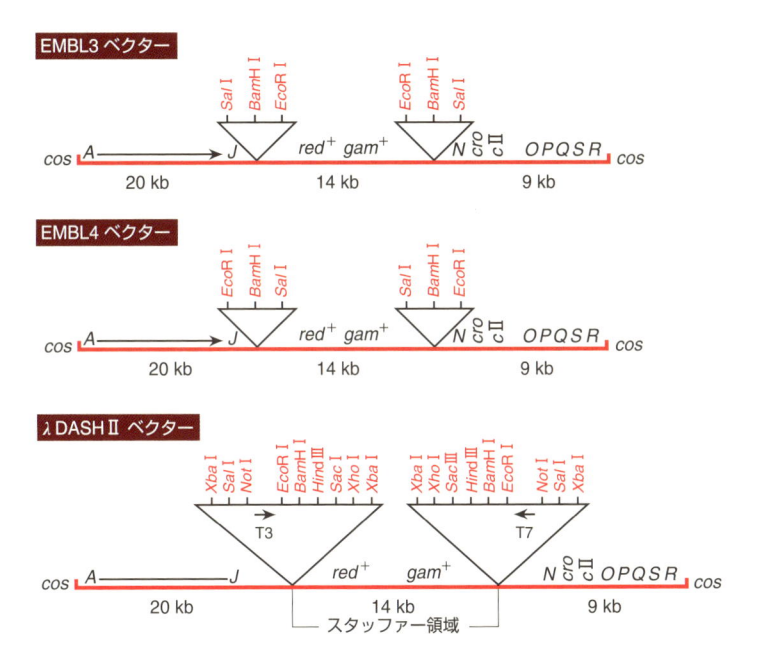

図3・13 ゲノムライブラリー作製に用いられる EMBL3, EMBL4 および λDASHⅡ の構造　EMBL3, EMBL4 と λDASHⅡ は 9〜23 kb の外来遺伝子を挿入でき，青白選択は使えないが Spi 選択が使える．*Eco*RⅠと *Bam*HⅠなどで二重切断しているアームを用いれば組換え体だけが選択できる．宿主大腸菌として XL1-Blue MRA(P2) が推奨される．λDASHⅡには T3 および T7 RNA ポリメラーゼのプロモーター配列が含まれているので RNA 化が可能，それを利用した遺伝子マッピングができる．

て中央に外来DNAを挿入してファージ粒子に内包し組換えファージをつくる．全DNAサイズが38～52 kbの間に納まらないとファージは死んでしまうので，残した両端領域の違いによって挿入可能なサイズが異なる（表3・1）．

λファージベクターに試験管内で外来DNAを連結させると，両端にある付着末端（cos部位）がハイブリッドを形成することで環状になってから，互いにいくつも連結された**コンカテマー**（concatemer）を形成する．これに**ターミナーゼ**（terminase）のAタンパク質遺伝子が欠損した大腸菌の抽出液と，ファージ粒子の頭部Eタンパク遺伝子が欠損した大腸菌抽出液を混ぜ合わせると，ファージ粒子

表 3・1 代表的なλファージベクターと一つのコスミドベクター（pWE15）の特徴

ベクターの名称	ベクターサイズ (kb)	挿入可能サイズ (kb)	MCS中の制限酵素部位の数†	選択マーカー	プロモーター	発現される融合タンパク質	青白選択	T3/T7プロモーター	ExAssistシステム	抗体によるスクリーニング	cDNAライブラリー	ゲノムライブラリー
λgt10	43.3	0～7.6	1	—	—	—	×	—	—	×	○	×
λgt11	43.7	0～7.2	1	—	lac	β-gal αペプチド	○	—	—	○	○	×
λZAP II (pBluescript SK⁻)	40.8 (2.96)	0～10	6 (21)	amp^r	lac	β-gal αペプチド	○	○	○	○	○	×
λDASH II	43	9～23	6	—	—	—	×	○	—	×	×	○
λEMBL3	43	9～23	1	—	—	—	×	○	—	×	×	○
λEMBL4	43	9～23	1	—	—	—	×	○	—	×	×	○
λFIX II	43	9～23	8	—	—	—	×	○	—	×	×	○
Surf ZAP (pBluescript)	41.5 (3.64)	0～9	2 (6)	amp^r	lac	β-gal αペプチド						
ZAP Express (pBK-CMV)	38.9 (4.52)	0～12	12 (17)	kan^r neo^r	lac CMV	β-gal αペプチド	○	○	○	○	○	×
Hybri ZAP (pGAD-Rx)	41.9 (7.62)	0～10	6 (6)	amp^r	ADH1	GAL4活性化ドメイン	×	T7	○	×	○	×
pWE15	8.2	30～42	1	amp^r neo^r	—	—	×	○	—	×	×	○

† ベクター中に1箇所しか存在しない制限酵素部位のMCS中に含まれる数．

に内包させることで生きたファージ粒子が試験管内で再構成できる（この操作を **in vitro** パッケージングという）．付着末端領域（ターミナーゼ結合部位と切断部位を含む約 250 bp から成る DNA 断片）はコンカテマーの形成とパッケージングに必須な領域である．

λファージベクターの能力を充分に発揮させるためには組換え体のみが生育できる条件を設定することが大切である．方法の一つはベクターのアームを切り出すた

(a) 部分脱リン酸法

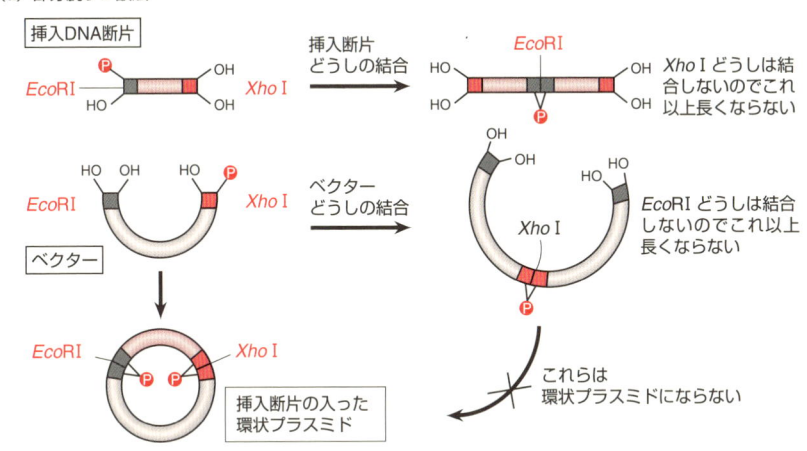

(b) 部分充填法

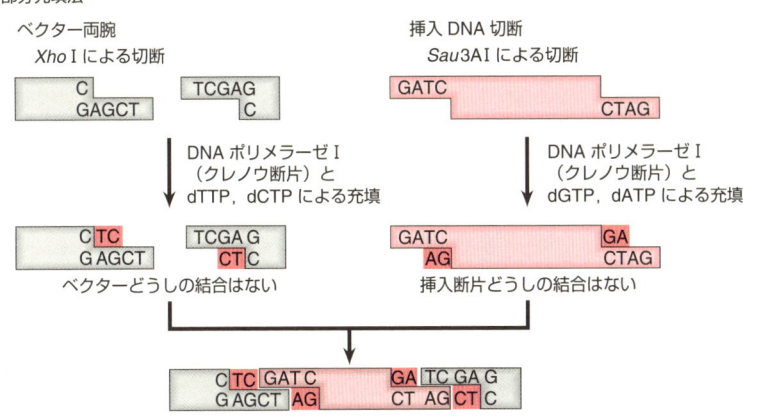

図 3・14　ベクターに外来 DNA を挿入するときに組換え体だけを選択する簡便な方法
特に λファージベクターを用いてゲノムライブラリーを作製するときに便利である．

> ### Spi 選択
>
> 　制限酵素を用いてベクターのアームを切り出す調製の段階でどうしても少量のスタッファーの切れ残りが混在して組換え体でないファージとして生き残る．Spi 選択（sensitive to P2 interference selection）とは，このような非組換え体ファージを死滅させて組換え体のみを選択する方法で，λファージベクターのうちEMBL3 などで採用されている．その理由はスタッファー領域に *red, gam* とよばれる二つの遺伝子を忍ばせてあるからで，この遺伝子をもつ非組換え体ファージは宿主としてファージ P2 が溶原化しプロファージとしてゲノムに入り込んだ状態にある大腸菌菌内では増殖できない．一方，組換え体ファージはスタッファーが外来遺伝子に入れ替わっているのでこの宿主でも生育できるというトリックである．

めに用いた制限酵素切断のあと切断末端を脱リン酸しておくことがある．こうするとDNAリガーゼによるベクターのみの接合が防げるが，そのときには挿入断片どうしの結合ができて，その後の解析が大変である．そこでベクター，挿入断片とも2種類の制限酵素を用いて切断し，おのおの異なる一方のみを脱リン酸するという工夫を施すことが勧められる（図3・14a）．

　部分充填という方法では，まずベクターをたとえば制限酵素の *Xho*I で切ったあとDNAポリメラーゼ（クレノウ酵素）と dCTP,dTTP を用いて内側の二つを埋める（図3・14b）．挿入DNA断片は *Sau*3AI による切断のあとDNAポリメラーゼと dATP, dGTP を用いて内側の二つを埋める．両方をDNAリガーゼで結合させるとベクターどうし，挿入断片どうしの結合を起こさずに結合できる．λgt10 ベクターでは，大腸菌の高頻度溶原化変異株である NM514 を宿主とすると組換え体ファージのみがプラークをつくるよう挿入用の *Eco*RI 部位を選んである．EMBL3 では Spi 選択法が採用されている．

3・3・4　混成ベクター

　プラスミドベクターとλファージベクターの利点を生かして作製した**混成ベクター**（hybrid vector）がいくつか開発されている．これらは使いこなせば便利であろうが実験室で常日頃扱うほど使いやすいわけではない．

a. コスミドベクター

　コスミドベクター（cosmid vector）は挿入断片サイズの大きいファージの利点と扱

いやすいプラスミドの利点を生かした混成ベクターで，通常のプラスミドベクターの数倍にあたる 44 kb までの挿入断片を許容する（図3・15）．見かけはプラスミドベクターであるが，λファージの付着末端配列をもっているためコンカテマーを形成して *in vitro* パッケージングによって生きたλファージ粒子を構成することができる．宿主細胞はパッケージングによってコスミドを獲得するとコロニーを形成し，組換え DNA をプラスミドとして増殖維持する．

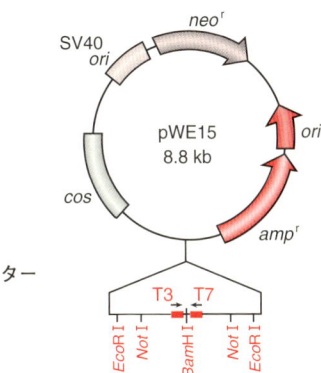

図3・15 コスミドベクター（pWE15）の構造

b. ファージミドベクター

ファージミド（phagemid，ファスミド phasmid ともいう）はλファージベクターの中にプラスミドベクターを組込んだ線状二本鎖 DNA からなる混成ベクターで，λファージあるいはプラスミドとして複製できる．基本的にはλファージベクターとして扱うが，ヘルパーファージとして感染させると *in vivo* で組換え体プラスミド領域のみを切り出すことができ，その後はプラスミドとして扱えるので便利である（これを ExAssist システムとよぶ）．たとえばλZapII ベクターではプラスミドベクター（pBluescript）領域の両端を f1 ファージの（＋）鎖 DNA の合成開始領域と終結領域で挟んであるので，ヘルパーファージを感染させるだけでλファージからプラスミドを切り出すことができる（図3・16）．

> ヘルパーファージには f1 ファージ由来の R408（4.0 kb）と M13 ファージ（M13K07；M13 ファージは p.174 参照）由来の ExAssist（7.3 kb）または VCSM13（6.0 kb）がよく使われる．f1 ファージも M13 ファージも共に一本鎖 DNA から成るファージで，F′因子をもつ大腸菌を宿主としたときにのみ f1 ファージ複製開始領域をもつプラスミドベクターから大腸菌細胞内で一本鎖 DNA を産生する．

pBluescript では IG（intergenic）領域（f1 ファージの遺伝子をコードしていない DNA 部分）の挿入方向が逆の 2 種類のベクターがつくられており，選択によって

図 3・16 ExAssist/SOLR システムの原理 λZap II ベクターでは中央部に線状化されたプラスミド pBluescript SK（−）を，その両端をヘルパーファージの（＋）鎖 DNA の合成開始領域と終結領域で挟むように組込んである．このためこのファージ感染菌に共存して複製可能なヘルパーファージ（ExAssist）を共感染させると，λファージから外来 DNA が挿入された形のプラスミドを in vivo で簡単に切り出すことができる．宿主大腸菌としては SOLR 株が推奨される（p.71，表 4・1 参照）．反応後のファージ液には切り出されたプラスミドとともに λZap II ファージも含まれているが，これらは熱処理（70 ℃, 15 分）によって死滅除去できる．ヘルパーファージは熱耐性だが SOLR 株では生育できない変異をもっている（アンバー変異，p.176 参照）ので，SOLR 株に形質転換しアンピシリンを含む培地で増殖させればプラスミドをもつ大腸菌のみが生えてくる．

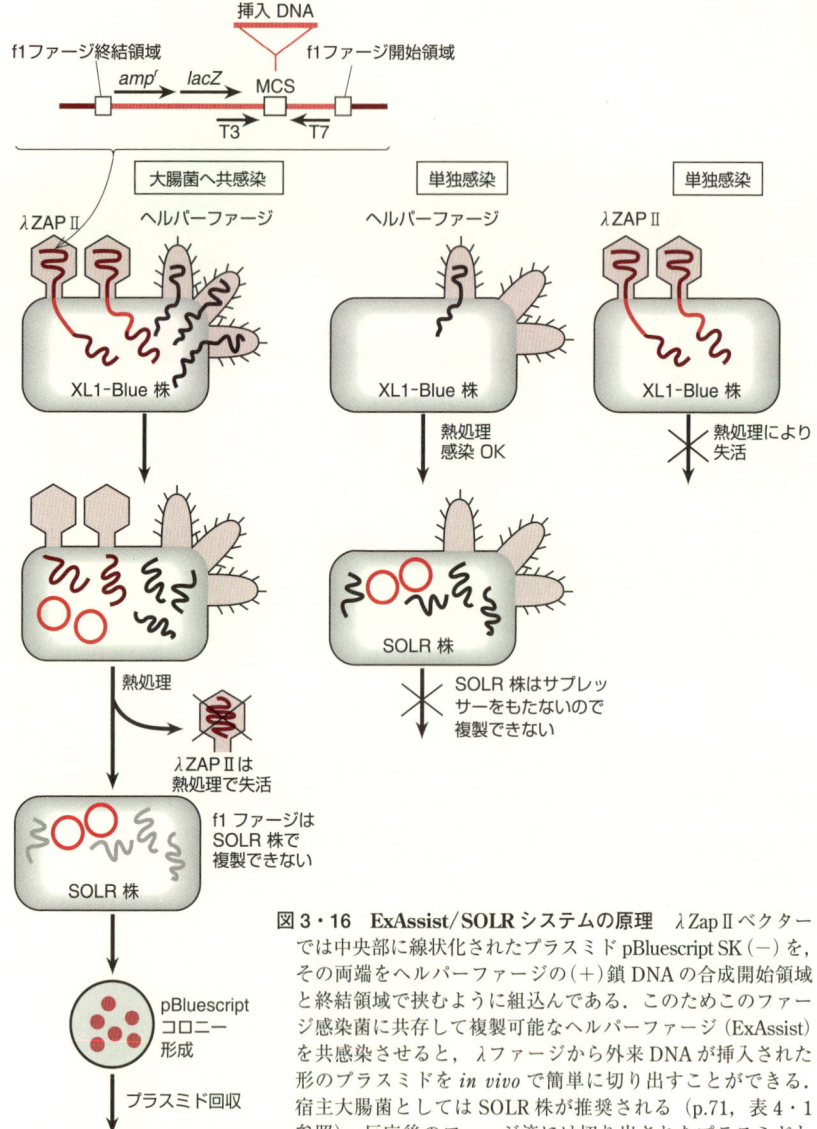

(＋)鎖も（−)鎖も自在に調製できるのでさまざまな実験に有用である．

3・4　出芽酵母を宿主としたベクター系

　出芽酵母細胞内では巨大サイズのゲノム外 DNA（エピソーム episome ともいう．プラスミドもエピソームの１種である）が安定に寄生できることがわかっている．この性質を利用して**酵母人工染色体**（yeast artificial chromosome, YAC）と命名された数百 kb という巨大な DNA 断片を運べるベクターが開発され，ゲノムプロジェクトに大きな役割を果たしてきた．

> 酵母人工染色体ベクターには CEN4, ARS1, テロメア（TEL），TRP1, URA3, amp^r, ori などのユニットが含まれ，外来 DNA は SUP4 遺伝子内の EcoRI 部位に挿入される（図 3・17）．

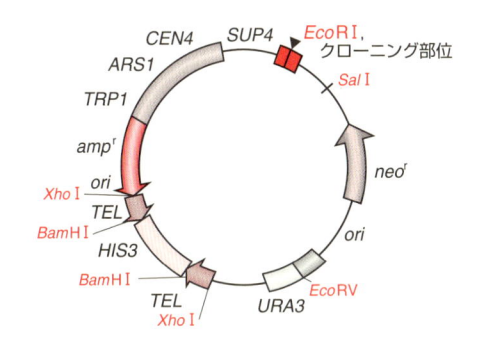

図 3・17　酵母人工染色体ベクター（pYACneo）の構造

　宿主として ade2 変異株（AB1380）を用いると組換え体が赤色コロニーとなることで区別できる．巨大な DNA 断片の扱いには熟練を要するだけでなく，大腸菌以外に酵母の扱いにも習熟しなくてはならないので，酵母人工染色体ベクターは一般の実験室に普及するほど一般的なベクターではない．

4 宿主と形質転換

宿主となる大腸菌などの細胞内に DNA を導入して形質転換する技術は，遺伝子操作の最も基本的なものの一つである．この章では宿主としての大腸菌について説明したうえで，大腸菌をはじめとしたさまざまな細胞内に DNA を導入する形質転換の基礎を概説する．

4・1 宿主としてもつべき性質

遺伝子操作において重要な点は，細工を施した DNA が目的に従って有効に発現されうる宿主が存在することである．大腸菌は1世代が20分と短く，安価な培養液で大量培養も可能であることなどから宿主として最適な生物である．もちろん，腸管出血性大腸菌 O157 株のような病原性大腸菌もないわけではないが，ふつうの大腸菌はいわゆる善玉菌として，もともとヒトの体内にあってヒトと共生しているということも，安全性の面からいって重要な点である．

> 数ある大腸菌の細胞株のなかでも，特に K-12 株は微生物遺伝学の黎明期からこのかたずっと標準的な大腸菌株として実験に頻繁に用いられてきており，その過程で蓄積された膨大な遺伝学的および生理学的知識と変異株の蓄積は遺伝子操作技術の基盤を支えてきた．本書で扱う大腸菌はすべて K-12 株を先祖とする亜株である．

遺伝子操作には，大腸菌内のベクターの挙動が安定していることが重要である．そのためには宿主となる大腸菌が，1) 制限性の欠如，2) 組換え系の欠如，3) タンパク質分解系の欠如という三つの特質をもつことが望ましい．これらの特質を導入するために，特定の遺伝子を欠損させたり導入したりして宿主となる大腸菌の新しい亜株が樹立されてきた．

4・1・1 宿主の制限系

第2章で述べたように大腸菌は"メチル化"を自己と非自己を見分ける目印として使っている．**制限系**とは大腸菌が身を守るために備えている外来 DNA の分解システムで，機序はまったく異なるが生理的な目的としてはヒトの免疫系に相当しよう．大腸菌 K-12 株では三つの制限系が知られており，*hsd* 遺伝子によって規定さ

れる EcoK 制限系，mcr 遺伝子による Mcr 制限系，および mrr 遺伝子による Mrr 制限系と記述される．

> hsd ＝ host specificity defective（宿主特異性遺伝子型の欠損）
> mcr ＝ methylcytosine restriction（メチルシトシンによる制限性）
> mrr ＝ methylation requiring restriction（メチル化を要求する制限性）

EcoK 制限系においては，AAGTGC あるいは GCACGTT という塩基配列の色を付けたアデニン(A) の N^6 位がメチル化されていない DNA は分解される．EcoK メチラーゼがこのメチル化反応を触媒する．hsd 遺伝子座は一つのオペロンに支配された三つの遺伝子（hsdR, hsdM, hsdS）から成る．すなわち，これら遺伝子から発現されるタンパク質が三つのサブユニットを構成して活性を発揮するのである．そのうち，hsdR または hsdS のみを欠損させれば制限性を欠如できるが，完全を期すためにはすべて欠損させるにこしたことはない．

一方，Mcr 制限系ではメチル化は逆の効果を及ぼす．すなわち，外来 DNA のうち特定の塩基配列の中の 5-メチルシトシンがメチル化され，それを標的にして制限酵素が切断する．そこでこのメチル化酵素遺伝子を変異させておけば Mcr 制限系による分解を免れることができる．mcrA, mcrBC 遺伝子遺伝子座も一つのオペロンに支配された三つの遺伝子（mcrA, mcrB, mcrC）から構成されており，このうち一つのみを欠損させるだけで制限性は失われる．

Mrr 制限系でも同様に，外来 DNA のうち特定の塩基配列の中の N^6-メチルアデニンがメチル化され，それを認識して制限酵素が切断する．

> 一般に，細菌や下等真核生物ではシトシン，アデニンのメチル化が多くみられ，高等動植物のゲノムではメチルシトシンが多く含まれる．したがってこれらメチル化された DNA を大腸菌に導入する際は，宿主として hsd, mcr, mrr のうち少なくとも一つは変異させた亜株を選ぶ必要がある．表 4・1（p.71）に実験室でよく使われるいくつかの大腸菌株の制限系の有無を一覧表にして示した．

4・1・2 宿主の組換え系

大腸菌の細胞内では遺伝的組換えが盛んに起こっている．そのために，組換え反応に直接かかわるタンパク質をコードしている遺伝子 rec（recombination）が少なくとも 6 個（recA, recB, recC, recD, recF, recJ）存在している．この能力は環境の激変に耐えうる新しい組合わせの遺伝子を生み出すうえでは有用であろうが，外来の遺伝子を増殖させることが目的の遺伝子操作においては不都合である．なぜならば，せっかく細工した DNA が大腸菌内で増殖しているうちに組換えられてしまい，もとの塩基配列をとどめていないことがしばしば起こりうるからである．そこで，

これらを欠損させることが望ましく、特に $recA^-$ を欠損させることは重要である。

> しかし、他の rec 遺伝子までつぎつぎと欠損させてゆくと細菌が弱って増殖能が落ちるので、そのバランスを保つことが肝要である。

4・1・3　宿主のタンパク質分解系

大腸菌の中では、外来の遺伝子から発現されたタンパク質は容易に分解されてしまうという事実にも注意すべきである。これは大腸菌内でタンパク質分解酵素が大量に存在することによるので、この遺伝子を欠損させればよい。lon^- 株は異形タンパク質を見つけて分解する酵素が変異し、そのためか細長い形状（long form）をとる大腸菌変異株である。すべての外来タンパク質が安全というわけではないが、この変異遺伝子をもつ大腸菌内では、ある種の真核生物タンパク質は分解されずに大量発現できるという点で有用な株である。

> これ以外のタンパク質分解酵素遺伝子を欠損させた変異株も開発されているので、それらのいくつかを試してみるのが大腸菌内でタンパク質を大量発現させる際の常道である。

4・2　大腸菌 K-12 株とその亜種

もとは単一の分離株に由来する K-12 株には、研究者の実験の目的に合わせてさまざまに改良された多くの亜株が存在する。それらの特徴は**遺伝子型**（genotype）で表されるが、表 4・1 に列挙した遺伝子型の記述内容は初心者にはとっつきにくいものであろう。しかし、この内容を即座に読みとる能力は遺伝子操作実験を設計するうえで大切である。ここでは遺伝子型の解読法を伝授しよう。

4・2・1　遺伝子型記述の原則

遺伝子型は以下の原則に従って記述されていることをまずは理解しよう。

1) 遺伝子型に示されるのは欠損した遺伝子であり、記述されていない遺伝子は正常とみなすのが基本原則である。

> ただし、正常あるいは欠損していることを特に強調したいときは遺伝子名の右肩に＋，−を表示して、その遺伝子がそれぞれ正常である、あるいは欠損していることを示す（m_K^+, $mcrA^-$ など）。

2) 欠損遺伝子は斜体の三つの小文字で略式表記するのが習わしとなっている。略記された遺伝子が何であるかを推測しやすくするため、たとえば *dam*（DNA

4・2 大腸菌 K-12 株とその亜種

adenine methylase) のように遺伝子の機能を反映する頭文字を選ぶか，あるいは rec (recombination) のように最初の3文字を選ぶかなどにより命名する．

> 一つの同じ機能がいくつかの独立した遺伝子によって分担されているときは略号のあとの4文字目に斜体の大文字を添付して区別する．たとえば組換え機能は四つ以上の別個の遺伝子が担っているが，それらは順番に recA, recB, recC, recD などと記述される．

3) 制限酵素系 (r：restriction) とメチル化酵素系 (m：methylation) の遺伝子型は，たとえば hsdR2 (r_K^-, m_K^+) のように，かっこの中のrまたはmそれぞれ

表 4・1 いくつかの大腸菌 K-12 亜株の遺伝子型 制限系にかかわる遺伝子型を赤文字で示した．

株 名	遺 伝 子 型
DP50supF	F⁻ tonA53 dapD8 lacY1 glnV44 (supE44) Δ(gal-uvrB)47 λ⁻ tyrT58 (supF58) gyrA29 Δ(thyA57) hsdS3(r_K^-, m_K^-)
χ1776	F⁻ fhuA53 dapD8 minA1 glnV44 (supE44) Δ(gal-uvrB)40 minB2 rfb-2 gyrA25 (Nal^r) thrA142 oms-2 metC65 oms-1 (tte-1) Δ(bioH-asd)29 cycB2 cycA1 hsdR2 (r_K^-, m_K^-)
HB101	F⁻ Δ(mcrC-mrr) leu supE44 ara14 galK2 lacY1 proA2 rpsL20 (Str^r) xyl-5 mtl-1 recA13
C600^hfl	e14⁻ (mcrA⁻) supE44 thi-1 thr-1 leuB6 lacY1 tonA21 hflA150::Tn10
MC1061	F⁻ araD139 Δ(ara-leu)7696 Δ(lac)X74 galU galK hsdR2 (r_K^-, m_K^+) mcrB1 rpsL (Str^r)
LE392	F⁻ e14⁻ (mcrA⁻) hsdR514(r_K^-, m_K^-) supE44 supF58 lacY1 or Δ(lacIZY)6 galK2 galT22 metB1 trpR55
JM109	F' traD36 lacI^q Δ(lacZ)M15 proAB/recA1 endA1 gyrA96 (Nal^r) thi hsdR17(r_K^-, m_K^+) supE44 e14⁻ (mcrA⁻) relA1 Δ(lac-proAB)
Y1090	F⁻ Δ(lac)U169 lon-100 araD139 rpsL(Str^r) supF mcrA trpC22::Tn10 (pMC9; Tet^r Amp^r)
XL1-BlueMRF'	Δ(mcrA)183 Δ(mcrCB-hsdSMR-mrr)173 endA1 supE44 thi-1 recA1 gyrA relA1 lac [F' proAB lacI^qZΔM15] Tn10 (Tet^r)
DH5αF'	F'/endA1 hsdR17(r_K^-, m_K^+) supE44 thi-1 recA1 gyrA (Nal^r) relA1 Δ(lacZYA⁻ argF) U169 (φ80dlacΔ(lacZ)M15)
DH12S	mcrA Δ(mrr-hsdRMS-mcrBC) φ80dlacZΔM15 ΔlacX74 recA1 deoR Δ(ara, leu) 7697 alaD139 galU galK nupG rpsL' F' proAB⁺ lacI^qZΔM15
SURE	e14⁻ (mcrA⁻) Δ(mcrCB-hsdSMR-mrr) 171 sbcC recB recJ umuC::Tn5 (Kan^r) uvrC supE44 lac gyrA96 relA1 thi-1 endA1 [F' proAB lacI^qZΔM15]
SOLR	e14⁻ (mcrA⁻) Δ(mcrCB-hadSMR-mrr) 171 sbcC recB recJ umuC::Tn5 (Kan^r) uvrC lac gyrA96 relA1 thi-1 endA1 λ^r [F' proAB lacI^qZΔM15] Su⁻ (non-suppressing)

について下つきの添字で示す．この場合は *hsdR2* 遺伝子の欠損により *Eco*K 制限系が欠損しており制限はされないが，*Eco*K メチル化系は機能しておりこの大腸菌内で増殖させた DNA はメチル化を受けることを意味する．

4) いくつかの遺伝子を連続して欠失している場合は，たとえば Δ (*mcrC - mrr*) のようにその両端の遺伝子名をハイフンで結び，かっこでくくってその前に Δ で表示する (Δ は欠失 deletion を示すギリシャ文字)．

5) 特別な表記法が慣習化されている場合にはそれに従う．たとえば高温で不活性な温度感受性 (temperature sensitive) は ts，翻訳停止コドンの変異の一つであるアンバー (amber；UAG) 変異は am と表記する．また，*hsdR17* などのように斜体数字で対立遺伝子の番号を記すこともある．

6) 溶原性ファージやプラスミドは存在しないことを強調することの方が多い (たとえば F⁻，λ⁻，e14⁻，rac⁻ など)．しかし，その所在を強調した方が便利なときには＋をつけずにそのまま表記する (F′, λ など)．これらは立体で表記する．

> ここで e14 は K-12 株にのみ見つかるプロファージ様の DNA で *mcrA* を含むいくつかの遺伝子をもつ．そのため e14⁻ ならば McrA⁻ であることを意味する．

7) 遺伝子型ではなくて表現型を表記することが例外的に認められているものもある．そのときは立体で最初を大文字にし，特別にかっこで囲んで＋，－，r (resistant，抵抗性)，s (sensitive，感受性) などを併記する．たとえばストレプトマイシン抵抗性プラスミドをもつ場合は (Str^r) と表記する．また (Lac⁻) は炭素源としてラクトースを利用できない表現型を示す．

> さらに表現型を遺伝子型と結びつけて表記することもある．たとえば rpsL104 (Str^r) は ribosomal protein small subunit の変異がストレプトマイシン抵抗性の表現型を示すことを意味する．

8) ある遺伝子の置換は :: で示される．たとえば *trpC22*::Tn10 は *trpC22* 遺伝子を Tn10 で置き換えたことを意味する．

4・2・2　遺伝子型の解読例

さて，以上の規則に従って実際に遺伝子型を解読してみよう．これを読むためには上述の規則のほかに，各種の略号の意味するところを知らなくてはならないので，表 4・2 (p.74) に辞書をつけておいた．これを参照して挑戦してみよう．

まず，遺伝子操作の初期に樹立されて古典的な株ともいえる DP50*supF* 株〔F⁻ *tonA53 dapD8 lacY1 glnV44*(*supE44*) Δ(*gal-uvrB*)47 λ⁻ *tyrT58*(*supF58*) *gyrA29*

Δ(*thyA57*) *hsdS3*(r_K^-, m_K^-)〕を取上げる.この大腸菌株は万が一実験室外へ漏れ出たり,体内に入ったりしてもまず生き延びられないように三つの仕掛け(①~③)を施している.

① *dapD8* 変異:自然界にはほとんど見当たらない非常に珍しいアミノ酸であるジアミノピメリン酸存在下でのみ細胞壁を合成でき,生育可能となる.
② Δ(*thyA57*)変異:チミジンがなくては生育できない.
③ Δ(*gal-uvrB*)*47* 変異:*gal* 遺伝子から *uvrB* 遺伝子までをすべて欠損していることを意味し,そのためにラクトースを栄養源として利用できないばかりでなく,外界に多い紫外線に当たると死んでしまう.

しかしながらこれらの性質は日常的な実験には非常に大きな不便をもたらすため,通常の遺伝子組換え実験にはほとんど使用されなくなった.

> ただし,特に安全性を要する遺伝子操作には現在でも B2 系として λ ファージベクターの宿主として DP50*supF* 株を(プラスミドベクターの宿主としては χ1776 株を)使用することが義務づけられている.

そのほか,この菌は F^- なので F プラスミドはもっておらず一本鎖 DNA は調製できない.*tonA53* なので T1 ファージは感染できず,*glnV44*(*supE44*)と *tyrT58*(*supF58*)の二つのサプレッサー変異が入っている.$λ^-$ なので λ ファージは溶原化しておらず,*gyrA29* なので抗菌化合物であるナリジキシン酸に対して抵抗性である.また,*hsdS3*(r_K^-, m_K^-)なので制限性もなく外来 DNA はメチル化も受けない.

つぎに,最新型の大腸菌の一つである SURE 株〔$e14^-$($mcrA^-$) Δ(*mcrCB-hsdSMR-mrr*)*171 sbcC recB recJ umuC*::Tn5(Kan^r)*uvrC supE44 lac gyrA96 relA1 thi-1 endA1* [F′ *proAB lacI*^{q}*Z*Δ*M15*]〕の遺伝子型を読んでみよう.$e14^-$($mcrA^-$)なので McrA$^-$ である.さらに Δ(*mcrCB-hsdSMR-mrr*)*171* というふうに連続した六つの制限性にかかわる遺伝子をすべて欠失させているので制限を受ける心配がなく,メチル化による外来 DNA の修飾の煩わしさもない便利な大腸菌である.また *sbcC recB recJ* と組換え関連遺伝子も欠損させているので導入したプラスミド DNA が変性されるおそれもない.*umuC*::Tn5(Kan^r)はトランスポゾンの導入を意味し,カナマイシン耐性となっているので薬剤による選択ができる.*uvrC* は紫外線感受性を,*supE44* はサプレッサー tRNA 変異で λ ファージベクターの増殖に必須な性質で,*lac* はラクトースを栄養源として利用できないことを意味する.また *gyrA96* なので抗菌化合物であるナリジキシン酸に対する抵抗性をもち,*relA1* はタンパク質合成なしでの RNA 合成が可能とする変異で,*thi-1* は培地にチ

アミンを要求し，endA1 なのでこの大腸菌で増やした DNA は損傷が少ないと期待できる．一方，F' は F プラスミドをもつため一本鎖 DNA の調製が可能で，proAB なので培地にプロリンを要求し，lacI^{q}Z ΔM15 は α 相補ができるので青白選択の技術（p.58 参照）が使えることを意味する．

表 4・2 遺伝子型の特徴

遺伝子型	特　徴
ala	最少培地での生育にアラニン（alanine）を要求するようになった変異．
ara	アラビノース（arabinose）代謝系の欠損によりアラビノース異化作用の阻害を起こす変異．変異部位の違いにより，ara14, araC, araD などとも書く．
argF	オルニチンカルバモイルトランスフェラーゼの欠損によりアルギニン（arginine）代謝が異常になった変異．
asd	アスパラギン酸セミアルデヒドデヒドロゲナーゼ（aspartate semialdehyde dehydrogenase）の欠損．
bioH	= bioB；ビオチンシンテターゼ（biotin synthetase）の欠損．
cycA	D-シクロセリン（D-cycloserine）や D-セリンに抵抗性を示す．D-アラニン，D-セリン，D-グリシン輸送の欠損．
dam	GATC 配列のアデニン（A）部位のメチラーゼ（DNA adenine methylase）の欠損．このメチル化により切断できなくなる制限酵素（BclⅠなど）でも切断できる DNA を調製するためにはこの dam⁻ 株に形質転換して再調製しなければならない．
dapD	テトラヒドロジピコリン酸スクシニルトランスフェラーゼの欠損により培地にジアミノピメリン酸（diaminopimelate）が存在しないと生育できない．
dcm	CC(A/T)GG 配列のシトシン（C）部位のメチラーゼ（DNA cytosine methylase）の欠損．このメチル化により切断できなくなる制限酵素（AvaⅡなど）でも切断できる DNA を調製するためにはこの dcm⁻ 株に形質転換して再調製しなければならない．
deoR	deo オペロンの制御遺伝子の欠損．この変異によりデオキシリボース（deoxyribose）生合成にかかわる酵素をコードする遺伝子が構成的に発現するようになる．そのせいもあってこの変異をもつ大腸菌株は大きなサイズのプラスミド DNA を取込むことができる．
dut	dUTPase の活性欠損．ung 変異との組合わせにより，DNA 中にウラシルを取込むことができるようになる．
endA1	非特異的なエンドヌクレアーゼⅠ（endonucleaseⅠ）の欠損．この欠損をもつ大腸菌で増やした DNA はより損傷が少ないと考えられている．
F	低コピー数の性因子プラスミド．
fhuA	ferric hydroxamate uptake；フェリクロム，コリシン M などの外膜受容体の欠損変異．
galK	ガラクトキナーゼ（galactokinase）の欠損によりガラクトースの代謝が異常となってガラクトースを栄養源として使用できなくなった変異．

表4・2 (つづき)

遺伝子型	特　徴
galT	ガラクトース-1-リン酸ウリジリルトランスフェラーゼ（galactose-1-phosphate uridylyltransferase）の欠損によりガラクトースの代謝が異常となってガラクトースを栄養源として使用できなくなった変異.
galU	ガラクトース-1-リン酸ウリジリルトランスフェラーゼ（galactose-1-phosphate uridylyltransferase）の欠損によりガラクトースの代謝が異常となってガラクトースを栄養源として使用できなくなった変異.
gpt	グアニンヒポキサンチンホスホリボシルトランスフェラーゼ（guanine-hypoxanthine phosphoribosyltransferase）の欠損.
gyrA96	DNA gyrase（サブユニットA）の欠損. =*nalA*；DNAジャイレースのAサブユニットに結合する抗菌化合物であるナリジキシン酸（nalidixic acid）に対する抵抗性を獲得する変異. *gyrA29* も同様.
hflA150	high frequency lysogenization by λ；λファージによる溶原化の頻度が増大する変異.
hsdR	host specificity defective；*Eco*K系が一部欠損しているので制限（r）はされないが，メチル化（m）はされる（r_K^-, m_K^+）．そのため，この大腸菌内に導入されたDNAは内在性の制限酵素で切断されず，DNAの増幅やクローニングが可能となる．また，この宿主菌で増幅させ調製したDNAは m_K^+ へ形質転換可能である.
hsdS	host specificity defective；*Eco*B系が完全に欠損しており制限（r）もメチル化（m）もされない（r_B^-, m_B^-）．そのため，この大腸菌内に導入されたDNAは内在性の制限酵素で切断されないため，DNAの増幅やクローニングが可能となる．しかし，この宿主菌で増幅させ調製されたDNAは制限性がプラスの株では切断されるため，クローニングや増幅ができない.
lacI^q	lactose；ラクトースリプレッサーの過剰発現株．ラクトースプロモーターからの発現をより完全に押さえる.
lacY	lactose；ガラクトシドパーミアーゼの欠損によりラクトース代謝異常を起こし，ラクトースを栄養源として使用できない変異.
lacZ ΔM15	lactose；β-ガラクトシダーゼの部分欠損によりα相補が可能になった変異.
leuB	β-イソプロピルリンゴ酸デヒドロゲナーゼの欠損により最少培地での生育にロイシン（leucine）を要求するようになった変異.
lon	long form；異形タンパク質を破壊する分解酵素の欠損．この欠損株内ではある種の真核生物タンパク質は分解からある程度保護され，より安定に増幅できる.
mcrA	methylcytosine restriction；*mcr*制限系の欠損により 5′-GCGC-3′ という塩基配列上のシトシン（C）がメチル化されている場合にも制限されない変異.
mcrB	*mcr*制限系の欠損により 5′-AGCT-3′ という塩基配列上のシトシン（C）がメチル化されている場合にも制限されない変異.
Δ(*mcrC-mrr*)	*mcrC-mcrB-hsdS-hsdM-hsdR-mrr* という連続した六つの制限性にかかわる遺伝子が欠失している変異で，これらがかかわる制限性が欠如している.
metB	シスタチオニンγ-シンターゼの欠損により最少培地での生育にメチオニン（methionine）を要求するようになった変異.

表4・2 (つづき)

遺伝子型	特徴
minB	DNAを含まない小さな細胞（minicell）の形成がみられる変異.
mrr	methylation requiring restriction；シトシンやアデニンがメチル化されているDNAのみを破壊する制限系．メチル化部位としての共通の塩基配列は見いだされていない．
mtlD	マンニトール-1-リン酸デヒドロゲナーゼの欠損によりマンニトール（mannitol）代謝異常を起こした変異．
proA	γ-グルタミルリン酸レダクターゼの欠損により最少培地での生育にプロリン（proline）を要求するようになった変異．
recA	recombination；相同的組換えにかかわる遺伝子の欠損により導入したDNAどうしあるいは宿主大腸菌DNAとの組換えが阻害された変異．特に50塩基対以上の反復配列を含むDNA断片を扱うときに有用な変異である．
recB	recombination；エキソヌクレアーゼVの組換え活性の欠損．*recB-recC*株では相同性組換えが起こりにくく，*sbcA/sbcB*変異が組合わさると逆向き反復配列さえも安定に存在できる．ただしプラスミドの複製が少しおかしくなることもある．
recD	recombination；エキソヌクレアーゼV（αサブユニット）のエキソヌクレアーゼ活性の欠損変異．ただし組換えの活性は正常で，γファージの逆向き反復配列も正常に増幅できる．
recF	recombination；プラスミド間の相同的組換えが起こらない変異．
recJ	recombination；プラスミド間の相同的組換えが起こらない変異．
relA	relaxed；RNA生成の制御にかかわるATP：GTP 3′-ピロホスホトランスフェラーゼの欠損によりタンパク質合成なしでのRNA合成が可能となった変異．
rfa	rough；リポ多糖の核合成経路の欠損．
rfbD	rough；一群の*rfa, rfb*遺伝子のうち，TDP-ラムノースシンテターゼの欠損．
rpsL	ribosomal protein, small（=*strA*；streptomycin耐性）；30Sリボソームサブユニットである S12 の欠損によりストレプトマイシン耐性となった変異．
rpoH	=*htpR*；熱ショック応答性転写調節因子をコードする遺伝子の欠損により熱ショックにより発現誘導されるタンパク質分解酵素が発現されなくなった変異．この菌内で発現された外来タンパク質のあるものは分解を免れるようになる．*rpoH*am *supC*tsの組合わせでは高温でタンパク質をより一層安定に発現できる．
sbcB	エキソヌクレアーゼI活性の欠損変異．*recB, recC*を同時にもつ*sbcB*変異は*sbcC*変異であることが多く，そのような四重変異株では逆反復配列をもつクローンもλファージベクター内で無事に増幅できる．ただしプラスミドの複製はおかしくなる．
sbcC	*sbcC*単独の変異では逆反復配列をもつクローンがλファージ・プラスミドベクター内でともに増幅できる．
supC(ts)	suppressor；温度感受性のオーカー（ochre；UAG）およびアンバー（amber；UAG）サプレッサー tRNA 変異により終止コドンの位置にチロシンを導入する．
supE	suppressor；オーカーサプレッサー tRNA 変異により終止コドンの位置にグルタミンを導入する．

表 4・2 （つづき）

遺伝子型	特徴
supF	suppressor；アンバーサプレッサー tRNA 変異により終止コドンの位置にチロシンを導入する．λgt11 ベクターの溶原サイクルでの増殖に必須の変異である．
thiB	チアミンリン酸ピロホスホリラーゼの欠損により最少培地にチアミン（thiamin）を要求するようになった変異．*thi-1* も同様．
thrC	トレオニンシンターゼの欠損により最少培地での生育にトレオニン（threonine）を要求するようになった変異．
thyA	チミジル酸シンターゼの欠損により最少培地での生育にチミジン（thymidine）を要求するようになった変異．
Tn5	transposon 5；カナマイシン耐性因子をコードするトランスポゾン（転移性遺伝子）．
Tn10	transposon 10；テトラサイクリン耐性因子をコードするトランスポゾン（転移性遺伝子）．
tonA	外膜タンパク質の欠損によりフェリクロム，コリシン M，T1 ファージ，T5 ファージ，φ80 ファージなどに耐性となった変異．
traD	transmissibility；F 因子の自己移送能力の著しい低下を起こした変異．
trpR	tryptophan；trp オペロンと *aroH*（aromatic；トリプトファン抑制 DAHP シンテラーゼ）制御の欠損により最少培地での生育にトリプトファンを要求するようになった変異．
tsp	溶菌後に分泌型としてあるいは細胞質に大量発現されたタンパク質を分解するはずの細胞周辺腔タンパク質分解酵素の欠損した変異．
tsx	T6 ファージおよびコリシン K に耐性となった変異．
ung	ウラシル N-グリコシラーゼ活性の欠損により，DNA に取込まれたウラシルが Ung により除かれてその部分の塩基のない DNA が生じてしまう変異．
uvrB	除去修復酵素の欠損により紫外線に感受性となった変異．
xylA	D-キシロースイソメラーゼの欠損によりキシロース（xylose）の代謝異常を起こした変異．*xyl-5* も同様．
e14	K12 株特有のテンペレートファージ．*mcrA* 遺伝子をもつので e14$^-$ 株は同時に McrA$^-$ でもある．
(P1)	プロファージ P1 を染色体に潜伏させている株．P1 の制限性を有する．
(P2)	プロファージ P2 を染色体に潜伏させている株．この株中では Spi$^-$ 選択が可能．
(φ80)	φ80 プロファージを染色体に潜伏させている株．φ80d と書かれている場合にはファージが欠陥型（defective）であることを意味する．
(Mu)	Mu プロファージを染色体に潜伏させている株．Mud と書かれている場合にはファージが欠陥型（defective）であることを意味する．
Amp^r	ampicillin；アンピシリン耐性．
Cam^r	chloramphenicol；クロラムフェニコール耐性．
Hte	high transformation efficiency；形質転換効率が上昇した変異．
Kan^r	kanamycin；カナマイシン耐性．
Str^r	streptomycin；ストレプトマイシン耐性．
Tet^r	tetracycline；テトラサイクリン耐性．

4・3 形質転換

細胞の中へ外来のDNAが取込まれることは自然界でふつうに起こっている現象である．ある細胞に外来DNAを人工的に導入することで，その細胞が本来もつ形質の一部を外来DNAのもつ形質に転換する操作を**形質転換**（transformation）という．形質転換させるためのファージによる細菌の感染やウイルスによる哺乳動物細胞の感染操作を**トランスフェクション**（transfection）とよぶ．また細菌間でDNA分子を移入させる場合は**接合**（conjugation），バクテリオファージによって宿主細菌にDNAが導入されることは**形質導入**（transduction）とよぶ．遺伝子導入法には生物を介するものだけでなく化学的または物理的な方法に依存することもある．

4・3・1 大腸菌の形質転換

大腸菌の形質転換を行うには，方法に応じて大腸菌を別途処理し待機状態（competent state，コンピテントな状態）に置かなければならない．実験室で日常的に使われる大腸菌の処理法とそれに続く形質転換法には三つある．

1) 化学的方法：大腸菌をカルシウムで処理し，DNAを取込むことができる状態に変化した**コンピテントセル**（competent cell）を作製して，その懸濁液にDNAを混ぜるだけで自然に取込ませる．
2) 物理的方法：大腸菌を水で洗浄することで脱塩処理して濃縮大腸菌液（electroporation-competent cell）を作製したのち特殊な装置で高電圧をかけて物理的な刺激を与えて強制的にDNAを取込ませる．
3) 生物学的方法：大腸菌をマグネシウムで処理してプレート用大腸菌（plating cell）を作製してからλファージを感染させて形質導入する．

a. コンピテントセルを用いた形質転換

大腸菌の細胞膜はふつうの条件下ではDNAを通過させないが，カルシウム溶液にしばらく浸すと細胞膜が緩んで一時的にせよDNAを取込むようになる．このM. Mandelの発見（1970年）はすぐさま簡便な形質転換法へと発展し，それから数年後の遺伝子操作の進展の基盤技術の一つとなった．コンピテントセルの作製では，その形質転換効率（frequency）の高さが重要であり，それによって実験の可否まで左右されることが多い．形質転換効率は1μgのプラスミドベクターDNA（pBR322など）を取込ませた場合に形質転換される大腸菌の数，すなわち一夜培養後のプレート上でのコロニー形成単位（CFU，colony forming unit）で表される．この形質転換効率を上昇させるため実験法の改良に多くの努力がなされてきた．

1980年代まではD. Hanahanが開発した10^8（CFU/μg pBR322）という高効率を実現する方法が一般的であった．1990年に筆者らが開発したより簡便なSEM（simple and efficient method）法はそれを10倍以上凌駕する高効率を達成した（付録7参照）．この方法では試薬成分を最適化したうえで低温（18℃）で大腸菌を32時間以上激しく振とう培養するという特殊な条件を設定しており，より簡単な操作で$1〜3\times10^9$（CFU/μg pBR322）の形質転換効率をもつコンピテントセルを作製できる．しかもいったん作製したコンピテントセルは液体窒素中であれば1年後でも同程度の高効率を保持したまま保存できる．この方法を用いて作製したコンピテントセルは東洋紡からコンピテントハイとして販売されている．

b. エレクトロポレーションによる形質転換

大腸菌に短時間の高圧電気パルスを与えると細胞膜にプラスミドDNAが通過できるほどの小孔が一過性につくられ，それを通してDNAを細胞内へ導入できる（図4・1）．このエレクトロポレーション（電気穿孔法，electroporation）とよばれる現象が起こる理由は以下のように説明できる．すなわち，細胞膜は一つの等価回路を形成しているため，外部から強い電場を加えるとその分だけ膜表面に電荷が蓄積して膜に圧縮力を与える．これが膜の弾性限界を越えるほど強くなれば膜の一部に小さな孔があく．この孔を通してDNAが細胞内に取込まれるが，しばらくすると孔は元通りに修復される．

ここで問題なのは電場が強すぎると孔が大きくなりすぎ膜が非可逆的に破壊されて細胞が死んでしまうことで，その強さと時間を調節しなくてはならない．しかし，いったんセットアップできると$1〜8\times10^{10}$（CFU/μg pBR322）以上の高い形質転換効率が実現できるという優れた技術である．

> そもそも大腸菌を殺さずに，すべてのpBR322 DNA分子が取込まれたときに達成される形質転換の理論的限界値が2.2×10^{11} CFUであることを考えると，この値は技術的な限界に近い値である．

しかし，水で洗浄するだけという単純な濃縮大腸菌液作製が結構難しく，言われているほどの高い効率をふつうの実験室で実現させるのは簡単ではない．しかも濃縮大腸菌の保存ができない（効率がすぐに落ちてしまう）のも欠点である．一方でDNA溶液の脱塩処理にも神経を使う．少しでも導電物質が残っているとパルスを当てたときに爆発音をもって漏電して効率を何桁も下げてしまう．

> 筆者らはDNA試料の前処理法を開発することでこの問題を解決した．DNA試料を70℃で3分保温したのち，フェノール・クロロホルム処理，遠心操作で不純物を除去する．この前処理を行うことで使用したDNAは40％という高効率で大腸菌に取込まれる．大切なのはDNAを高温にさらすことと，フィルターを使って不純物を除去することである．

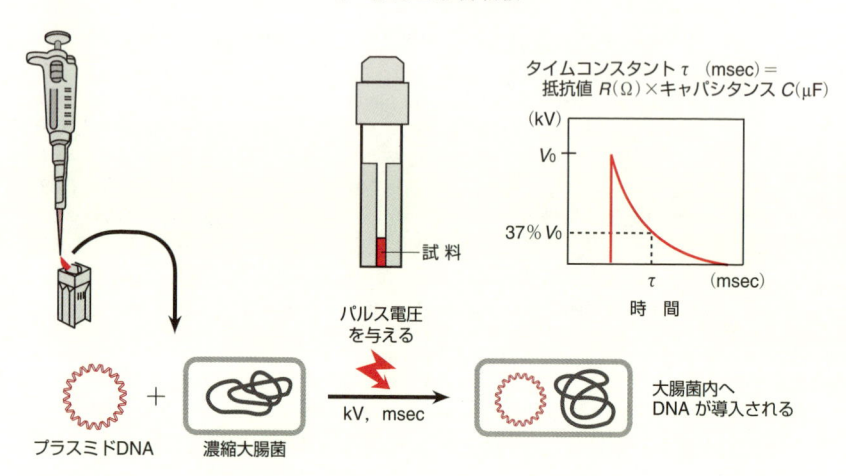

図4・1 エレクトロポレーション操作　大腸菌を水で何回も洗浄することにより電気伝導度を最小化したうえで，形質転換効率を上げるためにできるだけ濃縮しておく．あるいは市販の濃縮大腸菌（ElectroMAX, Gibco-BRL）もお勧めである．これに，やはり脱塩したDNA試料を加えてキュベット（大腸菌は2 mm幅，哺乳動物細胞は4 mm幅）に入れ，速やかに機器にセットする．最適電圧は大腸菌の場合は約10 kV/cm，哺乳動物細胞の場合0.5〜1.0 kV/cmである．実際には扱う細胞に対しての最適条件を検索することもある．その際，電気パルスをかける細胞数なども重要なパラメーターであるが，便宜上キュベットに入れる細胞数（0.5〜1.0×10^{7}細胞），DNA量（2.5〜40 μg），容量（0.8 mL）を一定にして電圧を200〜1000 Vの範囲で変化させ，形質転換効率にとっての最適条件を探していく．ここで初期電圧をV_0 (V)，電極間距離をd (cm)，キュベット抵抗をR (Ω)，コンデンサーの電気容量をC (μF) とするとき，パルス電場強度E_0 (V/cm) とパルス幅$τ$ (sec；電圧が初期電圧の37％ [1/e] まで下がるのに要する時間）は$E_0 = V_0/d$, $τ = RC$で与えられる．抵抗値は溶液の比抵抗に反比例する，すなわち溶液のイオン強度に依存するので細胞懸濁液に培地の塩類が残らないように細胞をよく洗浄する．

c．ファージを介した形質転換

λファージベクターを用いた形質転換は容易である．λファージベクターがプラスミドベクターくらいに扱いやすければ何の苦労もないのにと思うくらい簡単である．宿主大腸菌を10 mM MgCl$_2$と混ぜるだけでλファージ感染に対してコンピテントな状態になり，しかもその状態は冷蔵庫で保存しても2週間は保持できる．

しかし，λファージベクターはライブラリーをつくるときとそこからクローニングした遺伝子をひとまず増やすときくらいしか使われず，あとはすぐにプラスミドベクターに移すのが現状である．なぜならλファージから回収されるDNA量はプラスミドの1/10程度であり，なおかつ挿入できるDNAのサイズが長いのが逆に

4・3 形質転換

不利に働いて，目的とする DNA 断片の量はプラスミドに比べてさらに 1/10 (合計で 1/100) 程度に低下するからである．

しかし，バクテリオファージによる形質導入は概念的にはとても重要な現象であるのでここできちんと説明しておこう．まずバクテリオファージを介した形質導入には**特殊形質導入** (specialized transduction) と**普遍形質導入** (generalized transduction) があることを覚えておこう．特殊形質導入はλファージのように溶原化 (p.50 参照) するときに大腸菌ゲノムの特定の位置 (*attB*, attachment site of

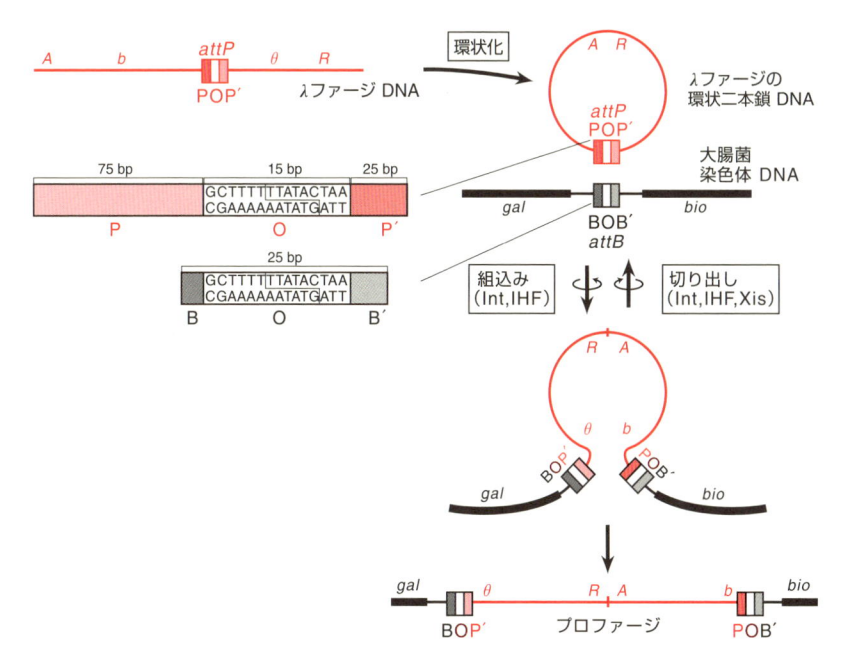

図 4・2 感染した λファージ DNA の大腸菌染色体への組込みの機序 λファージ DNA は感染大腸菌染色体の特定の位置にプロファージとして組込まれる．その位置は大腸菌のガラクトース (*gal*) オペロンとビオチン (*bio*) オペロンに挟まれて座位する λ付着部位 (*attB*) で，この部分と λファージ DNA に存在する付着部位 (*attP*) の間で組換えが起こる．付着部位は λファージも大腸菌も三つのユニット (POP′，BOB′) から成り立つが，中央部分 (O) の 15 塩基対は共通であるものの，その周辺領域 (PP′または BB′) の塩基配列はまったく異なる．組換えの際には，まず直鎖 λDNA が環状化され，つぎに λファージのコードするインテグラーゼ (*int*: integrase) および大腸菌の組込み宿主因子タンパク質が触媒して λDNA 分子中の遺伝子の順序が逆向きに並べ変えられた形で組換え反応が起こる．逆反応であるプロファージの切り出しには Int タンパク質，IHF に加えてファージ DNA にコードされる *xis* 遺伝子産物が必要である．

bacteria, 付着部位) に組込まれるファージで起こる, 大腸菌ゲノムの特定の領域を別の大腸菌ゲノムへ形質導入する現象である (図4・2).

> たとえば紫外線を当てるとファージ遺伝子は誘発されて細菌染色体から切り出されるが, このときついでに周辺の大腸菌 DNA を少しだけ一緒にもち出すことがある. この大腸菌 DNA をもった組換え体ファージ (これを形質導入ファージ transducing phage とよぶ) が新たな大腸菌に感染して再び溶原化すると, 古い大腸菌の遺伝子を新たな大腸菌に組込んでしまうことになる.

これは自然界ですでに行われていた遺伝子組換えであり, λファージは細胞から細胞へ遺伝子を移送する運搬係として働いている. すなわち, これが"ベクター"という発想の起源である.

普遍形質導入は大腸菌のファージ P1 などで起こる現象で, 大腸菌の不特定の断片がファージ粒子に取込まれることにより, それがつぎの感染時に新たな大腸菌に導入されることである. 確率的には大腸菌のすべての領域がランダムに分断された形で多数のファージ集団に含まれるので, ゲノム全体を運ぶこともできる. これが"ライブラリー"という概念の起源である.

酵母の形質転換には酢酸リチウム法が使われる. これは 0.1 M 酢酸リチウムを含む溶液 A とポリエチレングリコール 4000 を含む溶液 B を順次加えて処理する方法で, 各種酵母を効率良く形質転換できる.

4・3・2 動物培養細胞の形質転換

動物培養細胞への形質転換は安全性の問題があるため, 多くは生物を介さない物理的形質転換法である. 動物培養細胞は細胞によって性質が大きく異なるため, ある細胞にとっては最高の形質転換効率を示す方法でも他の細胞では使えないこともある. そのために多くの方法を知っておくといつかは役に立つこともあろう.

a. リン酸カルシウム法

リン酸カルシウム (Ca-phosphate) **法**は古典的であるが今でも使える簡便な方法である. リン酸カルシウムと DNA を混ぜるときに条件をうまく設定すると適度な大きさの微粒子が形成できるが, これを細胞の**食作用** (phagocytosis) によって取込ませる.

> 最適条件は非常に幅が狭いが, DNA とリン酸カルシウムが複合体を形成する際の pH を 6.95 まで下げることで, 多くの接着系哺乳動物培養細胞において 1～20% という驚くべき高効率の形質転換が達成できる. ただし浮遊系細胞では形質転換効率が 1% を下回ることが多い.

b. リポフェクション法

リポフェクション（lipofection）法はリン酸カルシウム法などに比べ，細胞の損傷が小さく，形質転換効率が高いため用いるDNA量が少なくてすむという利点があり，現在最も頻用されている動物培養細胞への形質転換法である．リン脂質を用いて再構成された人工リポソーム（liposome，脂質小胞）でDNAを包み込み，これを細胞懸濁液に加えると，細胞表面に付着した小胞が細胞膜と融合することで小胞中のDNA分子が細胞内に入り込む（図4・3）．封入する物質は核酸以外でもよく，タンパク質，染色体，ウイルス粒子などの巨大分子を細胞内に導入することも可能である．

> 初めは不安定な陰荷電をもつリン脂質であるホスファチジルセリン（PS, phosphatidylserine）でできたリポソームが用いられていたが，陽イオン脂質であるDOSPAをはじめとして多種類の陽イオン脂質が開発されて一層使いやすくなった．

陽イオン脂質と陰荷電をもつDNAとの複合体が形成されると，負に荷電している細胞表面に正に荷電しているリポソームが吸着し，細胞膜と融合することでDNAを細胞内に導入できる．

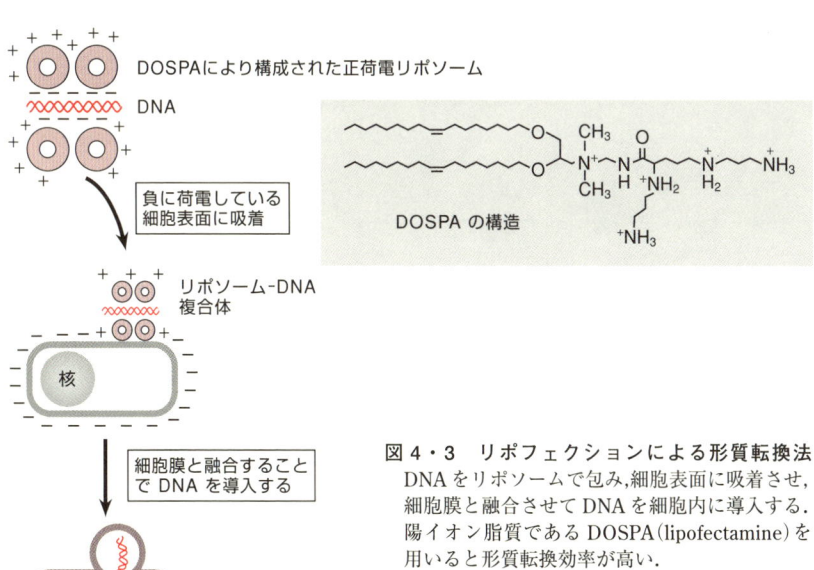

図4・3 リポフェクションによる形質転換法
DNAをリポソームで包み，細胞表面に吸着させ，細胞膜と融合させてDNAを細胞内に導入する．陽イオン脂質であるDOSPA（lipofectamine）を用いると形質転換効率が高い．
DOSPA: 2,3-dioleyloxy-N-[2-(spermine-carboxamido)ethyl]-N,N-dimethyl-1-propanammonium trifluoroacetate の略．

c. トランスフェリン受容体を介する形質転換法

　細胞膜上に存在するトランスフェリン受容体を介して効率良く形質転換させる方法も工夫されている．この方法ではトランスフェリン（transferrin）と陽イオン性ポリマーである PEI（polyethyleneimine）との結合物（DuoFect）と DNA を混合して PEI 部分に DNA を結合させる．この複合体は細胞と混ぜると細胞膜上のトランスフェリン受容体を認識して結合し，その後はエンドサイトーシスによって細胞に取込まれる（図 4・4）．この方法の利点は生理的な条件を保ったままの血清存在下でも使用可能なことで，細胞へのダメージが少ないことである．

> 細胞膜透過性の鉄キレート剤（deferroxamine）を用いて培養細胞を前処理することでトランスフェリン受容体遺伝子の発現を誘導すれば，一層高い形質転換効率が期待できるという．

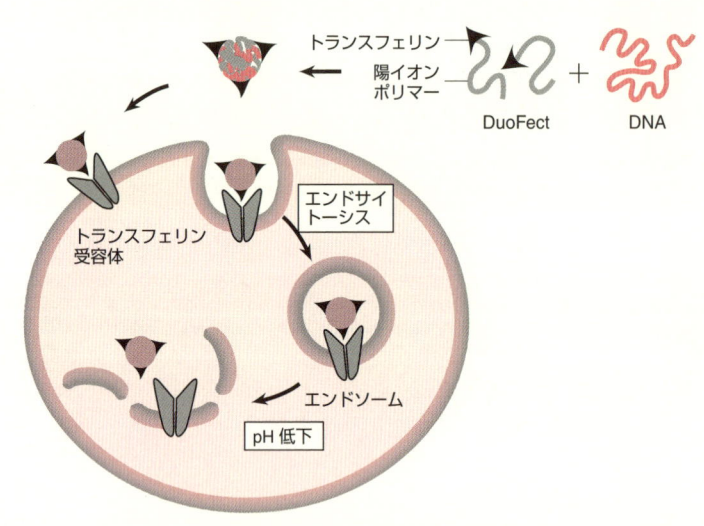

図 4・4　トランスフェリン受容体を介した遺伝子導入法　トランスフェリンと陽イオンポリマー（PEI）との化合物である DuoFect と DNA を混ぜると PEI 部分に DNA が結合する．この複合体を標的細胞と混合すると細胞表面にあるトランスフェリン受容体と結合し，その後はエンドサイトーシスで細胞内へ取込まれる．細胞内の pH を酸性に傾けるとエンドソームが崩壊して，中にあった複合体を細胞内へ放出する．

d. 膜透過性ペプチドを用いる形質転換法

　哺乳動物細胞の細胞膜を透過する能力のあるタンパク質（ペプチド）に DNA（オリゴヌクレオチド）をくっつけて細胞へ導入する方法も開発されている．**ペネトラチン 1**（penetratin 1）はショウジョウバエの**アンテナペディア**（*Antennapedia*）

タンパク質のDNA結合領域を構成するアミノ酸配列をもつ16アミノ酸から成るペプチドで，その強い膜透過性のためキャリアーとして利用できる．結合を強めるため，オリゴヌクレオチドの 5′ 末端あるいは 3′ 末端にSH基を合成時に含ませ，これを活性化させてペネトラチン1に結合させる（図4・5）．55塩基程度までのオリゴヌクレオチドならば，ほぼ100％の効率で形質転換できる．さらにSH基をもつペプチド（22残基程度まで）やSH基を付加させた物質でもカップリングさせれば哺乳動物細胞に導入できる．

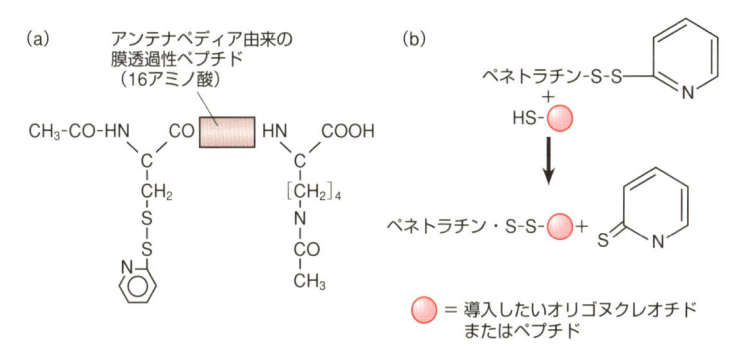

図4・5 DNAを哺乳動物細胞に導入する目的で用いられる膜透過性ペプチドの構造

e. 物理的な形質転換法

エレクトロポレーション（電気穿孔法）は哺乳動物細胞にとって高効率の遺伝子導入に有用な方法で，特に血球系細胞や初代培養細胞などでは威力を発揮する（p.80，図4・1参照）．実験では扱う細胞独自の最適電圧を決めなくてはならない．

> 培養細胞は大腸菌に比べて大きいので，最適電圧は低く（0.5～1.0 kV/cm），細胞を入れるキュベットも電極間距離が大きい4 mm（細菌の場合は2 mm）のものを使う．

マイクロインジェクション（microinjection）**法**では先端の細く尖ったガラス毛細管を顕微鏡下で細胞に差し込んでDNAを細胞に直接注入する．

> 高価な装置が必要で，技術的に熟練を要するが，核内へDNAを直接導入できることや1個の形質転換細胞の変化を時間を追って記録できるなどほかにない利点がある．

パーティクルガン（particle gun）法は特殊な装置（遺伝子銃ともいう）を使って，銃弾を撃ち込むがごとく金属微粒子にDNAなどの分子を付着させ，細胞膜を貫通させて細胞内に入れる方法である（図4・6）．

> 特に携帯型の装置では生きたままの動植物の組織内へ直接撃ち込むことができるため，応用範囲が広がった．

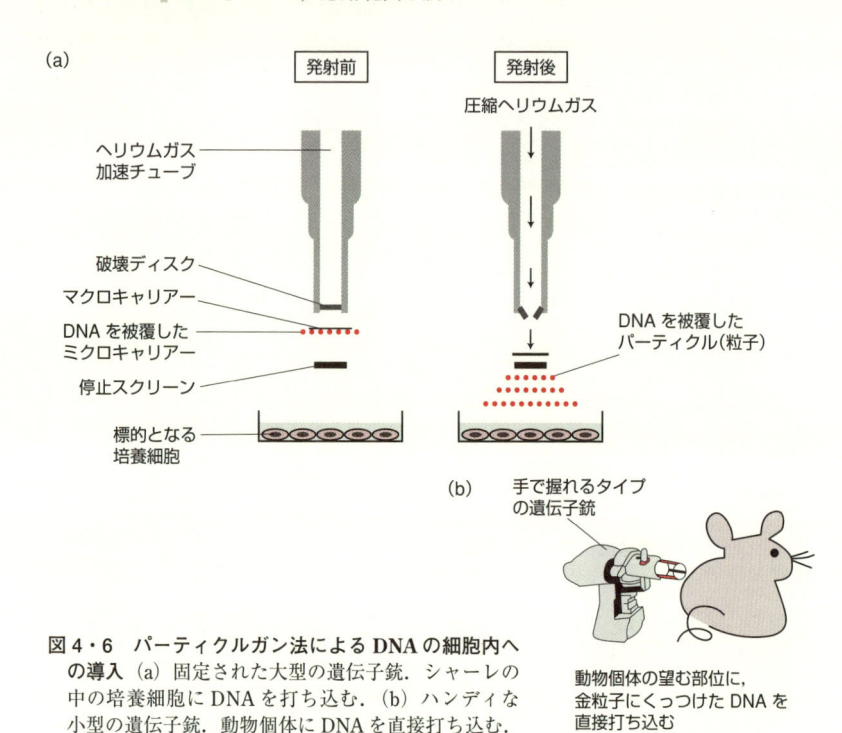

図4・6　パーティクルガン法によるDNAの細胞内への導入　(a) 固定された大型の遺伝子銃．シャーレの中の培養細胞にDNAを打ち込む．(b) ハンディな小型の遺伝子銃．動物個体にDNAを直接打ち込む．

f. レトロウイルスによる遺伝子導入法

哺乳動物細胞に遺伝子を導入する最も効率の良い方法はウイルスベクターを用いることであろう．特にレトロウイルス由来のベクターは初代培養細胞も含めた広範な細胞に対して高い遺伝子導入効率を示すのみでなく，細胞傷害が少なくて安定な形質転換体（transformant）が得やすいなどの理由から有用である．

> しかし，本来は発がん性をもつレトロウイルスの潜在的な危険性は，増殖能を欠損させて何重にも安全性設計を施しているとはいえ，特に遺伝子治療を目指した遺伝子導入の研究分野で問題として残っている（p.89, 図4・7b 参照）．

4・3 形質転換

　一本鎖 RNA ゲノムからなるレトロウイルス，たとえばマウス白血病ウイルス（MuLV, *Murine leukemia virus*）は，自身のコードする逆転写酵素によって DNA に転換されたのち宿主ゲノムに組込まれて発現するという生活環をもつ（図4・7a）．哺乳動物細胞にほぼ100％の効率で感染し，宿主細胞のゲノムに組込まれるため形質転換体の形質は遺伝的にひき継がれ，ばらつきのない高い発現が期待できる．これらの利点から哺乳動物細胞を標的とした発現ベクターの原型として広く用いられている．

　ウイルスゲノムは小さく，逆転写酵素活性をもつ Pol（polymerase）および**グループ特異的抗原**（group specific antigen, Gag）と**コートタンパク質**（envelope, Env）の合計三つのタンパク質しかコードしていない．これらはヘルパーファージによって補充できるという意味でベクターから省くことができる．しかし，逆転写に必要な U3, R, U5 とよばれる塩基配列を含む **LTR**（long terminal repeat；プロモーターとして機能する），DNA をウイルス粒子に**パッケージング**（packaging）するのに必要な ψ とよばれる短い塩基配列，コートタンパク質合成 mRNA のスプライシングに必要な二つの配列（S）の三つのユニットはベクターからは省けない．

> 数百塩基対からなる LTR はウイルスゲノムの転写を促進し，中に転写開始制御配列（TATA ボックスなど）やポリ(A)付加配列（AATAAA），内部反復配列（IR, internal repeat），および逆転写反応開始のために重要なプライマー tRNA 結合部位（pbs, primer binding site）とプラス鎖合成のためのプライマーとなるプリンに富んだ配列を含む．

　これらのユニットを大腸菌で増殖できるベクターに組込んでつくったベクターはプラスミドベクターとしては大腸菌を宿主として，レトロウイルスベクターとしては哺乳動物細胞を宿主としてベクターとして機能する．このような宿主間を行き来できるタイプのベクターを**シャトルベクター**（shuttle vector）とよぶ．

　安全性を確保するためにベクターの多くはウイルスの構成タンパク質をコードする遺伝子を欠失させてあり，通常の細胞内では感染したのちに自己増殖はできない．遺伝子導入のためには宿主としてウイルス粒子を産生することなくウイルス構成タンパク質のみを産生しているパッケージング細胞を用いるとよい．

> パッケージング細胞には同種指向性（ecotropic）ウイルスを産生するよう設計されたもの（ψ2）と，両種指向性（amphotropic）ウイルスを産生するよう設計されたもの（ψAM, PA12, PA317）がある．

　これにウイルス粒子の構成に必須なユニット（ψ）を組込んだレトロウイルスベクターを感染させるとベクター DNA から転写された RNA のみが内包されてウイル

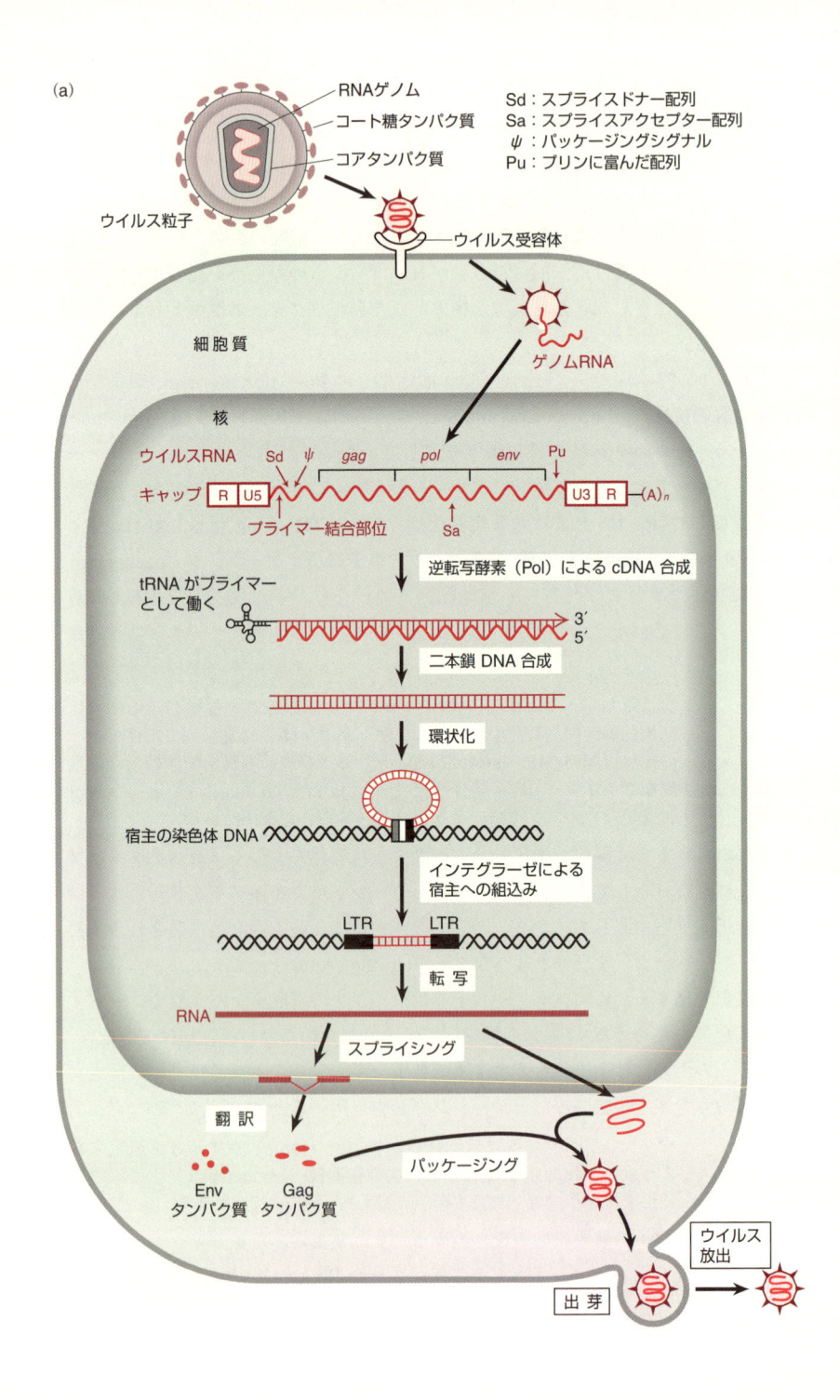

(a)

- RNAゲノム
- コート糖タンパク質
- コアタンパク質

ウイルス粒子

Sd：スプライスドナー配列
Sa：スプライスアクセプター配列
ψ：パッケージングシグナル
Pu：プリンに富んだ配列

ウイルス受容体

細胞質

ゲノムRNA

核

ウイルスRNA
キャップ　R　U5　Sd　ψ　*gag*　*pol*　*env*　Pu　U3　R　(A)$_n$
プライマー結合部位　　　　　　　　　Sa

逆転写酵素（Pol）によるcDNA合成

tRNAがプライマーとして働く　3′ / 5′

二本鎖DNA合成

環状化

宿主の染色体DNA

インテグラーゼによる宿主への組込み

LTR　　LTR

転写

RNA

スプライシング

翻訳

Envタンパク質　　Gagタンパク質

パッケージング

出芽　　ウイルス放出

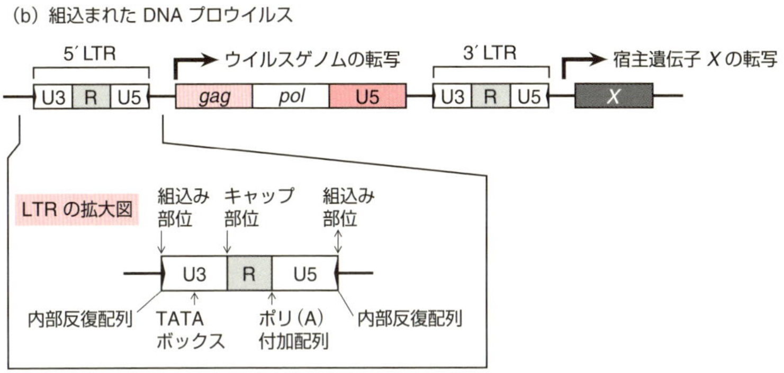
(b) 組込まれた DNA プロウイルス
5′ LTR
ウイルスゲノムの転写
3′ LTR
宿主遺伝子 X の転写
U3
R
U5
gag
pol
U5
U3
R
U5
X
LTR の拡大図
組込み部位
キャップ部位
組込み部位
U3
R
U5
内部反復配列
TATA ボックス
ポリ(A) 付加配列
内部反復配列

図 4・7　レトロウイルスの生活環(a)とウイルスの遺伝子構造(b)　(a) レトロウイルスの生活環はまずウイルスが標的細胞の細胞膜にあるタンパク質をウイルス受容体として認識して結合することから始まる．エンドサイトーシスによって細胞内に進入したウイルスはさらに核内にまで入り込み，ウイルス粒子の殻を脱いだウイルスの RNA ゲノムが自身のコードする逆転写酵素(Pol)によって二本鎖に変換された後に宿主のゲノムに組込まれる．このまましばらくは潜伏するが，折を見て自身の強力な LTR プロモーターによって転写され，宿主の翻訳装置を使ってウイルス粒子タンパク質を大量に発現させ，パッケージングによって成熟ウイルス粒子を構成してから出芽によって細胞外へ脱出する．(b) 宿主のゲノムに組込まれたプロウイルス DNA の両端には一組の LTR が存在する．このうち 5′ LTR はウイルスゲノムの転写に使われるが 3′ LTR はそのすぐ下流に偶然存在する遺伝子(*X*)を大量発現させてしまう．もしこの *X* 遺伝子がふだんは発現してはならない増殖調節遺伝子であると，大量発現させることで細胞の増殖調節に異常がひき起され，細胞が悪性化することがある．レトロウイルスががんウイルスである理由は主としてこの 3′ LTR の作用によることが多い．

ス粒子として培養上清に放出される（次ページ，図 4・8）．

実際の実験では，まず一過性のウイルスを産生させて，それを抗生物質（図ではネオマイシン）で選択して，安定にウイルスを産生している細胞集団を得る．そのうちの一つの高力価をもつクローンを単離して増殖させ，ウイルスを回収したのちに標的細胞に感染させる．

造血幹細胞や胚性幹細胞（ES 細胞，embryonic stem cell），胚性腫瘍細胞（EC 細胞，embryonal carcinoma cell）などのような形質転換しにくい細胞に対しても高い形質転換効率を示すベクター（MSCV，murine stem cell virus）も開発されている．このベクターではマウス幹細胞 PCMV ウイルスの LTR を点変異により改変することで挿入遺伝子の ES 細胞などでの転写活性化能を改善し高レベルで持続的（constitutive）な発現を可能にしている．

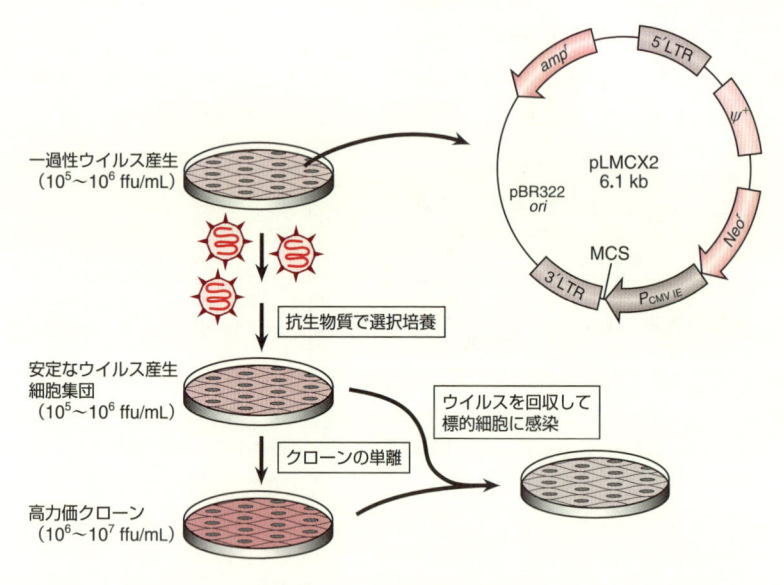

図4・8 レトロウイルスベクターを用いて作製した cDNA ライブラリーの感染と発現 発現効率を上げるためには宿主細胞への感染を何度か繰返して高力価をもつクローン（1回の感染でより多くの子ウイルス粒子を産生する細胞）を選択しなければならない．高力価をもつクローンを単離して増殖させ，ウイルスを回収してから初めて標的細胞に感染させるとよい結果が期待できる．

g. アデノウイルスによる遺伝子導入法

ヒトアデノウイルス（p.92 参照）は約 20 年前にベクターとして開発された．当時は操作が煩雑で普及しなかったが 1990 年代に入って遺伝子治療が米国で始まると，その遺伝子導入効率の高さからがぜん注目されるようになり，その後操作も簡略化されたおかげで急速に普及するに至っている．

現在も主流の第一世代アデノウイルスベクターではウイルス増殖に必須な (*E1A*, *E1B*) あるいは不要な (*E3*) 遺伝子を欠失させてあるので 7 kb までの外来遺伝子が挿入できる（図 4・9a）．これを *E1A*, *E1B* 遺伝子を持続的に発現するようにゲノム内に組込んで不死化させたヒトの胎児腎由来の 293 細胞に感染させると，野生型ウイルスと同等の複製・増殖が起こって細胞当たり数千個ものウイルス粒子が産生される．

> ただし，レトロウイルスとは異なりゲノム内には組込まれないので発現は一過性である．

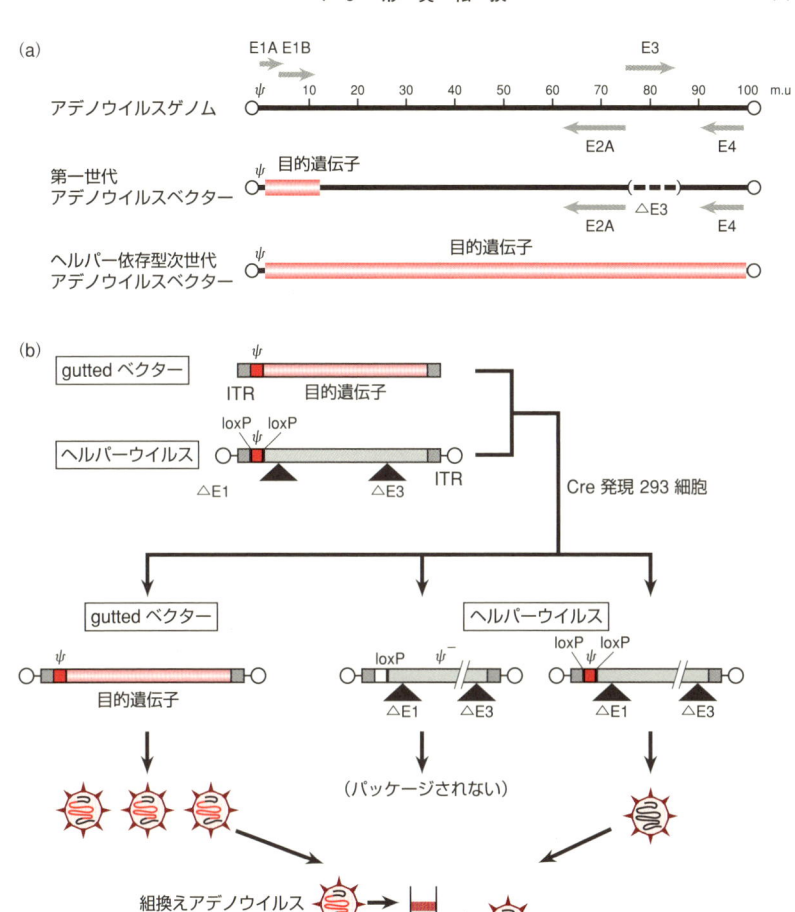

図4・9 第一世代および次世代アデノウイルスベクターの構造と操作の概要 (a) 各種アデノウイルスベクターの構造.(b) 次世代アデノウイルスベクターの一つであるguttedベクターではウイルスゲノムのうちパッケージングシグナル（ψ）以外のほぼすべてを欠失させてある．外来の目的遺伝子を組込んだguttedベクターと，ψを部位特異的組換え酵素Creの標的配列であるloxP配列で挟んだヘルパーウイルスを，Cre遺伝子をあらかじめ組込んでCreを発現している293細胞に共感染させる．ヘルパーウイルスはCreによってψが切り出されるためウイルス粒子にほとんどパッケージされず，組換え型ウイルスを優先的に増殖させることができる．その後，塩化セシウムを用いた密度勾配超遠心操作によってヘルパーウイルスをさらに除くことで純度の高い大量の組換え型ウイルスを回収する．

ヒトアデノウイルス

　ヒトアデノウイルス (adenovirus) は，二本鎖 DNA (36 kb) をゲノムとして，240 個のコートタンパク質 (ヘキソン，hexon) とともに 12 個のペントン基 (penton base) と繊維状の突起であるファイバー (fiber) をもつ正二十面体構造のウイルスで (図4・10)，気管支炎，結膜炎あるいは小児の風邪の原因ウイルスとして知られている．アデノウイルス 12 型はハムスターに腫瘍を形成するが，遺伝子導入のためのベクターとして用いられる 5 型は発がん性はないとされている．

　感染にあたっては，まずファイバーが標的細胞の膜にあるタンパク質を受容

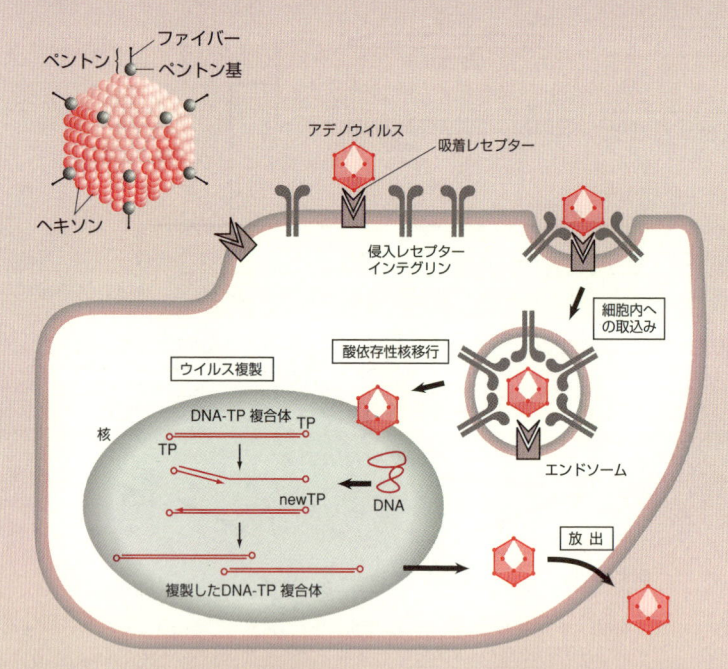

図 4・10　アデノウイルスの生活環　アデノウイルス生活環もウイルスが標的細胞の細胞膜にある特定のタンパク質をウイルスの吸着受容体として認識して結合することから始まる．そこに，インテグリン ($\alpha V \beta 3$) より構成される侵入受容体がくっつき，エンドサイトーシスによって細胞内に進入してエンドソームとなるが，これは細胞内が強酸性になると核内へ移行し壊れてウイルスを核内へ放出する．そこで複製され，ウイルス粒子タンパク質を大量発現させてから，再構成され，細胞の外へ脱出する．レトロウイルスと異なり，アデノウイルスは宿主ゲノム内へは組込まれない．(TP: terminal protein, アデノウイルス DNA の両端に結合する特殊なタンパク質)

体として認識して結合する．つぎに，ペントン基と細胞表面のビトロネクチン受容体であるインテグリン（$\alpha V\beta 3, \alpha V\beta 5$）を介したエンドサイトーシスによって細胞内へ取込まれ，エンドソームとなる．このエンドソームは細胞内が強酸性（<pH 2）になると核内へ移行し壊れてウイルスを細胞核内へ放出する．そこでアデノウイルスゲノムは複製され，ウイルス粒子を構成するタンパク質は発現されて両者は成熟ウイルス粒子を構成し，やがて細胞外へ出ていく．

このベクターを患者の組織細胞に感染させるとウイルス全遺伝子の転写活性化因子であるE1Aが存在しないためウイルス関連のタンパク質は一切発現しない．

そのため患者に細胞傷害や細胞性免疫を起こさないという安全性が遺伝子治療用のベクターとして注目されているもう一つの理由であった．しかし，実際には微量のウイルス粒子が発現されて免疫原性がでてくるため，改良版としての次世代ベクターがいくつか開発されてきた．

guttedベクターはアデノウイルスゲノムのうちパッケージングシグナル（ψ）以外のほぼすべてを欠失させてあるため，挿入可能な遺伝子サイズは大きい（約30 kb）が，複製・増殖にはヘルパーウイルスが必要である（図4・9a）．ヘルパーウイルスの混在を抑えて組換え体ウイルスベクターの生成効率を増やすため，ψを部位特異的組換え酵素Creの標的配列であるloxP（§12・6参照）ではさんだヘルパーウイルスが作製されている．組換え型ウイルスとこのヘルパーウイルスを，Creを発現できるようにした293細胞に共感染させて優先的に組換え型ウイルスを増殖させる方法が開発されている（図4・9b）．

4・3・3 植物の物理的形質転換法

植物細胞は一般に動物細胞には存在しない堅い細胞壁で囲まれているためDNAの導入は容易でなく，動物細胞で開発されてきた技術をそのまま応用できないため，独自の工夫がなされてきた．高等植物細胞へのDNA導入法（図4・11）としては凍結融解法とエレクトロポレーション法（電気穿孔法；p.79参照）の二つが一般に使われる．

a. 凍結融解法

❶ 導入したいDNAを含む細胞懸濁液をドライアイスで冷却したエタノール中に5分間静置し凍結させる．

❷ 37℃の恒温槽に25分間静置して融解させる．

❸ この操作を 2〜3 回繰返すと細胞壁や細胞膜の構造が変化して遺伝子導入が可能となる.

> この方法は特殊な装置を必要とせず操作も簡便であるが形質転換効率はあまり高くない.

b. エレクトロポレーション法（電気穿孔法）
❶ 細胞を 10% グリセロール液で数回洗浄する.
❷ 培地を完全に除いたうえで分注して凍結保存する.
❸ 氷上で融解したのち電気パルス（抵抗 200 Ω，電気容量 25 μF，電圧 2.5 kV）を与え，1 mL の培地で 30 ℃，1 時間振とう培養してからプレート上にまく.

> 少量の DNA で高い形質転換効率が得られる. 植物細胞も細菌に比べて大きいので電極間距離 4 mm のキュベットを使う.

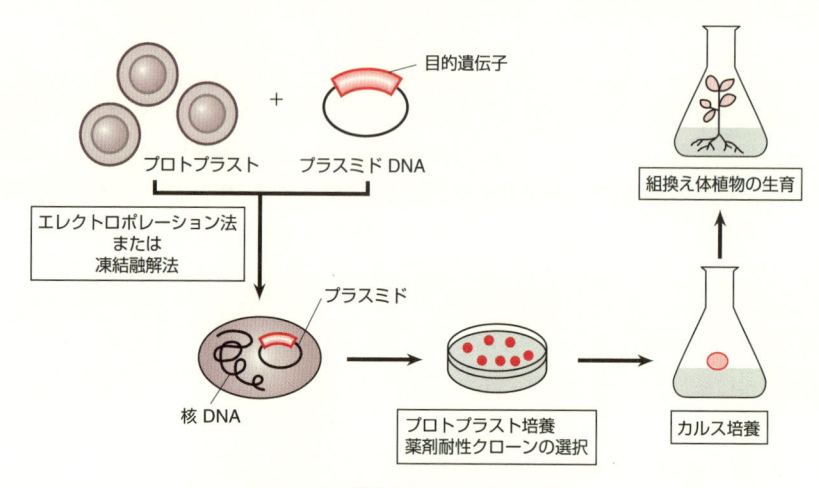

図 4・11 植物細胞への遺伝子導入

c. 遺伝子銃による DNA 導入　もっと手っ取り早く遺伝子を導入する方法には遺伝子銃がある（p.86, 図 4・6 a 参照）. DNA 分子を塗りつけた数千万個の金粒子を，高圧ヘリウムガスの力を利用してショットガンのごとく，数 cm 離れたシャーレの中の細胞に音速で打ち込む. 植物はすべての細胞が全能性をもつ. すなわち植物体の一部（葉や茎）から採った細胞を培養するだけで元の完全な個体が再生するという動物にはない特徴をもつので，好みの細胞に DNA を導入し，そのまま成長させるだけで新たな機能を獲得した植物個体を生み出せる.

しかしこれらの技術は効率の面で問題が多かった. 遺伝子組換え作物を自在につ

くれるようになったのはつぎに述べる生物的な形質転換法が発明されたおかげである.

4・3・4 Tiプラスミドによる植物の形質転換法

Tiプラスミド（pTi; 図4・12）を用いた植物細胞の形質転換法は効率が良い. Tiプラスミドは土壌細菌のアグロバクテリア（*Agrobacterium tumefaciens*）に寄生する約150～250 kbの二本鎖環状DNAである. 細胞当たりのコピー数は1～5個と少ない. この細菌が双子葉植物に感染するとTiプラスミド上の**T-DNA領域**（10～20 kb）が植物ゲノムDNAに組込まれ, 動物のレトロウイルスと同じような仕組みで**クラウンゴール**（crown gall）とよばれる腫瘍を形成する.

> 植物細胞のがん化は, Tiプラスミドにコードされたオパイン（opine）合成酵素遺伝子（*onc*）が過剰発現してひき起こされる. ここにオパインとはアミノ酸類と糖誘導体の総称で, オクトパイン（octopine）, ノパリン（nopaline）, アグロパイン（agropine）の3種類が知られている.

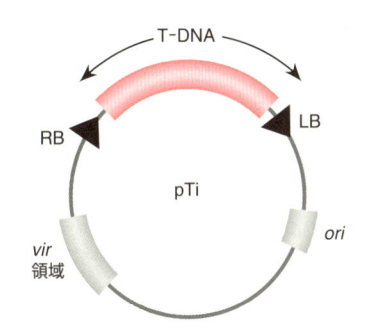

図4・12 Tiプラスミドの構造
RBとLBで挟まれた部分（T-DNA）が植物ゲノムに組込まれる. *ori*は複製に, *vir*は感染に必要な領域.

T-DNAの植物細胞への移行と染色体への組込みには両端にある25 bpの境界配列（right border: RBとleft border: LB）, Tiプラスミド上の*vir*（virulence）領域およびアグロバクテリア染色体上の遺伝子群（*chv*など）の三つが必須であって, T-DNA内部の遺伝子は必要でない. そこで必須ユニットを含み, RBとLBの間に20 kb以上の目的遺伝子を挿入して植物細胞（ただし双子葉植物のみ）へ組込むことのできるTiプラスミドベクターが作製されている.

Tiプラスミドによる遺伝子導入法には2種類ある.

a. 中間ベクター法（intermediate vector method; 図4・13 a）

❶ 植物細胞で選択できる薬剤マーカーを組込んだ大腸菌プラスミドベクター（中間ベクターとよぶ）に目的遺伝子を挿入する.

❷ まず野生型 T-DNA から *onc* 遺伝子のみを除去した Ti プラスミドをもつアグロバクテリアを準備する．
❸ ❶ のベクターを ❷ のアグロバクテリアに導入すると，両方のプラスミドがもつ同一な塩基配列間の相同組換えによって Ti プラスミド上の T-DNA 領域に中間ベクターごと目的遺伝子が組込まれる．

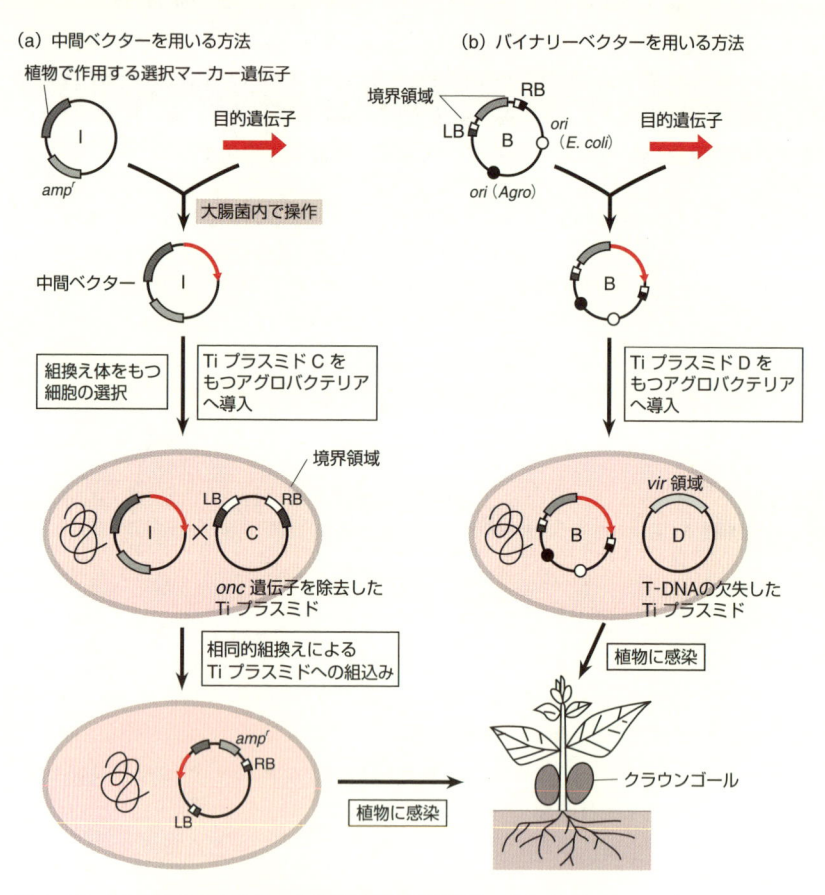

図 4・13 Ti プラスミドを用いた高等植物の形質転換　(a) 中間ベクター法ではベクター C をもつ土壌細菌に目的遺伝子を組込んだベクター I を遺伝子導入し，両者の相同的組換え反応によって土壌細菌内で一つのベクターに変換してから植物に感染させる．(b) バイナリーベクター法では感染性 (*vir*) のあるベクター D をもつ土壌細菌に，組込み能力のある（目的遺伝子を境界領域 RB/LB ではさんだ）ベクター B を遺伝子導入する．この二つをもつ土壌細菌を植物に感染させると目的遺伝子を植物ゲノムに組込むことができる．

❹ この細菌を植物に接種すれば RB を起点として LB 方向へ向けて目的遺伝子が，植物染色体ゲノムへ組込まれる．
> ただし，ゲノムのどの位置に組込まれるかは不確定である．

b. バイナリーベクター法 (binary vector method)（図 4・13 b）
❶ 境界配列と薬剤マーカー遺伝子をもち，アグロバクテリア内で複製できる大腸菌とのシャトルベクター（バイナリーベクター）を準備し，その境界配列の間に目的遺伝子を組込む．
❷ これを境界領域を含む T-DNA の全領域を欠失しているが vir 領域は保持している Ti プラスミドをもつアグロバクテリアへ導入する．
❸ vir の機能は異なるプラスミド上の T-DNA にも働く．二つのプラスミドがもち寄った組込み能力（RB/LB）と感染性（vir）によってこの土壌細菌は植物に感染し，その後境界領域（RB/LB）に囲まれた目的遺伝子は植物ゲノム内に組込まれる．
> この場合もゲノムのどこに組込まれるかはわからない．

c. リーフディスク法 (leaf disk method)
具体的な遺伝子導入法として効率の良い方法の一つにリーフディスク法がある．"リーフディスク"とは，植物の葉をコルクボーラー（cork borer）などで円盤（disk）状に切り抜いた断片のことで，この方法の実際の手順は以下のようである．

❶ リーフディスクをあらかじめ増殖させたアグロバクテリアを含む培養液の中へ浸す．こうすると効率良く感染できる．
❷ このリーフディスクを抗生物質（カルベニシリンなど）を含んだ芽（shoot）誘導培地へ移してアグロバクテリアを除菌しながら培養する．
❸ するとカルス状態になり，やがて植物体にまで生育する．
> このときベクターに含まれる選択マーカーに相当する抗生物質（ネオマイシンなど）を加えておくと組換え体のみを選択できる．

実際に遺伝子導入が成功して外来遺伝子が発現しているのか否かを色素によって容易に検出することができる．植物は β-gal 遺伝子をもつので lacZ は使えない．そこで活性発現されると青い沈殿を生じ，かつほとんどの植物には存在しない大腸菌の GUS（β-グルクロニダーゼ）遺伝子が代用される．目的遺伝子に GUS を融合させることで，組織化学的にも感度が高い発現量の検出法として利用されてきた．しかし，最近ではもっと感度が高い蛍光色素を用いる系に取って代わられている．

5 遺伝子解析の基礎技術

遺伝子の機能を解析するには，まず DNA や RNA そのもの，あるいは発現されたタンパク質を解析しなければならない．それにはこれらを精度良く分離する方法が必須であり，なかでも簡便に実験できる電気泳動とよばれる技術が欠かせない．分離した後は扱いやすくするためにナイロン膜に写しとるブロッティングという技術が便利である．これをプローブとよばれる探索子を使って解析するが，そこではハイブリダイゼーションとよばれる技術が活躍する．PCR という増幅技術が発明されてからは遺伝子の解析がより迅速・正確に行われるようになってきた．この章ではこれらの技術について解説しよう．

5・1 電気泳動

鉱物資源（粘土，石油，金属など）を分離精製する目的で A. Reuss によって発明された電気泳動法（1807年）を最初に生体物質に応用したのは T. Hardy であった（1899年）．彼は直流電場のもとで電気泳動されたグロブリンが，酸性溶液中では陽イオンとなり陰極（cathode）へ移動し，アルカリ溶液中では陰イオンとなって陽極（anode）に移動し，中性溶液ではどちらの極にも移動しない（等電点が存在する）ことを見いだした．**電気泳動**（electrophoresis）という用語を導入したのは L. Michaelis で（1909年），遺伝子解析で用いられるのは主として以下の5種類である．

5・1・1 アガロースゲル電気泳動

アガロースゲル電気泳動（agarose gel electrophoresis, AGE）を初めて試みたのは S. Hjertén で（1961年），骨格構造にある硫酸基をおもな荷電基として利用した．アガロースは毒性がなく，化学的にほとんど不活性で扱いやすい支持体である．

海藻のテングサなどから抽出される寒天（agar）は多糖類の混合物で，その構成成分はゲル化能が低いアガロペクチンと，ゲル化するアガロースに分類される．アガロースの骨格となる糖はアガロビオース（右図）とよばれる．

5・1 電気泳動

　DNA（RNA）は負に荷電しているため，一定方向に電場をかけるとアガロース分子の網目構造の中で分子ふるい効果によって分子量に従い分画される．電気泳動ゲルの形には縦型と横型の2種類があるが，ゲルが滑り落ちやすいので通常は横型が用いられる．ゲル緩衝液を加えたアガロースを熱融解し，ゲル作製槽に流し込んで固まらせ，緩衝液中に沈めてサブマリン状態で泳動する（図5・1）．

> 泳動に用いる緩衝液はふつう中性だが，一本鎖DNAのまま解析したいときはゲル緩衝液ごとアルカリ性にしたアルカリアガロースゲルをつくってアルカリ緩衝液中で電気泳動する．

　泳動すべき距離は，試料に混合した色素（ブロモフェノールブルー）がアガロースゲル中で70%移動するまでで，その時点で泳動したゲルを取出し，1 μg/mLのエ

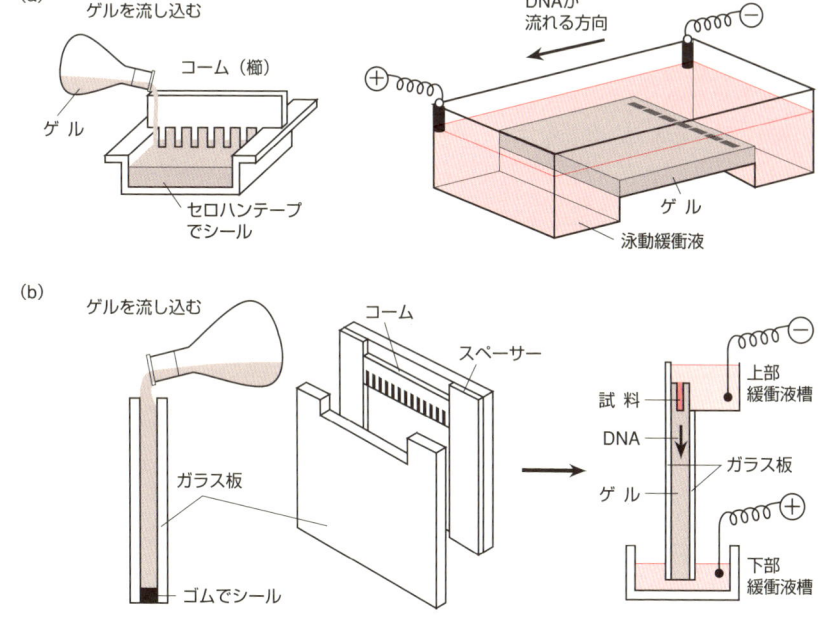

図5・1　ゲル電気泳動装置の例　(a) アガロースゲル電気泳動の場合は主として横型を用いる．試料用の溝をつくるためのコーム(櫛)をセットし，セロハンテープでシールしたゲル台に加熱して溶かしたアガロースゲルを注ぎ込む．室温でしばらく置いて，熱を冷まして固まったらコームを抜き，泳動槽に載せる．泳動緩衝液を注ぎ，試料を溝に載せてから直流電流を流して電気泳動する．(b) ポリアクリルアミドゲル電気泳動の場合は主として縦型を用いる．架橋剤を加えたポリアクリルアミド溶液を2枚の泳動用ガラス板の隙間に注ぎ込む．時間をおいて固まったらコームを抜き，泳動槽にセットして電気泳動を開始する．DNAやRNAは陰極から陽極へ向けて移動する．

チジウムブロミド（EtBr）液に10分間浸けて染色し，紫外線照射してバンドを光らせて写真を撮る．

> さらに二次元泳動すれば，正と負にスーパーコイルしたDNA分子種（トポアイソマー）を分離・解析できる．

> エチジウムブロミドは塩基の間に入り込むため発がん性をもつ．取扱う際は手袋をして手に直接触れないようにする．

エチジウムブロミド

5・1・2　ポリアクリルアミドゲル電気泳動

ポリアクリルアミドゲル電気泳動（PAGE, polyacrylamide gel electrophoresis）はアガロースゲルより網目が細かいため，アガロースゲルでは分離の困難な，よりサイズの小さいDNA（RNA）分子（特に0.1 kb以下）の分離・分画や，DNA塩基配列の解析，タンパク質の分離，解析に有用である．

> ポリアクリルアミド電気泳動は S. Raymond と L. Weintraub によって初めて行われた（1959年）．B. J. Davis と L. Ornstein はディスク電気泳動による血清タンパク質成分の高精度解析法を発表することで，その評価を高めた（1962年）．

ポリアクリルアミドゲルは合成ゲルで，アクリルアミドと架橋剤（cross-linking reagent）との混合物の水溶液を適当な重合促進剤の存在下で触媒，あるいは光作用によって共重合（copolymerization）させてつくる．アクリルアミドはアクリロニトリル（acrylonitrile，$CH_2=CHCN$）を硫酸または塩酸で加水分解して得られたビニル化合物（白色薄片状の結晶）である．

> アクリルアミドは粉末も水溶液も催涙性皮膚刺激性のある神経性毒物であり，皮膚からも体内に吸収されるので試薬を取扱う際にはマスクや手袋の着用が望ましい．

通常，ガラス板ではさんだ1〜2 mm幅の隙間に流し込んで固まらせた縦型のスラブゲルとして用いる．DNAを変性（一本鎖）状態で泳動する必要のあるときは7〜8 Mの尿素を含んだゲルを用いる．

5・1・3　パルスフィールドゲル電気泳動

パルスフィールドゲル電気泳動（PFGE, pulsed field gel electrophoresis）は20 kbを超える巨大DNA分子を分離したいときに用いる．考案したのはD. C.

Schwartz らで (1983年), 電圧をパルス状に二方向, 交互にかけ合うことでアガロースゲル網目構造中での分子ふるい効果を拡大させた. ゲルの中の DNA は泳動中, 垂直方向に新たな電場がかかると自身の負電荷によりその電場の方向に向きを変えようとする. 巨大な DNA ほどアガロースゲル網目構造中での方向転換に要する時間が長くかかるので相対的に移動に使える時間は短くなり, 分子量に従って分離することができる. この原理を応用した装置を用いると, 1%のアガロースゲル中においてパルス時間などの条件設定により数十から数千キロ塩基 (kb) の線状 DNA の分離が可能となる. CHEF (contour-clamped homogeneous electric field gel electrophoresis) 装置では 16 個 (あるいは 24 個) の電極を四角形 (六角形) に配置し, 電極間に入れた抵抗器により電場を均一化してから 90°(120°) の角度で交互にパルス電場をかけることで分離の良い直線バンドが得られる (図5・2).

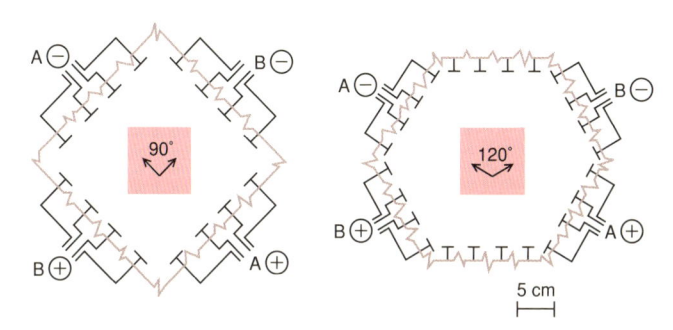

図5・2 パルスフィールドアガロースゲル電気泳動のための装置 (CHEF) における電極配置の例 左:四角型, 右:六角型.

5・1・4 キャピラリー電気泳動

　ゲルなどの担体を使わずに溶液状態のまま毛細管 (capillary) 内で電気泳動を行う**キャピラリー電気泳動** (capillary electrophoresis, CE) は DNA シークエンサーに導入されることで用途が広がった (§5・11参照). 液体中で泳動することで抵抗が減り, 熱の発生が抑えられるため, 大量の電気泳動を安全に速く行うことができる. ジュール熱による対流を原因とした無担体電気泳動固有のトラブルは, 対流が起こらない程度に十分細い毛細管を使うことで解決した. 細い毛細管は外気と接触する面積も広いので放熱が促進されたのである. 特殊な高分子の水溶液を充填した毛細管内でつくられた分子ふるい効果で, 試料中の DNA を塩基数の大きさ順に分離できる. 自動読取り装置により多数の毛細管を同時に並行して使用すること

で大量の DNA 塩基配列解読が可能となった．

5・1・5 マイクロチップ電気泳動

微量・高速分析に有用な**マイクロチップ電気泳動**（microchip electrophoresis, MCE）は微小基板上に微細な流路を形成し，その中で電気泳動分離を行う装置である．高電圧を流路に印可することで生じる電気浸透流が駆動力となるためポンプなしに使用できる．当初は蛍光を利用して検出していたが，検出感度が十分ではなかった．現在では微細加工技術の進展に伴い，微小電極をチップ上に作製することで電気化学検出や電気伝導度検出などの高感度な検出が可能となっている．

5・2 ブロッティング

遺伝子解析のための基本的な技術である**ブロッティング**（blotting）は原理の違いにより以下の四つに分類される．

5・2・1 サザンブロット法（サザン法）

1975 年に E.M.Southern により開発された**サザンブロット法**（サザン法ともいう）は簡便かつ有用なため広く普及しただけでなく，その後生まれた数々のブロット法（ブロッティング）の始まりとなった．その原理は，制限酵素により切断された DNA 断片をアガロースゲル電気泳動で分離した後，ゲル内での分離パターンを保ったまま毛細管現象によってニトロセルロースフィルター（あるいはナイロン膜）へ移行させることである（図 5・3）．実験では，

❶ 試料 DNA（約 10 μg）を適当な制限酵素で切断し，アガロース電気泳動で分離した後，紫外線ランプの下で写真撮影してバンドのパターンを記録しておく．
❷ このゲルを変性液（0.5 M NaOH, 1.5 M NaCl）に浸して室温で 30～60 分間ゆっくり振とうする．
❸ 中和液〔0.5 M Tris-HCl(pH 7.0), 1.5 M NaCl〕に移し，室温で 60 分間ゆっくり振とうする．途中 1 回新しい中和液と交換する．
❹ ゲルのバンドパターンをナイロン膜に一夜かけて移す．あるいは吸引装置や電気的移行装置を用いて短時間で移行させてもよい．

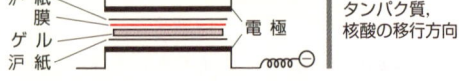

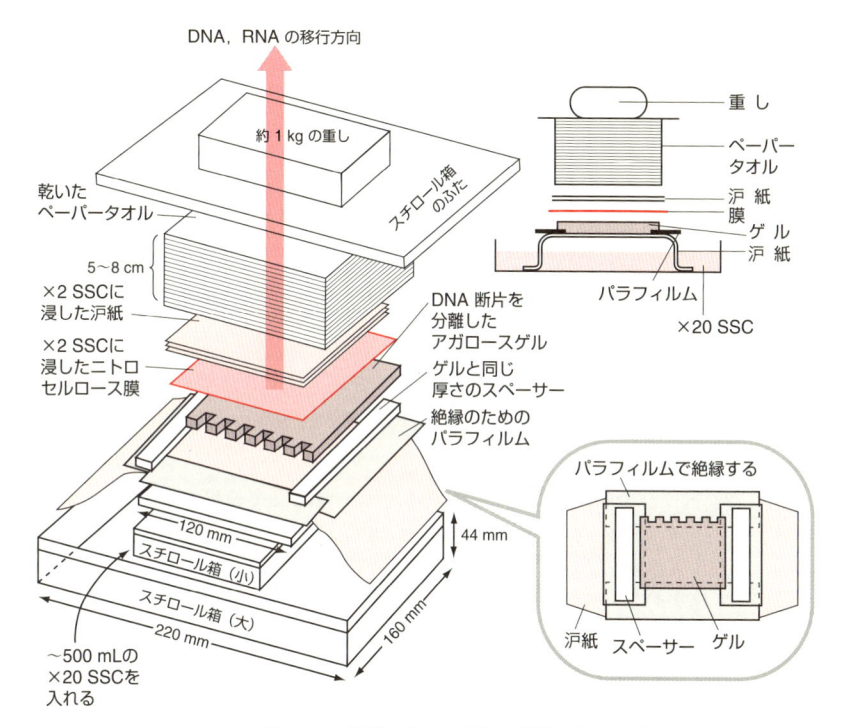

図5・3 サザンブロット法の装置の組立て方

❻ 移行後フィルターをゲルからはがし，低塩液〔×2 SSC；SSCは salt (17.5 g NaCl), sodium citrate (8.8 g)〕ですすぐ.
❼ 80℃で1～2時間乾燥することでDNAをフィルターに焼き付ける.

> 熱処理後のナイロン膜はこのままプローブとのハイブリダイゼーション（後述）に用いてもよいし，ビニール袋に密封しておけば室温で長期間保存することも可能である.

5・2・2 ノーザンブロット法（ノーザン法）

　RNAはニトロセルロースフィルターに吸着されないため，G. Stark らのグループはRNAブロット用の特殊なDBM（ジアゾベンジルオキシメチル）紙を開発した（現在ではRNA用のナイロン膜が使われる）．この方法はsouthernの逆という意味で**ノーザンブロット法**（northern blotting）とよばれるようになった．RNAはDNAと違って高次構造をとりやすいのでサイズを反映したバンドパターンを得るにはRNAの立体構造を壊す必要がある．アガロースゲル電気泳動の前と途上にグ

リオキサール (glyoxal)，ホルムアルデヒド (formaldehyde) などを用い，泳動後はゲルをそのままサザンブロット法と同様にセットしてフィルターに移行させる．これを熱処理 (80℃, 2時間) でフィルターに焼き付けた後はサザンブロット法と同様である．

> 試料とする RNA (mRNA) は実験者の手の汗や唾液，あるいは試料細胞内に大量に存在する頑強な RNA 分解酵素 (RNase) によって容易に壊されてしまうので取扱いには細心の注意が必要である．

5・2・3 ウェスタンブロット法（ウェスタン法）

タンパク質も同様にブロットできるが，毛細管現象では移行しにくいので電気的にナイロン膜へ移行させる．この方法は**ウェスタンブロット法** (western blotting) とよばれている．移行後はナイロン膜をそのままブロッキング液〔10 mM Tris-HCl(pH 8.0), 150 mM NaCl, 0.05% Tween 20, 5% スキムミルク〕に入れて一夜過ごし，非特異的な結合を阻止した後に抗体をプローブとして検出する．

> ウェスタン法の変法として，抗体の代わりに DNA 断片やオリゴヌクレオチドをプローブとして用い，それらの塩基配列に特異的に結合するタンパク質を検出する場合はサウスウェスタン (south-western) 法とよぶ．RNA をプローブとして用い，RNA 結合タンパク質を検出する場合はノースウェスタン (north-western) 法とよぶ (p.146, 図6・5参照)．また，標的タンパク質と複合体を形成しうるタンパク質をプローブとして最初に用い，つづいてその抗体によってそれらの結合を検出する方法はウェストウェスタン (west-western) 法あるいはファーウェスタン (far-western) 法とよぶ．

5・2・4 ドットブロット法

ドットブロット法 (dot blotting) はナイロン膜に DNA や RNA 溶液を段階的に薄めていってスポット状に染み込ませ，サザン法と同様にアルカリ処理，中和，熱処理を行う技術である．適当なプローブとのハイブリダイゼーションの後に検出されたシグナルは X 線フィルムに露光して解析するか，その後スポットに対応する部分の膜を切り取ってシンチレーションカウンターで計測する．

5・3 ハイブリダイゼーション

二本鎖 DNA は熱変性 (95℃, 5分間) させるかアルカリ処理 (0.5 M NaOH) するかによって一本鎖となる．2種類の一本鎖 DNA を中性の水溶液中で混合すると，互いに相補的な塩基配列を見つけて会合し G/C, A/T 間の水素結合によって再び

二本鎖DNAを形成する．この過程を**アニーリング**（annealing）とよぶ．アニーリングはDNA間のみでなくRNA間やDNA/RNA間でも起こる．一方，塩基配列が異なる核酸どうしが会合して二本鎖核酸を形成することを**ハイブリダイゼーション**（hybridization）とよび，できた二本鎖DNA（RNA）を**ハイブリッド**（hybrid）とよぶ．

> たとえばサザンブロット後に熱処理したナイロン膜を ^{32}P で放射能標識した類似の塩基配列をもつDNA断片をプローブとしてビニール袋内で24時間くらいハイブリダイゼーションすると，相似な塩基配列を見つけてハイブリッドを形成する．その後ナイロン膜を洗浄してナイロン膜を乾かしX線フィルムに感光すれば，プローブのもつ放射能によってバンドが検出される（図5・4）．

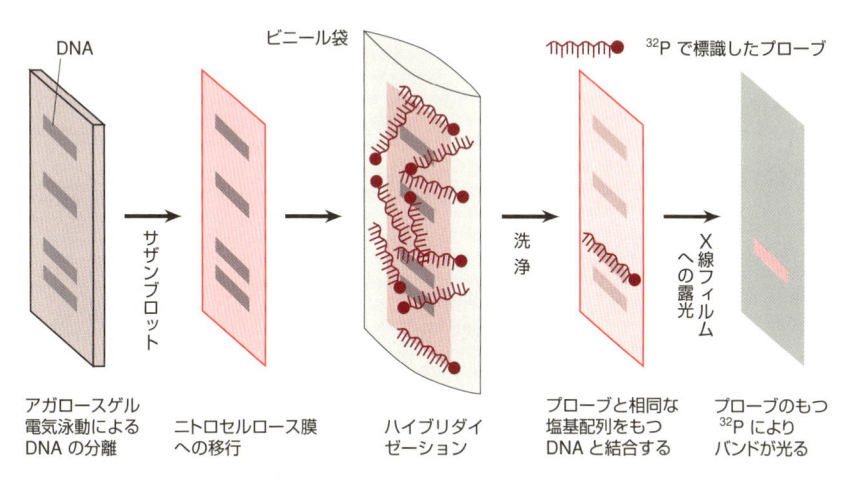

図5・4　プローブとのハイブリダイゼーションによる相同DNAの検出

50％のDNAが熱変性する温度を**融解温度**（T_m, melting temperature）とよび，DNA断片のGC比率がわかれば図5・5の式に従って計算できる．その理由は，GC間は3本の，AT間は2本の水素結合があるからで，GC比率が高いほど融解温度は高くなる．ハイブリダイゼーションは融解温度より15～25℃低い温度で行うが，計算式(2)にもあるように塩濃度（NaCl）を低くするか，ホルムアミドを加えるかすれば融解温度を下げることができる．

> 相同性の低いDNA断片どうしのハイブリッドを形成させたいときは温度を下げるか塩濃度を上げることでハイブリダイゼーションの厳格度（stringency）をゆるくする．この処理で厳格度がゆるくなる理由は塩基間（A・T，G・C）に形成される水素結合への閾値が下がるためG・T塩基対などが形成しやすくなることにある．

1. 18塩基以下のオリゴヌクレオチドの場合
   $T_m = 2℃(A+T)_n + 4℃(G+C)_n$

2. 60〜70塩基までのオリゴヌクレオチドの場合
   $T_m = 81.5 + 16.6(\log_{10}[Na^+]) + 0.41(G+C)_\% - (500/N - [FA]_\%)$
   (ここで N はオリゴヌクレオチドの長さ，[FA]はホルムアルデヒドの%濃度)

2'. 0.9 M NaCl のとき
   $T_m = 82.3 + 0.41(G+C)_\% - (500/N - 0.61[FA]_\%)$

図 5・5　DNA 融解温度 T_m を求める数式

5・4　プローブ作製法

ハイブリダイゼーションによって相同な塩基配列を調べるための DNA 断片や RNA を**プローブ**（probe）とよぶ．おもに核酸がプローブとよばれるが広い意味では抗体や受容体リガンドなどもプローブの一種である．

5・4・1　プローブの作製に用いる基質

核酸プローブの放射性同位体（radioisotope, RI）による標識には，半減期が 14.3 日の ^{32}P で標識したヌクレオチドが使われる（付録 6 参照）．酵素の性質から標識できる $α$, $β$, $γ$ 位のリン酸基のうち $α$ か $γ$ 位に標識したヌクレオチドのみが用いられる．また 2′ と 3′ の位置にある分子が水素（H）かヒドロキシ基（OH）かによって NTP, dNTP, ddNTP の 3 種類がある（d: deoxy, dd: dideoxy）．化学的な安定性などの実用的な理由から ATP, dCTP, ddATP が頻繁に使われる（図 5・6）．

一方，非放射性プローブは放射能の安全管理をしないですむため便利である．ビオチン（biotin）標識したビオチン-dUTP（TTP）を用いるか，光活性基を導入したフォトビオチン（photobiotin）に光を当てて DNA に直接化学結合させる（図 5・7a）．ビオチンは卵黄から単離されたビタミン B 群の一種（244 Da）で，卵白に含まれる糖タンパク質アビジン（68 kDa）と強く結合して安定な複合体を形成する．アビジンは四量体構造をとるので，1 箇所でビオチン-dUTP と結合し，残りの 3 箇所でビオチン標識したアルカリホスファターゼ（alkaline phosphatase, AP）またはペルオキシダーゼ（peroxidase, POD）と結合させる（これらの酵素は化学発光に用いる）．これに酵素の基質であるニトロブルーテトラゾリウム（NBT）と 5-ブロモ-4-クロロ-3-インドリルホスフェート（BCIP）を加えるとビオチン

5・4 プローブ作製法

(a) ATP

(b) dCTP

(c) ddATP

図5・6 プローブの標識に用いられる各種ヌクレオチドの構造と放射能標識される位置（α, γ）影を付けた部分によってこの3種類のヌクレオチドは区別される．

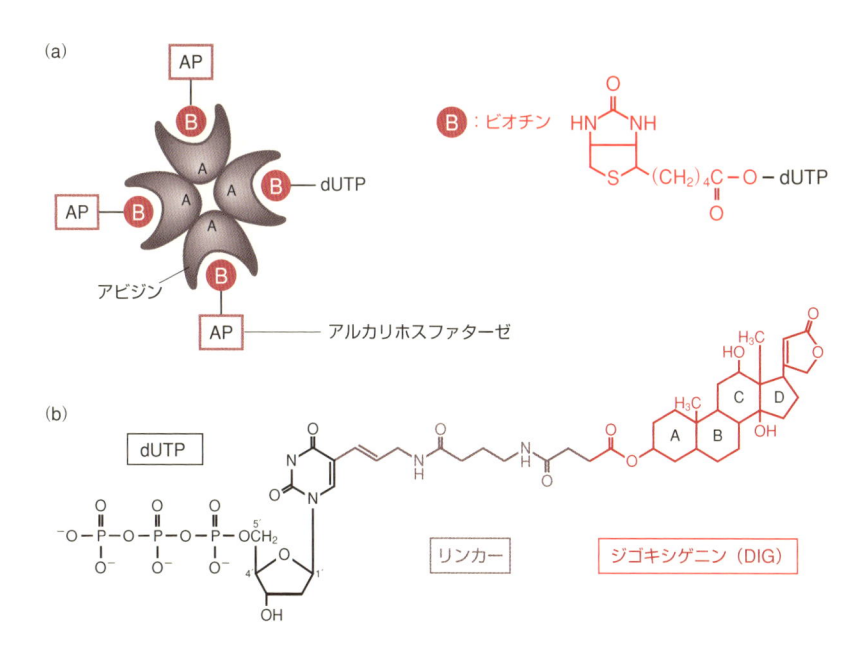

図5・7 非放射性プローブの作製に用いられるビオチン（a）とDIG-dUTPの構造（b）

をもつプローブとハイブリダイズした DNA バンドは青紫色に発色する.

植物のジギタリス由来のステロイドハプテンであるジゴキシゲニン(digoxigenin, DIG) は環境汚染の心配もなく, 動物には存在しないのでバックグラウンドが低いため, DNA リンカーを介してウリジン (UTP, dTTP) に結合させて使われる. 実際にはプローブに DIG を標識して標的 DNA にハイブリダイズさせ, このハイブリッドに抗 DIG-AP 標識抗体を加えて DNA にアルカリホスファターゼを結合する (図 5・8a). そこに発光基質である AMPPD を加えるとアルカリホスファターゼによる脱リン酸で発光するので X 線フィルムにより高感度で検出できる (図 5・8b).

> AMPPD は 3-(2′-spiroadamantane)-4-methoxy-4-(3″-phosphoryloxy)-phenyl-1,2-dioxetane の略称.

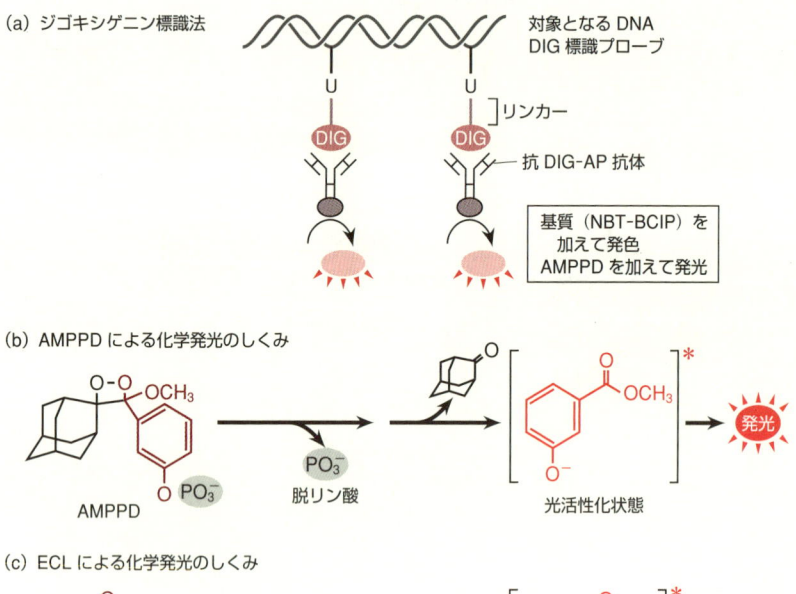

図 5・8 ジゴキシゲニン標識法 (a) と化学発光のしくみ (b)

ECL (enhanced chemiluminescence, 増強化学発光) 法では, HRP (horseradish peroxidase, 西洋ワサビペルオキシダーゼ)/H_2O_2 の酸化作用によりルミノールを活性化状態にし, それが基底状態に戻るときに発する光をX線フィルムで検出する.

> 発光は迅速で, 5〜20分でピークに達し, 約60分の半減期で減衰する (図5・8c).

DNAに直接蛍光色素を付加する方法もある. ARES法ではアミノアリル-dUTP (aminoallyl dUTP) をDNAポリメラーゼによってDNAに取込ませてから, アミノアリル基へ蛍光色素を共有結合させることで標識する (図5・9a). またグアニンのN7部位と反応して核酸と蛍光色素との間に安定な配位錯体を形成するULS試薬を用いてDNAやRNAを直接蛍光標識することもできる (図5・9b).

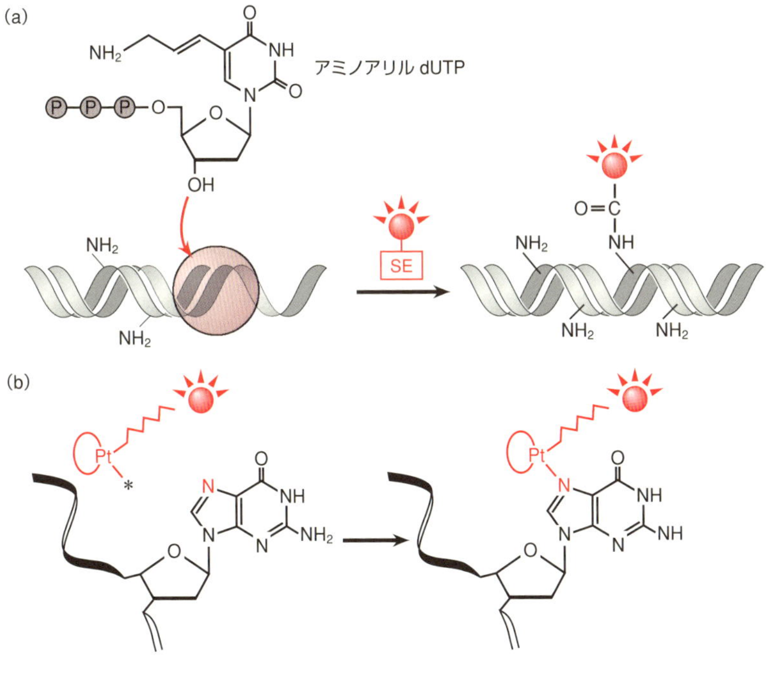

図5・9 DNAに蛍光色素を直接付加する方法 (a) DNAにアミノアリル dUTP を酵素を用いて取込ませたのち, アミノアリル基にスクシンイミジルエステル (SE, succinimidyl ester) をもつアミン反応性の蛍光色素を共有結合させる. (b) ULS試薬は, グアニンのN7と反応し, 安定な配位錯体を核酸と蛍光色素との間に形成する.

5・4・2 プローブの標識法

実験の目的により，プローブの均質標識と末端標識（5′，3′）を使い分ける．DNA断片を均質に標識するにはヘキサヌクレオチドの混合物をランダムプライマー（random primer）として用い，DNAポリメラーゼ（クレノウ酵素）と$[\alpha\text{-}^{32}\text{P}]\text{dCTP}$を加えて反応させる．DNA鎖のランダムな位置から取込み反応を進ませることでDNA鎖の両側を均質に標識できるのである（図5・10a）．RNAを均質に標識するにはT3ファージ，T7ファージあるいはSP6のプロモーターを利用する（図5・10b）．

> 実際にはベクター（pBluescript など）のポリリンカー部位に対象となるDNA断片をサブクローニングし（図では *Bam*HI 部位），たとえば *Hin*d

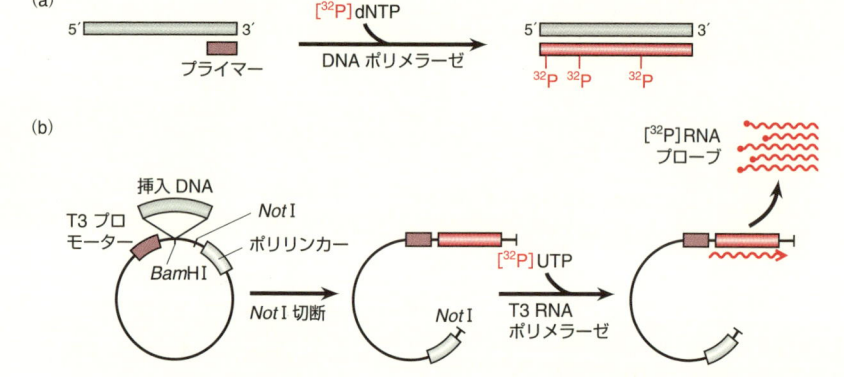

図5・10 プローブの標識　(a) DNAポリメラーゼ（クレノウ酵素）でDNAを標識する方法．(b) RNAポリメラーゼによってRNAを均質に標識する方法．

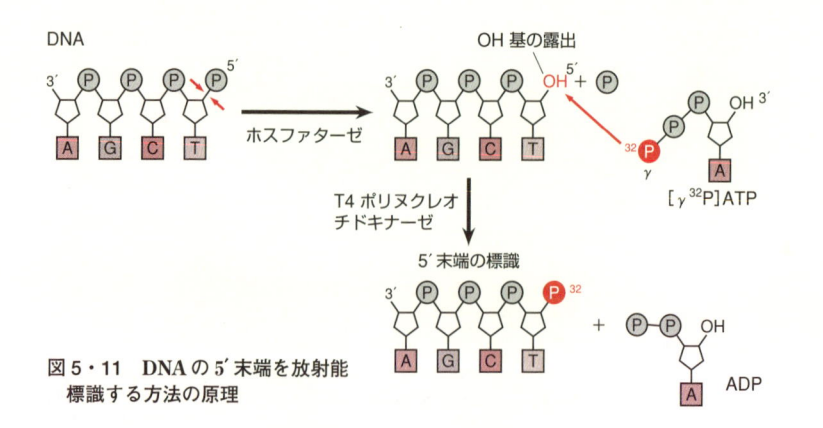

図5・11 DNAの5′末端を放射能標識する方法の原理

Ⅲで切断してからRNAポリメラーゼを使って[^{32}P]UTPを取込ませて鋳型DNAに相補的なRNAプローブ（リボプローブ，riboprobe）を得る．

5′末端標識においては，まず5′末端のリン酸基をホスファターゼ（脱リン酸酵素，BAPまたはCIP）で除いて5′-OH基を露出した後，T4ポリヌクレオチドキナーゼと[γ-^{32}P]ATPを用いて標識する（図5・11）．（BAP：大腸菌アルカリホスファターゼ，CIP：仔ウシ小腸アルカリホスファターゼ）

3′末端標識（図5・12）においてはTdT（ターミナルトランスフェラーゼ）を用いると[α-^{32}P]dNTPをつぎつぎと付加できるが，[α-^{32}P]ddNTPを用いれば最初

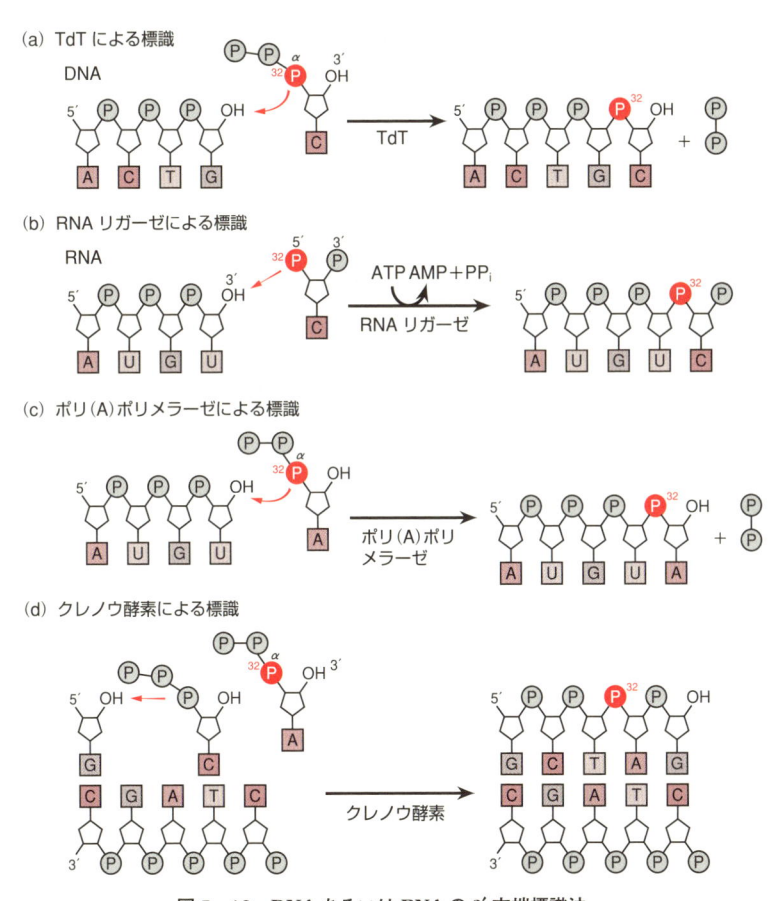

図5・12　DNAあるいはRNAの3′末端標識法

の1分子の付加だけで標識反応を止めることもできる.

　RNAの3′末端標識には2種類ある．一つはRNAリガーゼによって[^{32}P]Cpを付加する方法で，二つにはポリ(A)ポリメラーゼによって[$α$-^{32}P]ATPをつぎつぎと付加する方法である．

> 制限酵素切断による突出末端をもつDNA断片の3′末端標識はDNAポリメラーゼ（クレノウ酵素）と[$α$-^{32}P]dCTPを用いた方法が簡便で効率も良い．

5・5　PCR法による遺伝子クローニング

　PCR (polymerase chain rection)法は試験管内で簡単に目的とするDNA断片を単離できる革新的な技術である．実験は安価かつ容易に進めることができる．実験では，まず単離したいDNA領域の両端それぞれに相補的なオリゴヌクレチオド(20塩基程度)を一対用意し，耐熱性DNAポリメラーゼを用いて複製することで2倍に増幅させる．この作業を，専用の自動機器を使って連続的に進めると2のn乗の速度で増殖が進む．たとえば40回ほどPCRを繰返すだけで1兆倍の増幅が達成できるのである．繰返し数に制限はないので文字通り無限に増幅できることになる．PCRクローニングは遺伝子工学における必須の技術である．

5・5・1　PCR法の原理

　PCRの原理と実際は以下のようである（図5・13）．

❶ PCRの反応液には増幅したい二本鎖DNAのほかに化学合成した2種類のプライマーとよばれる20個程度の塩基からなるオリゴヌクレオチドが必要である．
> プライマーとするオリゴヌクレオチドは増幅したい範囲の両端をはさむようにして，DNAの上下の鎖の一部の塩基配列と相補的な配列をもつように設計する．DNA配列がたとえば5′-AAGATCTACC-3′ならば逆向きに読んで5′-GGTAGATCTT-3′となるように合成する．

❷ まずDNAを95℃で3分間熱すると熱変性により二つの一本鎖に分離する．
❸ 温度を50〜60℃くらいにまで下げて2分もたつと先ほどのプライマーが両方のDNA鎖に1分子ずつ結合する．
❹ ここにDNAポリメラーゼを作用させて1分間反応させると，プライマーの部分から左向き（3′側）にのみ新たなDNA鎖を生合成するので増幅したい部分のみが2倍になった構造となる．

　これが1サイクルのPCR反応である．2回目も同様にして温度を上下させると

今度は増幅したいDNA断片だけが4倍となって生み出される．あとは必要な回数だけ反応サイクルを繰返すと望む量の目的DNA断片が得られる．

> たとえば30回（3時間）繰返しただけで2の30乗倍，すなわち約100万倍にDNA量を増幅できる．実際には短時間で反応を繰返すプログラムになっているせいか，プライマーが結合する効率が低くて30回繰返しても千倍〜1万倍くらいにしか増幅しない．

PCRに用いる *Taq* DNAポリメラーゼは末端核酸付加酵素としての活性を示し，増幅したDNA断片の3′末端にアデニン（dA）を付加する．プラスミドベクターを直鎖化して両端にdTを1塩基突出させたものが市販されているので，制限酵素を使わずにプラスミドへ挿入できる（これをTAクローニングとよぶ）．

> DNAの高次構造を制御する（3′-dTを活性化する）のみでなくDNAリガーゼ活性を併せもつDNAトポイソメラーゼIを組込んだベクター（pCRⅡ-TOPO）を用いるとPCR産物を混ぜて室温で5分間反応させるだけでサブクローニングできる．

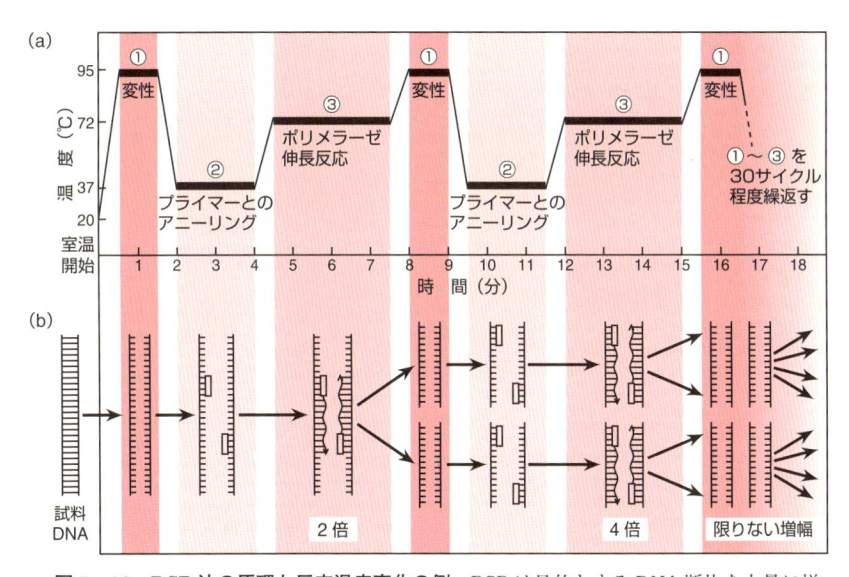

図5・13 PCR法の原理と反応温度変化の例 PCRは目的とするDNA断片を大量に増幅する技術である．まず標的DNAを1組のプライマーではさみ，DNAポリメラーゼを働かせて1回の反応でその領域を倍化するため，この作業を n 回繰返せば2の n 乗の増幅が可能となる．この技術のおかげで極微量の試料からのDNA回収が可能となり遺伝子操作技術の応用範囲を格段に広げた．高度好熱菌より純化した耐熱性DNAポリメラーゼを用いて，DNA変性→アニーリング→相補鎖生成，というサイクルを自動的に制御する機器を動かせば，数時間で数万倍以上のDNA断片の増幅が可能である．

5・5・2 PCRクローニングの種類

PCRにはさまざまな変法が考案されてきた.

a. 非対称 PCR（asymmetric PCR） 片側のプライマーのみを数十倍多く加えておく. すると片方のプライマーのみ先に消費されるため残りのPCRは過剰なプライマーのみから進行し, 片方のDNA鎖が大量に生産される（図5・14a）.

b. 逆 PCR（inverted PCR） DNA試料を適当な制限酵素で切断した後にDNAリガーゼを用いた自己連結によって環化する. つぎに加熱あるいはエチジウムブロミド/DNase I の組合わせによってこれを直鎖化する. 既知のDNA断片内の一組のプライマーを逆向きに設計したうえで通常のPCRを行うと両外側の未知の領域を増幅することもできる（図5・14b）.

c. 逆転写 PCR（reverse transcriptase-PCR, RT-PCR） mRNAをオリゴdTなどをプライマーとして逆転写酵素により生合成したcDNAを対象にして, 定量解析などを行う方法である. cDNA産物を限界希釈により薄めてゆくと, ある濃度以下ではPCR産物も直線的に減少してゆくという性質を利用して1ng程度の高い感度でmRNA量の迅速な定量を行うこともできる.

d. アンカード PCR（anchored PCR） 片方のプライマーのみを用い, 目的遺伝子の未知の隣接領域を迅速にクローニングする方法である（図5・15a）. アンカー

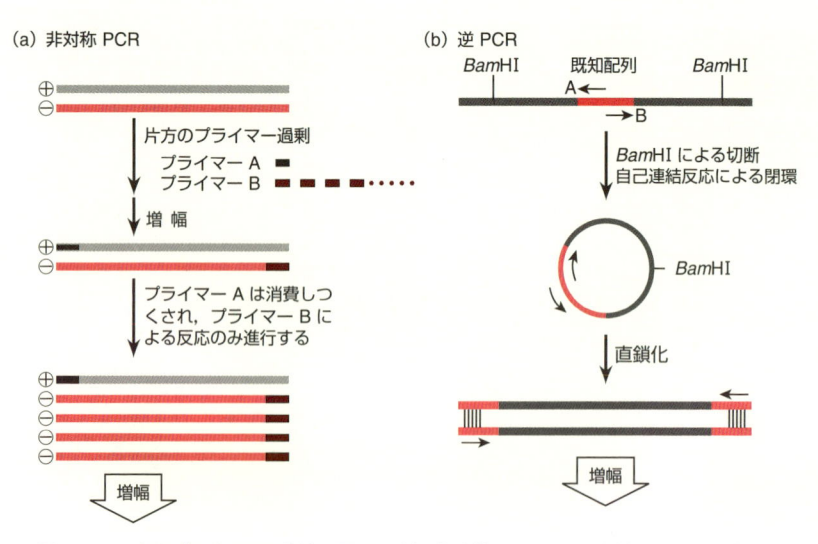

図5・14 さまざまなPCR変法の原理 （a）非対称PCRでは一本鎖DNAを迅速に入手できる. （b）逆PCRは外側の未知の領域を増幅する.

PCRの誕生

米国の遺伝子工学関係の機器類を開発・販売しているシータス社の一研究員であった K. B. Mullis は,そのころずっとヒトの遺伝性疾患の原因となっている点変異の位置を効率良く探し出す方法を編み出す必要に迫られていた.ヒトのDNA がもつ 30 億塩基対の中から,一つだけの間違った塩基対を正しく検出するのは至難の技である.何とかその周りのDNA のみを特別に増幅したいと望んでいたのだが,既存の方法では不可能である.何か良いアイデアはないかと思い悩む日々はまたたく間に過ぎていった.

その週もむなしく過ぎた金曜日の夜遅く,時は 1983 年 5 月,帰宅を急ぐ Mullis の車はサンフランシスコの北部,ワインで有名なナパ渓谷の近くを走るハイウェイ 128 号線を快調にとばしていた.ちょうどアンダーソンの谷間にさしかかったとき,突然何かの啓示を受けたごとく Mullis の脳裏に一つのアイデアが浮かんできたという.これがその後の遺伝子工学の可能性を一躍高めた革命的技術,PCR 誕生の瞬間であった.当の Mullis は思いついた原理があまりにも単純だったのですでに誰かが論文として発表しているだろうと考えた.まさか 10 年後にこのアイデアでノーベル賞を受賞しようとは夢だに思わなかった.週末ゆっくり休んだ Mullis は月曜になると会社の図書館に行って論文の検索を頼んだ.ところが意外にも"対象なし"の返事が返ってきたのである.まだ誰も発表していなかったのだ.早速研究室に戻って実験してみると,予想どおりの結果が得られた.彼はすぐに発表の準備をしただけでなく,特許を取得する準備も怠らなかった.

その後シータス社あげての技術の洗練によって,高度好熱菌由来の DNA ポリメラーゼを使った自動化ができるようになり,今日の隆盛をみている.

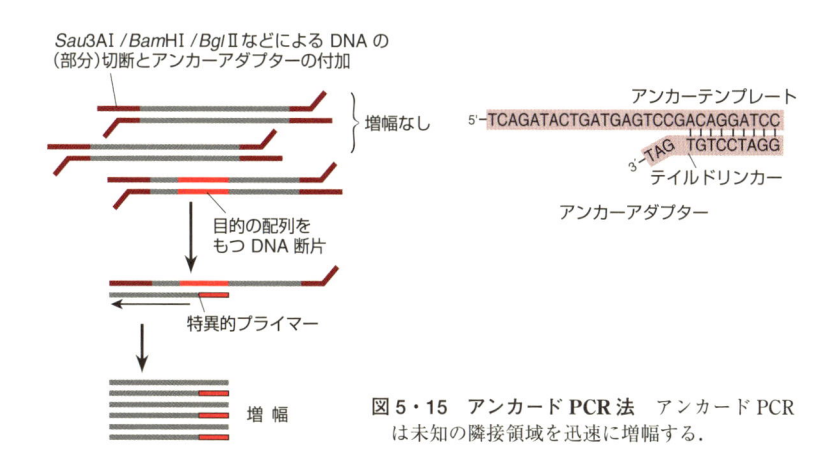

図 5・15 **アンカード PCR 法** アンカード PCR は未知の隣接領域を迅速に増幅する.

テンプレートとテイルドリンカーより成るアンカーアダプターを準備し，標的DNA を Sau3A か BamHI あるいは BglⅡ で（部分）切断した後，アニールさせたアンカーアダプターを DNA リガーゼにより付加する．ごく少数の DNA 断片には目的の既知遺伝子が含まれているはずで，それにハイブリダイズする特異的プライマーとアンカーテンプレートの間で増幅反応が進んでいく．

(a) 5′ RACE 法

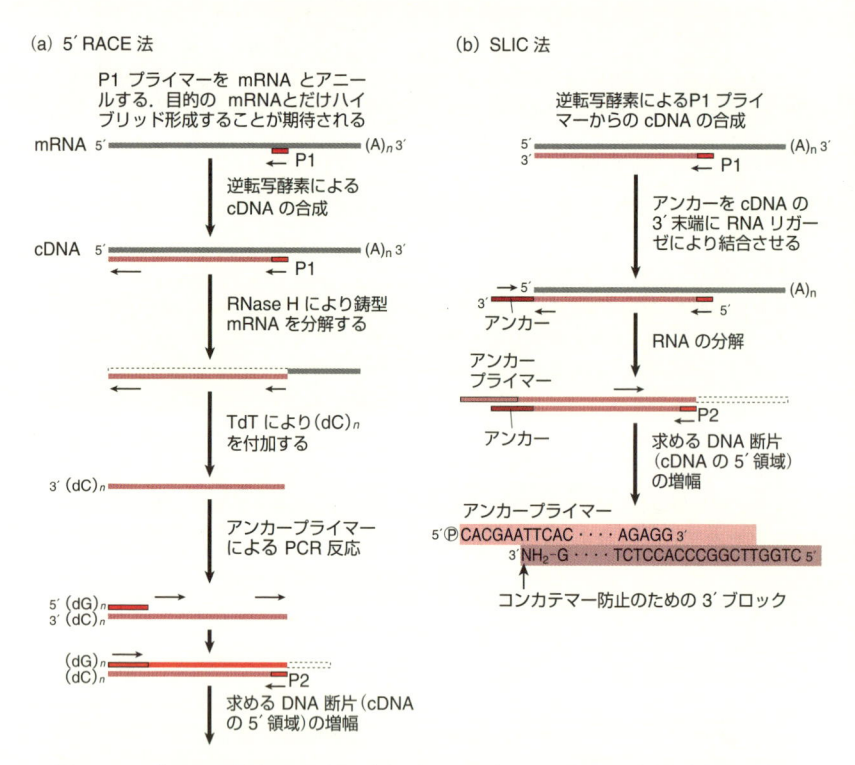

(b) SLIC 法

図 5・16　5′ RACE 法と SLIC 法　(a) 5′ RACE 法では cDNA の 5′ 欠損領域を増幅できる．プライマーを二つ (P1, P2) 準備し，P1 を使って対象とする組織，細胞の全 mRNA を用いて逆転写酵素により cDNA を合成した後，その 3′ 末端に TdT を用いて $(dA)_n$ あるいは $(dC)_n$ を付加する．これに $(dT)_n$ あるいは $(dG)_n$ を内部に組込んだアンカープライマーをハイブリダイズさせ，もう一方のプライマー (P2) とで PCR を行い，求める 5′ 領域を得る．(b) 5′ RACE の改良版である SLIC 法でもプライマーを二つ (P1, P2) 準備し，まず P1 を使って逆転写酵素により cDNA を合成したのちアンカーとよばれるオリゴヌクレオチドを RNA リガーゼを用いて合成した cDNA の末端に結合させる．アンカーの 3′ 末端はアンカーどうしの会合を防ぐために NH_2 をつけてある．これと一部相補的なアンカープライマー，および cDNA の一部と相補的な他方のプライマー (P2) を用いて PCR により cDNA の 5′ 領域を得る．

この原理を cDNA の末端をクローニングする目的で使用するときには RACE (rapid amplification of cDNA ends) とよぶが（図 5・16a），RACE では適度な数のホモポリマーを付加するための TdT 反応の制御が難しいという欠点がある．それを改善したのが SLIC (single strand ligation to single-stranded cDNA) で，これだと cDNA の 5′ 領域を高い確率で得ることができる（図 5・16b）．

e. AP-PCR（arbitrarily primed-PCR） 1本のプライマーを用いた PCR で，最初にミスマッチを許したゆるやかな条件下で PCR を行う．ついで通常の PCR でこれらを確実に増幅してからポリアクリルアミドゲル電気泳動で分画して生成した PCR 試料を比較することによりゲノム DNA 間での差異を検出する方法である．

f. 入れ子 PCR（nested PCR） 2組の PCR を準備する．まず外側のプライマーの組で増幅してから，つづいて内側のプライマーの組で増幅すると目的以外の領域からの増幅を避けることができる（図 5・17）．

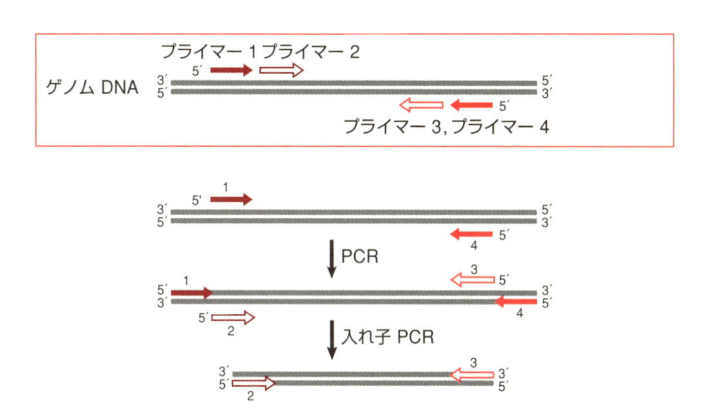

図 5・17 入れ子 PCR 入れ子 PCR では目的以外の領域由来の増幅を排除できる．

g. LA-PCR（long and accurate-PCR） プルーフリーディング（proofreading）活性を示す 3′→5′ エキソヌクレアーゼ活性をもつ耐熱性 *Taq* DNA ポリメラーゼを用いて 5 kb 以上の DNA 断片を読み間違いなく増幅する技術である．

> プライマーの非特異的な結合を避けるために高温になって初めて PCR 反応液の完全な混合を起こすようにしたホットスタート（hot start）という技術を用いると一層高い効果が得られる．

h. リアルタイム定量 PCR（quantitative real-time PCR, qRT-PCR）　試料中に存在する DNA や mRNA の総量を，PCR 増幅を用いて定量する技術で，増幅産物量を経時的に検出する．リアルタイム定量 PCR は検出感度が高く再現性も良いため，特に DNA マイクロアレイ解析のデータを補完する際に重宝されている．増幅された DNA の検出には，アガロースゲル電気泳動により検出する方法が特別な機器が不要で安価であるが，正確性に問題が残る．自動解析機器が利用できれば，SYBR（サイバー）グリーンや蛍光プローブの強度変化を直接観察する方法により PCR の進行を経時的（リアルタイム）に追尾分析することが可能で，再現性の良い正確な結果が得られる．

i）SYBR（サイバー）グリーンによる検出　二本鎖 DNA 結合色素である SYBR グリーンは新たに合成された二本鎖 DNA の塩基対の間に挿入された（intercalate）ときにのみ緑の蛍光を発する蛍光色素である．標的ごとに特別な蛍光標識プローブを用意する必要がないため安価であるが，目的の配列以外にも結合するため増幅自体に特異性が求められる（図 5・18）．

> そのため増幅産物のサイズが 80〜300 bp と制限される．また鋳型の希釈系列を用いて検量線を作成して直線に乗らない場合は条件検討が必要となる．

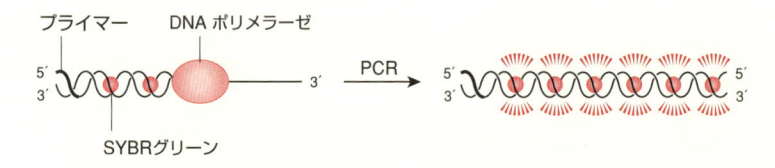

図 5・18　SYBR グリーンを用いたリアルタイム PCR の進行課程の模式図

ii）TaqMan® プローブによる検出　1995 年に Applied Biosystems 社によって実用化されたタクマン蛍光プローブ（図 10・4 参照）を用いる定量 PCR 法は正確で信頼できる技術である．実験では目的の配列のみを定量するために以下の手順で進める（図 5・19a）．

❶ 標的遺伝子に対する一対のプローブと TaqMan プローブを標的 DNA にアニールさせる．5´端のレポーター蛍光色素（reporter fluorescence；Rf）が発する蛍光は 3´端の消光物質（quencher；Q）が吸収するため，この状態では蛍光は観察されない．

❷ DNA ポリメラーゼを働かせてプライマーより相補鎖 DNA を合成する．
❸ PCR 反応が進行するに伴って TaqMan プローブの分解が進み，レポーター色素が消光物質から解離して蛍光が検出されるようになる．
❹ 1 回の DNA 相補鎖伸長反応が終了すると TaqMan プローブは完全に分解されて蛍光を発する．蛍光強度は標的遺伝子の量に比例するため，蛍光の増加を観察することで定量できる．
❺ 増幅回数が検出可能な蛍光量に達していない場合は変化が乏しい曲線だが，検出可能な量にまで達すると増幅サイクル数に比例して蛍光強度が増加する様子が経時的に記録される．
❻ どの細胞でも発現している解糖系酵素の GAPDH（glyceraldehyde-3-phosphate dehydrogenase）に対するプローブセットを用いて mRNA 存在量を対照として検量曲線を描く．
❼ それと比較しながら標的遺伝子の mRNA 存在量を決定する．

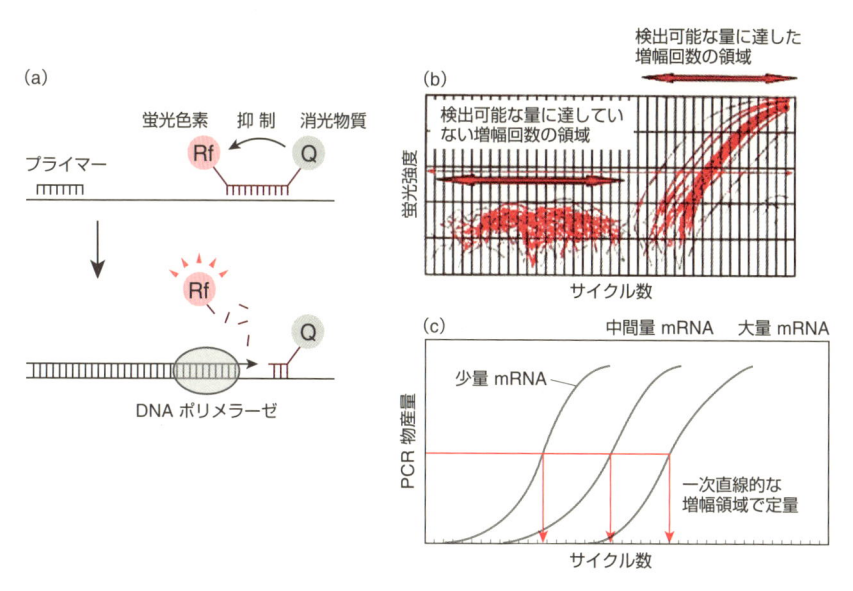

図 5・19 **TaqMan プローブを用いたリアルタイム PCR** （a）反応原理と進行過程の模式図．（b）実験結果を示す生データ．（c）反応曲線．実際に定量する際には，まず GAPDH というどの細胞でも発現している解糖系酵素の mRNA 存在量を対照として検量線を描く．ついで，それと比較することで標的 mRNA の存在量を決定する．

i. MSP（methylation-specific PCR） メチル化された DNA の有無と分布を PCR により判別する方法．調べたいゲノム DNA を重亜硫酸処理するとメチル化されたシトシン（C）は変化しないが，メチル化されていないシトシンはウラシル（U）に変換される．そこで，この部分で C と U を区別してアニールする一対のプライマーを設計しておいて PCR 反応を行うと，メチル化の有無が鋭敏に検出できる．

5・6 ICAN（アイキャン）法

わが国から PCR に匹敵する画期的な遺伝子増幅法が開発された（宝酒造，2000年）．**アイキャン法**（ICAN, isothermal and chimeric primer-initiated amplification

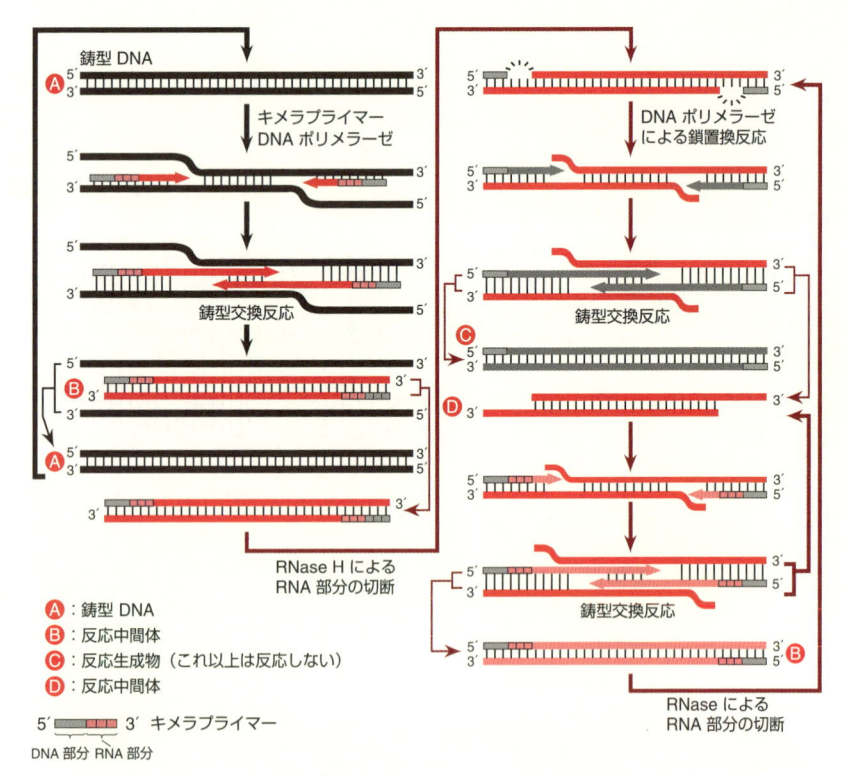

図5・20 アイキャン法の原理と実際の手順　鋳型 DNA Ⓐ から反応中間体 Ⓑ を生じるサイクル，Ⓑ から反応生成物 Ⓒ と反応中間体 Ⓓ を生じ，Ⓓ から再び Ⓑ を生じるサイクル，の繰返しで DNA を増幅する．

of nucleic acids) とよばれるこの方法では温度を変動させることなく一定温度 (50〜65℃) でPCRと同等以上の感度でDNAを増幅できる.

> PCRと違って反応系を拡大することが容易なので,大量の検体を高速で検査することや工業的スケールでのDNA断片の大量生産などが可能となる.

反応液にはDNA (5′側) とRNA (3′側) を接続させたキメラプライマー (chimera primer),耐熱性DNAポリメラーゼ (*Bca*BEST),RNaseH,dNTPを加える.キメラプライマーとRNaseHを採用したことで高温処理 (95℃) により鋳型DNAを変性する必要がなくなった点が革新的である.

アイキャン法の原理と実際の手順は以下のようである (図5・20).

❶ 鋳型 (目的) DNAⒶに1対のキメラプライマーをアニールさせ,*Bca*BEST (DNAポリメラーゼ) を働かせて3′端からDNA鎖を伸長させる.
❷ 両端から伸長してきた鎖は鋳型から離れて3′部分でアニールし,そこからまたDNA鎖が伸長して二本鎖の反応中間体Ⓑができる.
❸ キメラプライマーと鋳型DNAがアニールしたDNA/RNAハイブリッドのRNA部分のみをRNase Hで分解し,切れ目を生じさせる.
❹ *Bca*BESTによりこの切れ目からDNA鎖が新たに伸長する.このようにDNA鎖を変性させずに増幅反応が開始できる点が優れている.
❺ ❷と同様なDNA鎖伸長反応がある割合で起こり,つぎつぎに反応生成物Ⓒと反応中間体Ⓓが産生される.
❻ ある割合で❷,❺と同様なDNA鎖伸長反応が反応中間体Ⓓより生じるとともに,主として反応中間体ⒷとⒹの生成が繰返される連鎖反応が起こる.

これら諸反応を総合して莫大な量のDNA断片が産生される.

5・7 LAMP (ランプ) 法

日本の栄研化学(株)が独自に開発した遺伝子増幅法であるLAMP (loop-mediated isothermal amplification) 法 (図5・21) は,標的遺伝子の六つの領域に対して4種類のプライマーを設定し,鎖置換反応を利用して一定温度で反応させる.

LAMP法には以下の利点がある.

1) 特別な試薬,機器を使用せず,増幅反応はすべて一定温度 (65℃付近) で連続的に進行するので検出までの工程が1ステップで済む.

(a)

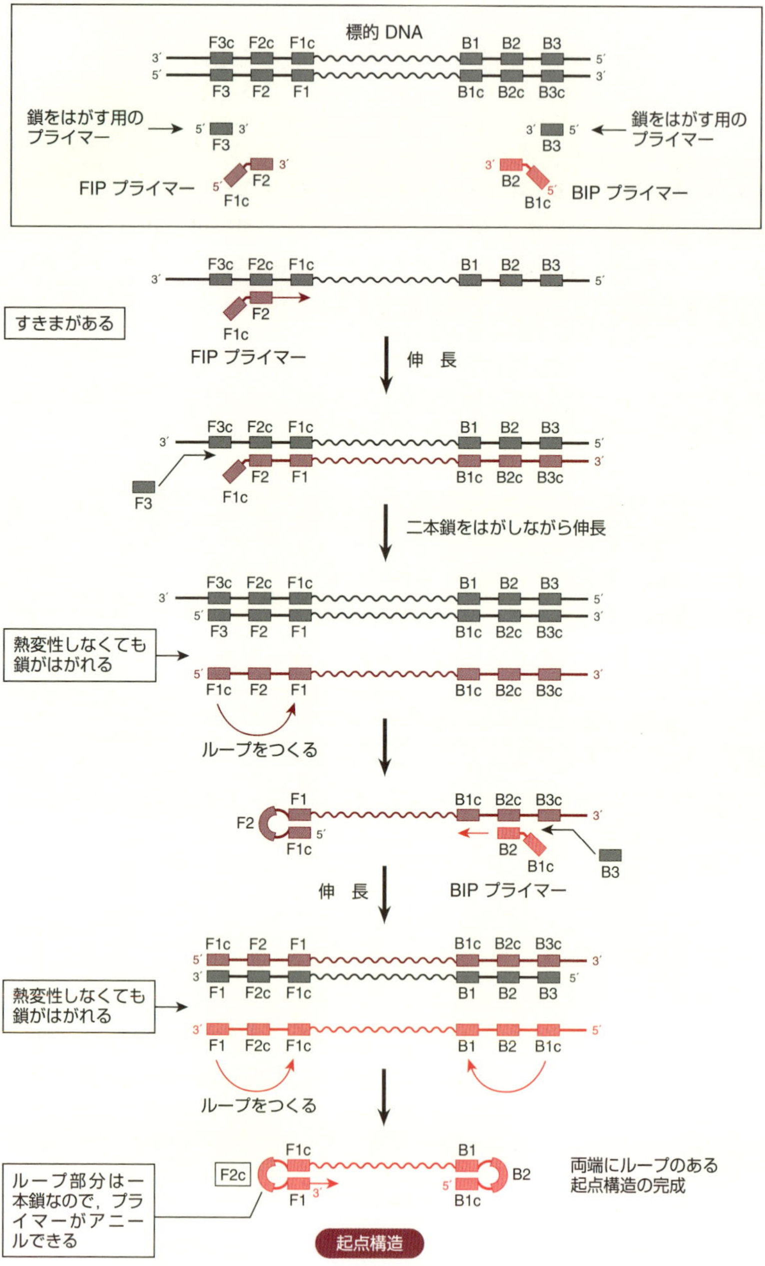
標的 DNA
F3c F2c F1c B1 B2 B3
F3 F2 F1 B1c B2c B3c
鎖をはがす用のプライマー
F3
B3
FIP プライマー
F2
F1c
BIP プライマー
B2
B1c
すきまがある
伸　長
二本鎖をはがしながら伸長
熱変性しなくても鎖がはがれる
ループをつくる
F2c
ループ部分は一本鎖なので，プライマーがアニールできる
両端にループのある起点構造の完成
起点構造

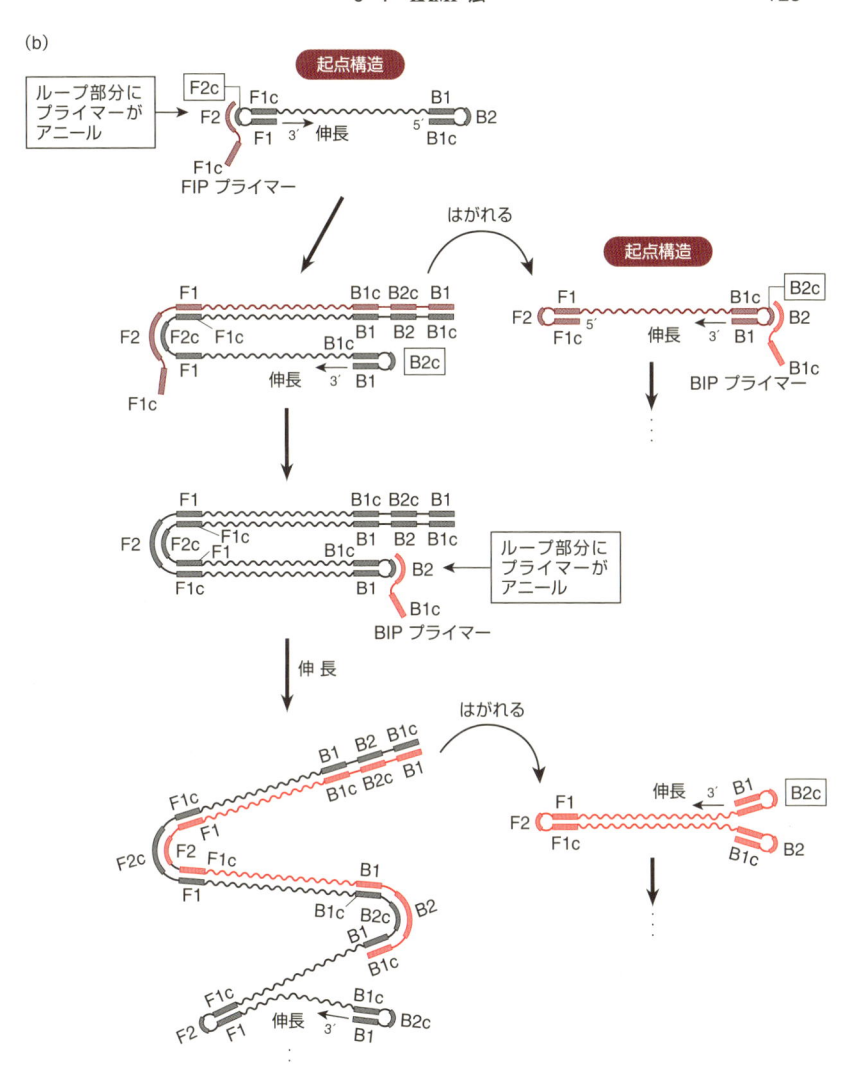

図 5・21　LAMP 法の原理

2) 二本鎖から一本鎖への変性を必ずしも必要としない．
3) 増幅効率が高く，DNA を 15 分〜1 時間で 10^9〜10^{10} 倍に増幅できる．
4) 特異性が高いため，増幅産物の有無だけで目的とする標的遺伝子配列の有無を判定できる．
5) 鋳型が RNA の場合でも，逆転写酵素を添加するだけで DNA の場合と同様にワンステップで増幅可能である．

その変法の ABC-LAMP 法では DNA のグアニン塩基との相互作用により蛍光が消光する色素で標識したプローブ（AB-QProbe）と，既知濃度の内部標準用 DNA を組合わせることで，簡便かつ低コストで DNA 定量が達成できる．

5・8　NASBA（ナスバ）法

RNA を特異的に増幅産生する方法もある．ナスバ（NASBA, nucleic acid sequence-based amplification）とよばれる方法によると目的一本鎖 RNA に対して相補的な塩基配列をもつ（アンチセンス）一本鎖 RNA を一定温度（41℃）で高効率に指数関数的に増幅することができる．反応液には基質となる一本鎖 RNA，逆転写酵素（AMV-RT），RNaseH，T7 RNA ポリメラーゼ，NTP，dNTP が含まれる．

NASBA 法の原理と実際の手順は以下のようである（図 5・22）．

❶ 目的一本鎖 RNA にプライマー P1（T7 RNA ポリメラーゼのプロモーター配列を付加してある）をアニールさせて逆転写酵素を働かせ cDNA を合成する．
❷ RNase H を働かせて DNA/RNA ハイブリッドの RNA 部分を分解する．
❸ プライマー P2 をアニールさせて再び逆転写酵素を働かせ，二本鎖 DNA を合成する．

> ❸ および ❻ の反応は，逆転写酵素が RNA 依存性および DNA 依存性 DNA ポリメラーゼ活性という両方をもつことを利用している．

❹ これを基質として T7 RNA ポリメラーゼが働いてアンチセンス鎖 RNA のコピーを多数合成する．
❺ 新生 RNA に再びプライマー P2 がアニールし逆転写酵素，RNaseH が順次働いてセンス鎖 DNA ができる．
❻ これにプライマー P1 をアニールさせて逆転写酵素を働かせ，二本鎖 DNA となるように合成する．
❼ これを基質として T7 RNA ポリメラーゼを働かせ RNA を合成する．

5・8 NASBA法

❺〜❼が増幅サイクルとなって大量のRNAが増幅される.

> ただし, 逆転写酵素は基質特異性が低いので副産物が多く, 校正機能がないので合成ミスが多いためPCRほどのきれいな結果は期待できない.

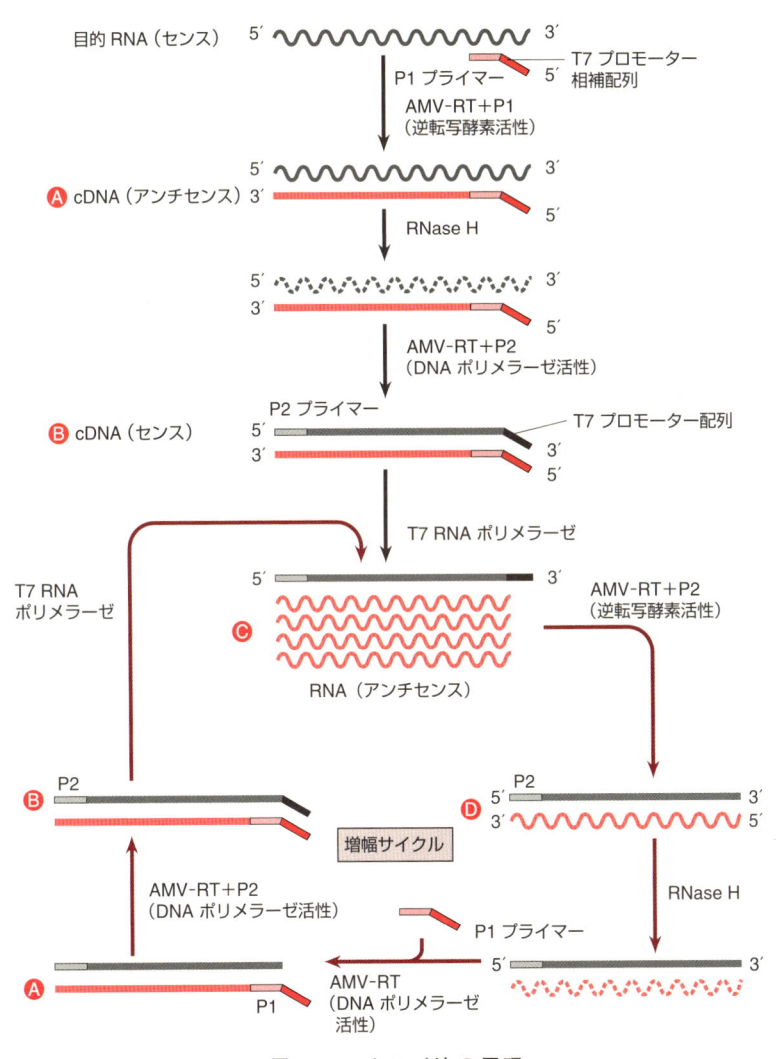

図5・22 ナスバ法の原理

5・9 LCR法とRCA法

一方，耐熱性DNAリガーゼを用いてDNAを指数関数的に大量増幅する方法も考案されている（図5・23）．**LCR**（ligase chain reaction）**法**とよばれるこの方法の原理は単純で，まず標的DNAを熱変性（95℃）した後，増幅したいDNA断片をカバーする1組の隣接したオリゴヌクレオチドをアニールする（65℃）．つぎに耐熱性DNAリガーゼを働かせて接続する（65℃）．この二つのステップを自動的に繰返してオリゴヌクレオチドでカバーされる領域を増幅するのである．

> この方法は，連結部にミスマッチが生じると連結も増幅も起こらないため，点変異を検出する遺伝子診断（第10章参照）に有用である．

環状一本鎖DNAを鋳型としてDNAポリメラーゼを働かせることで，1種類の

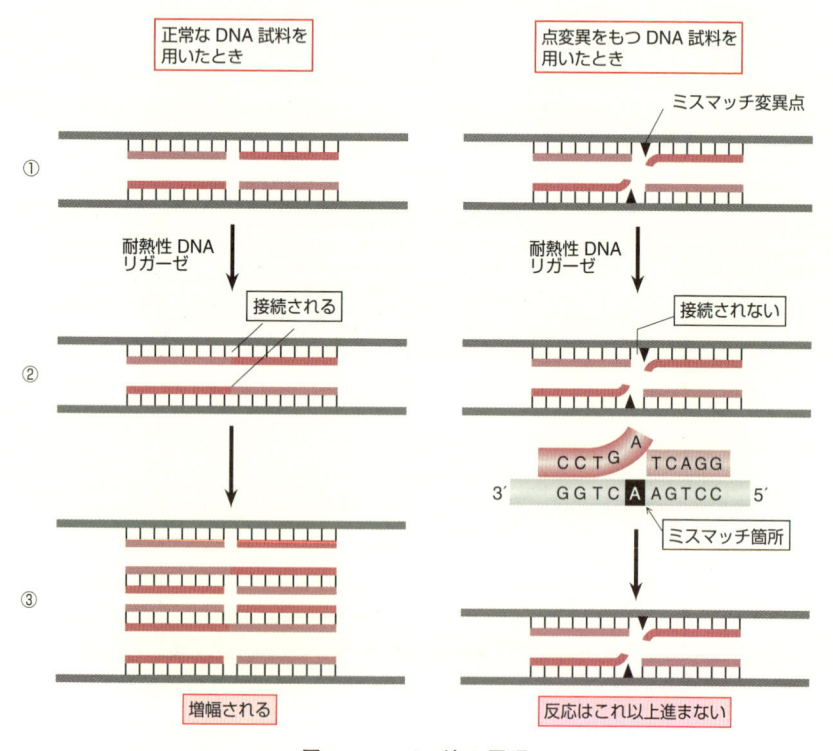

図5・23　LCR法の原理

プライマー(P1)のみ用いて一定温度(65 ℃)で反応させる **RCA**（rolling circle amplification)**法**も指数関数的な増幅ができる（図5・24)．この反応系ではトイレットペーパーを引き出すように新生鎖がつぎつぎと一本鎖の状態で産生されて鋳型から外れてくるので加熱変性しなくてよいのが利点で，90分間で10億倍にも増幅できる．

> 別のプライマー（P2）を用いればRCA反応の開始が別の場所でも起こるためつぎつぎと枝分かれしてもっと膨大な増幅が起こる．

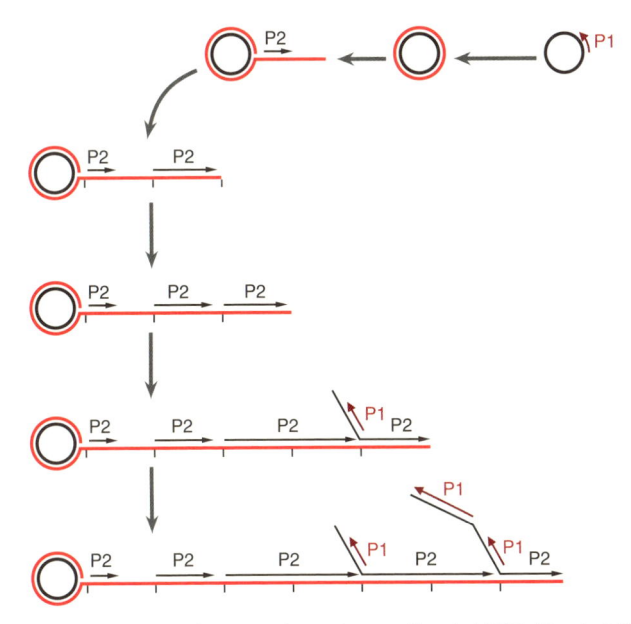

図5・24　2種類のプライマーを用いたRCA法による増幅パターンの例

5・10　ナノカウンター

蛍光試薬と顕微鏡，CCDカメラを使って試料中のmRNA分子数を直接計測するナノカウンター（nanocounter；nCounter®）という装置は，逆転写もPCR増幅もしないので逆転写PCRに比べて，より正確なデータを提供するのみでなく，PCR増幅が困難な極微量のmRNAに対しても測定が可能である．実験にあたっては以下の二つのプローブを用意する（図5・25)．

1) 測定したい mRNA に相補的な 35〜50 塩基のオリゴヌクレオチドの 3′ 末端側に 7 個の蛍光試薬（赤・緑・青・黄色の 4 色から成る）を独自の組合わせで結合させた特殊なレポーター・プローブ.
2) 末端に基盤に結合できるタグをもった捕捉プローブ（異なる mRNA 部分に相補的に 35〜50 塩基）.

レポーター・プローブは $4^7 = 16,384$ 通りの蛍光色素の組合わせを考えうるが，連続した色素の並びは数え間違いが生じるので，同じ色がとなり合わない約 1000 通りの組合わせが実用的とされる．いずれにせよ，プローブを合成した時点で，蛍光色の並び方で mRNA 分子種が特定できるというアイデアは素晴らしい．多様に並び方の違うプローブの区別はコンピューター解析により容易に達成できるので，1 回の実験で多種類（必要があれば 1000 種類以上）の mRNA 分子数の測定ができる．機器の操作が容易で実験にかかる時間も短いので，RT-PCR にとって代わる可能性がある．

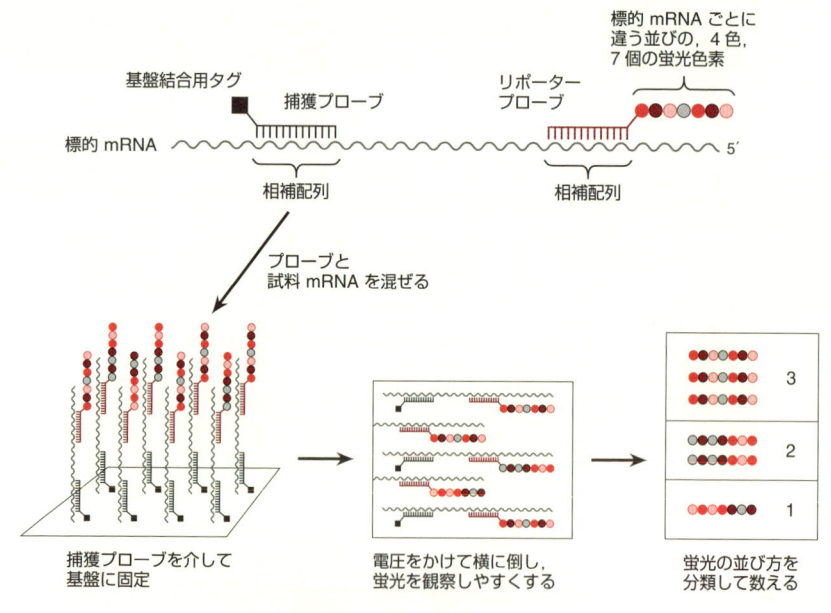

図 5・25 ナノカウンター解析システムの原理 一つの蛍光シグナルが mRNA 1 分子を意味するため mRNA 分子数を数え上げることができる．当初は 7 個の蛍光色素を使っていたが，実用化に際して測定誤差（連続した同色蛍光数の測定誤差など）を減らすため，最近では 6 個の蛍光色素に変更している．

実験は以下の手順で進める．

❶ たとえば各10種類のレポーター・プローブおよび捕捉プローブと混在mRNA試料を混ぜてハイブリダイズさせる．
❷ ハイブリダイズしなかった余剰のプローブを洗浄して除く．
❸ 捕捉プローブを介してハイブリッドを基盤に付着させる．
❹ 蛍光色素の観察を正確に行うために，電圧をかけてプローブを基板上に寝かせる．
❺ 顕微鏡・CCDカメラを使って蛍光色素の画像を撮影する．
❻ コンピューター解析により各プローブの個数を数え上げて分類すれば，各プローブに相当するmRNA分子数が測定できる．

5・11 DNA塩基配列決定法
5・11・1 第1世代DNA塩基配列決定法

　DNAの塩基配列決定法（シークエンス反応，sequencing）は，A. MaxamとW. Gilbertによる化学的切断法（マクサム・ギルバート法）と，F. Sangerらによる**ジデオキシ法**（サンガー法ともいう）という原理のまったく異なる二つの技術がほぼ同時に発表された（1975年）．これらはいずれも大型で薄いポリアクリルアミド-尿素ゲル電気泳動を用いて一度に数百塩基対を決定するという点では共通している．発表されてからの数年間はマクサム・ギルバート法の方が優勢であったが，蛍光色素を使った非放射能標識化とPCRによる反応自動化を取入れたDNAシークエンサー（DNA sequencer）の実用化などの技術開発により現在ではジデオキシ法が圧倒的な普及率を誇っている．

　ジデオキシ法の原理と実際は以下のようである．

❶ 反応液にdNTPとddCTPを加えておいてからDNAポリメラーゼを働かせると，$[^{32}P]$dCTPが取込まれるべき位置において部分的にddCTPが取込まれる．ddCTPは3′-OHが3′-Hになっているのでそれ以上のDNA鎖の延長は起こらず合成はその位置で停止し，図5・26aのようなさまざまな長さの反応産物が生じる．これがCの位置を決定する反応である．
❷ 同様にA, T, Gの位置決定の反応もddCTPに代えてそれぞれddATP, ddGTP, ddTTPを加えて別々に行う．放射能標識するのはいずれの場合も$[^{32}P]$dCTPだけでよい．
❸ 四つの反応産物を並べてポリアクリルアミドゲル電気泳動に流す．

電気泳動ゲルのオートラジオグラムをとれば，図5・26bのようなパターンが得られる．これを端から順に読んでゆくと塩基配列が決定できる．蛍光標識したヌクレオチドやプライマーを用いた場合には図5・26cのようなパターンとなるが，これはコンピューターで自動的に読む．キャピラリー電気泳動（§5・1・4参照）の導入によって同時並行に進んだ反応結果が自動で解読できる機器が導入されるに至って，第1世代DNA塩基配列決定法に分類されるにふさわしい大量のDNA塩基配列解読が可能となった．

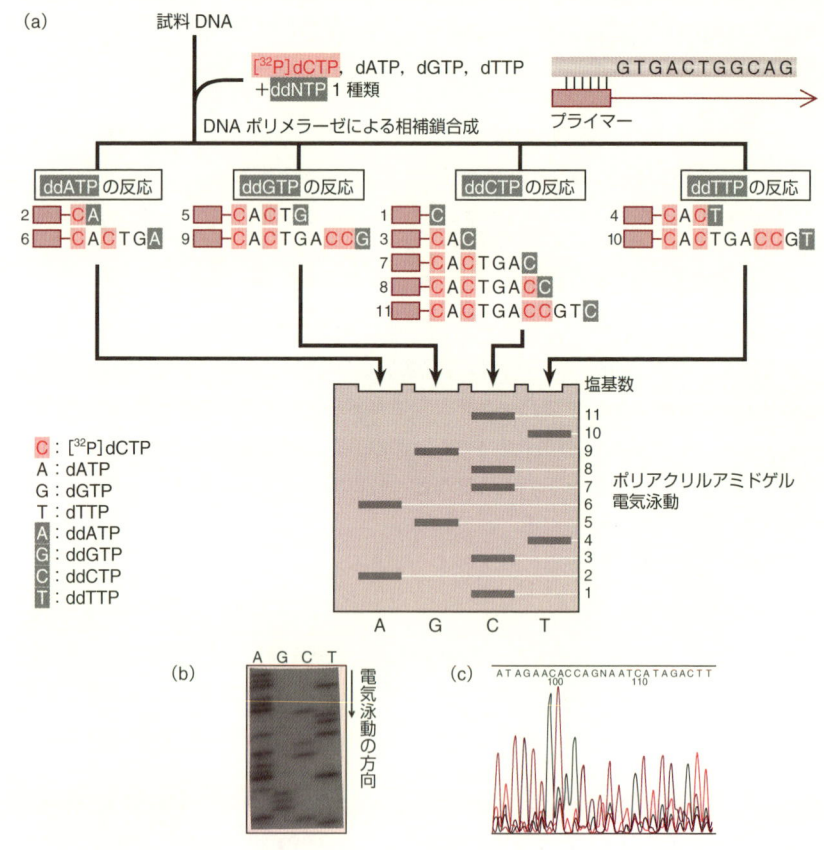

図5・26 ジデオキシ法の原理　(a) 実験手順．反応は四つに分けて行う．(b) 放射能標識したヌクレオチド（あるいはプライマー）を用いたDNA塩基配列のパターンの例．(c) 蛍光標識プライマーを用いた場合の結果の一例．

5・11・2 第2世代 DNA 塩基配列決定法

世界的に数社から異なる原理に基づいて自動的に反応を進める機器が販売されているが，ここでは代表的なものを解説する．

a. Roche-454 GSFLX＋（ロシュ社）

この機器ではピロシークエンシングとよばれる技術を用い，ヌクレオチドがDNAに取込まれるときに放出されるピロリン酸（PP_i）を検出する．

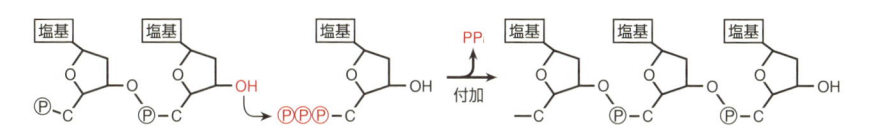

4種類の酵素（DNAポリメラーゼ，ATPスルフリラーゼ，ルシフェラーゼ，アピラーゼ）と2種類の基質（アデノシン 5′-ホスホ硫酸（APS），ルシフェリン）を用いて可視光を発光させ，カメラで検出して定量解析する（図5・27）．塩基の区別のため反応液にはこれらのほかに dGTP, dCTP, dTTP, dATPαS（dATP はルシフェラーゼの基質となるので避ける）を別個に加えて，どの塩基を取込んだかを区別する．

> ATPスルフリラーゼおよびルシフェラーゼは以下の反応を触媒する．
> アデノシン 5′-ホスホ硫酸 + PP_i $\rightleftharpoons$ ATP + SO_4^{2-}
> ルシフェリン + O_2 $\xrightleftharpoons{ATP}$ オキシルシフェリン + 光

たとえば dGTP の入った反応液で DNA ポリメラーゼがこのヌクレオチドを取込むと PP_i が放出され，ATP スルフリラーゼにより ATP が生成する．生成した ATP をエネルギー源に，ルシフェリンがルシフェラーゼによって可視光を発する．反応に使われなかった ATP はアピラーゼで分解し，全体を洗浄して次の反応に備える．

dGTP を使った作業ではアレイ状に並列した何百万個の反応スポット（1分子のDNA 断片からのコピーが無数に結合したビーズが入っている）のうち発光したものの鋳型塩基配列が C と決定できる．この作業を自動的に繰返すことで超並列的に塩基配列を決定する．1反応で決まる長さ（リード長）が最大で 1000 bp（平均 700 bp）もあるので1回の実験（運転）当たり約 700 Mb の塩基配列が決まる．この特徴は繰返し配列や類似の塩基配列が存在する領域では圧倒的に有利である．特に多種類の生物が混在したまま全ゲノム塩基配列を決定する"メタゲノム解析（§14・2・2）"では，塩基配列の連結操作において他の生物ゲノムとの誤った連結を防ぐという意味でも優位である．

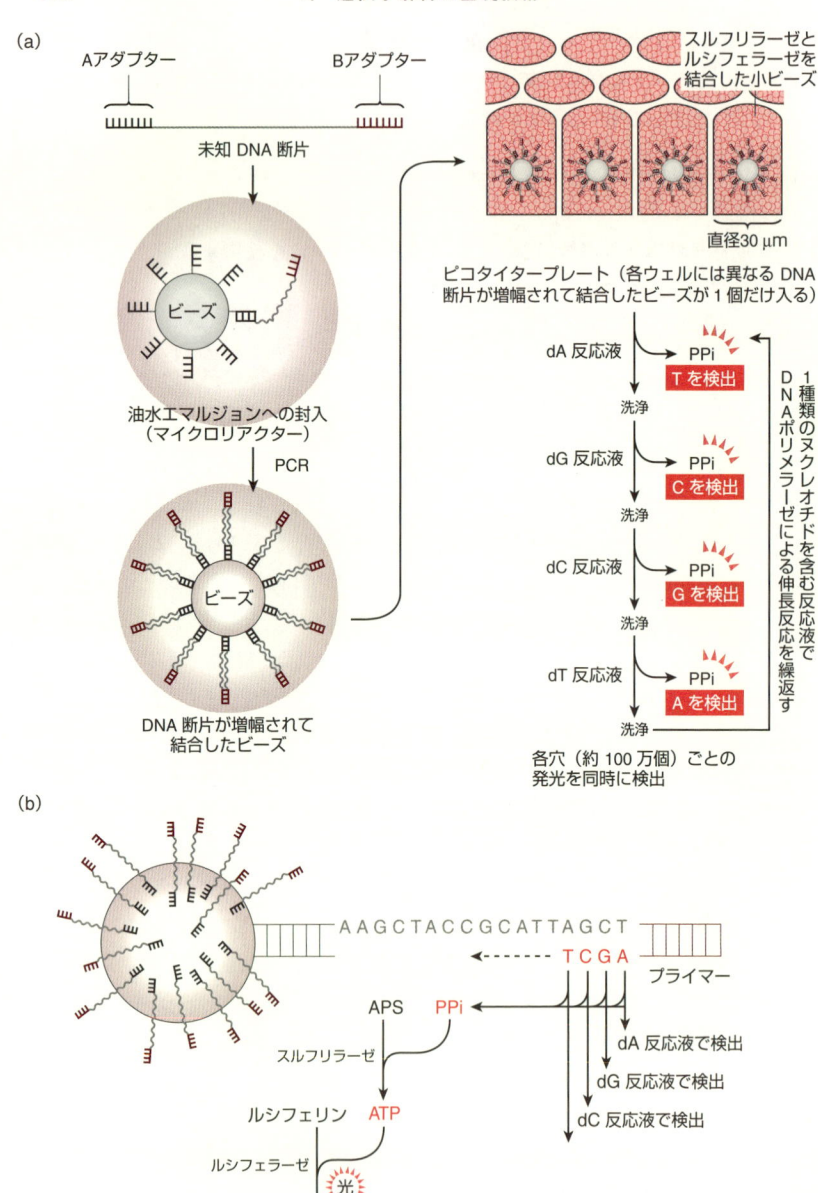

図 5・27　Roche シークエンサーにおける反応進行過程の模式図

❶ 試料DNAを平均1400〜1800塩基対ほどのサイズに断片化する．
❷ DNAリガーゼを用いてDNA断片の3′末端と5′末端に特異的に結合する2種類のアダプター（AとB）を付加してから一本鎖にする．
❸ ❷の一本鎖DNA断片，アダプター配列を無数に有したビーズ，DNAポリメラーゼ，基質やプライマーなどを混合する．
❹ これらの混合液とエマルジョンオイルを混ぜ撹拌することにより無数の油水エマルジョン（マイクロリアクター）が形成される．このうち，数％の割合でビーズ一つとDNA断片一つをもつマイクロリアクターが存在する．
❺ 個々の油水エマルジョン中で孤立したPCR（エマルジョンPCR）が起こり，ビーズ一つとDNA断片一つをもつマイクロリアクター中では1ビーズ当たり数百万コピーにまでDNAが増幅する．
❻ 増幅反応後，DNA断片がビーズに結合している状態で油水エマルジョンを破壊し，DNAが増幅したビーズを選択濃縮する．
❼ ビーズが1個しか入らない大きさに設計された穴（ウェル）をもつピコタイタープレート上にこの濃縮液を載せ遠心力で各ビーズをウェルの中に落とし込む．
❽ DNAポリメラーゼにより鋳型DNAに相補的な塩基が取込まれる際に生じるルシフェリン発光をCCDカメラで検出する．たとえばdGを含む反応液を用いた際に発光した穴に入っている鋳型DNA断片の塩基配列はCだと決定できる．次の反応に備えるため反応に使われなかったATPをアピラーゼで分解してから全体を洗浄する．
❾ dC, dT, dA, dG, dC, dT・・・というふうに順繰りに一つずつのヌクレオチドに対して反応を自動的に進めて塩基配列を決定する．

ピコタイタープレート中のビーズが入ったすべてのウェル（総数で約100万個）で並列的に伸長反応が起こるため膨大な数の塩基配列を同時に決定することができる．

b. Hiseq2000（イルミナ社）

1塩基合成（sequence by synthesis, SBS）技術を利用してゲノム配列決定のみでなく，SNP探索，変異探索，RNA塩基配列決定，ChIP-Seq（§14・2・4参照）など，幅広い応用ができる機器である（図5・28）．リード長は100〜150塩基と短いが四つのdNTPを自然競合に反応しながら1塩基ずつ確実に配列を読み取ることができるため高精度なデータが得られる．機器の中では以下の手順で自動的に反応が進む．

❶ まず標的 DNA を数百塩基の長さに断片化し,両端に 2 種類のアダプターを付加してサイクル数の少ない PCR で増幅する.

❷ フローセル(反応を起こす専用のスライドガラス)表面上に,アダプターと相補的なオリゴヌクレオチドを共有結合で固定しておく.❶ とフローセル表面のアダプターがアニールしてブリッジ状になる.

❸ 固相増幅(ブリッジ増幅)により 1 分子の DNA 断片が最大 1000 分子まで増幅され,フローセル表面上に同一配列をもつ DNA 断片の集団(クラスター)が形成される.クラスターは 1 cm^3 当たり約 1000 万個形成されるよう高密度化されている.

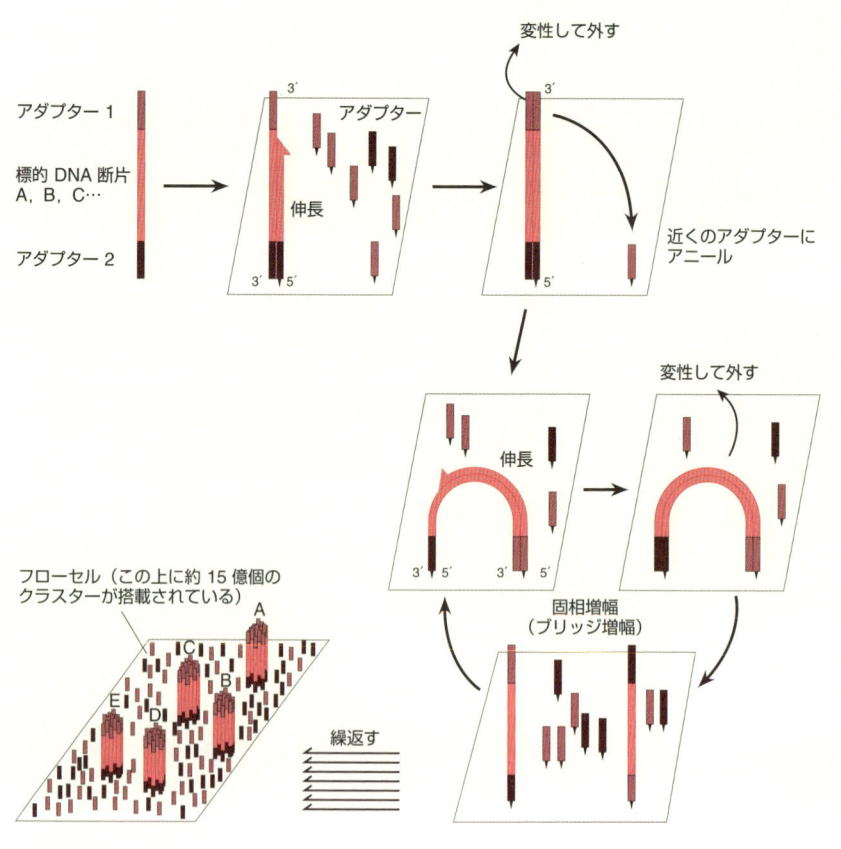

図 5・28 Hiseq 2000 のブリッジ増幅

❹ フローセル上に形成した数千万から数億個のクラスターを鋳型とし，4種類の蛍光標識ヌクレオチドを用いて同時並行に1塩基ずつ合成させる．反応には4色の蛍光色素で標識した dNTP を用い DNA ポリメラーゼにより塩基を合成する．この dNTP には保護基がついているため1塩基合成で反応が止まり，この時点でどの色の塩基が取まれたかを検出できる．

❺ ついで保護基と蛍光標識を外して次の合成反応を繰返す．

> 保護基が取外し可能なこの反応は，可逆的ターミネーター法ともよばれる．

❻ この1塩基合成サイクルが100〜150回まで繰返され，各 DNA 断片（クラスター）から100〜150塩基の配列情報を得る．

❼ コンピューターを用いて決定した塩基配列を集合させて並べ，読み間違いを訂正する．

たとえば Hiseq2000 を1回運転する（約1週間かかる）と最大で 600 Gb（5人分のヒト全ゲノムの塩基配列を30倍の冗長度で）の塩基配列が決定できるという．最新の Hiseq2500 では1日で 120 Gb 読めるため一人のヒトゲノムを1日で読むことも可能となっている．

5・11・3 第3世代 DNA 塩基配列決定法

第2世代の機器と異なるのは PCR 増幅をしないことである．1分子を観察するので1分子リアルタイムシークエンサーと総称される．多くの機種は開発途上であるが，"DNA ポリメラーゼが連続的に DNA 合成を行うときに，各 dNTP の取込みをリアルタイムでモニタリングする方法" に基づいた Pacific Biosciences 社の製品はすでに実用化されている．その反応は，"Zero-Mode Waveguide（ZMW）" とよばれる直径数十 nm，深さ 100 nm の底面がガラス板の円筒状の穴の中で進む（図 5・29）．ガラス板の表面に固定化された1分子 DNA ポリメラーゼに1分子の鋳型 DNA が結合した後，dNTP が取込まれて DNA 合成が進むが，DNA ポリメラーゼ近傍の蛍光だけを検出することにより蛍光色を区別して塩基配列を読み取る．光の波長は穴の直径より小さいため光は遠くにまで届かず 10^{-21} L の容量の範囲内にある光のみ検出できるという原理に基づく．ハイチで流行しているコレラ菌のゲノム解析を2日間で終了したというニュース（2010年）は世界に衝撃を与えた．必要な DNA 量は 500 ng と少なく，1リード長は 500 bp 以上で，PCR による増幅バイアスやエラーが入らず，RNA も直接の鋳型にできる点は利点である．この機器では以下のように反応が進む．

❶ 試料とする二本鎖 DNA 長は 250 bp～6 kb でよい．試料 DNA の片側末端に "ヘアピン状の一本鎖 DNA アダプター" を結合させ，他方の末端には，DNA 合成開始に必要なプライマーをアニールし一部が二本鎖になった "ヘアピン状の DNA アダプター" を結合させたライブラリーを構築する．この両末端にヘアピン状のアダプターを付加した構造を SMRT bell^{TM} (single molecule real time) とよぶ．

❷ 多数（15 万個）の ZMW をもつ反応ツール（SMRT セル）の中にライブラリーを入れて ZMW の底に固定化した DNA ポリメラーゼと結合させる．

❸ これをシークエンサー（PacBio RS^{TM}）にセットする．あとの反応は自動的に実施される．

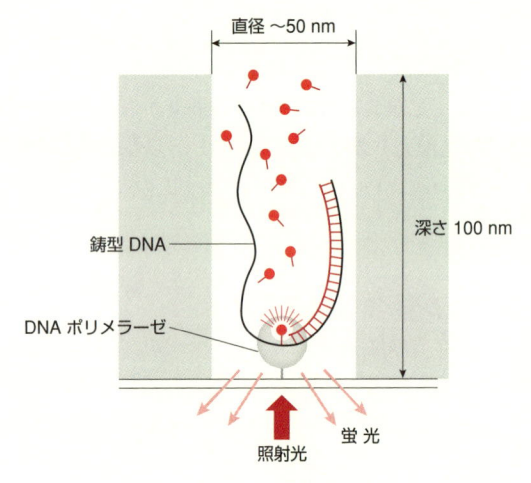

図 5・29　ZMW

　DNA ポリメラーゼの DNA 合成速度は 1～3 塩基/秒で，最大 96 個の SMRT セルをセットできるので，短時間で膨大な数の塩基配列が決定できる．反応自体は通常 30 分以内に終わるため，ライブラリー作製から塩基配列出力までの工程は急げば 4 時間程度で終了する．

5・11・4　第 4 世代 DNA 塩基配列決定法

　第 3 世代までは光・発光など光検出のために高価な機器や試薬が必要なため使用者が限られていた．そこで第 4 世代では新たな検出方法により，安価かつ迅速に超並列的に塩基配列を決定する技術の開発が進んでいる．すでに実用化された Ion

5・11 DNA塩基配列決定法

Torrent システム（Ion PGM™）は従来の機器の 10%程度の値段で大きさもデスクトップ用プリンタ程度と小さく，使用するのは安価な天然のヌクレオチドで，RNA の塩基配列も決定でき，現在使用されている前世代のすべてのライブラリー作製方法と互換性があるという利点でこれまでに登場した次世代シークエンサーとは一線を画すると期待されている．検出原理は DNA ポリメラーゼにより各塩基が取込まれるときに放出される水素イオン（pH 変化）の塩基ごとの違いを検出するので簡便である．反応を 155 万個の溝をもつ半導体（CMOS）チップ内で行うと同時に生データ処理も行うため結果が 0/1（G, A, T, C と等価）で出力されて，生データ処理のための高額コンピューターが不要となる．数億個の 1.3 μm ウェルをもつ 1 個の CMOS チップで 1 リード長 200 bp 程度で読むと 1 ラン（＝ 1 時間）当たり 50 Gb 程度（全ヒトゲノムの解読が可能なデータ量）の出力になる．これは，全ヒトゲノムの解読が可能な規模であるため 1000 ドル（4 時間）で全ヒトゲノムの塩基配列を決定できると言われている．

❶ 組織や細胞から抽出した DNA を断片化し，DNA 断片の両端に配列決定を行うためのアダプターを結合させる．ライブラリー作成は自動化でき（4 時間），RNA ライブラリーも作成できる．
❷ 1 ビーズに 1 DNA 断片が取込まれる条件でエマルジョン PCR を行い，同じ配列の DNA 断片をビーズ上に増幅する．機器を使えば 4 時間程度でビーズ調製が完了する．
❸ エマルジョン PCR 後のサンプルをピペットでマイクロチップに流し込み，マイクロチップを Ion PGM™ シークエンサーにセットすると，dNTP を順番にマイクロチップに送液し，ポリメラーゼによって DNA が伸長する際に放出される水素イオン濃度を半導体チップ上で検出して塩基配列に変換する．（4 時間）
❹ 決定した塩基配列は反応と並行して専用のサーバーに転送され，各種解析ソフトウェア上で解析し可視化することができる（1 時間）．

このほか，"トンネル電極を用いた塩基配列決定装置"では 2 nm 以下の小さい穴に一本鎖を通して ATCG を見分けたり，ATCG それぞれに固有に反応を起こさせてそこで生じる水素分子の変化を検出したりできる．いずれにせよ多くの技術は開発途上である．

6 遺伝子のライブラリーとクローニング

　遺伝子ライブラリー（gene library）とは多種類の遺伝子クローンの集合体で，理想的にはゲノム全体をカバーする種類のDNA断片をもつことが望まれる．各クローンを1冊の本になぞらえて，それらの集合体としての図書館にたとえた用語である．遺伝子ライブラリーにはゲノムライブラリーとcDNAライブラリーの2種類がある．ゲノムライブラリーはゲノムDNAを均等に分断してベクターに挿入したもので，ゲノムの全範囲を解析の対象にする目的になくてはならないものである．一方，cDNAライブラリーは転写されたmRNAをcDNAに変換してベクターに挿入したもので，遺伝子発現の動態を知るうえで欠かせない．転写されたmRNAを自在に発現できる点でゲノムライブラリーにない有用性をもつ．

　クローン（clone）とは本来"単一のウイルス，細胞，個体などが自己を再生することで形成した均質な構成員，またはそれから成る集合体"と定義される．**遺伝子クローン**（gene[tic] clone）とは，同一のDNA（あるいはRNA）断片をもつファージやプラスミドのことを意味する．**クローニング**（cloning）とは"均質なウイルス，細胞，個体などを多様な集団の中から純化する作業"のことで，特に**分子クローニング**（molecular cloning）は"単一の遺伝子断片あるいは遺伝子型をもつ**遺伝子組換え体**（recombinant）を純化する作業"を意味する．ここで遺伝子組換え体とは"細胞（特に大腸菌）の中で複製可能なユニットをもつDNA分子としての運搬体（ベクター）内に挿入された他種生物のDNA断片をもつプラスミドやファージなど"をさす．

6・1　ライブラリーの作製

　ゲノムDNA断片を集めた**ゲノムライブラリー**とcDNAを集めた**cDNAライブラリー**は表6・1に列挙するように特徴や使用目的が大いに異なる．大半の遺伝子がイントロンをもたない出芽酵母の場合は，両者は発現制御以外はほとんど同等に扱えるが，その他の真核生物を扱う場合は目的によって使い分ける必要がある．

　ゲノムライブラリーはゲノムDNAを均等に分断してベクターに挿入したものである．ゲノムの全範囲を網羅的に含むために挿入サイズは大きく（20〜600 kb），

6・1 ライブラリーの作製

それを運ぶベクターもさまざまなタイプのものが開発されてきた（第3章参照）．ゲノムライブラリーは，イントロンを含む1遺伝子が広がるDNA領域が巨大なため，発現の解析には向いていない．また発現していない偽遺伝子も含まれるので注意を要する．

一方，mRNAをcDNAとして集合させたcDNAライブラリーはベクターにもたせるプロモーターしだいで自在に遺伝子を発現できるという利点をもつ．動物遺伝子はイントロンを含んでいて巨大なのでスプライシング後のmRNAをcDNA化して扱う．どちらかというと遺伝子の設計図という観点から"静的"な研究が主題となるゲノムライブラリーに比べると，cDNAライブラリーは遺伝子を発現させて活用するという点で"動的"な研究に有用である．転写されたmRNAを包括的に含

表 6・1 ゲノムライブラリーとcDNAライブラリーの違い

	ゲノムライブラリー	cDNAライブラリー
ベクター	λファージ，P1ファージ，コスミド，YAC	プラスミド，ファズミド，λファージ
イントロン	イントロンを含む	イントロンは原則として含まれない．
挿入遺伝子サイズ	20〜600 kb	0.5〜10 kb（平均は 1.5 kb 程度）
臓器や組織における偏在	なし．大半の遺伝子がゲノム当たり1個存在する．	あり．発現(転写)量に依存する．
偽遺伝子の存在	あり	原則としてない．
すべてをカバーするために必要な複雑度	1×10^6 PFU（平均 20 kbとして）	1×10^6 PFU，1×10^6 CFU
カバーすべき塩基配列数あるいは mRNA 分子数[†]	3.3×10^9 bp（ヒト）	約 2×10^5 分子/細胞
形質転換法	in vitro パッケージングなど	大腸菌コンピテント細胞，エレクトロポレーション法
発現制御	自己プロモーターによる転写制御．	各種外来プロモーターによる転写制御．

[†] ヒトのゲノム塩基配列は約30億塩基対なので約 20 kb，λファージベクターを利用して 90% 以上の確率でこれらをすべて含むためには 1×10^6 PFU (plaque forming unit) の複雑度（ライブラリーに含まれる独立したクローン数）をもつゲノムライブラリーを作製しなければならない．また一つの細胞には約20万個の mRNA 分子が含まれていることが知られているので 90% 以上の確率でこれらをすべて含むためには 1×10^6 CFU (colony forming unit) 以上の複雑度をもつ cDNA ライブラリーを作製しなければならない．

むだけでなく，活性のあるタンパク質を発現するために全長サイズをもつ mRNA をベクターに挿入することが重要である．

6・1・1 ゲノムライブラリーの作製法

ゲノムライブラリーの作製にあたっては，まず，大きな分子量をもつゲノム DNA を物理的に切断しないように慎重に調製し，制限酵素の Sau3AⅠ（あるいは Tsp509Ⅰ）で部分分解する．一定の時間ごとに少量の試料を抜き出して分解反応を止め，アガロースゲル電気泳動によって分解反応の時間経過を観察する．適当に部分分解された DNA 試料の 5′ 末端をアルカリホスファターゼによって脱リン酸することで自己連結を防ぐ．これを BamHⅠ（あるいは EcoRⅠ）で切断した λ ファージベクターに DNA リガーゼを用いて連結し，in vitro パッケージングによってファージ粒子に取込んでファージライブラリーとして保存する（図 6・1）．

> 生存可能なファージとして内包できる DNA サイズは 35～52 kb と限界があるから，遠心操作によるサイズ分画は不要である．

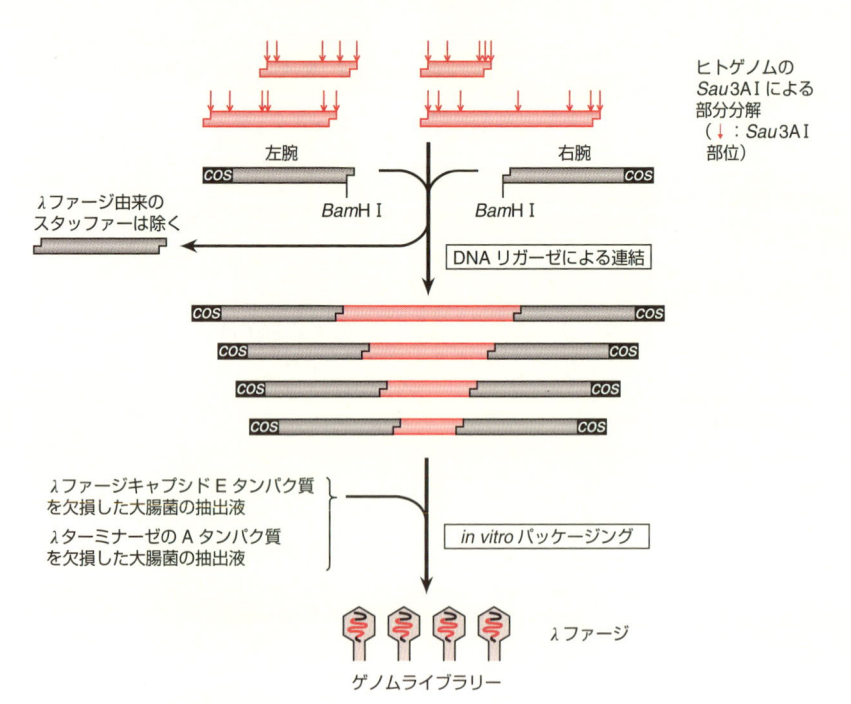

図 6・1 λ ファージをベクターとしたゲノムライブラリー作製法の原理

6・1・2 cDNAライブラリーの作製法

　完全長 cDNA を効率良くクローニングでき，挿入 cDNA はどれも一方向を向いていて，少量の mRNA から複雑度の大きい高品質な cDNA ライブラリーを作製する方法を紹介する（図 6・2）.

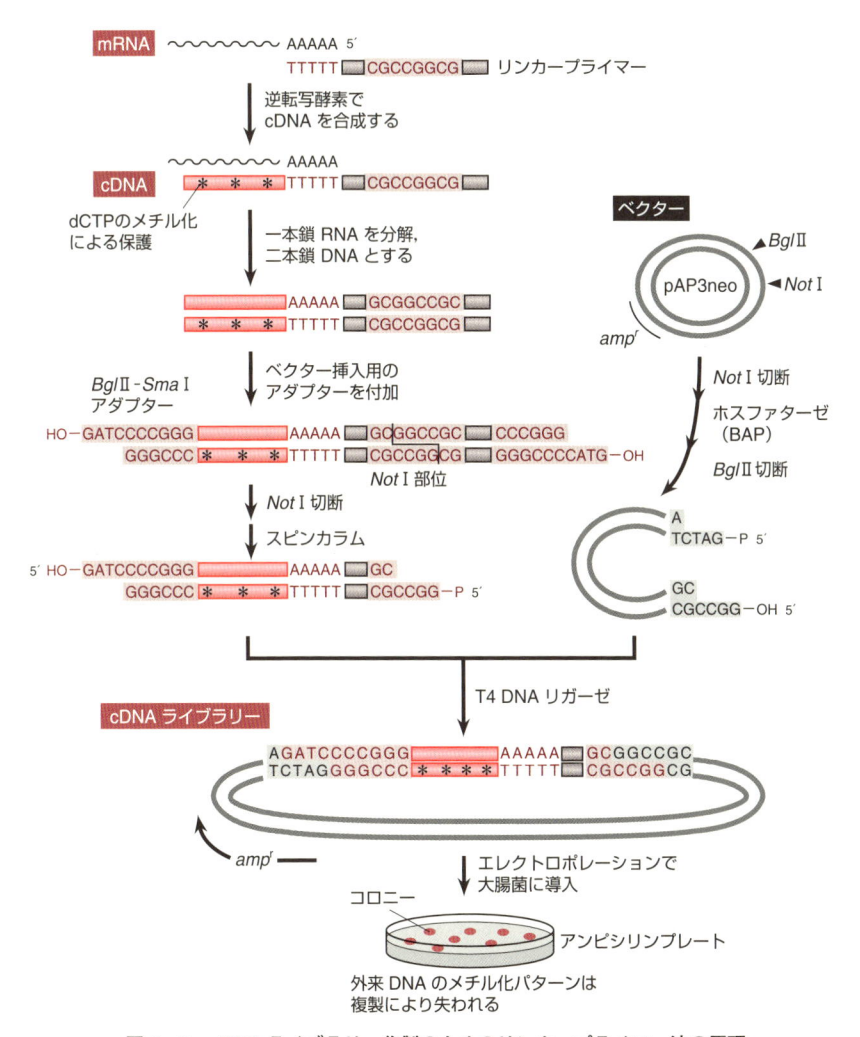

図 6・2　cDNA ライブラリー作製のためのリンカープライマー法の原理

❶ 制限酵素部位（図 6・2 では *Not* I）を含むオリゴヌクレオチドを 5′ 側に付加したオリゴ (dT)（これをリンカープライマーとよぶ）をプライマーとし，dATP, dGTP, dTTP および 5-メチル dCTP を用いて mRNA より cDNA を逆転写酵素で合成する．

❷ RNase H による mRNA 部分の消化と同時に DNA ポリメラーゼ I を働かせて相補鎖 DNA を合成した後，T4 DNA ポリメラーゼにより 5′ 末端を平滑化する．

❸ 制限酵素突出末端（図 6・2 では *Bgl* II）をもつアダプターをこの cDNA の両端に DNA リガーゼで連結してから，制限酵素（*Not* I）により cDNA を切断した後，スピンカラム（CHROMA400）により 300 ヌクレオチド以下を除去する．

> スピンカラム：樹脂が詰められた遠心できる使い捨てカラム．重力の代わりに遠心力で分離するので 10 分間くらいできれいに DNA とヌクレオチドが分離できる．

❹ 使用するベクターを前もって *Not* I で切断した後，BAP（大腸菌アルカリホスファターゼ）により脱リン酸し，さらに *Bgl* II で切断して不要な部分はスピンカラムを用いて除去する．

❺ DNA リガーゼで ❸ と ❹ を連結する．

❻ これを大腸菌コンピテントセルに導入すれば cDNA ライブラリーが作製できる．

6・2 相同性クローニング

二つの一本鎖核酸断片は G/C, A/T 間の水素結合を介したハイブリダイゼーションによってハイブリッドを形成する．この性質を利用して目的の遺伝子をクローニングする手法を一般に**相同性クローニング**（homology cloning）とよぶ．

6・2・1 コロニーハイブリダイゼーション

プラスミドベクターを用いて作製したライブラリーから目的遺伝子をクローニングするには以下のような**コロニーハイブリダイゼーション**とよばれる方法を用いる（図 6・3）．

❶ アンピシリンプレート上においた直径 8 cm の円型ニトロセルロース膜（Millipore triton free；HATF）上におよそ 100,000 CFU（colony forming unit）のプラスミドライブラリーを含むコロニーをまく．

❷ ニトロセルロース膜にナイロン膜を接着させることでコロニーを複写する．ナ

① 菌体（ライブラリー液）をニトロセルロース膜上にまく

ガラスビーズ
ニトロセルロース膜
ライブラリー液
→ ガラスビーズを転がして大腸菌を分散させる
→ 培養
→ プラスミドライブラリーを含む大腸菌だけが生える

② コロニーをニトロセルロース膜からナイロン膜へ移す

濾紙
重ねる
ニトロセルロース膜上一面に生えた大腸菌
アルミ円筒ブロック
押さえる
→ はがす
4℃で保存
ニトロセルロース膜
アンピシリンプレート
ナイロン膜
アンピシリンプレート
ナイロン膜は上にはフィルター上のコロニーと同じものが移されている
ナイロン膜
クロラムフェニコールプレート
大腸菌は死んでプラスミドのみ増幅される

③ 複写をとり，プラスミドDNAを固定する

ナイロン膜
増幅されたプラスミドDNAをもう一枚のナイロン膜に移す
→ アルカリ処理 → 中和処理 → 洗浄 → 高温処理
プラスミドDNAを変性させ（一本鎖となる），膜に固定

④ ハイブリダイゼーションを検出

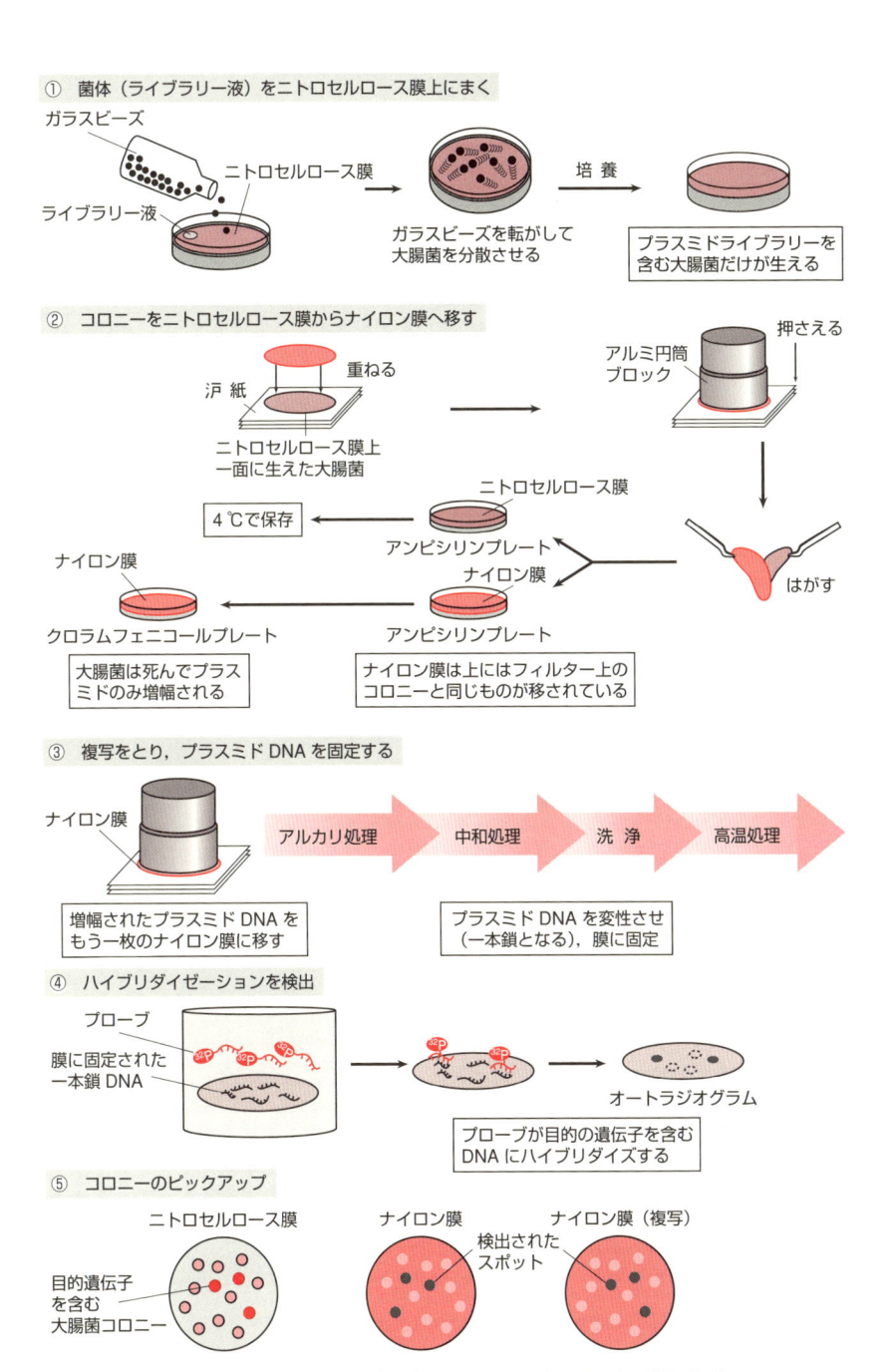

プローブ
膜に固定された一本鎖DNA
→ オートラジオグラム
プローブが目的の遺伝子を含むDNAにハイブリダイズする

⑤ コロニーのピックアップ

ニトロセルロース膜
目的遺伝子を含む大腸菌コロニー
ナイロン膜
検出されたスポット
ナイロン膜（複写）

図6・3　コロニーハイブリダイゼーション法の原理と手順の概略

イロン膜の方をクロラムフェニコール (chloramphenicol) プレート上におき，大腸菌を殺してプラスミドのみを一夜増幅しつづける．

> 大腸菌が死んでも，プラスミドは大腸菌内のタンパク質を使って増える．大腸菌の数を増やさずにプラスミドを増幅できるので，細胞当たりのプラスミド DNA 量を増やすことができる．

> ニトロセルロース膜には大腸菌がきめ細かいコロニーを形成するので最初のステップで多数のコロニーを増やす場合には重宝する．しかし，破れやすいのと 80 ℃で燃える点が不便なので，その後のステップでは丈夫なナイロン膜を用いる．

❸ ナイロン膜を取出し，複写 (duplicate) 用の新たなナイロン膜を接着させる．接着させたままアルカリ液を吸い込ませ (5 分間)，DNA を変性させる (一本鎖となる)．このナイロン膜に中和液を染み込ませ (10 分間) さらに 80 ℃で 2 時間ほど熱してプラスミド DNA (一本鎖) を膜に固定させる．

❹ プローブとハイブリダイズさせたのち洗浄して膜を乾かす．

❺ X 線フィルムに露光させる．プローブとハイブリダイズしたクローンは 1 組のナイロン膜上の同じ位置にスポットを生じるはずである．

> フィルター上にはバックグラウンド由来の非特異的なスポットも少なからず見つかる．ここで 1 組 2 枚のナイロン膜で実験していれば，両方で見つかる同じ位置にあるスポットのみが本物であると判断できる．

❻ 元のフィルターの対応する場所からつまようじでコロニーをかき取り，適度に希釈してアンピシリンプレートに数百コロニーが出てくるようにまく．

❼ 同様にしてプローブとハイブリダイズさせるプロセスを計 3 回繰返すことで目的とするプローブとハイブリダイズするクローンを単離する．

6・2・2 プラークハイブリダイゼーション

λファージベクターを用いて作製したライブラリーから目的遺伝子をクローニングするには**プラークハイブリダイゼーション**とよばれる方法を用いる．ここでプラーク (plaque) とは，大腸菌を溶菌することで生じる直径 1 mm くらいの透明に見える λ ファージの 10^{10} 個くらいの集団を意味する．以下に示すのはプレート上にできた 10 万個くらいのプラークの中からプローブを使って一つのプラークを選び出す方法の手順である．

❶ ライブラリーを構成する λ ファージを宿主大腸菌に感染させて直径 8 cm の円型プレート上に，約 100,000 PFU (plaque forming unit) の λ ファージライブラリーのプラークを生じさせる．

❷ これにナイロン膜をのせてプラークを移す．膜をはがしたのち新たなナイロン膜をもう一度のせて複写をとる（図6・4）．
❸ これらをアルカリ液につけてDNAを変性させたのち中和液に移し，その後80℃で2時間熱してプラークDNAを膜に固定させる．
❹ これをプローブとハイブリダイズさせれば1組のナイロン膜の対応する場所にスポットを生じるはずである．
❺ 保存しておいたプレートの，スポットに対応する場所からパスツールピペットでプラークを寒天ごと抜き取り，適度に希釈して大腸菌に感染させてアンピシリンプレート上に数百プラークが出てくるようにまく．
❻ 同様な過程を合計3回繰返して目的のプラークを単離する．

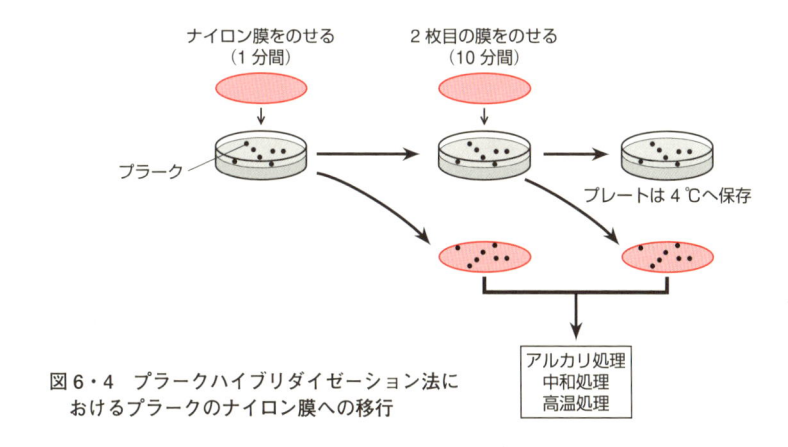

図6・4　プラークハイブリダイゼーション法におけるプラークのナイロン膜への移行

ファージは扱いが不便なので，遺伝子部分をプラスミドベクターへ移す．この作業をサブクローニング（subcloning）とよぶ．λZAPⅡベクターではf1ファージの開始領域と終結領域を挿入部位をはさむように配置してあるので宿主大腸菌（SOLR株）にヘルパーファージ（ExAssist）とともに感染させてアンピシリンプレート上にまくだけでプラスミドに変換できる（p.66, 図3・16参照）．

6・3　機能発現クローニング

機能発現クローニング（expression cloning）は目的遺伝子が発現されて示す機能を指標としてクローニングする方法の総称で以下に列挙するようにさまざまな方法が開発されてきた．

6・3・1 大腸菌を宿主とした機能発現クローニング

λファージベクターを用いて作製したcDNAライブラリーでは，ファージ感染により大腸菌が溶菌するため細菌内部のタンパク質が露出する．そこで目的タンパク質に対する抗体をプローブとしてプラークハイブリダイゼーションによりスクリーニングすれば目的遺伝子をクローニングできる．これをウェスタン法とよぶ（図6・5）．

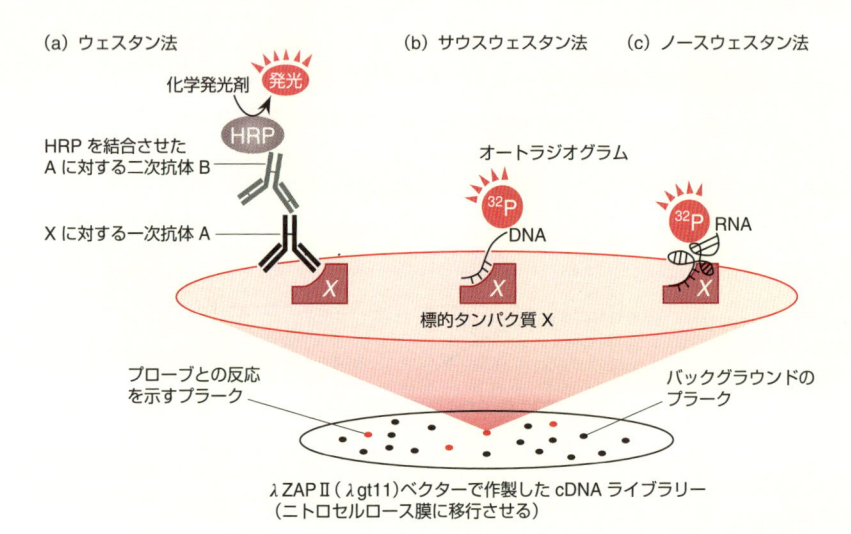

図6・5 ウェスタン法，サウスウェスタン法，ノースウェスタン法の原理

実験では，まずλファージをベクターとしたcDNAライブラリーを大腸菌に感染させプレート上にまき，溶菌して発現したタンパク質を各プラーク内に露出させてからナイロン膜に移行させ抗体と結合させる．つづいて西洋ワサビペルオキシダーゼ（HRP, horseradish peroxidase）を結合した抗ウサギあるいは抗マウス免疫グロブリンG（IgG）抗体を反応させた後，化学発光（発色）剤を作用させる．対象タンパク質Xと結合するタンパク質を発現したファージは発光（発色）するので簡単に区別できる（図6・5a）．

> プローブとして標識DNAあるいは標識オリゴヌクレオチドを用いて，それらと特異的に結合するDNA結合タンパク質をクローニングする場合はサウスウェスタン法とよぶ．また標識したRNAをプローブとしてRNA結合タンパク質をクローニングする場合はノースウェスタン法とよぶ（図6・5b,c）．

6・3・2 酵母を宿主とした機能発現クローニング

a. ツーハイブリッドシステム

ツーハイブリッドシステム（two hybrid system）は，餌（bait）となる目的タンパク質Xの結合タンパク質Y（target；Y）をコードする遺伝子を直接クローニングできるというほかにない利点をもつ．実験には酵母 *lacZ* の転写因子である Gal4 タンパク質のN末端側（DNA結合領域；Gal4 bd）あるいはC末端側（活性化領域；Gal4ad）と融合タンパク質ができるような二つのベクター（pGBKT7 と pGADT7）を用いる．まずXをコードするcDNAをpGBKT7につないで酵母に導入して発現させ（Trp選択），*lacZ*（あるいは *HIS3*）レポーター（reporter）遺伝子の転写制御領域に Gal4bd-X 融合タンパク質がいつも結合している状況をつくる．この酵母にY cDNA を pGADT7 につないだプラスミド（またはcDNAライブラリー）を導入して（Leu選択）Gal4ad-Y 融合タンパク質を発現させる．もしYがXと複合体を形成するものならば，Gal4ad が Gal4bd と接近して *lacZ* 遺伝子のプロモーター部分に結合できるようになるため，*lacZ* を発現させてコロニーが青くなる．一方，何も起こらなかった酵母は白いコロニーを形成する（図6・6．青白選択については p.58 参照）．こうしてXと結合する未知のタンパク質YをコードするPに遺伝子がクローニングできる．

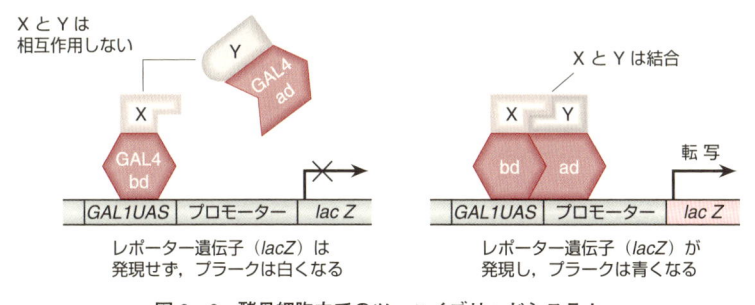

図6・6　酵母細胞内でのツーハイブリッドシステム

一般に酵母細胞ではタンパク質のチロシンリン酸化がほとんど起こらないことから，せっかく便利なこの方法も哺乳動物のタンパク質間相互作用を正確に反映していないという問題が生じた．そこで哺乳動物細胞内でツーハイブリッドアッセイができる実験系が開発された（図6・7）．ここでは Gal4bd-X はそのまま使い，Y は哺乳動物の転写因子である NF-κB の活性化領域（NF-κB ad）との融合タンパク質ができるようにする．さらに蛍光を発するルシフェラーゼ遺伝子（*luc*）をレポー

ターとしてその上流に GAL1 プロモーターを 5 個つけたベクター（pFR-Luc）も準備する．これら三つのプラスミドをともに哺乳動物細胞に形質転換させると X と Y が結合したときにのみ，NF-κB ad が活性化されてルシフェラーゼが発現されて蛍光を発する．

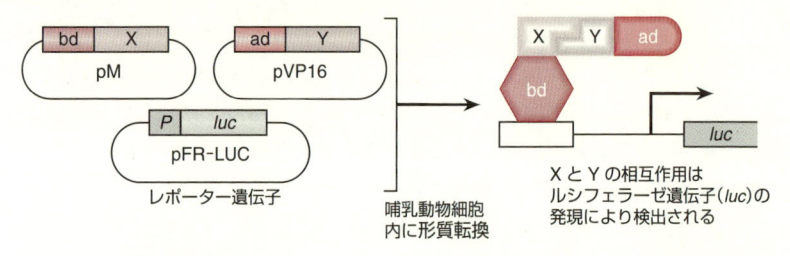

図 6・7　哺乳動物細胞内でのツーハイブリッドシステム　相互作用する可能性のあるタンパク質 X と Y をそれぞれ Gal4 bd と NF-κB ad との融合タンパク質として発現させるプラスミド，およびレポーター遺伝子としてルシフェラーゼ遺伝子（*luc*）を発現するプラスミドを構築する．三つのプラスミドを哺乳動物細胞内に形質転換すると X と Y の相互作用はルシフェラーゼ遺伝子の発現により検出される．

b. ワンハイブリッドシステム

同じ原理を利用したワンハイブリッドシステム（one hybrid system）もある（図 6・8）．これは主として DNA 結合タンパク質をコードする遺伝子を単離したり，既知転写因子の DNA 結合ドメインをマッピングする目的で使われる．

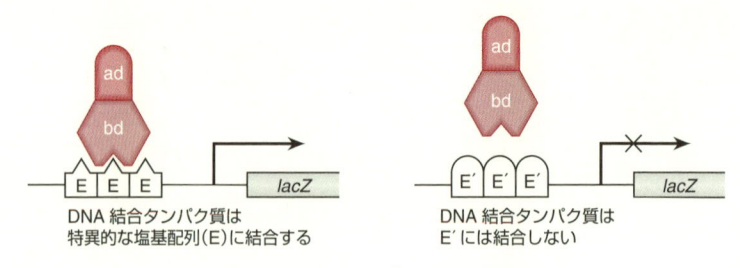

図 6・8　ワンハイブリッドシステム

実験には餌とする塩基配列（bait sequence；E）数個を並べた DNA 断片を *lacZ*（または *HIS3*）レポーター遺伝子の上流に挿入し，酵母を形質転換して酵母ゲノム内に組込んだ株を樹立する．この酵母株に pGADT7 を用いて作製した cDNA ライブラリー（プラスミド）を導入する．もし Gal4ad と融合した未知タンパク質 W が

Eに結合するならばレポーターの転写が活性化されるため，Wをコードする遺伝子がクローニングできる．

c. スリーハイブリッドシステム

スリーハイブリッドシステム（three hybrid system）では3種類のタンパク質の相互作用を解析することで未知の遺伝子がクローニングできる（図6・9）．

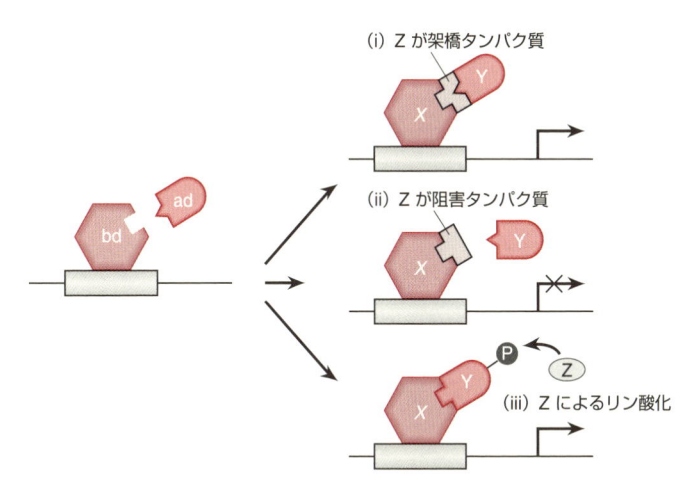

図6・9 スリーハイブリッドシステム

ここではGal4bd-Xを発現するpGBKT7ベクターのほかに，相互作用を仲介（bridge）する（または逆に阻害する）タンパク質（Z）をメチオニンプロモーター（*MET25*）の制御下（メチオニン非存在下でのみ発現する）で発現できるベクター（pBridge）を用いる．実験では，通常およびメチオニン欠如プレートを用意し，pGADT7につないだプラスミド（cDNAライブラリー）を導入したあとで両方のプレートにまいて結果を比較する．

もしZがXとYの相互作用を仲介するタンパク質であればメチオニン欠如した複製（replica）プレートでのみ酵母のコロニーが観察できる（あるいは発色する）はずである（i）．もしZがXとYの相互作用を阻害するタンパク質であれば通常プレートでのみ酵母のコロニーが観察できる（ii）．もしZがYをリン酸化標的とするプロテインキナーゼであって，Yはリン酸化したときのみXと結合するときにも複製プレートでのみ酵母は増える（iii）．

d. RNA-タンパク質ハイブリッドハンターシステム

タンパク質-RNA-タンパク質という三つの因子の相互作用を利用して未知のRNA結合タンパク質をコードする遺伝子をクローニングする（図6・10）．ここではバクテリオファージ MS2 コートタンパク質と MS2 の RNA ゲノムの一部が結合する性質を利用する．実験では，

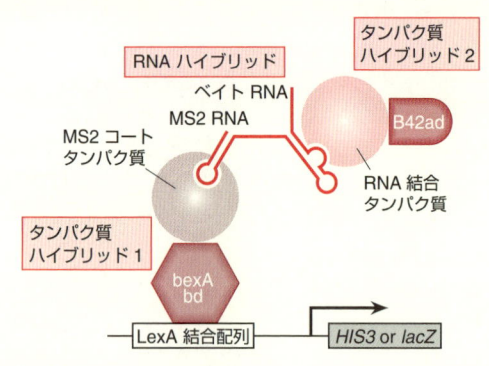

図6・10　RNA-タンパク質ハイブリッドハンターシステムの原理

❶ 宿主となる出芽酵母（L40*ura* MS2 株）には大腸菌の *lexA*（SOS レギュロンのリプレッサー遺伝子）をコードする LexA（DNA 結合タンパク質）が結合する塩基配列（SOS ボックス）を含んだユニットを *lacZ*（または *HIS3*）レポーター遺伝子の上流に挿入したものを組込んでおく．

❷ 目的 RNA をコードする cDNA を MS2 RNA と融合させて転写できるベイト（bait，餌）ベクター（pRH3′/pRH5′）に挿入する．

❸ 他方，目的 RNA との結合能を調べたいタンパク質をコードする cDNA（あるいは cDNA ライブラリーごと）をプレイ（prey，えじき）ベクター（pYESTrp2）に挿入する．こうすれば目的タンパク質は LexA の活性化ドメインである B42 との融合タンパク質として発現される．

❹ 二つのプラスミド（❷ と ❸）を宿主出芽酵母（❶）に導入し発現させると，目的 RNA と結合する RNA 結合タンパク質を発現するプラスミドが導入された出芽酵母のみが発色（増殖）する．

6・3・3　カエル卵を利用した機能発現クローニング

直径2 mm ほどもあるアフリカツメガエル（*Xenopus*）の未受精卵は核酸をガラス管によって顕微鏡下で容易に注入できるという点で有用である．実際，この卵に

電極を差し込み,卵膜内外で生じる微小電位差を直接検出できるように装置を組立てておいてから,受容体型チャネルをコードする mRNA をガラス管を用いて注入すると,それが発現したときに生じる微小な電位差が検出できる(図 6・11).

> この技術を用いて,従来困難であった受容体型チャネル遺伝子をクローニングすることが試みられ,多くの例で成功して分子薬理学の発展に大きく貢献した.

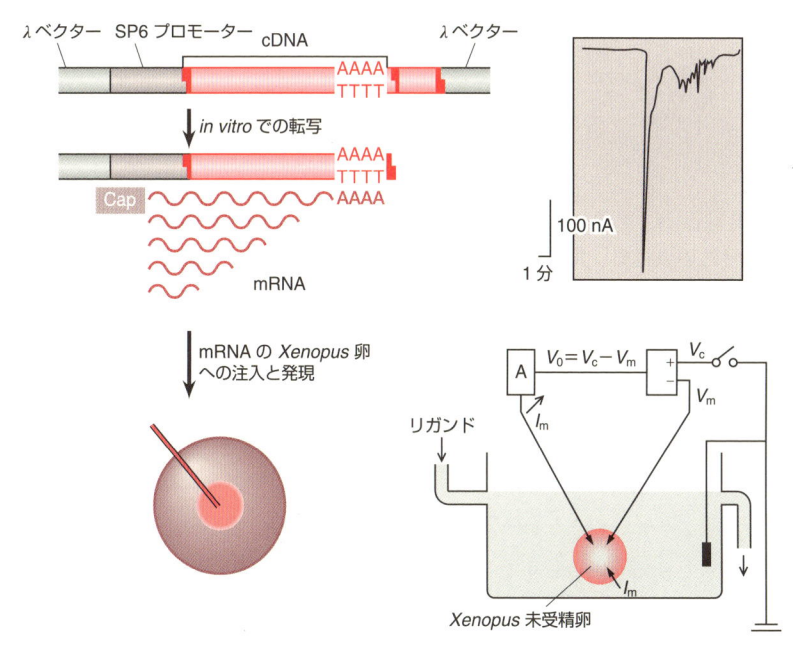

図 6・11　受容体チャネル遺伝子の発現クローニング法の原理　アフリカツメガエルの未受精卵を用いて組立てた実験系においては,微小なガラス管によって注入された受容体チャネル遺伝子の mRNA から発現されたチャネルの生じる微小な電位差を検出できる.

実験ではまず,RNA ポリメラーゼのプロモーターを 5′ 上流に組込んだベクターを用いて cDNA ライブラリーを作製し,RNA ポリメラーゼを用いて in vitro で mRNA を合成する.つぎに,100 個ずつ小分けした cDNA クローンのグループ別に合成した mRNA を注入して微小電位差を生じたグループを選ぶ.これを 10 個ずつの小グループに分けてアッセイを繰返せば標的が絞られ,目的遺伝子がクローニングできる.

6・3・4 哺乳動物細胞を宿主とした機能発現クローニング

a. 一過性形質転換（transient transformation）

哺乳動物細胞へSV40（*Simian virus 40*）プロモーターの下流につないだcDNAをもつ発現型プラスミドベクターを形質転換すると持続的な一過性（transient）の発現を始める．宿主として，複製起点を欠損したSV40で形質転換したアフリカミドリザル腎臓細胞株（CV-1）由来のCOS細胞（COS-7）を用いると，ウイルスは産生されないがT抗原とよばれるSV40 DNAの複製に必要なタンパク質を大量発現しているため，SV40プロモーターを含むベクターの一過性大量発現が実現できる．この系は細胞外に放出されるリンホカイン（lymphokine）やその受容体などの膜表面タンパク質の遺伝子をクローニングする目的で使われてきた．実験では，

❶ 発現型cDNAライブラリー（プラスミド）をCOS細胞に導入して発現させたのち目的の膜抗原に対するマウスのモノクローナル抗体と反応させる．
❷ これを抗マウスIgG抗体で底面をコートしたシャーレにまいたのち洗浄すれば，目的とする膜抗原を発現しているCOS細胞はこの抗体と反応するので未反応のCOS細胞と分離できる．
❸ シャーレの底面に捕獲されたCOS細胞よりDNAを回収して大腸菌コンピテント細胞を形質転換することでプラスミドを単離する．
❹ このプラスミドを再びCOS細胞に導入し，同様の操作を繰返して最終的に目的の膜抗原をコードする遺伝子をクローニングする．

この方法は米国西部のゴールドラッシュ時代に河原の砂金を鍋（pan）を用いて比重の差で選別した方法にたとえて，**パニング法**（panning method）とよばれる．

b. 恒常的形質転換（permanent transformation）

哺乳動物細胞に取込まれたプラスミドは何日間か培養し続けると大半は徐々に細胞から消えるが，一部は宿主のゲノム内に組込まれる．ベクターにネオマイシン（neomycin；G418）やハイグロマイシン（hygromycin）などの選択マーカーを組込んでおくとプラスミドを組込んだ細胞のみが耐性となって生き延び，挿入したcDNAを恒常的（permanent）に発現する．

> このような実験にはより強力なCMV（*Cytomegalovirus*，サイトメガロウイルス）プロモーターをもつ発現ベクターを使うこともある．

この恒常的形質転換を用いた発現クローニングも行われてきた．選択の指標として

はたとえばがん形質を正常に戻す（flat revertant）という形質があり，その場合は顕微鏡下でシャーレ内のコロニーをつぶさに観察して細胞をクローニングする．

> しかし，最初の薬剤選択や形質発現に3週間以上かかること，および形質転換された細胞内に存在するプラスミドを回収する技術であるプラスミドレスキュー（plasmid rescue）によって目的遺伝子を選択していくためには膨大な手間と時間がかかることなどから，この方法によるクローニングの成功例はあまり多くない．

6・4　cDNAサブトラクション法

　ある細胞や組織に特異的に発現されている遺伝子（cDNA）をクローニングする技術を **cDNAサブトラクション**（subtraction，差分化）**法**と総称する．実際には目的遺伝子を発現している細胞（テスター）のmRNA（cDNA）から，発現していない細胞（ドライバー）のmRNA（cDNA）を差し引きすることで目的遺伝子（cDNA）を濃縮してクローニングする．

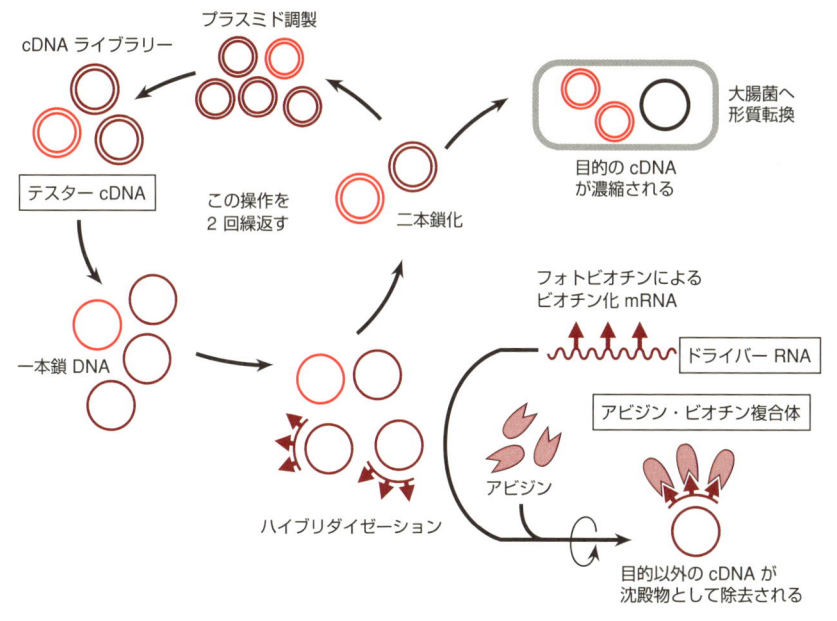

図6・12　ビオチン-アビジンの結合を利用したサブトラクションcDNAライブラリー作製法の原理

差し引きする一つの方法では，

① まずテスター mRNA を用い f1 ファージ複製起点をもつプラスミドベクターを使って cDNA ライブラリーを作製し，ヘルパーファージの感染によって一本鎖化する（図 6・12）.
② 他方，ドライバー mRNA はフォトビオチンに光を当ててビオチン化したうえで一本鎖化された cDNA ライブラリーとハイブリッドを形成させる.
③ これにアビジンを加えるとハイブリッドはビオチン-アビジン結合により遠心操作で排除されるが，テスター特異的に転写されている mRNA 由来の cDNA は一本鎖のまま残る.
④ そこでこれを DNA ポリメラーゼで二本鎖に変える.

差し引きの効率を上げるためにこの操作を繰返したうえで大腸菌コンピテントセルを用いて形質転換すれば，差分化された（subtracted）cDNA ライブラリーが作製できる.

ディファレンシャルディスプレイ法（differential display, DD）では PCR を用いて転写量に差のある遺伝子を検出する. A, B 2 種類の細胞で発現しているすべての mRNA を cDNA として PCR で増幅し，その発現パターンの差から，A, B で特異的に発現している mRNA を検出する（図 6・13）.

① まず，比較したい mRNA について別々に 9 種類の 5′ 末端を蛍光標識したアンカープライマー（5′-VVTTTTTTTTTT-3′；V＝A,G,C）と逆転写酵素で cDNA を合成する. VV を付加したのは mRNA ポリ(A)尾部の直近の上流塩基に正確にハイブリダイズさせるためである.
② つぎにプライマーとしての効率が似通った 24 種類の任意プライマーを用いて PCR を続行する.
③ この PCR 産物をポリアクリルアミドゲル電気泳動で解析すると多数のバンドが現れるが，よく観察すると A 細胞と B 細胞にはところどころ独自のバンドが現れているのが観察される.
④ ゲルを切り出してバンドを切り出した後，任意プライマーを用いて再度 PCR を行う.

A あるいは B 細胞特異的なバンドが常に出現すれば，それが特異的な発現をしている遺伝子由来の PCR 産物である. この技術は同時に多数の試料を比較できるという点でも有用である.

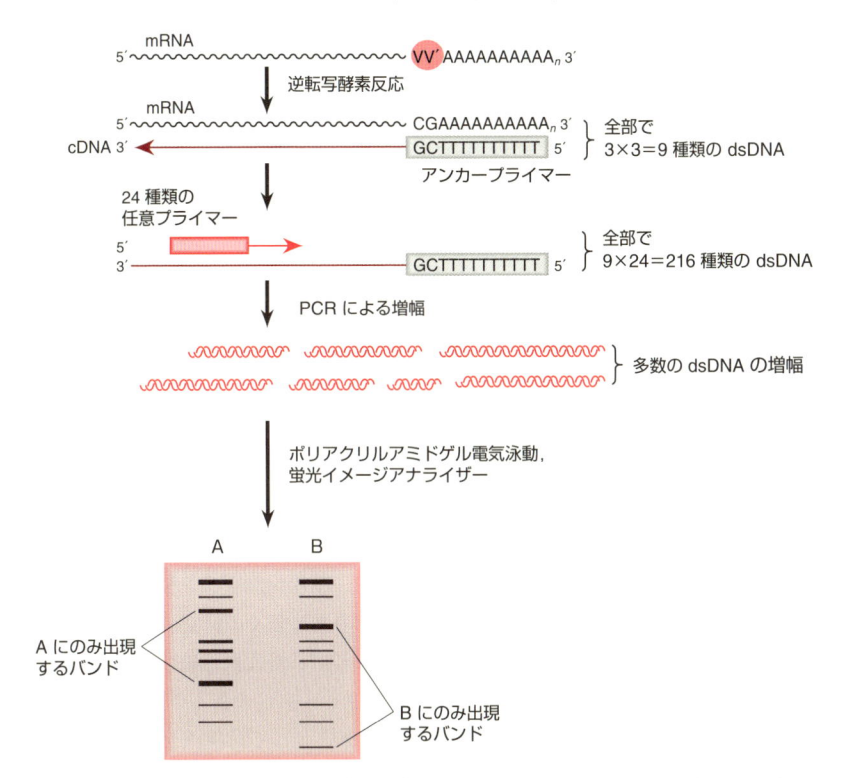

figure 6・13 ディファレンシャルディスプレイ法の原理　すべての mRNA を cDNA として合成するため，プライマーとしてポリ(A)テールにハイブリダイズする 10 個の dT のすぐ上流に dT 以外の 3 種類の塩基を 2 個付加したものを使う（蛍光標識してある）．この時点で一つの mRNA 試料当たり 3(dA,dG,dC)×3(dA,dG,dC) 種類の cDNA が生成する．つぎに，PCR 用の上流の任意プライマー(10 mer)として，すべての可能性を選ぶと 4^{10} 種類と膨大なので，このうちプライマーとしてのハイブリダイゼーション効率が類似な 24 種類を選ぶ．これで一つの mRNA 試料当たり $9×24=216$ 種類もの PCR 産物ができる．これを電気泳動し，観察される蛍光バンドを解析すれば，一方の mRNA 試料にのみ出現するバンドが特異的に発現している遺伝子由来のバンドである可能性が高い．実際には，不純物が多いので，この作業を繰返さなくてはならない．

7 遺伝子発現

地球上の全生命において DNA は共通の原理に従う遺伝子として機能している．そのおかげでクローニングした遺伝子はさまざまな宿主細胞の中で発現できる．しかも，ただ発現させるだけでなくさまざまな操作を加えた新たな遺伝子産物を大量発現することで遺伝子操作の有用性をいっそう発揮できる．ただし，その技術には利点とともに欠点もあるので注意が必要である．この章ではさまざまな遺伝子発現系の原理と実際について詳述しよう．

7・1 大腸菌を宿主とした組換え体の大量発現

組換え体を大腸菌内で大量発現させる技術は，安価で簡便に大量発現を実現できる点で現在でも遺伝子操作の基本である．しかし，糖鎖付加やリン酸化などの翻訳後修飾が起こらないという致命的な欠点がある．さらに多くの研究者を悩ませているのは，大量発現させるとしばしば封入体を形成して不溶性画分に移行し，回収が困難となる問題である．それでも以下に列挙するようなさまざまなタグ（tag）を N 末端（あるいは C 末端）につけて融合タンパク質として発現させることによりアフィニティー精製が容易になる点は優れている．

7・1・1 GST 融合タンパク質発現系

GST（グルタチオン S-トランスフェラーゼ，glutathione S-transferase）と標的タンパク質との融合タンパク質発現系は GST が溶解度を高めるという特徴を期待されてよく使われる．ベクターは *lacZ* 発現系で IPTG を培地に添加するだけで発現誘導がかかるようにしてある（p.171 参照）ので，大量発現させれば培地 1 L 当たり 5 mg くらいのタンパク質の回収が可能となる．または持続的に大量発現できる *tac* プロモーターをもたせたベクターもある．

GST は基質であるグルタチオンを結合させた樹脂に高い特異性で結合するため，アフィニティー精製も容易である．樹脂に結合した GST 融合タンパク質は過剰のグルタチオンを含んだ溶液でカラムを洗浄すると外れてくる．あるいは GST-PSP（prescission protease）を流すと GST が切断されて樹脂に残り，標的タンパク質のみが溶出されてくる（図 7・1）．

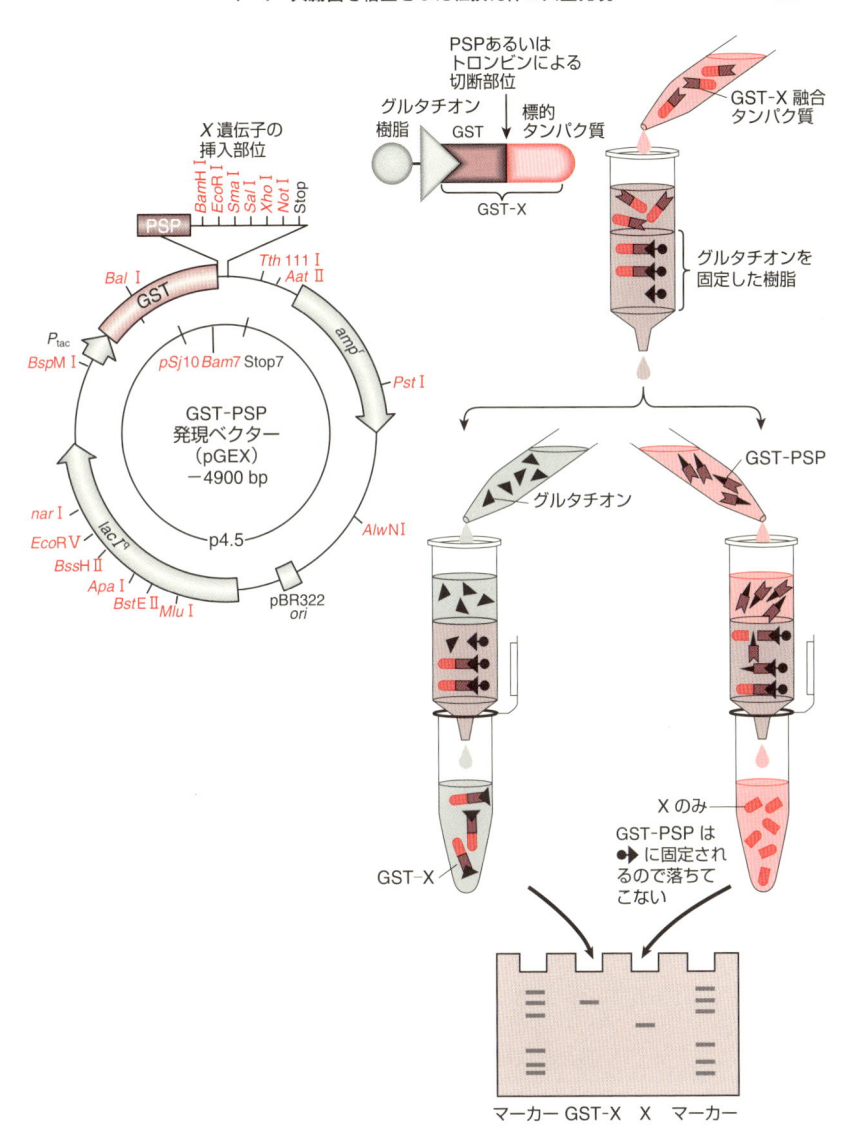

図7・1 GST融合タンパク質発現系 アフィニティー精製はグルタチオン樹脂にGSTと標的Xの融合タンパク質を特異的に結合させて行う．そこに大量のグルタチオンを添加するとGST-Xのみが溶出されてくる（左）．GSTとプロテアーゼの融合タンパク質（GST-PreScission）を添加すると低温（4℃）で一夜保温するだけでXのみが溶出される（右）．この反応は低温で行うのでXの非特異的な分解を抑えることができる．

GST-PSPの代わりに血液凝固因子X_aあるいはトロンビン（thrombin）でも標的タンパク質は切り出されるが，このときにはX_aなどが混入してくるので不便である．

7・1・2　ポリヒスチジン（His）$_6$融合タンパク質発現系

6個のヒスチジンを並べて強い塩基性にしたペプチド（ヒスチジン六量体）と標的タンパク質を融合タンパク質として大量発現させるベクターもある．ヒスチジン六量体は中性溶液中でニッケル（Ni）を結合させた樹脂に結合するが，この結合は低 pH 溶液中でヒスチジンを添加して結合を競合させることで外れる．この性質を利用して標的タンパク質とヒスチジン六量体の融合タンパク質をつくらせ，ニッケル樹脂によりアフィニティー精製できる（図7・2）．融合部にはエンテロキナーゼ（enterokinase）認識部位を挿入しているので，精製後にペプチド部分を切り離すこともできる．

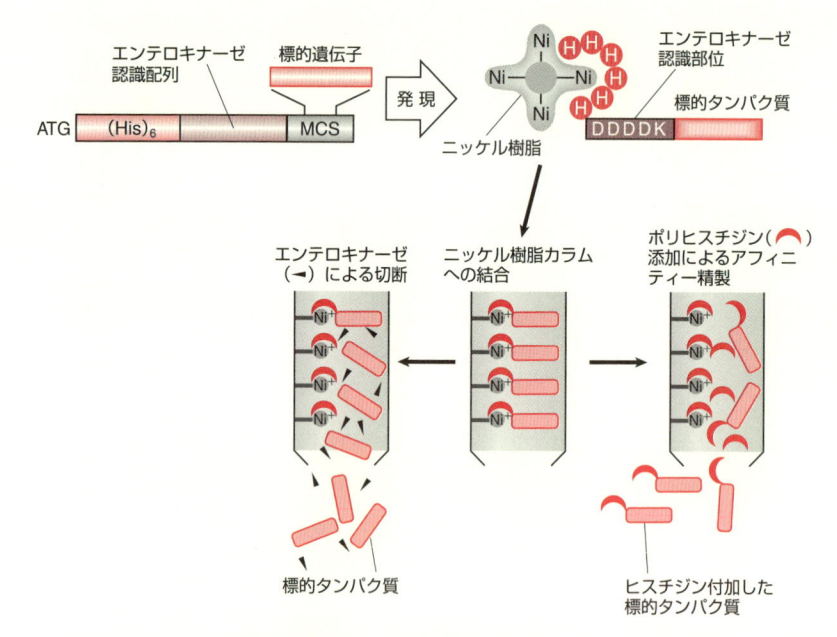

図7・2　ポリヒスチジン融合タンパク質発現系　ヒスチジンが6個連続したポリヒスチジン（His）$_6$と標的Xの融合タンパク質はニッケルに親和性が高いため，ニッケル樹脂を用いてアフィニティー精製ができる．ポリヒスチジンを大量に加えれば（His）$_6$-Xが溶出されてくる（左）が，プロテアーゼのエンテロキナーゼを加えればX（および加えたエンテロキナーゼ）が溶出される（右）．

7・1・3 MBP融合タンパク質発現系

可溶性が高い**マルトース結合タンパク質**（maltose binding protein, MBP）との融合タンパク質を大量発現できるベクターもある（図7・3）．融合タンパク質を含む大腸菌の抽出液をアミロース樹脂カラムに通過させてアフィニティー精製する．マルトース結合タンパク質のC末端側に血液凝固因子X_aの認識部位（Ile-Glu-Gly-Arg）が存在するのでX_a因子による切断の後もう一度アミロース樹脂カラムを通過させると標的タンパク質のみが精製できる．

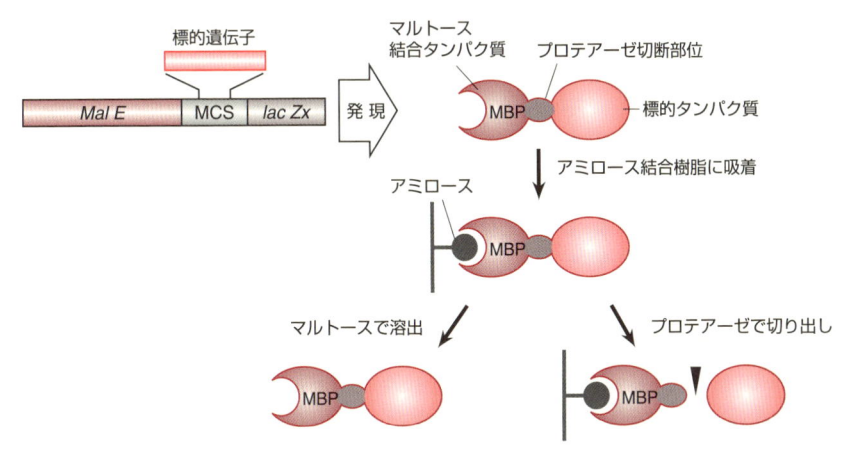

図7・3 MBP融合タンパク質発現系 アミロースにも結合できるマルトース結合タンパク質との融合タンパク質は溶解度が高いのが利点である．アミロースを結合させた樹脂を用いてアフィニティー精製する．これに大量のマルトースを添加すれば融合タンパク質が溶出できる．あるいはプロテアーゼで標的タンパク質のみを切り出すこともできる．

7・1・4 チオレドキシン融合タンパク質発現系

さらに可溶性が高い**チオレドキシン**（thioredoxin, Trx）は細胞タンパク質総量の40％に達しても可溶性を保つという．pTrxFusベクターではチオレドキシン遺伝子（*trxA*）の下流に標的遺伝子を挿入し，λファージのP_Lプロモーターによって発現させる（図7・4）．発現された融合タンパク質は大腸菌の細胞膜の内側にある接着帯（zonula adherens）に蓄積するため，浸透圧ショックにより選択的に放出され簡単に精製できる．さらに80℃の高温でも安定なため，標的タンパク質が熱安定ならば高温処理によって他のタンパク質を変性沈殿してから精製することも可能である．融合タンパク質のアフィニティー精製にはチオレドキシンに高い親和性

を示す PAO（*p*-aminophenylarsine oxide）をアガロース支持体に共有結合させたチオボンド（ThioBond）を使う．

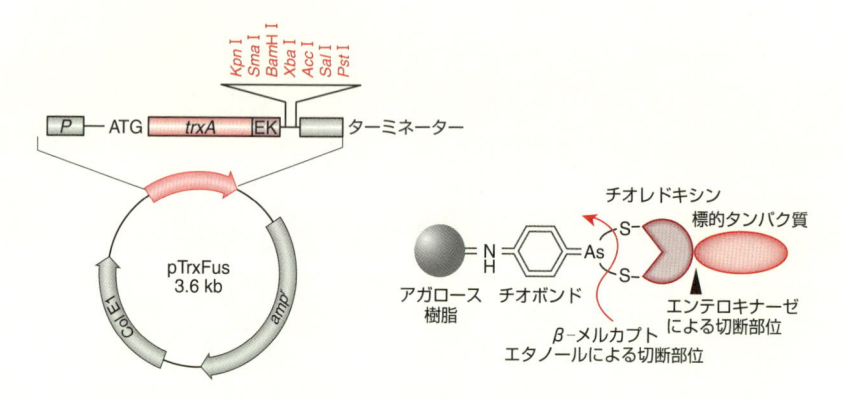

図7・4 チオレドキシン融合タンパク質発現系 大腸菌のチオレドキシンは溶解度が非常に高いので難溶性の標的タンパク質を大量発現するのに適している．アフィニティー精製はチオボンドに結合させて行う．溶出には β-メルカプトエタノール（β-ME）を添加して行う．

7・1・5 FLAG 融合タンパク質発現系

FLAG 発現ベクターでは DYKDDDDK という八つのペプチドを標的タンパク質の N 末端あるいは C 末端に融合させて大量発現させる（図7・5）．高品質のモノクローナル抗体が市販されており，それを用いて検出あるいはアフィニティー精製ができる．エンテロキナーゼが認識する DDDDK 配列を組込んであるので標的タンパク質のみを切り出すこともできる．

> この系の有利な点は FLAG ペプチド（1 kDa）が前出の GST（30 kDa），MBP（40 kDa）などと比べて小さいことで，標的タンパク質の立体構造および生物活性への悪影響が少ないと期待される．ただし溶解度は低下するかもしれない．

7・1・6 インパクト融合タンパク質発現系

プロテアーゼを一切使わずに標的タンパク質を切り出す方法もある（図7・6）．**インパクト**（IMPACT, intein mediated purification with an affinity chitin-binding tag）とよばれるシステムでは，タンパク質スプライシング現象を利用して大腸菌などで大量発現させたタンパク質の目的とする部分のみを切り出せる．ベクターには標的タンパク質 X とキチン結合ドメイン（chitin binding domain, CBD）の融合

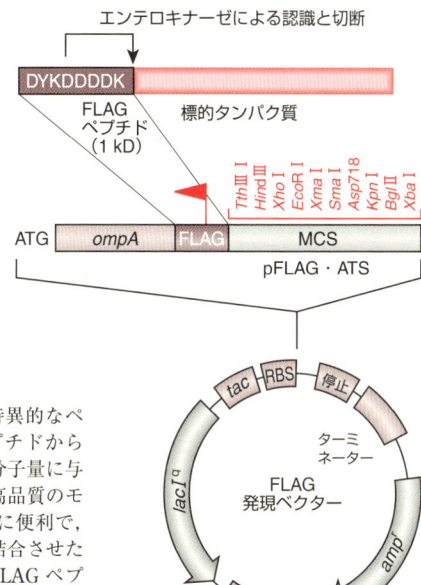

図7・5 FLAG融合タンパク質発現系 特異的なペプチドであるFLAGはわずか八つのペプチドから成るため，標的タンパク質の立体構造や分子量に与える影響が少ないのが利点である．また高品質のモノクローナル抗体が購入できるので実験に便利で，アフィニティー精製はこの抗体を樹脂に結合させたカラムを用いて行う．溶出には大量のFLAGペプチドを添加して行う．

図7・6 インパクト融合タンパク質発現系 タンパク質スプライシング現象を利用して標的タンパク質を切り出すシステムで，プロテアーゼを一切使わない点でユニークである．標的タンパク質Xとキチン結合ドメイン（CBD）との融合部位にタンパク質スプライシングを起こすようなアミノ酸配列が挿入されている．大腸菌で大量発現したのち抽出液をキチン樹脂に通過させるとCBD-Xのみが捕捉されるが，ここに還元剤であるDTTを添加するとタンパク質スプライシングが起こって標的タンパク質のみが切り出される．

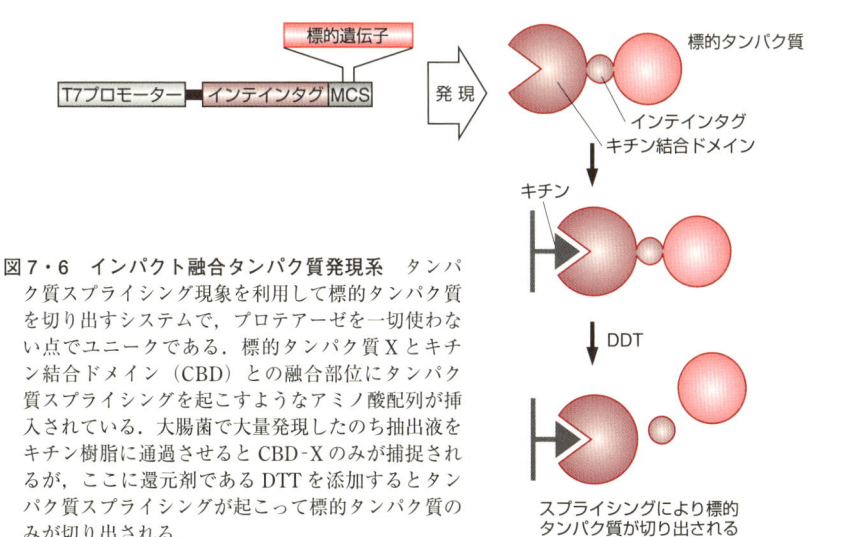

部位にタンパク質スプライシングを起こすようなアミノ酸配列（インテインタグ）が挿入されている．大腸菌で大量発現したのち抽出液をキチン樹脂に通過させるとCBD-Xのみが捕捉され，還元剤（DTT, ジチオトレイトール）を添加するとタンパク質スプライシングが起こって標的タンパク質のみが切り出される．

7・1・7 AviTag融合タンパク質発現系

ビオチンリガーゼ（BirA）は NH_2-GLNDIFEAQKIEWHE-COOH という配列をもつペプチド（AviTag）のリシン（リジン，K）残基にビオチンを付加する．*birA*遺伝子を染色体に安定に組込んだ大腸菌株（MC1061AVB-100）は培地にL-アラビノースを加えると発現誘導されてBirAタンパク質を大量発現する．標的タンパク質のN末端側あるいはC末端側にAviTagを付加して融合タンパク質として発現できるベクター（pAN-4, -5, -6）を利用すると標的タンパク質をビオチン付加できる（図7・7）．この融合タンパク質はビオチンと結合するストレプトアビジンを用いてアフィニティー精製することもできる．

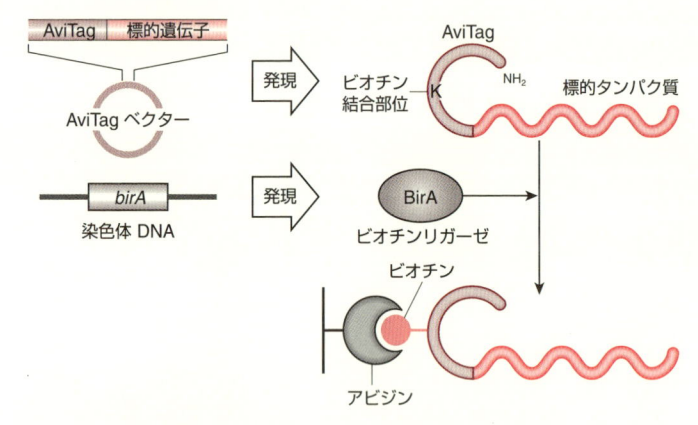

図7・7 ビオチンリガーゼによるタンパク質のビオチン化 ビオチンリガーゼはAviTagのリシンにビオチンを付加する．AviTagを付加して融合タンパク質として発現すれば標的タンパク質にビオチンタグを付加でき，ストレプトアビジンを用いてアフィニティー精製することもできる．

7・1・8 CBP融合タンパク質発現系

わずか4 kDaと小さな**カルモジュリン結合性ペプチド**（CBP, calmodulin binding peptide）との融合タンパク質は中性の低 Ca^{2+} 濃度ではカルモジュリンを

結合させた樹脂に高い親和性を示すが，Ca^{2+}キレート剤である EGTA（2 mM）を含む緩衝液で洗浄すると樹脂から遊離する（図7・8）．操作はいずれも中性溶液で行うので試料へ与える影響は温和で，CBP にはプロテインキナーゼ A と［γ-^{32}P］ATP によって放射能標識できる点はユニークといえる．ベクター（pCAL）は後述の T7/*lacO* プロモーターをもつベクター（pET）を基盤としているので培地に IPTG を加える（p.171 参照）だけで大腸菌内で大量発現が可能である．

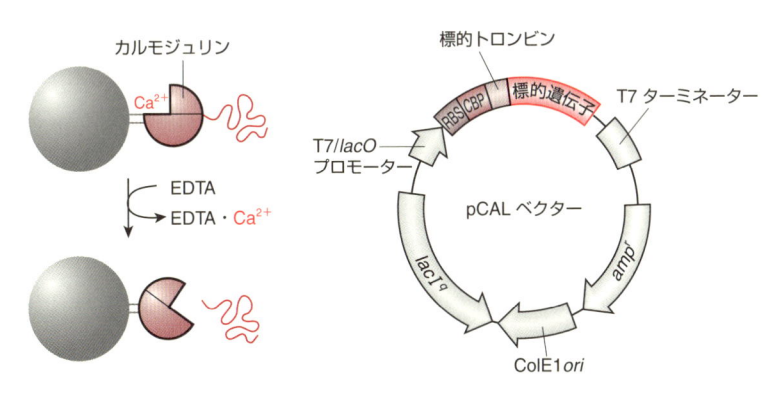

図7・8 CBP 融合タンパク質発現系 カルモジュリン結合性ペプチド（CBP）との融合タンパク質をカルモジュリンを結合させた樹脂に結合させたのち，Ca^{2+}キレート剤（EGTA）で洗浄することでアフィニティー精製する．

コドン偏位

ヒトのタンパク質を大腸菌で大量に発現させたいときには，**コドン偏位**（codon usage bias）に配慮しなければならない．コドン偏位とは，遺伝暗号としてのコドンの使われ方が生物種によって大きな偏りをもつ現象である．たとえば表に示すように Arg, Ala などはコドンの使用頻度に大きな差異があるアミノ酸であるが，終止コドンの偏りも大きい．発現効率を高く保つためには，実験に用いる DNA 塩基配列のコドン偏位をヒト型から大腸菌型に変化させておくことが重要となる．

アミノ酸	コドン	ヒト	大腸菌	アミノ酸	コドン	ヒト	大腸菌
Arg	CGU	8.4 %	37.3 %	Ala	GCU	26.2 %	17.3 %
	CGC	19.6 %	38.1 %		GCC	40.1 %	26.6 %
	CGA	11.0 %	6.6 %		GCA	22.2 %	21.9 %
	CGG	20.6 %	10.2 %		GCG	10.9 %	34.3 %
	AGA	20.0 %	4.9 %	終止	UAA	28.5 %	61.7 %
	AGG	19.8 %	2.9 %		UAG	20.8 %	8.0 %
					UGA	50.7 %	30.3 %

7・2　酵母を宿主とした大量発現

真核生物である酵母で発現させると糖鎖付加やタンパク質リン酸化などの翻訳後修飾が起こる（それでも細かい点では哺乳動物細胞とは異なる）．出芽酵母や分裂酵母を宿主として大量発現できるベクターがいくつか開発されている．なかでも以下のシステムは有用である．C_1 化合物資化性（methylotroph，メチロトローフ）酵母の一種である *Pichia pastoris* はユニークで，炭素源として唯一メタノールを利用する．メタノール代謝の最初の段階の反応を触媒する酵素であるアルコールオキシダーゼ（alcohol oxidase，AOX）の発現はメタノールにより誘導される．そこでメタノールを含む培地で培養すると，細胞内の可溶性タンパク質の 30％以上を AOX で占拠されるまで AOX が過剰発現される．この性質を利用して *Pichia* 発現ベクターでは AOX1 プロモーターの下流に目的遺伝子を挿入する．これを直線化し，*Pichia pastoris* へ導入して染色体上の *AOX1* 遺伝子と相同組換えで置換し，ヒスチジン欠如培地で組換え体を選択する．

> 発現された融合タンパク質を細胞内に貯留させるタイプのベクター（pHIL-D2）や細胞外へ分泌させるタイプのベクター（pHIL-S1）が市販されている．

7・3　昆虫細胞を宿主とした大量発現（バキュロウイルス発現系）

昆虫細胞を宿主にした系はよりいっそうの大量発現が可能となるばかりでなく，発現されたタンパク質に糖鎖付加やリン酸化が起こる．

> ただし糖鎖付加は複合糖類までは進みにくく，多くは高マンノース型糖類となることに注意すべきである．

バキュロウイルス（baculovirus）は約 130 kb の環状二本鎖 DNA をゲノムとする膜構造をもった棒状の昆虫ウイルスで，節足動物（主として昆虫）にのみ感染し，脊椎動物や植物にはまったく感染しない．なかでも核多角体病ウイルス（nuclear polyhedrosis virus，NPV）は大量発現を可能にする便利なウイルスで，実際感染細胞の核内に多角体とよばれる封入体（31 kDa のタンパク質から構成される）を全感染細胞タンパク質の 40％に達するほど大量に発現する．多角体遺伝子がウイルスの増殖には必須でない性質を利用して G. Smith らは多角体遺伝子のプロモーター（ポリヘドリンプロモーター）をもつプラスミドを作製し，その下流に目的遺伝子を挿入して（上限約 10 kb）大量発現できるようにした（1983 年）．蛾の一種 *Autographa californica* 由来の AcNPV とカイコガ（*Bombyx mori*）由来の BmNPV のウイルス DNA がベクターとしてよく使われる．これらバキュロウイルス（baculovirus) DNA とプラスミド (plasmid) DNA を融合させた融合ベクターは**バクミド** (bacmid) とよばれる．

実際には，目的とする cDNA が組込まれたトランスファーベクターと制限酵素切断で直線状にしたバクミドを夜蛾 (*Spodoptera frugiperda*) の幼虫由来株化細胞 (Sf9) へ同時に形質転換して，細胞内で相同組換えにより目的遺伝子をバクミドへ移動させる (図 7・9)．

> トランスファーベクターとは大腸菌で増殖できるプラスミドベクターで，バキュロウイルスゲノムへの転移に必要な遺伝子をすべて含む．

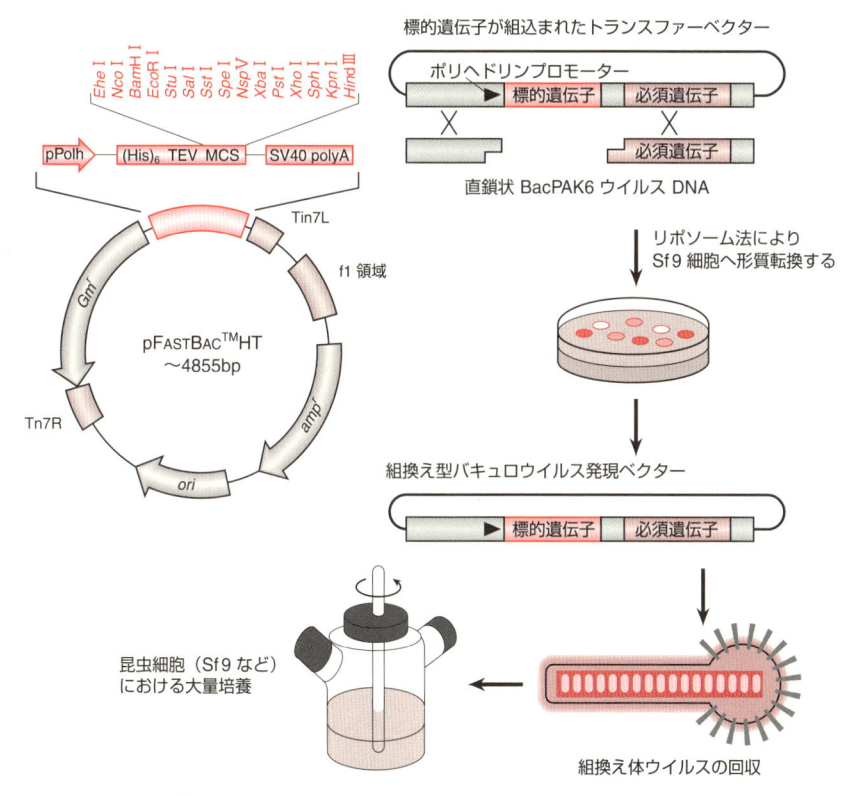

図 7・9 バキュロウイルスによるタンパク質の大量発現 標的遺伝子を組込んだトランスファーベクターと直線状バクミドを昆虫細胞 (Sf9) へ同時に形質転換して相同組換えを起こさせ，標的遺伝子をもつバキュロウイルスを作製する．純化を繰返して均一化したウイルスを細胞に感染させたのち，感染細胞を採取し発現されたタンパク質を回収する．

大腸菌内で部位特異的トランスポジションによる組換え体を作製できるベクター(pFASTBAC) もある．形質転換の数日後に多角体を形成しない組換えバキュロウイルスの透明プラーク（非組換え体は白色）を顕微鏡下で検索して採集し，このような純化を繰返して均一なウイルスを得る．これを単層に培養した細胞に感染させ46〜72時間後に培養液あるいは感染細胞を採取するし発現されたタンパク質を回収する．

もっと多量のタンパク質を発現させる目的でカイコを宿主にする実験系もある．数時間絶食させた5齢幼虫に，冷却麻酔（氷水の中に数分間浸す）を行ったうえで感染培養の上清を10倍に希釈した組換え体ウイルス液を体腔内に注射する．4日後にカイコ個体からタンパク質抽出液を得れば目的タンパク質が大量に発現されているはずである．

> 目的タンパク質が分泌性ならば腹脚を注射針でつついて体液を採取すればよい．このとき酸化防止剤（DTTなど）を加えてメラニン化を防ぐことを忘れてはならない．

7・4 哺乳動物細胞を宿主とした発現制御

哺乳動物からクローニングした遺伝子の本来の機能を解析するには哺乳動物細胞で発現することが好ましい．哺乳動物細胞で持続的な発現を行うためにはSV40 (*Simian virus 40*) プロモーターやCMV（サイトメガロウイルス，*Cytomegalovirus*) プロモーターがよく使われる．一方，**転写誘導**をかけることができるプロモーターも以下のようにいくつか開発されている．

a. テトラサイクリン誘導系

一つは抗生物質のテトラサイクリン(Tet)の添加により転写誘導できる系（T-RExシステムなど）で，宿主細胞に標的遺伝子を挿入した発現ベクターとTetリプレッサーを持続的に発現できる調節用ベクターを同時に形質転換し，テトラサイクリンを含む培地で発現させる（図7・10a）．

> この系は誘導制御に優れているが，培地に使うウシ胎仔血清中に，飼育中に抗生物質を投与した影響でテトラサイクリンが混入しているものがあるので注意が必要である．これを使うと転写誘導がかかりっぱなしになってしまう．

b. ミフェプリストン誘導系

合成ノルステロイドのミフェプリストン(mifepristone)の添加によりプロモーター

(*GAL4* UAS/E1b)を活性化させて転写誘導する系もある（gene switch system）．このとき，調節タンパク質の発現も増大して正のフィードバックがかかり，さらに発現が増大する（図7・10b）．非誘導時の発現レベルがきわめて低いので細胞毒性を示す遺伝子を発現させる場合に有用である．

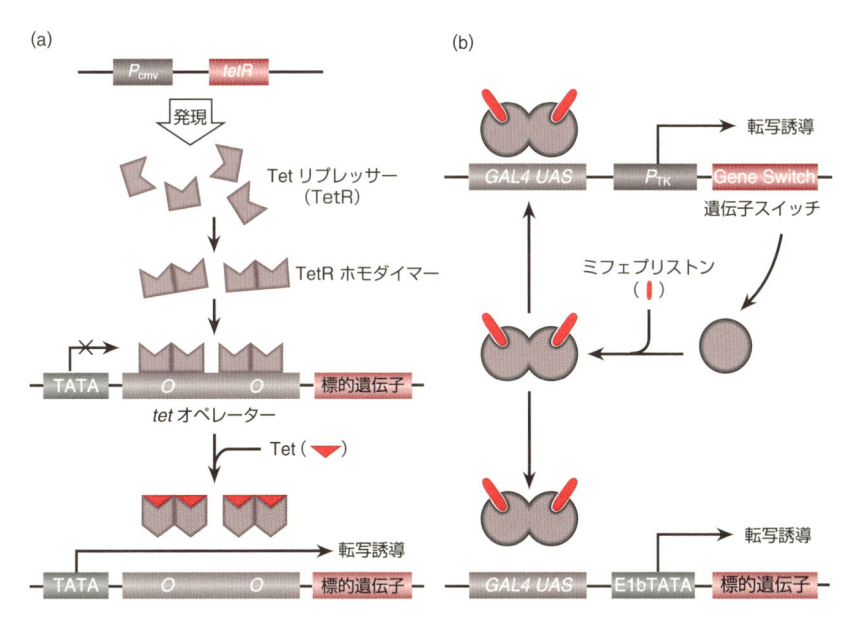

図7・10 哺乳動物細胞における発現誘導 (a) テトラサイクリン誘導系では標的遺伝子を挿入した発現ベクターとTetリプレッサーを持続的に発現できる調節用ベクターを同時に形質転換し，培地にテトラサイクリンを添加して転写誘導する．(b) ミフェプリストン誘導系では培地へのミフェプリストン添加によりプロモーター（*GAL4* UAS/E1b）を活性化させて転写誘導する．

c. エクジソン誘導系

昆虫・甲殻類などの脱皮・変態を誘導するホルモンである**エクジソン**（ecdysone）の核内受容体（EcR, ecdysone receptor）と応答性プロモーターを利用する系もある（図7・11）．

エクジソンあるいはその合成アナログ（ポナステロンA）は哺乳動物細胞には生物学的影響を与えないので安全であり，哺乳動物の内在性プロモーターの非特異的な誘導を極力抑えてあるので厳密な発現誘導制御ができる．実験では標的遺伝子を

挿入するためのベクター（pEGSH）と，エクジソン受容体およびそれを調節するレチノイドＸ受容体（RXR, retinoid X receptor）を共に発現するベクター（pERV3）を同時に哺乳動物細胞へ形質転換する．このとき，ポナステロンＡを培地に添加するとEcR/RXRヘテロ二量体がpEGSHベクターのプロモーター（E/GRE）と結合して転写誘導がかかる．

アイレス（IRES, internal ribosomal entry site）：図7・11のIRESはmRNAの途中からでも高効率でタンパク質合成を始めることを可能とする塩基配列．ピコルナウイルスに特異的に存在するタンパク質合成開始シグナルに由来し，18SリボソームRNAの3′末端と相補的な配列であるためリボソーム結合部位としての役割を果たす．IRESからの翻訳効率は高く，5′末端のキャップ構造の有無に依存しない．そのため，IRESを含んだベクターを用いれば翻訳開始の制御ができるため有用である．

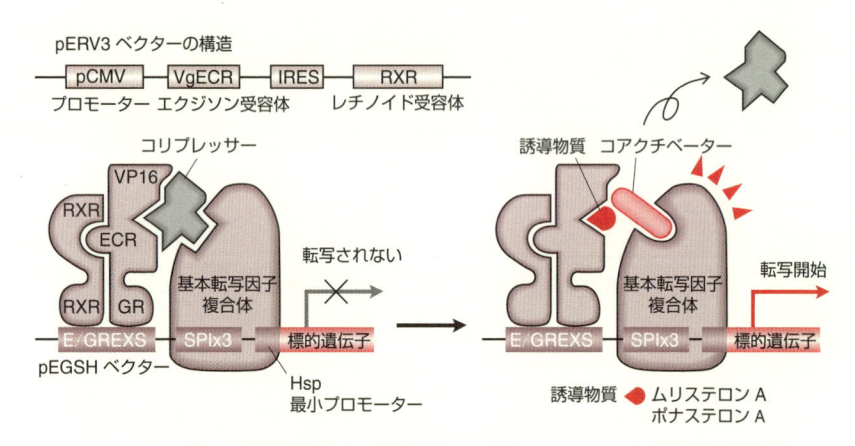

図7・11 **エクジソン誘導系における転写制御の仕組み** エクジソン誘導系では標的遺伝子を挿入したベクター（pEGSH）と，エクジソン受容体（EcR），レチノイドＸ受容体（RXR）を発現するベクター（pERV3）を同時に形質転換させたのち，培地へエクジソンの合成アナログ（ポナステロンＡ）を添加し，pEGSHベクターのプロモーター（E/GRE）にEcR/RXRヘテロ二量体が結合することで転写誘導がかかる．

7・5 *in vitro* 発現系

生きている細胞内で発現させるのでなく，純化した酵素を用いて，あるいは細胞をすりつぶして調製した抽出液を用いて生体外（*in vitro*）で発現させる実験系もいくつか開発されている．

in vitro 転写はプロモーター配列（図7・12）をもつ二本鎖 DNA を基質として SP6, T3, T7 RNA ポリメラーゼによって効率良く行うことができる．ヌクレオチドに蛍光物質やビオチンなどを付加しておけば RNA を容易に標識できる．またキャップアナログ（7-メチルグアノシン）を反応液に加えればキャップ構造をもつ mRNA も合成できる．5′ キャップ構造は mRNA を安定化して翻訳効率を上昇させることが知られている．

in vitro 翻訳には酵素だけでは実行不可能で，細胞抽出液（lysate）が必要とされる．ウサギ（New Zealand white rabbit）の網状赤血球由来の細胞抽出液に mRNA を加えると 2 時間まではアミノ酸が直線的に取込まれる形でタンパク質合成反応が持続する．コムギの胚芽細胞抽出液（wheat germ lysate）も翻訳効率が高い．

反応液に RNA ポリメラーゼ，アミノ酸混液，大腸菌の抽出液（S30）および標的 DNA を加えて 30 分間で転写と翻訳を一挙にすませてしまう実験系もある．真核生物の DNA を用いた場合には発現されたタンパク質が細胞抽出液中の内在性タンパク質と交差反応を起こす確率が低いのが利点である．

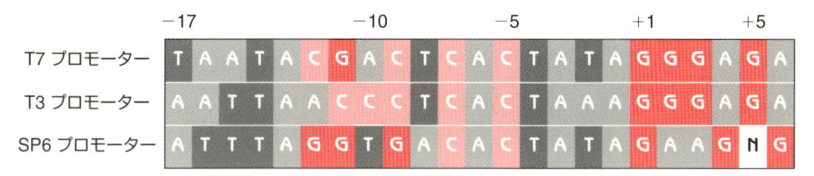

図 7・12　T7, SP6, T3 RNA ポリメラーゼのプロモーターの塩基配列の比較　T7, T3 および SP6 ファージプロモーターは −17 位から +6 位の 23 の塩基対で構成される（転写開始位置は +1 で示される）．これらのプロモーターには高い相同性があるが，−8 位から −12 位は似ていない．非鋳型鎖の −3 位から +6 位までの塩基が存在しないときでも，+1 位から転写は適切に起こる．効率の良い転写を行うには +1 位は G，+2 位はプリンであることが重要である．

7・6　pET システム

標的遺伝子の産物が大腸菌に対して毒性をもっていると大腸菌内でのプラスミドベクターへの組込み自体が困難となる．T7 RNA ポリメラーゼ遺伝子を欠失している大腸菌（HB101, JM109）を宿主とすると T7 プロモーターが働かないため，挿入された標的遺伝子は転写されないので毒性とは無関係に組換え体プラスミドが構築できるようになる．このプラスミドを毒性に非感受性の大腸菌 BL21（DE3）(*lacUV5* プロモーター下流に T7 RNA ポリメラーゼ遺伝子をもつ λ ファージの溶原

菌) に形質転換し，IPTG を加えて転写誘導すると，まず T7 RNA ポリメラーゼが，ついで標的遺伝子が大量発現する (図 7・13).

このとき，**pET システム** (pET system) では以下の仕組みで IPTG 添加前に標的遺伝子が発現しないよう確実に抑制することができる．すなわち，T7 プロモーターの直後に *lac* オペレーター (p.171 参照) 配列を挿入してあるので，プラスミド上にある *lacI* 遺伝子により *lac* リプレッサーを過剰発現させることで *lacUV5* プロモーター支配下にある T7 RNA ポリメラーゼの発現を抑制できる．さらに T7 RNA ポリメラーゼの阻害タンパク質として働く T7 リゾチームをコードする遺伝子を含むプラスミド (pLysS, pLysE) を前出の大腸菌 BL21 (DE3) に形質転換して

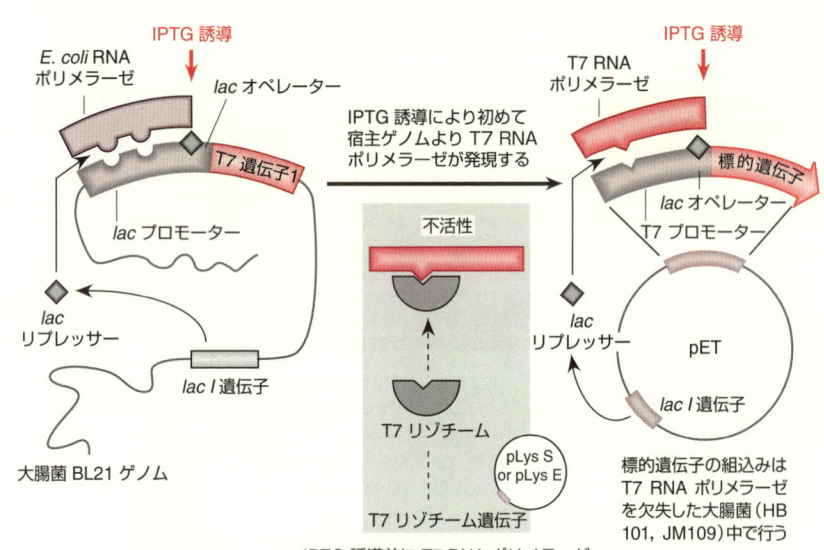

図 7・13 pET システムの原理 pET システムは RNA ポリメラーゼの発現を抑制することで大腸菌に対して毒性をもっている遺伝子でも発現できるように工夫した実験系である．pET システムでは宿主の T7 RNA ポリメラーゼ遺伝子およびプラスミドの標的遺伝子のそれぞれのプロモーターの直後に *lac* オペレーターを配置してあるので，通常は *lac* リプレッサーにより両者の発現が抑制されている．IPTG 誘導により，これらの抑制が解かれ，T7 RNA ポリメラーゼの発現が起こり，それによりプラスミドの標的遺伝子の発現が初めて始まる．宿主としては，*lacUV5* プロモーター下流に T7 RNA ポリメラーゼ遺伝子をもつ λ ファージの溶原菌である大腸菌 BL21 (DE3：F$^-$ *ompT hsdS*$_B$ (r_B^- m_B^-) *gal dcm*) を用いなければならない．

ラクトースオペロン

β-ガラクトシダーゼをコードする lacZ は，β-ガラクトシドパーミアーゼ（β-galactoside permease）をコードする lacY と，β-ガラクトシドアセチルトランスフェラーゼ（β-galactoside acetyltransferase）をコードする lacA とともに一つのプロモーター（ラクトースオペロン）の支配下にあって一続きのmRNAとして転写される（下図 a）．ラクトースオペロンのすぐ上流にある lacI のコードするリプレッサー四量体はオペレーター（operator）とよばれる特定の塩基配列に結合してその発現を抑制する．lacI は独立したプロモーター（P）による転写制御を受ける．リプレッサーの認識するオペレーターは 2 箇所あり，それらは O_1，O_2 とよばれる．O_1 はプロモーター（P_{lac}）の後半部に，O_2 は lacZ 遺伝子の中にある．誘導物質（inducer）とよばれる低分子物質がリプレッサーに結合すると立体構造が変わってオペレーターから外れてしまう．これをアロステリック効果（allosteric effect）とよぶ（下図 b）．その結果RNAポリメラーゼはプロモーターへ結合できるようになり転写が開始する．ラクトースオペロンはフランスのF. Jacob と J.L.Monod によって初めて詳しく解析されたもので（1961 年），この実験によってmRNAの実態も初めて明らかになった．実験によく使われるIPTG（イソプロピル 1-チオ-β-D-ガラクトシド）はラクトースオペロンの誘導物質であるラクトースの誘導体である．

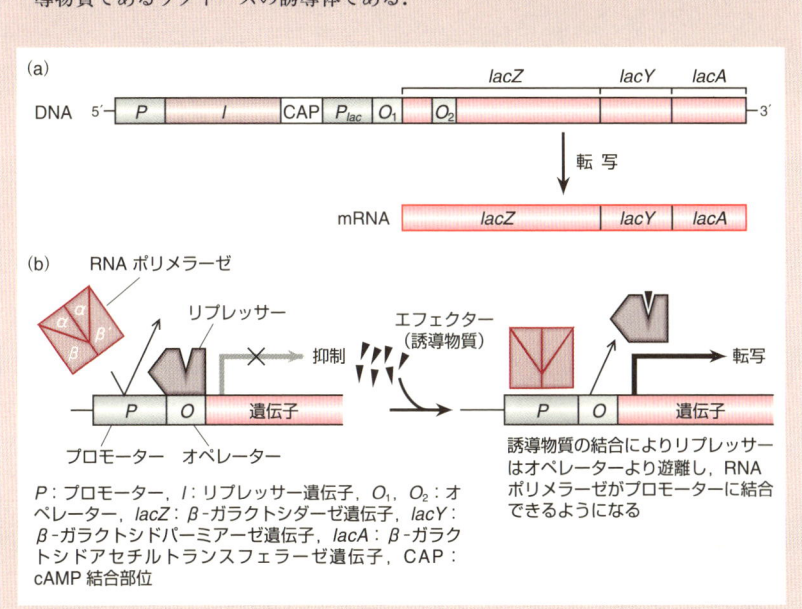

P：プロモーター，I：リプレッサー遺伝子，O_1，O_2：オペレーター，lacZ：β-ガラクトシダーゼ遺伝子，lacY：β-ガラクトシドパーミアーゼ遺伝子，lacA：β-ガラクトシドアセチルトランスフェラーゼ遺伝子，CAP：cAMP 結合部位

おくと，より確実に RNA ポリメラーゼ活性をなくせる.

> T7 リゾチームは大腸菌壁のペプチドグリカン層を溶解して弱くするため，発現タンパク質の回収のときに温和な条件で容易に溶菌できるという点でも便利である.

7・7 レポーター遺伝子システム

ラクトース（lactose）をグルコース（glucose）とガラクトース（galactose）に加水分解する酵素である**β-ガラクトシダーゼ**（β-galactosidase）は，大腸菌では *lacZ* 遺伝子によりコードされていて，アリールあるいはアルキル型の β-D-ガラクトシド（β-D-galactoside）あるいは X-gal（p.59 参照）を基質とする．四量体で活性を示し，単量体当たり 116 kDa である．N 末端側の 27 アミノ酸は活性に不要な点を利用して N 末端側に標的タンパク質を融合させて発現できる**レポーター遺伝子システム**が開発されている．X-gal は β-ガラクトシダーゼにより分解されると青くなるので発現程度が可視化できる.

大腸菌の *gusA* 遺伝子にコードされる **β-グルクロニダーゼ**（β-glucuronidase, GUS）はやはり N 末端側が活性に不要なので融合タンパク質として発現し基質 X-

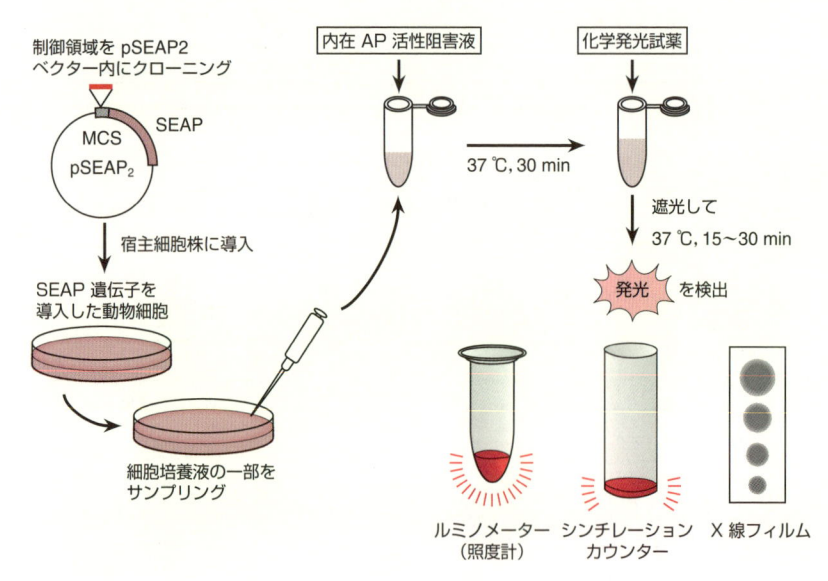

図 7・14　SEAP レポーター遺伝子発現システムによる標的遺伝子（ここでは転写抑制塩基配列）のクローニングと発現量の検出プロセス

グルクロニド（X-glucuronide, X-GLUC）の加水分解による青色呈色で活性発現を検出する．

> GUSは植物やショウジョウバエの幼虫（larva），胚（embryo），さなぎ（pupa）に内在性活性がほとんどない安定な酵素である．そのためβ-ガラクトシダーゼのバックグラウンドが高いこれらの試料におけるレポーター遺伝子として有用とされてきた．ただし現在では効率が低いため，以下に紹介する蛍光を用いる方法に取って代わられた．

ホタル由来の**ルシフェラーゼ**（luciferase）はルシフェリン（luciferin）を基質として蛍光を発する．この性質を利用してルシフェラーゼとの融合タンパク質を発現させ，蛍光を顕微鏡観察したりルミノメーターで測光したりして検出する．

分泌型アルカリホスファターゼである**SEAP**（secreted alkaline phosphatase）は宿主細胞で発現されたのちに発現量に比例して培地に分泌されるので，その一部を採取して蛍光発光物質（CSPDなど）を加えるだけで発現量が高感度に測定できる（図7・14）．SEAPは熱（65℃）に安定でアルカリホスファターゼ阻害剤のL-ホモアルギニンに耐性なので，試料を熱処理したあとL-ホモアルギニン存在下でアッセイすれば分泌型でない内在のアルカリホスファターゼ活性を効果的に排除できる．これらの性質は大量試料の発現測定の自動化の目的に適している．

光る生物

下村 脩（おさむ）の発見した緑色蛍光タンパク質（GFP）はM. Chalfieが緑色に光る植物を作り出してにわかに注目を浴びた．R. ChanはGFPを改変して青や黄色の蛍光を出すようにし，宮脇敦史らがサンゴからいっそう多彩な蛍光タンパク質をつぎつぎと発見したおかげで生物実験が色彩豊かになった．ヒユサンゴから単離されたカエデ（Kaede）は紫外光によって色が緑から赤に変化するし，ウミバラ科のサンゴから抽出したドロンパ（Dronpa）は二つの波長の光に反応して光ったり消えたりする．これら蛍光タンパク質は細胞のみでなく，個体も光らせることができる．なかでも熱帯魚ゼブラフィッシュにサンゴの蛍光タンパク質の遺伝子を組込んだ"光る熱帯魚"は遺伝子組換えペットとして愛好されている．このほか，マウス，カイコ，カエル，豚，植物などにも蛍光タンパク質の遺伝子を組込んで光らせる試みが成功している．このような遺伝子組換え生物の輸出入に対しては，カルタヘナ議定書の規制（p.303参照）があるので，海外旅行のお土産として購入しても国内で飼育するためには正式な許可を事前に取っておかなければならないことに注意しよう．

M13ファージ

　M13ファージは一本鎖DNAをゲノムとすることや大量に増幅してから宿主細菌を殺さずに細胞外へ放出されるというほかにないユニークな特徴をもつため，ベクターとして重宝される．M13ファージのゲノム（約6.4 kb）はファージ遺伝子にコードされたタンパク質によって構成された筒状のキャプシド（capsid）に内包されており，そのうちg3pは外側に露出されているためファージディスプレイに利用される．M13ファージ生活環は以下のようである（下図参照）．

❶ ファージの端に位置するタンパク質（g3p, g6p）を介して大腸菌の性線毛に付着する．
❷ コートタンパク質は細胞外へ残し，M13ファージのゲノムDNAのみが性線毛を通過して細胞内へ侵入する．
❸ 大腸菌のDNAポリメラーゼを用いて二本鎖DNAへ転換する．
❹ 大腸菌の複製機構を利用してファージDNAを複製する（細胞当たり数百コピー）．
❺ 大腸菌の翻訳機構を利用してファージ構成タンパク質を多量に翻訳して細胞膜の内側へ蓄積する．
❻ g5p（二量体）が二本鎖DNAを鋳型として生合成されたM13一本鎖DNAへ結合する．
❼ g3p, g6pが結合し，ファージ粒子の構築が完成する．
❽ g5pが一本鎖DNAから外れ，コートタンパク質がついてファージ粒子は細菌細胞を傷つけずに細胞外へ出る．

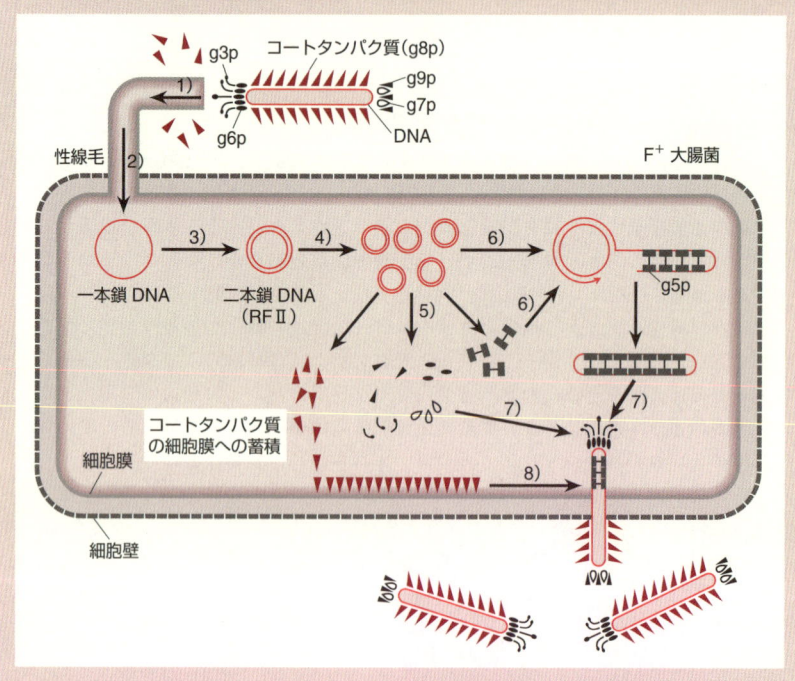

7・8 蛍光タンパク質を用いた発現タンパク質の検出と解析

遺伝子発現を可視化して検出する実験系がいくつか開発されてきた．特に細胞が生きた状態で，発現されたタンパク質の局在のみでなく時間変化を追跡した挙動までもが顕微鏡下で観察することができるようになったことは遺伝子産物の機能解析に大きく貢献している．

オワンクラゲ（Aequorea victoria）は238個のアミノ酸（27 kDa）から成る緑色蛍光タンパク質（**GFP**，green fluorescent protein）を発現させて緑色に自家発光する．

> 65～67番目のアミノ酸残基の間で環状化が起こって発色団となり O_2 の存在下に励起スペクトル（395 nm と 475 nm），発光スペクトル（508 nm）の蛍光を出す．

GFPとの融合タンパク質は細胞に無害な励起光を当てるだけで細胞内でも検出容易な緑色蛍光を発色するため，細胞が生きたままの状態でタンパク質の挙動が時間を追って追跡観察できるというユニークな解析手段を与える．

> ヒトのコドン使用偏向性を考慮して64,65番目のアミノ酸をおのおのPhe, SerからLeu, Thrへ置換した変異体（EGFP-S65T）はヒト細胞内で効率良く翻訳されるだけでなく励起スペクトルがずれて野生型の35倍もの強い蛍光を出すようになった．このほか，青（ECFP）や黄（EYFP）を発色する変異体も得られている（図7・15；ECFP, EGFP, EYFPはそれぞれ CFP, GFP, YFPの改善型である）．

サンゴからは青（AmCyan）や黄（ZsYellow），緑（ZsGreen），橙赤（DsRed），紅（AsRed）など多彩な色彩で自家発光する蛍光タンパク質が採取され融合タンパク質として発現できるベクターも開発されている．このうちDsRedは四量体を形

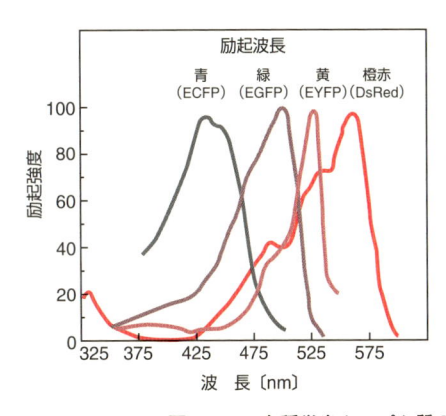

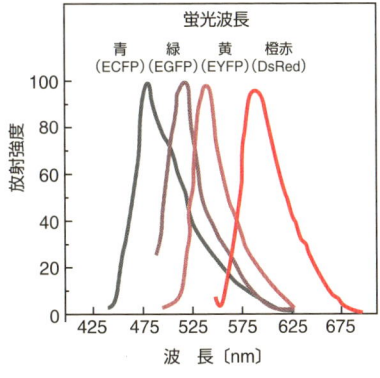

図7・15 各種蛍光タンパク質の励起および蛍光スペクトル

成することがわかっているが,ある変異体では発現し始めのときには緑色で,時間が経つにつれて橙赤色に変化することが発見された.これは発現されたタンパク質が時間経過とともに挙動が変化するのを発色変化でリアルタイムで追跡できるという点で,さらにユニークな解析手段を与える.

7・9 ファージディスプレイによる抗体産生

　目的タンパク質に対する抗体を迅速かつ簡便に産生できるシステムである**組換え体ファージ抗体系**（RPAS, recombinant phage antibody system）はマウス（κ）抗体遺伝子の可変領域に対するクローニング,発現,検出用の三つのモジュールを含む.抗原に親和性をもった一本鎖可変領域断片（ScFv: single-chain fragment variable）とよばれる抗体断片が M13 ファージの先端表面にファージの g3p（gene 3 protein）との融合タンパク質として提示（ディスプレイ）される仕組みになっている（ファージディスプレイ;図7・16a）.

> ScFv は H 鎖（heavy chain, 重鎖）,L 鎖（light chain, 軽鎖）それぞれの可変領域（図7・16b）が屈伸自在のペプチドによって単一なタンパク質として発現されたものである.

抗原を用いたパニング法（p.152 参照）によって目指す抗体断片を発現しているファージを選択する.ScFv と g3p の間にアンバー終止コドン（UAG）が組込んであり,これを停止信号として認識しない大腸菌株（アンバーサプレッサー）では ScFv-g3p 融合タンパク質ができて提示型（ディスプレイ型）となるが,認識する大腸菌欠損株では可溶型（ScFv のみ）となって通常の抗体と同じくウェスタンブロットなどに用いることができる.このシステムは遺伝子構造と抗体機能の相関関係を解析するのにも適している.

> **アンバーサプレッサー**（amber suppressor）: アンバー突然変異はあるアミノ酸に対応するコドンが点変異を起こして終止コドンの一つであるアンバーコドン（UAG）に変化したナンセンス突然変異である.この変異大腸菌において,アンバーコドンを認識する tRNA のアミノ酸結合部位がさらに変異したせいで,再びアミノ酸を結合するように $tRNA^{UAG}$ 遺伝子が変化した突然変異をアンバーサプレッサーとよぶ.この変異株では UAG コドンを特定のアミノ酸として翻訳することができるので,アンバー突然変異を起こした遺伝子も再びタンパク質を発現できるようになる.

　一過性に形質転換された細胞のみを選択する目的でもこの方法が使われる.たとえば phOx（4-ethoxymethylene-2-phenyl-2-oxazoline-5-one）ハプテンに対する一本鎖抗体（sFv）を PDGFR（platelet-derived growth factor receptor）の膜貫通

7・9 ファージディスプレイによる抗体産生　　177

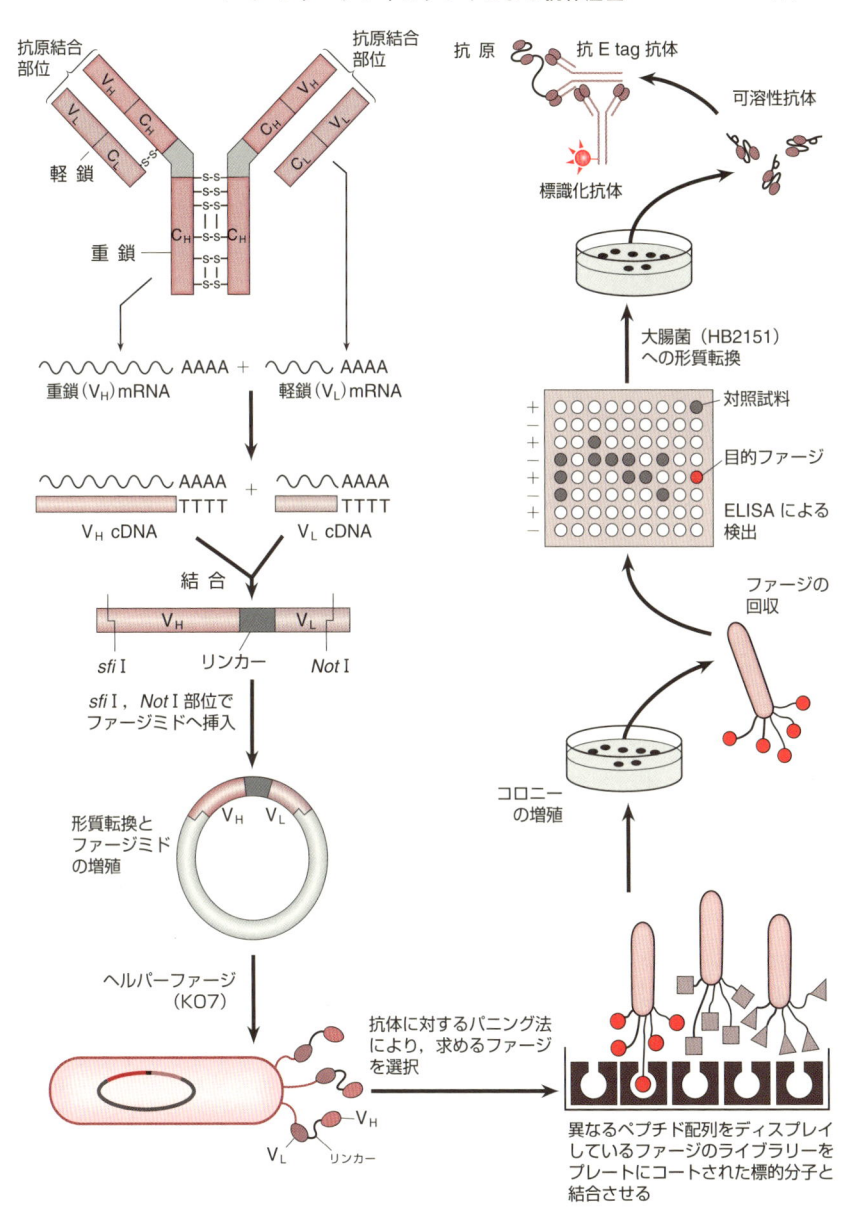

図7・16　ファージディスプレイ法の原理

ドメインを介して提示するように設計したベクター（pHook）を形質転換後，細胞とphOxで覆った磁気ビーズを混ぜると，sFvを提示している（遺伝子導入された）細胞のみがビーズと結合するので，それを磁石により選択分離する（図7・17）．

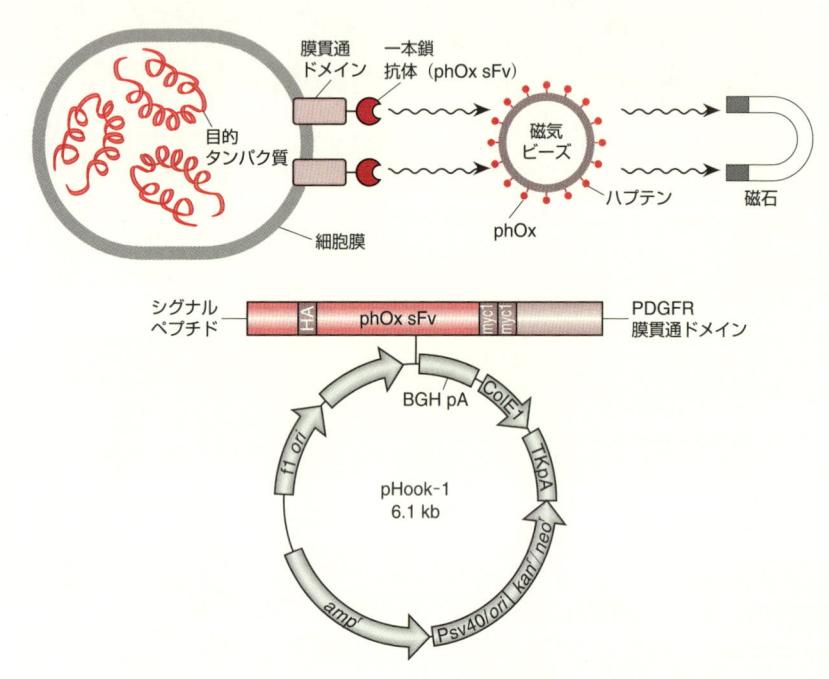

図7・17 ファージディスプレイによる形質転換された細胞の選択法

7・10 ペプチドディスプレイ

　細胞表面にペプチドを提示して未知のリガンドや阻害物質を検索するシステムを**ペプチドディスプレイ**とよぶ．M13ファージ（p.174参照）のコートタンパク質（g3p）と6〜8アミノ酸から成る超可変ループを挿入したヒト膵臓トリプシン阻害タンパク質（PSTI, pancreatic secretory trypsin inhibitor）との融合タンパク質を発現させ，標的タンパク質と特異的に結合するクローンをパニング法（p.152参照）により単離する．超可変ループとして6〜8個のランダムアミノ酸配列を挿入することで10^7種類以上のペプチドループを含むcDNAライブラリーが作製できる（図7・18a）．

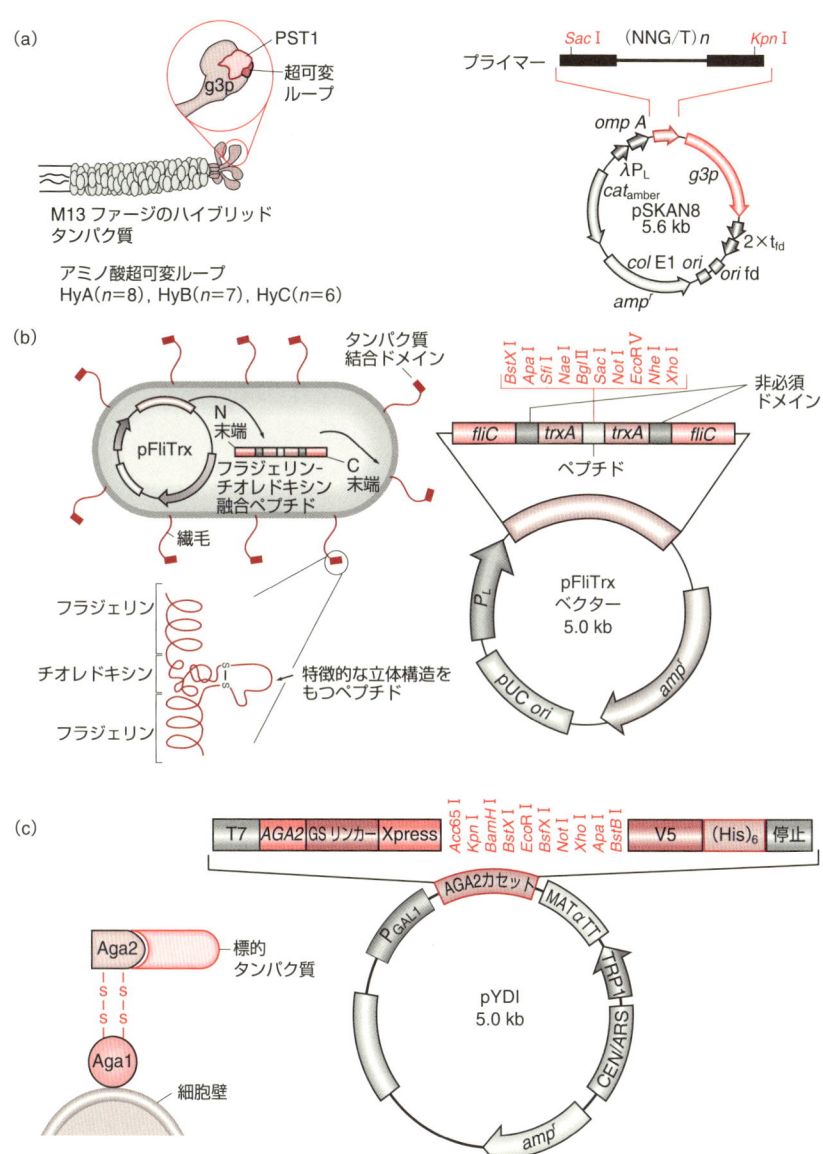

図7・18 ペプチドディスプレイ法の原理 (a) M13ファージのコートタンパク質 (g3p) とヒト膵臓トリプシン阻害タンパク質 (PSTI) 融合タンパク質系. (b) 大腸菌のフラジェリン (Fli) とチオレドキシン (Trx) との融合タンパク質系. (c) 出芽酵母の細胞膜タンパク質 Aga を細胞表面へ提示する系.

大腸菌の鞭毛タンパク質であるフラジェリン (Fli, flagellin) をコードする *fliC* と大腸菌のチオレドキシン (Trx) をコードする *trxA* の生理活性に不要な部分を欠失させて融合タンパク質をフラジェリン変異体として大腸菌表面に提示するベクター (pFliTrx) では 12 個のランダムペプチドが提示される（図 7・18b）．ランダムペプチド部分はチオレドキシンの S–S 結合により立体的に表面に露出するように設計されているので，検索が効率良く行われる．

出芽酵母の細胞膜タンパク質 Aga (a-agglutinin yeast adhesion receptor) は二つのドメイン (Aga1, Aga2) をもつ．標的遺伝子 X を *AGA2* 遺伝子と翻訳の読み枠 (frame) を合わせてベクター (pYD1) に挿入し，この組換え体を出芽酵母株 (EBY100) で発現させると，Aga1 と Aga2-X は出芽酵母の分泌過程で S-S 結合し細胞表面へ提示される（図 7・18c）．

8. 遺伝子と遺伝子産物の機能解析

　遺伝子の特徴と機能を理解するためには，発現させた遺伝子産物の解析が必須である．機能解析の有効な戦略の一つに，標的遺伝子に人工的な変異を加えることで起こる細胞の変化を観察することがある．いかに効率良く特定の位置に望む変異を導入できるかが実験の鍵を握るため，さまざまな技術が工夫されてきた．一方，遺伝子が発現されて生み出される直接の産物にはRNAとタンパク質があるが，これらの解析技術はこれまでに多彩な方向へ進展・展開し，確立した解析法が数多く開発されてきた．この章ではこれらの中でも応用範囲の広い基礎的な技術のいくつかを紹介する．

8・1 遺伝子の機能解析
8・1・1 遺伝子変異導入法

　クローニングした遺伝子を操作して，塩基配列を自在に変異させることで人工的に変異を起こさせる技術が以下に列挙するようにいくつか開発されている．**点突然変異体**（point mutant）によって1個あるいは少数のアミノ酸のみを置換する場合と**欠失変異体**（deletion mutant）を作製することで大きな範囲の変異を起こさせる場合とがある．

a. 点突然変異導入法

　部位特異的突然変異誘発（site-directed mutagenesis）は変異の入ったオリゴヌクレオチドを前もって化学合成しておくことでクローニングした遺伝子の特定の場所のみに効率良く正確に突然変異を導入し，発現されるタンパク質のアミノ酸配列を自在に変化させる技術である．

　実際には基質となる変異させたいDNAはf1複製開始点（f1 *ori*）を含むプラスミドベクター（pBluescriptなど；p.57参照）を用いて一本鎖DNAに変化させておく（あるいはM13ファージベクターを用いて一本鎖DNAとする）．これに望む位置に点変異を起こさせたオリゴヌクレオチドをプライマーとして用いてDNAポ

リメラーゼを働かせ，二本鎖プラスミド DNA に変換する（図 8・1）．これを大腸菌に形質転換すれば理論的には 50% が変異体となるはずである．

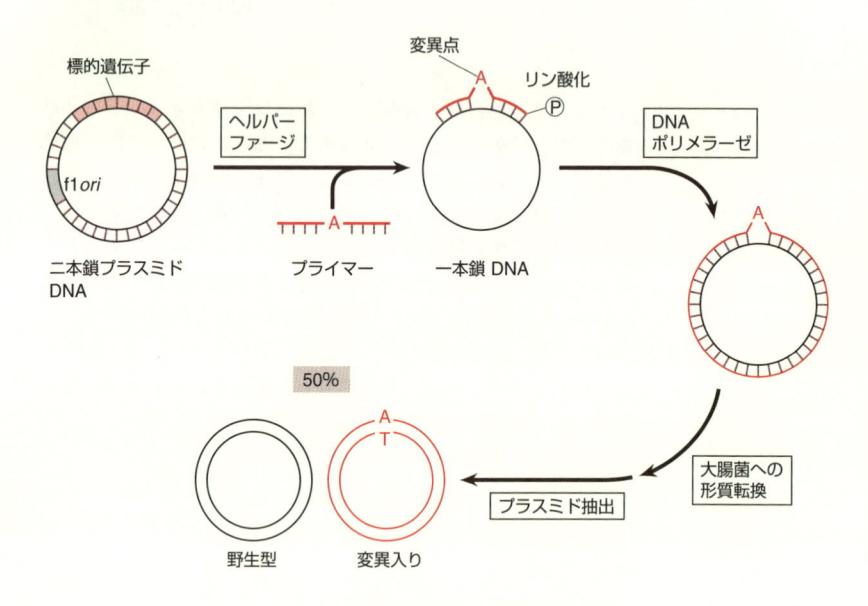

図 8・1 部位特異的突然変異導入の原理

カセット式変異誘発（cassette mutagenesis）では両端に制限酵素部位をもたせ，望む位置に変異を導入したオリゴヌクレオチドを相補鎖も含めて 1 組化学合成し，これをクローニングしたプラスミド DNA に挿入する方法である．このとき 2 組のプライマーを用いた PCR によれば簡単に変異が挿入できる．実験は以下の手順に従う（図 8・2）．

❶ 変異させたいプラスミド DNA を基質とし，制限酵素部位をもつプライマー①と変異を含むプライマー②を用いた PCR を行う．
❷ ついで，プライマー②の相補鎖であるプライマー③と制限酵素部位をもつプライマー④を用いた PCR を行う．
❸ 上記二つの反応産物を混ぜて熱変性したのちアニールしたものを基質とし，プライマー①とプライマー④を用いて PCR を行う．
❹ 増幅した DNA 断片は理論的にはすべてが点変異をもつので，これを制限酵素で切断してベクターに挿入すれば完成である．

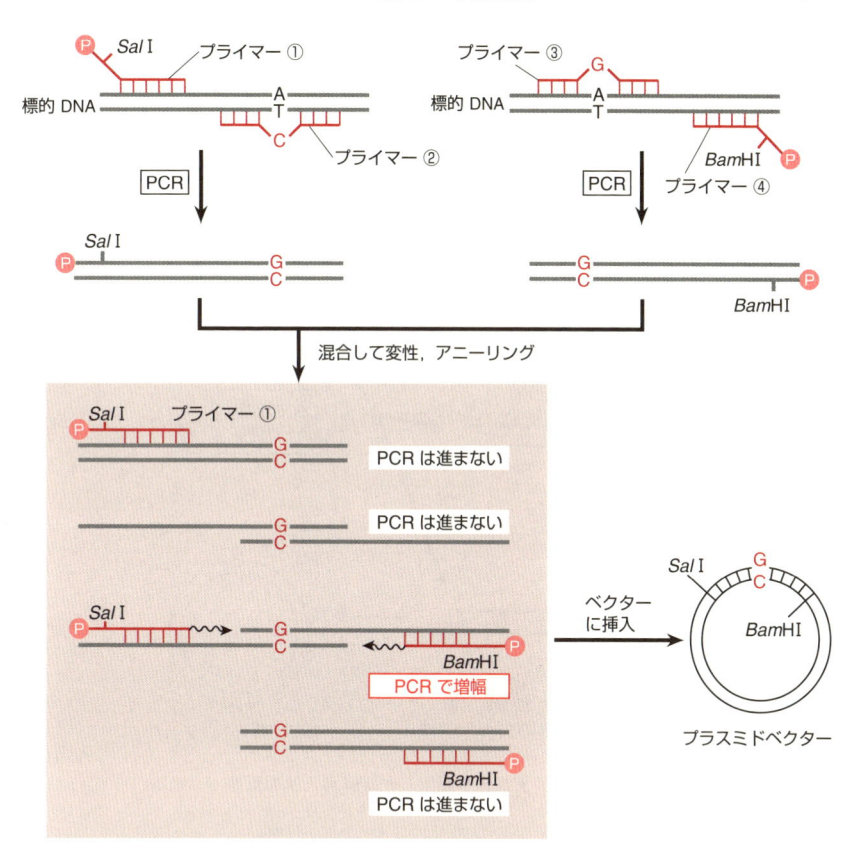

図 8・2 カセット法の原理 プラスミド挿入の効率を上げるためプライマー ① とプライマー ④ の 5′ 末端はリン酸化しておく.

　メチル化を利用する方法もある（図 8・3）．ここでは変異を導入したプライマー（5′末端をリン酸化しておく）を用いて PCR を行うが，増幅中に新たな変異が生じないように基質 DNA 濃度を上げて PCR の増幅回数を少なくするとよい（10 回くらい）．反応産物を片方あるいは両方の DNA 鎖がメチル化されているときにのみ認識部位（5′-m⁶GA↓TC-3′）を切断する活性をもつ制限酵素（Dpn I）で切断する．GATC という塩基配列は平均的に $4^4 = 256$ 塩基対に 1 回は出現するほど頻繁に見つかる部位なのでたいがいの DNA 断片には存在する．基質 DNA は Dam メチラーゼ（p.27, §2・1・2 参照）が欠損していない通常の大腸菌で培養してから抽出して

あるので DpnⅠで切断されるが, 変異を含む PCR で増幅した DNA 断片はメチル化されていないので切断されない. 反応産物を DNA ポリメラーゼで平滑末端に変えたあとで DNA リガーゼで環状化してから大腸菌に形質転換してクローニングする.

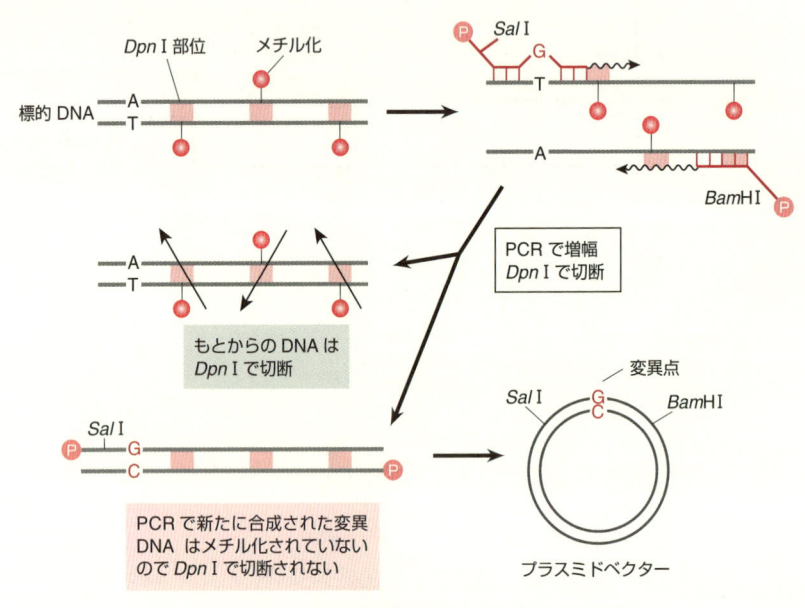

図 8・3 メチル化を利用した変異導入法の原理

b. ランダム突然変異導入法

　クローニングした遺伝子の限られた範囲にランダムに点変異を導入する方法で, 温度感受性変異株を得る目的に有用な技術である. 一つの遺伝子に多数の点変異を導入したいときには遺伝子の特定の場所に DNase でギャップを入れ, 亜硝酸 (HNO_2) で処理してシトシン C をウラシル U に変え, Mg^{2+} の代わりに Mn^{2+} を反応液に加えて DNA ポリメラーゼを用いることで合成ミスを起こさせる.

> 温度感受性変異株 (temperature-sensitive, ts と略す): 生育温度を変えるだけで異なった表現型を示す変異株. 特定の遺伝子のコードするタンパク質のアミノ酸が変化する点変異であることが多い.

　実用的には遺伝子に1箇所のみの変異をランダムにもつ遺伝子プールを得た方が有用である. それには約300塩基に1回は読み間違いを起こす *Taq* DNA ポリメラーゼを用いて PCR を行い, この遺伝子プールを大腸菌あるいは酵母に形質転換

してクローニングすればよい．ここで不和合性により，一つの細胞に導入されるDNA 分子は一つしか入っていないことを思い出そう（p.45 参照）．

たとえばこの方法で酵母の温度感受性変異株を得る実験では，薬剤選択マーカーをもつベクターを用いて酵母に形質転換したのち，相同性組換えを利用してゲノムにあった本来の遺伝子と取換えられたクローンのみを薬剤で選択し，常温（32 ℃）と高温（37 ℃）それぞれで形質転換体を培養し，高温のみで死ぬ細胞株を選べばよい．ここでは，その細胞株から DNA を抽出し PCR によってどの塩基が変異を起こしたかを決定しておく．この技術は表現型の選択方法を工夫すれば他のタイプの変異株も得ることができる点で有用である．

c. 段階的欠失遺伝子作製法

プラスミドベクターに挿入した DNA 断片に一方向性の**段階的欠失**（nested deletion）を加えて一連の欠失群を作製する技術は，当初 DNA 塩基配列決定のための，ついで遺伝子産物であるタンパク質の機能ドメインを決定するための有用な方法として採用されてきた．この実験には平滑末端あるいは 5′ 突出末端をもつ DNA の 3′ 末

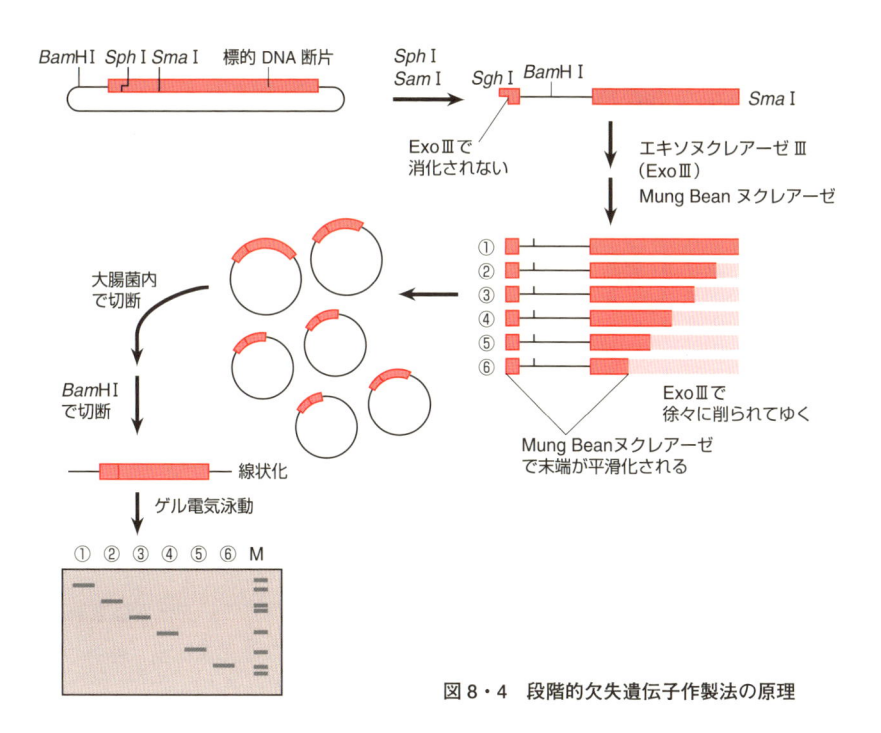

図 8・4　段階的欠失遺伝子作製法の原理

端は分解できるが，3′突出末端部分は分解できないという独特な3′→5′エキソヌクレアーゼ活性をもつエキソヌクレアーゼⅢを用いる（図8・4）．実験では，

❶ 標的DNA断片の欠失をつくりたい方向に向けて平滑末端あるいは5′突出末端を切断面にもつ制限酵素（たとえば *Sma*Ⅰあるいは *Sal*Ⅰ）で，その逆の方向に3′突出末端を切断面にもつ制限酵素（たとえば *Sph*Ⅰ）で切断する．
❷ この反応産物にエキソヌクレアーゼⅢを作用させると *Sma*Ⅰあるいは *Sal*Ⅰの切断面からのみ3′→5′の方向に削れてゆくので，一定時間ごとに反応を止め，反応産物をアガロースゲル電気泳動に流して削られ具合を確認する．
❸ 具合よく削れている反応産物をナタマメ（Mung Bean）ヌクレアーゼで処理して残った突出部分を分解除去して両末端を平滑末端に変える．
❹ つぎにDNAリガーゼで環状にしてから各試料ごと大腸菌に形質転換する．
❺ プラスミドをクローニングし，適当な制限酵素（図では *Bam*HI）で線状化してから再度アガロースゲル電気泳動にかけ，望んでいたように段階的に削れている一連のプラスミドを選別する．

8・1・2　遺伝子のプロモーター活性の解析

　遺伝子の転写を制御するプロモーター活性の解析には **CATアッセイ**が用いられる．プロモーター活性をもつと思われるDNA断片をCAT（クロラムフェニコールアセチルトランスフェラーゼ）遺伝子の上流に連結したプラスミドを準備し，細胞に導入して発現させる．予想どおりにプロモーター活性があればCAT遺伝子が転写され，以下のCAT活性が観察されるはずである．すなわち，48時間後に細胞を回収して細胞抽出液中のCAT活性を測定すると，^{14}C標識したクロラムフェニコール（chloramphenicol）にアセチルCoAからアセチル基が転移するのである．この反応産物は薄層クロマトグラフィーで展開して分離すれば検出できる（図8・5）．

　レポーター遺伝子としてはCATよりもルシフェラーゼの方が放射性物質を使わないですむので便利である．この場合には反応液には細胞抽出液とともにATPと基質のルシフェリンを加え，反応産物に生じる蛍光の強さを蛍光測定器（luminometer，ルミノメーター）で測定する．蛍光波長の異なる反応系（ホタルとウミシイタケなど）を同時に用いれば一つの細胞における二つのプロモーター活性を同時に測定することも可能である．CATアッセイよりも有効な測定強度幅（dynamic range）が広いうえに感度が高いので最近はこの方法が主流となっている．

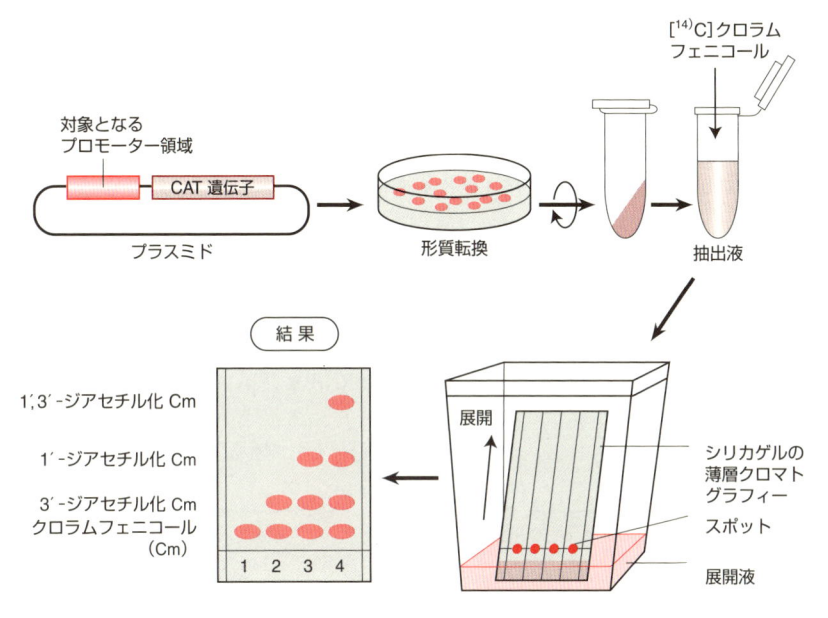

図 8・5　CAT アッセイ法の原理

8・1・3　遺伝子座位の決定

　染色体上の対象遺伝子の座位を決定する目的で主として用いられてきた技術に **FISH**（fluorescence *in situ* hybridization，蛍光 *in situ* ハイブリダイゼーション）がある．この技術では染色体 DNA をスライドガラス上で生きたまま（*in situ*）固定化処理を行い，そのままでプローブとハイブリダイゼーションを行って目的 DNA の染色体上の位置を検出する．

　実際には，まずスライドガラスの上に載せて培養した細胞を微小管阻害剤であるノコダゾール（nocodazole）で処理して細胞周期の M 期（有糸分裂期，mitosis）に同調させ，形態を保ったまま細胞膜を分解した後に細胞質を除去し染色体を露出させる．これと蛍光標識した DNA プローブをハイブリダイズさせ，洗浄して残った蛍光信号を顕微鏡下で観察する．染色体の種類は大きさでわかるので写真の分析から染色体上の対象遺伝子の座位が決定できる．異なった色調をもつ蛍光で標識した複数のプローブを用いれば，各 DNA プローブの信号の間の距離が 50 kb 程度の精度で決定できる．

　▍全ゲノム塩基配列が決定した現在ではこの技術の出番は少なくなった．

8・2 転写産物であるRNAの解析法
8・2・1 mRNAの転写開始位置を決める方法

　mRNAの転写開始位置を決める方法には二つある．**S1 マッピング**（S1 mapping）は一本鎖DNA（RNA）のみを分解するS1ヌクレアーゼを用いる方法で，まず標的遺伝子の転写開始点を含むDNA断片を変性して一本鎖にしたうえでmRNA（全ポリ(A)プラスRNA）とハイブリダイズさせる．すると転写開始点より上流のDNA断片はハイブリダイズせずに残るので，それをS1ヌクレアーゼで分解することで反応産物を得る．（図8・6a）．

　プライマー伸長法（primer extension）では転写開始点より下流のmRNA塩基配列に相補的なオリゴヌクレオチドを合成してmRNAとハイブリダイズさせ逆転写

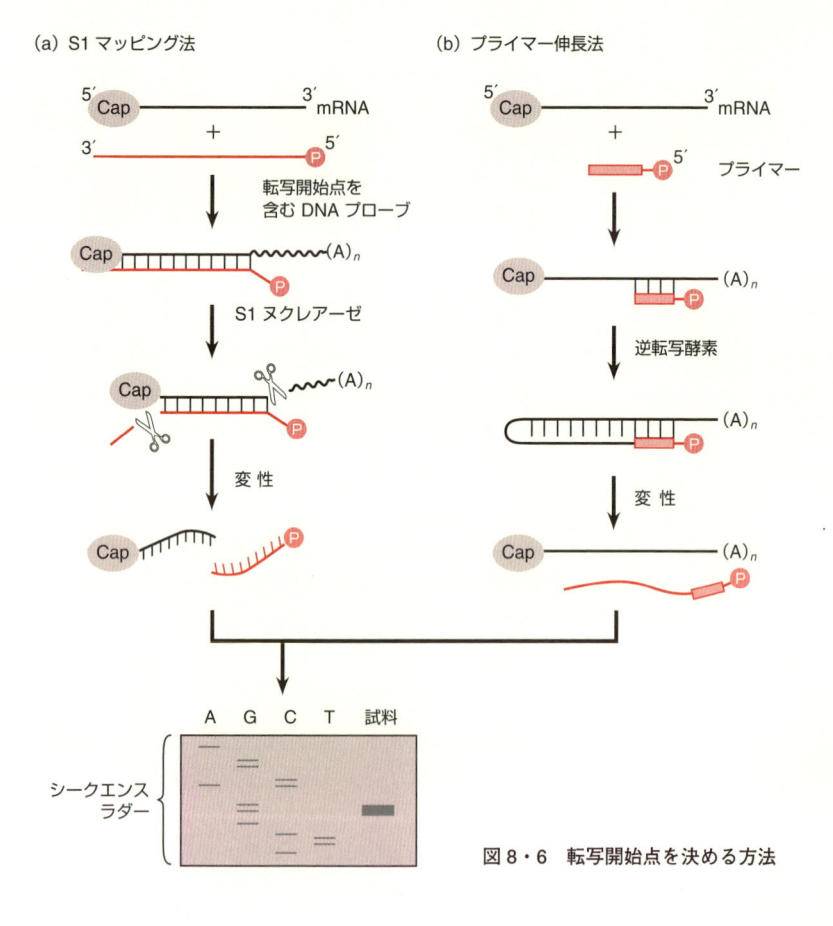

図8・6　転写開始点を決める方法

酵素で cDNA を合成させる（図 8・6b）．これら反応産物はポリアクリルアミドゲル電気泳動で解析するが，並行して塩基配列決定反応に用いた試料を泳動すれば1塩基レベルで正確に転写開始点が決定できる．

8・2・2　RNase 保護アッセイ

リボプローブマッピング（riboprobe mapping）あるいは **RNase 保護アッセイ**（RNase protection assay）は mRNA の検出，定量化や mRNA の転写開始点，終結点，スプライシングの位置を決定するのに有用である（図 8・7）．この技術では，RNase が標的 RNA と完全に一致してハイブリダイズした二本鎖 RNA は分解しないが，ミスマッチがあるとそこで切断するという性質を利用する．

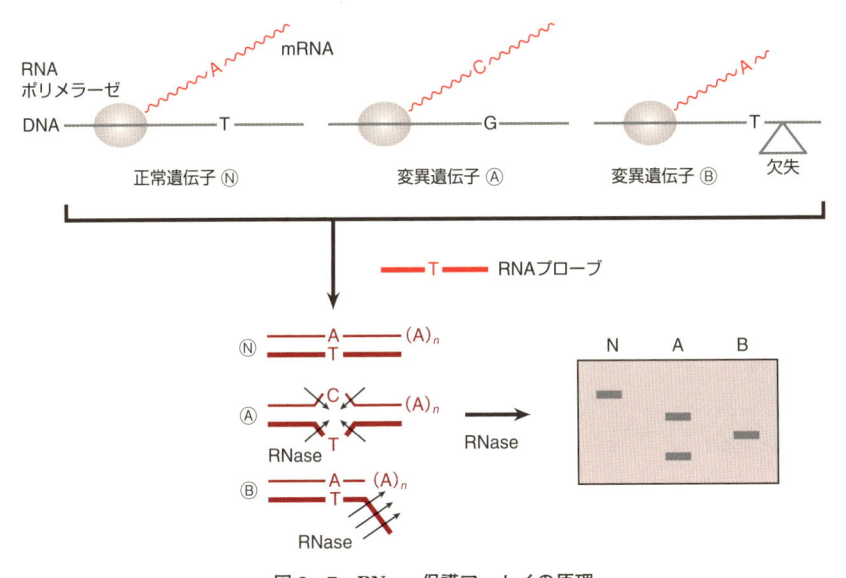

図 8・7　RNase 保護アッセイの原理

実験ではまず，^{32}P などで標識した mRNA をプローブとして試料 RNA とハイブリダイズさせたのち，RNase による消化を行う．その結果，ハイブリッド形成によって二本鎖になった部分のみが消化されずに残るので，その反応産物をアガロース（あるいはポリアクリルアミド）ゲル電気泳動に流しサイズを測定する．転写産物がプローブ RNA とまったく同一の塩基配列をもっていれば大きなサイズの1本のバンドを示すが，もしそうでなければミスマッチを起こすのでその位置で切断さ

> 同様の原理を S1 ヌクレアーゼについて応用し，^{32}P などで 5′ 末端を標識した一本鎖 DNA プローブを用いた実験（S1 マッピング）を行うこともできる．ただし比活性の高い 5′ 末端標識化一本鎖 DNA プローブを作製するのが容易でないのが欠点である．

8・2・3　細胞・組織レベルでの転写産物解析法

特定の遺伝子がどの組織で転写されているかを調べる実験には，転写産物である mRNA をハイブリダイゼーションにより組織標本ごと検索する *in situ* ハイブリダイゼーション（ISH）が用いられる．実験では，なるべく新鮮なうちに凍結した組織の凍結切片を薄切片作製器クリオスタット（cryostat）で 5～20 μm の厚さの連続切片として切り出し，スライドガラスに貼りつける．mRNA が分解していなければパラフィン包埋標本や灌流固定標本でもよい．プローブとしては RNA あるいはオリゴヌクレオチドが用いられる．組織中に存在する標的 mRNA の量が極微量と予測されるときには *in situ* RT-PCR 法が用いられる．これはスライドガラス上で直接に標的 mRNA に対するプライマーを用いた RT-PCR 反応を行う技術で，増幅された cDNA の検出は *in situ* ハイブリダイゼーションと同様に行う．

核ランオンアッセイ（nuclear run-on assay）は特定の遺伝子のある時点における転写量の測定や RNA 合成速度の測定に有用である（図 8・8）．これを核ランオフアッセイ（nuclear run-off assay）とよぶこともある．細胞核を単離すると新たな転写は始まらないが，転写の伸長はそのまま進む（これを run-on とよぶ）という性

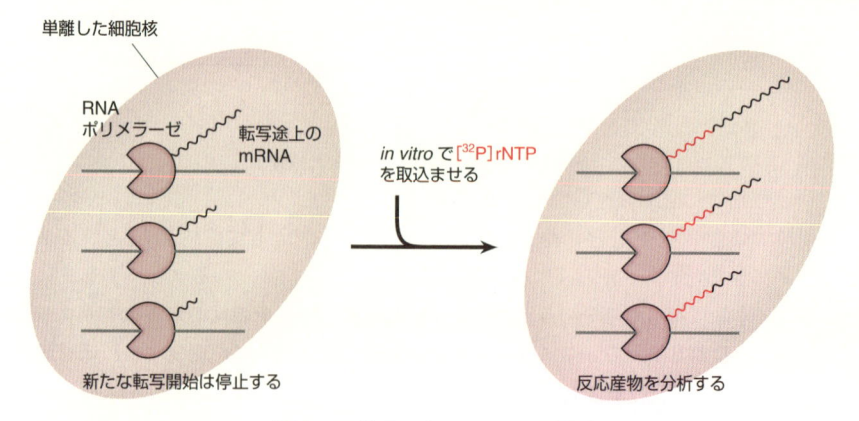

図 8・8　核ランオンアッセイの原理

質を利用する．単離核に ^{32}P で標識した rNTP を加え *in vitro* で反応を転写終結まで続けさせると，取込まれた放射能の量から合成された mRNA の分子数や合成伸長速度（RNA ポリメラーゼの移動速度）が算出できる．特定のプローブ DNA 断片とハイブリダイズさせれば単離したときに転写された標的遺伝子の転写量を正確に測定することもできる．これまでの実験では伸長速度は mRNA による違いはほとんどなく，転写速度は転写開始効率に大きく左右されることがわかっている．

8・3 発現されたタンパク質の解析法
8・3・1 免疫沈降とプルダウンアッセイ

タンパク質間（ここでは X と Y）の相互作用を解析する方法には *in vivo* での解析と *in vitro* での解析の 2 通りがある．*in vivo* での相互作用は以下のようにして解析する．

❶ X に対する抗体と本来細胞の中に存在する X タンパク質を結合させる．
❷ セファロース樹脂ビーズ（Sepharose beads）を付加させた二次抗体（抗 IgG 抗体）をこの抗体に結合させる．
❸ ビーズが遠心により沈殿する性質を利用して沈降させ，変性ポリアクリルアミドゲル電気泳動に流す．
❹ 沈殿物を Y に対する抗体をプローブとしてウエスタンブロット解析する．もし相互作用していれば Y のサイズの位置にバンドが検出される（図 8・9a）．

> 通常はこの逆に抗 Y 抗体で免疫沈降して抗 X 抗体をプローブとして解析し，裏づけをとる．ただし，これらの結果は X と Y が同じ複合体に含まれることがわかるだけで，必ずしも直接の結合を示唆しているわけではない．たとえば三つのタンパク質（X, Y, Z）が Z を仲介タンパク質として複合体を構成していて，直接結合しているのは X と Z および Z と Y のみの場合でも免疫沈降実験からは同じ結果が得られる．

X や Y に対する良い抗体が入手できない場合や，X や Y の発現量が低い場合には相互作用していても検出が困難となる．そのようなときは GST-X と FLAG-Y（§7・1・1 参照）のようにタグを付けた融合タンパク質が発現するようなプラスミドを作製し，それらを解析したい細胞内へ導入して大量発現させたうえで抗 GST 抗体で免疫沈降して抗 FLAG 抗体をプローブとして解析する．もちろん逆の実験を行って裏づけをとる．この方法では大量発現させているため本来の相互作用より認識が甘くなっている可能性もあるため準 *in vivo* での相互作用と解釈される．

in vitro での相互作用を調べる方法は**プルダウンアッセイ**（pull-down assay）が多く用いられる．純化したタンパク質どうしの1対1の結合をテストしたいときはそれぞれを GST や FLAG でタグをつけて融合タンパク質として大腸菌などで大量発現させて純化したうえで一方のタグ抗体で免疫沈殿し，他方のタグ抗体でウェスタンブロット解析を行う（図8・9b）．

> GST（glutathione S-transferase，グルタチオン S-トランスフェラーゼ）をタグとする場合には GST（酵素）の基質である GSH（グルタチオン）をセファロース樹脂に付加したグルタチオンビーズと結合させれば樹脂を遠心で沈殿させるというやり方でプルダウンする方法もある．このほかツーハイブリッドシステム（§6・3・2参照）も *in vitro* での直接な相互作用を調べる方法として頻繁に用いられる．

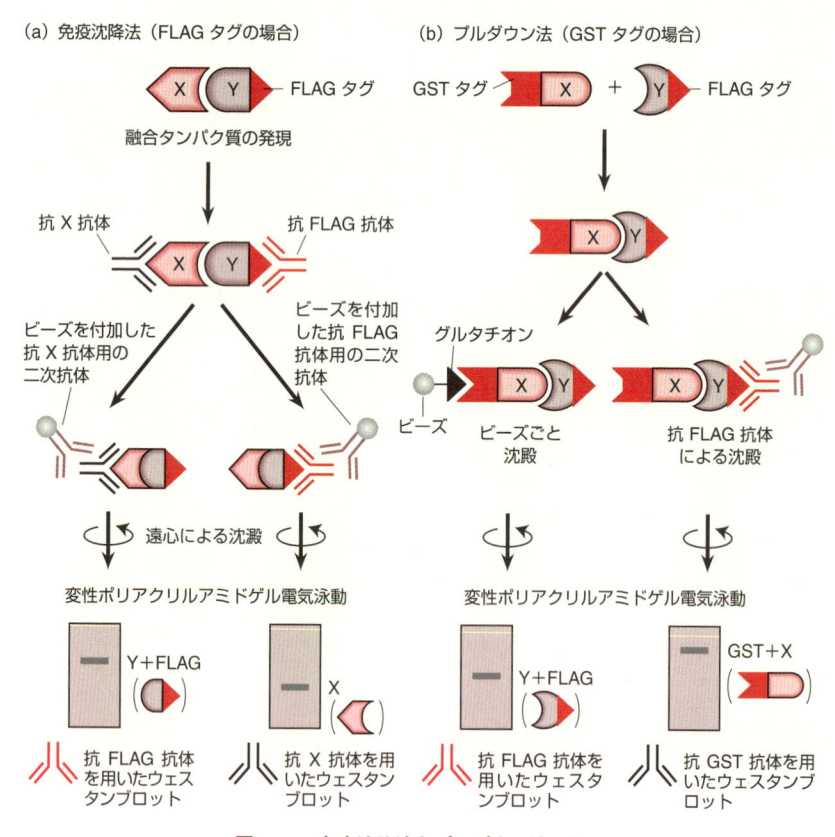

図8・9 免疫沈降法とプルダウン法の原理

8・3・2 蛍光共鳴エネルギー転移法

タンパク質間相互作用の測定法としては，2種類の蛍光物質をタグとして付加する **FRET**（蛍光共鳴エネルギー転移法，fluorescence resonance energy transfer）も有用である．これは2種類の蛍光物質間の距離が小さくなると蛍光エネルギーが一方から他方へと移動する性質を利用した蛍光測定技術で，黄色蛍光タンパク質（YFP）と青紫色蛍光タンパク質（CFP）がよく用いられる（図8・10）．

> これらはオワンクラゲの緑色蛍光タンパク質（GFP, green fluorescent protein）を改変して他の波長の蛍光を発色できるようにしたタンパク質であり，融合タンパク質として発現させる．

CFP に最適な励起光を当てると YFP は発光しないのだが，両者の距離が縮まると CFP から出た蛍光エネルギーが YFP へ転移して吸収され，それによって YFP が黄色に発光するという性質を利用する．

(a) CFP と YFP が接近すると YFP も蛍光（黄色）を発する

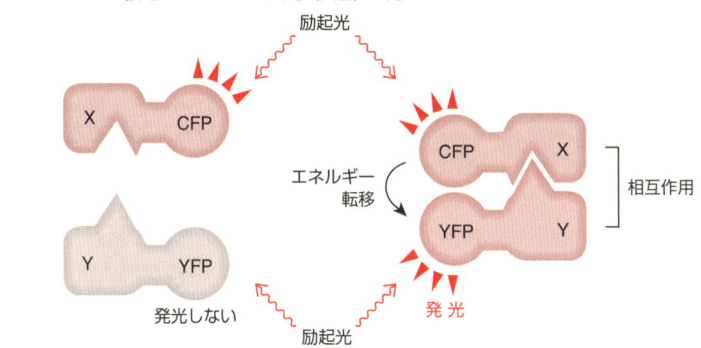

(b) FRET を利用した細胞内 Ca^{2+} の決定法

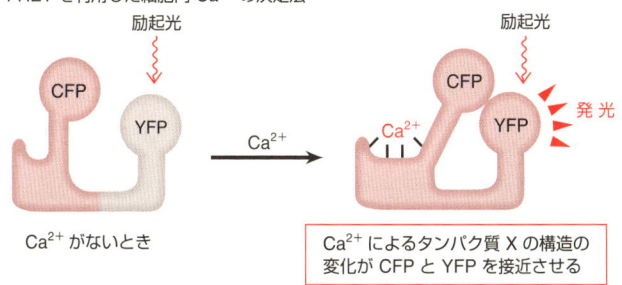

Ca^{2+} によるタンパク質 X の構造の変化が CFP と YFP を接近させる

図 8・10　蛍光共鳴エネルギー転移法（FRET）の原理

たとえば，2種類のタンパク質（XとY）に別々にX-CFP，Y-YFPという具合に融合タンパク質として発現させるとXとYが離れているときにはCFPの青紫色の蛍光が観察される．ところがXとYが結合するとCFPとYFPが接近してFRETが起こるので黄色の蛍光が発光し，CFPの青紫色と合わせて緑色の蛍光が観察できる．この性質を利用すれば顕微鏡下でXとYの結合状態の変化が細胞が生きたままの状態で記録できる（図8・10a）．他方，対象タンパク質XがカルシウムイオンCa^{2+}を取込むと立体構造が変化する性質をもつとする．YFPとCFPが空間的に接近してFRETが起こるように設計して融合タンパク質としてYFP-X-CFPを細胞内で発現させると，FRETを測定すれば細胞内のCa^{2+}濃度の変化が細胞が生きたまま観察できることになる（図8・10b）．

8・3・3　表面プラズモン共鳴測定

タンパク質をはじめとした物質間の相互作用の動態をリアルタイムで検出できる機器としてビアコア（BIAcore, biophysical interaction analysis core）システムは有用である．溶液に溶けている物質間の相互作用によって変化する溶液の屈折率の変化を反射光の強度変化として測定する．原理と実際は以下のようにまとめられる．

1) 光が媒質と金属薄膜の二つの層からなる物質に入射せずに全反射するときには表面にエバネッセント波（evanescent wave），境界面に表面プラズモン（SPR, surface plasmon resonance）とよばれる表面波が生じる（図8・11a）．これらの波数が一致すると共鳴が起こり，そのときにSPRの励起に使われるエネルギー分だけ反射光の強度が減少する．

2) SPRの波数k_{sp}は角振動数ω，光速度c，金属薄膜の誘電率ε，隣接する物質の屈折率nによって
$$k_{sp} = (\omega/c)\sqrt{(\varepsilon n^2)/(\varepsilon + n^2)}$$
と表される．

3) エバネッセント波の波数（k_e）は入射角θの波数k_pと$k_e = k_p \sin\theta$の関係がある．

4) k_eとk_{sp}が一致するときに共鳴が生じて光のエネルギーの一部がSPRの励起に使われる．

5) ゆえにこのとき$\theta = \sin^{-1}(k_{sp}/k_p)$となり，2)の式と合わせれば反射光が減弱する入射角θを屈折率nの関数として表せる．具体的にはある入射角に対して谷をもつ反射光曲線を得る．この谷のずれによって溶液の屈折率が測定できるようになっている（図8・11b）．

8・3 発現されたタンパク質の解析法

(a) SPR の原理

入射光 / 反射光
θ
エバネッセント波
金属薄膜 < 1μm
共鳴
媒質（屈折率 η）
表面プラズモン

(b)
反射光強度
I　II
ΔR
ピクセル (Pixel) 数

共鳴シグナル
(センソグラム)
I
II
ΔR
時間

(c) ビアコア (BIAcore) システム

光源　プリズム　検出器
反射光 I
センサーチップ
反射光 II
緩衝液の流れ　緩衝液の流れ

センサーチップの構造
ガラスの支持体
金フィルム
デキストランマトリックス

(d)
結合
解離
再生
再使用可
アナライト
結合したアナライトの濃度に比例
リガンド

共鳴シグナル [KRU]
時間 [秒]

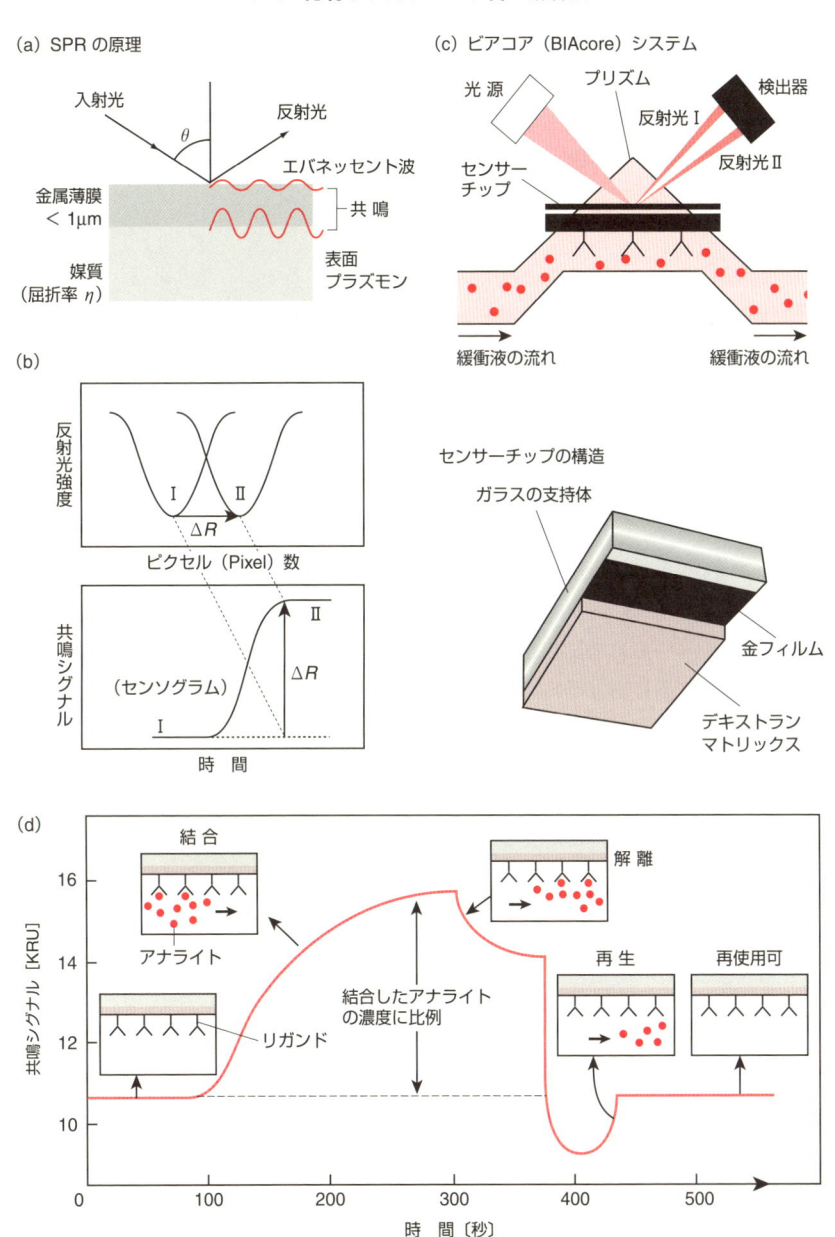

図 8・11　ビアコアシステムによるタンパク質間の相互作用の解析

実際の機器（BIAcore）では光源，プリズム，センサーチップ（プリズムの底に 50 nm の金薄膜を貼り付けたもの），検出器，自動試料解析装置から構成される．プリズム底部と薄膜の界面に 760 nm の偏光を照射して生じた薄膜上のエバネッセント波を検出する（図 8・11c）．センサーチップの表面に固定して置いたリガンド（ligand；たとえばタンパク質 X）にアナライト（analyte，たとえば試料タンパク質 Y）を溶かした溶液を流動させると，リガンドとアナライト（タンパク質 X と Y）が結合したときのみプラズモン共鳴シグナルが変化するのでこれを記録して結合の強度や速度などの相互作用の動態を解析する．

> 一般的に測定曲線（sensorgram）は図 8・11d のようになる．アナライトを解析器に注入後リガンドとアナライトが結合すると共鳴シグナルが曲線状に上昇するが，その形状から結合速度定数が算出される．注入が終わり緩衝液を流して洗うと解離を始め減少曲線を描くが，その形状からは解離速度定数が算出される．さらにこの二つの定数から解離定数（K_d）を計算できる．

8・3・4 DNA 結合因子の解析

タンパク質と DNA の相互作用の研究も重要であるため，いくつかの解析法が開発されてきた．一般に DNA にタンパク質を結合させて未変性ポリアクリルアミドゲル電気泳動にかけると DNA だけのときよりもサイズが大きくなるため泳動速度が遅くなりバンドがゲルの上側に移動するのが観察される．この性質を利用してある標的タンパク質が特定の DNA 断片に結合するかどうかを調べる方法を**ゲルシフトアッセイ**（gel shift assay）とよぶ（図 8・12）．実験は放射能で標識した DNA 断片を用いて行うが，結合させる溶液に非標識の DNA 断片を混入させたときに移動

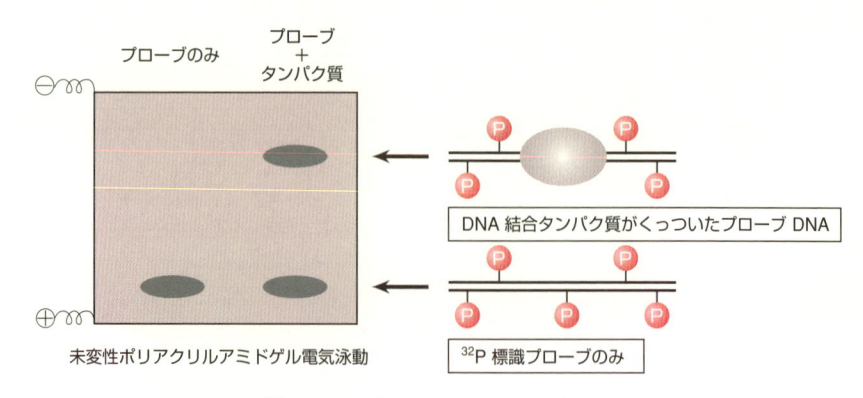

図 8・12　ゲルシフトアッセイの原理

したバンドの放射能強度が減少することを同時に示すことができれば結合の特異性も証明することができる．さらにシフトしたバンドから DNA-タンパク質複合体を回収することも可能である．

一方，**フットプリントアッセイ**（footprint assay）はタンパク質が結合している DNA 領域を検出するのに有用である．実験では 5′ 末端を ^{32}P で標識した DNA に対象タンパク質を結合させた後に少量の DNase I で軽く消化する．反応産物を SDS（sodium dodecyl sulfate, ドデシル硫酸ナトリウム）を含む変性ポリアクリルアミド電気泳動で泳動すると ^{32}P を 5′ 末端にもつ DNA 断片だけが X 線フィルム上にはしご状にバンドとして検出されるが，このときタンパク質が結合していた部分は DNase I で消化されずに残るため，その長さに相当するバンドは消失して空隙となってみえる（図 8・13）．これをタンパク質の足跡に見立て，フットプリントとよぶようになった．

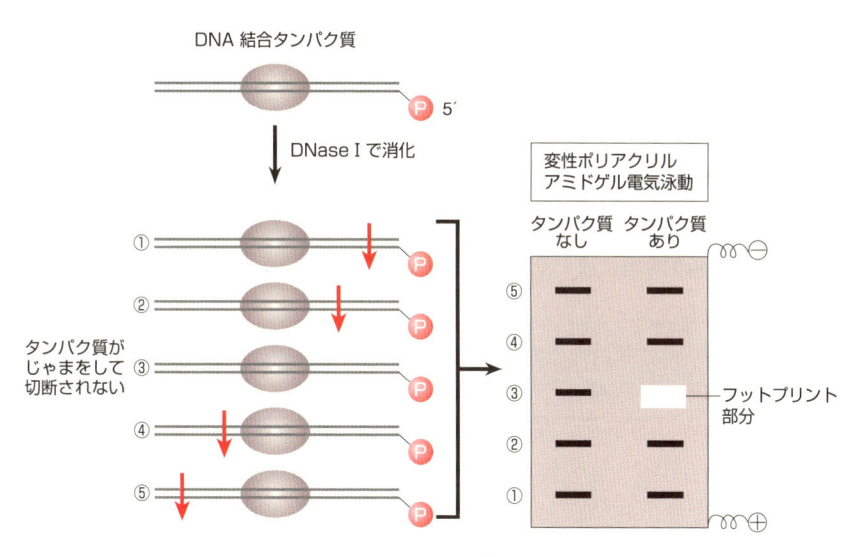

図 8・13 **DNase I フットプリント法の原理**

このほか DNA-タンパク質複合体を含む溶液にジメチル硫酸（DMS，dimethyl sulfate）を加えると結合部位の塩基配列を詳細に検討できる．なぜなら DMS は DNA 断片の中のグアニンをメチル化するが，結合したタンパク質に被覆されているグアニンにはメチル基が取込まれないからである．この試料を電気泳動後バンドを回収してその塩基配列を決定するとシフトしたバンドから回収した DNA 断片で

はグアニンに相当するバンドが消失するので，その位置にタンパク質が結合していたと推測できる．

8・3・5 クロマチン免疫沈降法

転写制御因子などの DNA 結合タンパク質と DNA の結合状態を *in vivo* で調べる方法として**クロマチン免疫沈降法**（ChIP，chromatin immunoprecipitation）がよく使われる（図 8・14）．この技術は標的タンパク質が結合する未知の DNA 断片の塩基配列を見つける目的でも使えるが，それ以上に既知の塩基配列にどの程度の量が結合しているのかの状態を細胞の置かれた条件によって測定するという目的で使うと有用である．実験では，

❶ ホルムアルデヒドで細胞を処理することで核内の DNA-タンパク質複合体を架橋した後に 4 塩基認識の制限酵素などにより DNA を断片化する．

❷ ついで反応産物を当該タンパク質の抗体あるいはタグとの融合タンパク質であれば抗タグ抗体によって免疫沈降し，フェノール処理にて除タンパクして当該タンパク質に結合している DNA 断片を回収する．このとき，タンパク質と結合している DNA 領域には酵素は作用しないので切断されず，その部分のみ回収されているはずである．

❸ 適当なプライマーを設定してこの DNA 断片を PCR 増幅し，反応産物をアガロースゲル電気泳動に流してバンドを検出する．

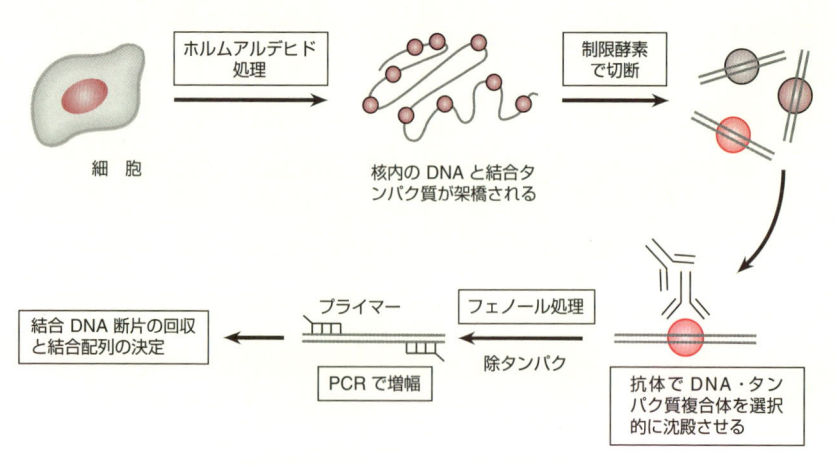

図 8・14　クロマチン免疫沈降法の原理

8・3・6 DNA結合配列の決定法

転写制御因子などのDNA結合タンパク質が特異的に結合するDNA塩基配列を決定する方法には以下の二つがよく使われる．

a. CASTing（cyclic amplification and selecion of targets）

CASTingではタンパク質が結合したDNAごと抗体に融合させて免疫沈殿し，回収したDNAをPCRによって増幅して解析する（図8・15a）．実際の手順は，

❶ 両端にPCRのプライマーとなる塩基配列を付加した30塩基程度のランダムな塩基配列をもつオリゴヌクレオチドを準備し対象タンパク質と混ぜ，対象タン

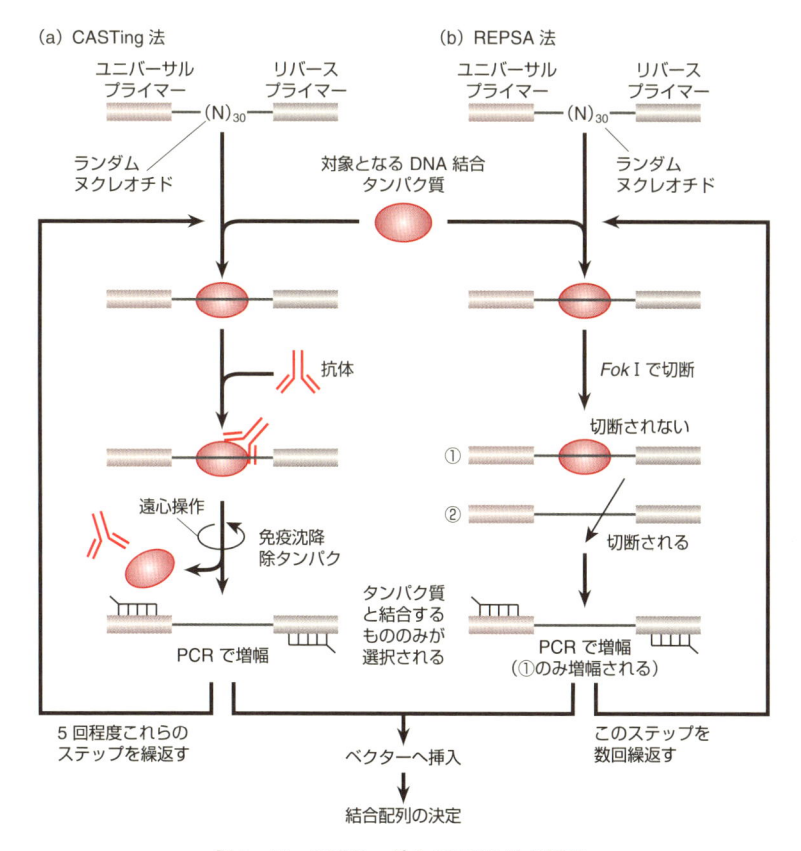

図8・15　CASTing法とREPSA法の原理

パク質に対する抗体あるいはタグを付けた融合タンパク質であれば抗タグ抗体で免疫沈降する（図8・15a）．
❷ フェノール処理により除タンパクしてから当該タンパク質に結合しているオリゴヌクレオチドを回収し，これをPCRで増幅する．
❸ 増幅したDNA断片を用いて対象タンパク質を再度結合させ，免疫沈降してPCR増幅するという作業を5回くらい繰返すことで特異的に結合しているDNA断片のみを濃縮する．
❹ 個々のDNA断片をプラスミドDNAに挿入してクローニングし，その塩基配列を決定する．
❺ いくつかのDNA断片に共通している数塩基の配列が対象タンパク質の特異的な結合配列だと解釈できるので，その塩基配列をもつオリゴヌクレオチドを合成してゲルシフトアッセイを行い確認する．

タンパク質と結合しているDNA領域は制限酵素で切断されないという特徴を利用した **REPSA**（restriction endonuclease protection selection amplification）はDNAとの結合能力が弱いタンパク質の場合にも有効である（図8・15b）．やはり30塩基程度のランダムな塩基配列をもち，端に認識配列と切断配列が異なる制限酵素（*Fok*Iなど）の認識配列を付加させたオリゴヌクレオチドを用意する．これを対象タンパク質と混ぜ，制限酵素で切断した後にPCR増幅する．この操作を数回繰返すことで対象タンパク質が特異的に結合するDNA断片のみを濃縮させる．

8・3・7 質量分析

タンパク質の性質を知るための優れた技術として質量分析が新たな注目を浴びている．技術の進歩によって高い感度と精度で迅速にタンパク質の分析ができるようになってから，応用範囲が格段に広がった．特にヒト全ゲノム塩基配列決定後のプロテオームの時代（第4章参照）に入ってその活躍が期待されている．その用途は，タンパク質の分子量の測定，タンパク質分解物（ペプチド混合物）の質量スペクトル解析，アミノ酸配列分析，翻訳修飾の分析，タンパク質間相互作用の分析など幅広い範囲にわたるようになってきた．

質量分析装置（MS, mass spectrometer）はペプチドをイオン化した後に質量と電荷の比によって分離し，その強度を測定することで試料の質量を正確に決定する機器である．イオン化の仕方およびイオンの分離法によっていくつかのタイプに分類できる．試料タンパク質の分子量，極性，熱安定性，揮発性などを考慮してイオン化法を選択し，それと相性の良いイオン分離法を組合わせる．

8・3 発現されたタンパク質の解析法

MALDI(matrix-assisted laser desorption/ionization)は試料タンパク質をタンパク質分解酵素でペプチドまで切断したあとイオン化する方法で，金属板にペプチドをスポットしておき，レーザー光を照射することでイオン化する．これを一定の加速電圧によって運動エネルギーを与えて加速し，真空度の高い管の中を自由飛行して検出器に到達させ，その飛行時間を測定して質量を算定するイオン分離装置はTOF-MS(time of flight mass spectrometer)とよばれる（図8・16a）．

(a) MALDI-TOF／MS

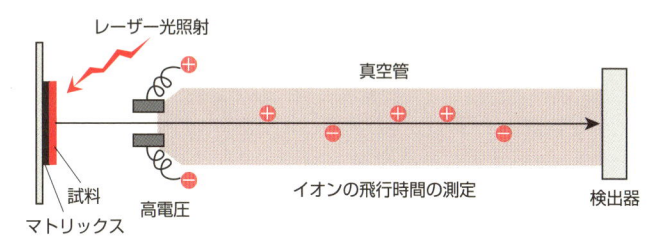

レーザー光照射　真空管

試料　マトリックス　高電圧　イオンの飛行時間の測定　検出器

(b) ESI

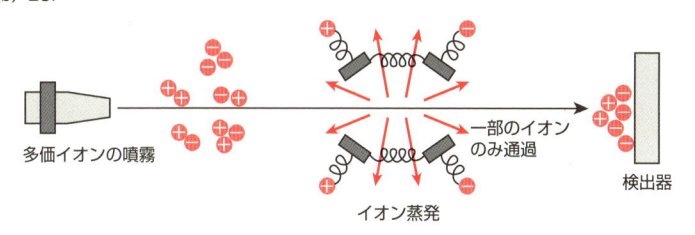

多価イオンの噴霧　一部のイオンのみ通過　検出器
イオン蒸発

図8・16　質量分析器の原理

ESI(electrospray ionization，エレクトロスプレーイオン化)はタンパク質やペプチド溶液を細管(capillary)の先端から大気圧中で強い電場の中に噴霧することでイオン化する方法である．多価イオンが生成しやすいため，ESIスペクトルは価数が一つずつ異なった隣接イオンが連なった多数のピークを示す特有のパターンを示す．ESIQ-TOF-MSがよく使われるが，この装置ではイオン化されたペプチドを直流と高周波交流とを重ねた電圧のかかった四重極(quadrupole)の電極中を通過させ，一定の質量/電荷の比をもつイオンだけが安定な振動をしてイオン検出器に到達できるという原理によって測定する（図8・16b）．

9 RNA 工学とタンパク質工学

遺伝子を操作することにより，遺伝子産物である RNA あるいはタンパク質をさまざまな形で操作することが可能になった．それらの研究分野をそれぞれ RNA 工学（RNA technology）およびタンパク質工学（protein technology）とよぶ．この章では，それらの原理と実際を解説しよう．

9・1 RNA 工 学

RNA 工学とは遺伝子操作技術を基盤として RNA を操作する技術の総称である．RNA が DNA と異なるのは糖の 2′ 位が H でなくて OH であることだが，このたった一つの酸素原子の存在のおかげで RNA の分子としての性質は DNA と大きく異なる（図 9・1）．DNA は一本鎖状態でも塩基を露出したまま直鎖状態になりやす

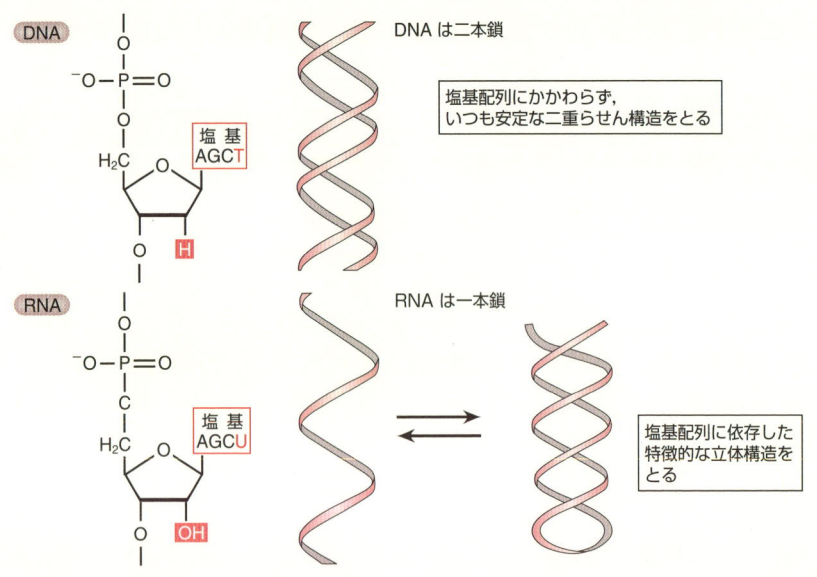

図 9・1　DNA と RNA の構造上の違い　2′ 位の炭素に DNA では H が，RNA では OH がつく．DNA におけるチミンは RNA ではウラシルとなる．DNA は塩基配列に依存せずに二本鎖として二重らせん構造をとるが，RNA は一本鎖で，ヘアピンなどの各分子に特徴的な立体構造をとる．

いため，相補鎖がハイブリッドを形成し，二重らせんとなってどこまでもまっすぐな構造をとる．他方，RNA は一本鎖状態でもまっすぐにはなれず，塩基に覆いかぶさるような形の独自な立体構造をとりやすい．この特質ゆえに RNA は多彩な構造と機能をもつことがわかってきた．本章では RNA 工学として成果を上げてきた技術のみでなく，まだ実用化されていないが将来的に有望な現象も取上げた．工夫しだいでこれらの現象を元にした新たな機能を RNA に付加するという実用化も可能である．

9・1・1　アンチセンス RNA

アンチセンス RNA（antisense RNA）とは標的 mRNA の特定の領域と相補的（逆向き）な塩基配列をもつ RNA 分子である．タンパク質合成の阻害剤として用いられる．化学合成した 20 塩基程度の小さなアンチセンス RNA をリポソームを用いて細胞に取込ませると，効率良く高い特異性をもって標的 mRNA とハイブリッドを形成して，タンパク質への翻訳を阻止する．

> RNA はそのまま細胞内に注入するとリボヌクレアーゼ（RNase）に分解されてしまう．アンチセンス RNA は，分解を防ぐためにホスホジエステル結合をホスホロチオエート（phosphorothioate）に改変したり，2′-OH 基を修飾する工夫がされている．

なかでもヌクレアーゼ耐性なモルホリノ（morpholino）化合物を骨格としたオリゴヌクレオチド（図 9・2）は，標的 RNA の二次構造にかかわらず高い特異性をもって強く結合するので，mRNA の 5′ キャップ部位から開始コドンの 25 塩基下流の間の塩基配列と相補鎖を形成させるだけで強力なタンパク質翻訳阻害作用を示す．高濃度に水解し，細胞毒性がなく熱安定な（オートクレーブ滅菌可能）だけでなく，タ

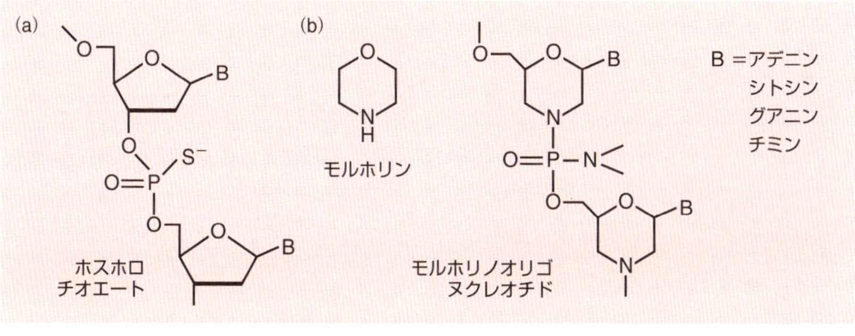

図 9・2　ホスホロチオエート（a）およびモルホリノオリゴヌクレオチド（b）の構造

> **RNA ワールド**
>
> "太古,地球上で生命が始まった時代にはタンパク質と核酸はどちらが先に生まれたのであろうか"という問題が古くから論じられてきた.この問いの答えとして,RNA がすべての始まりであり,太古には RNA のみの時代である **RNA ワールド**(RNA world)があったとする仮説が有力になっている.その理由は RNA は塩基配列として遺伝情報をもつのみでなく,リボザイムとして触媒活性も併せもつからである.DNA は RNA とは違って複雑な立体構造をとれないこともあって触媒活性はもたないし,タンパク質を構成するアミノ酸は遺伝情報とはなりえない.その後,RNA を構成する五炭糖の 2′ 位のヒドロキシ基(-OH)を還元して水素(-H)にすることでもっと安定に遺伝情報を蓄積・伝達できる DNA が生み出され,もっと効率の良い触媒活性をもつタンパク質が翻訳によって生み出されることになったのである.原始的な生物であるトリパノソーマ(*Trypanosoma*)でリボザイムが見つかったのはその名残であるとされる.実際,現在でも RNA 分子が多様な機能をもったまま活躍していることは,RNA ワールドが実際にあったことを納得させるに十分な証拠であろう.

ンパク質に対する非特異的な結合がないため培地に血清が含まれていても阻害効果が強いという利点もある.また 3′ 末端をビオチンや蛍光色素で標識したモルホリノオリゴヌクレオチド鎖を使えば,導入後の可視化も可能である.

これ以外にも,ホスホジエステル結合を電荷をもたないメチルホスホン酸で置換して細胞膜を通過しやすくして細胞内導入の効率を高める工夫もなされている.これらアンチセンス RNA は機能が不明な遺伝子の生理機能を迅速に推測できるのみでなく,RNA ウイルスの増殖阻害を目的とした医薬品としても有用とされる.

9・1・2 リボザイム

原生動物繊毛虫に属するテトラヒメナ(*Tetrahymena*)の rRNA 前駆体を用いた *in vitro* スプライシングの研究をしていた米国の T. Cech は 1981 年,RNA も酵素と同様の触媒活性をもつことを発見し,これを RNA と酵素(enzyme)の合成語として**リボザイム**(ribozyme)と名づけた.この RNA を特異的に切断するスプライシング反応はタンパク質の一切存在しない条件で,適当な塩濃度と Mg^{2+},グアノシン(pG_{OH})のもとに以下のような仕組みで自己触媒的(autocatalytic)に起こる(図 9・3).

❶ まずスプライシング部位の5′側（pA）に pG_{OH} が結合することにより U↑pA の位置でイントロンの5′末端を切断する．
❷ 同様にして3′末端も切断され，エキソンの U_{OH} と pU が結合する．
❸ イントロンは直鎖分子として切り出された後，これも自己触媒的に分子内の pA と3′末端の G_{OH} が結合して環状になる．
> この環状構造はスプライシング反応が逆方向に進むのを防ぐ役割をもつ．

❹ このとき，5′末端の15ヌクレオチドが切り出される．

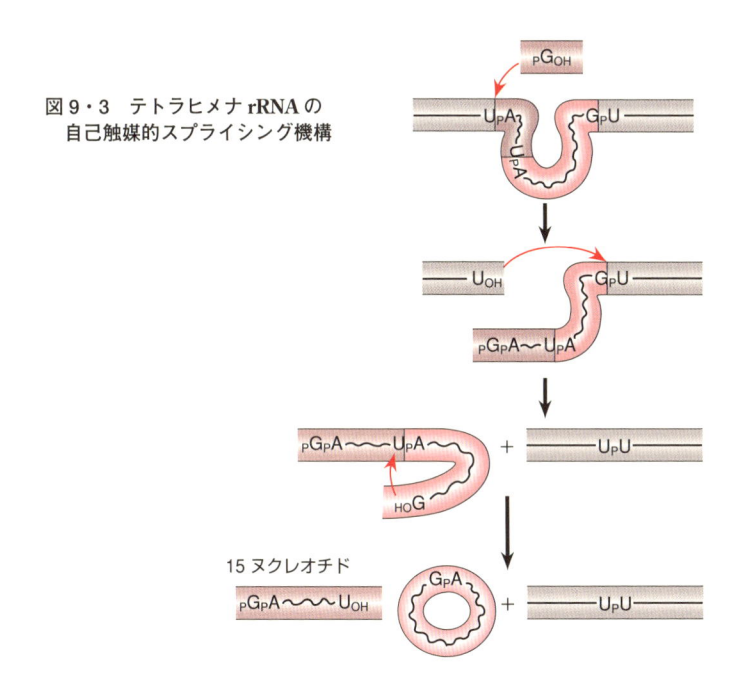

図9・3 テトラヒメナ rRNA の自己触媒的スプライシング機構

その後，同様の触媒活性をもつリボザイムがつぎつぎと発見されてきた．高分子量リボザイムには自己スプライシングをするⅠ型イントロン（group I intron），Ⅱ型イントロン，（Ⅰ型イントロンのスプライシングには Mg^{2+} とグアノシンが，Ⅱ型には Mg^{2+} とスペルミジンが要求される）あるいは RNase P（tRNA 前駆体の5′末端を切断する）が知られている．これらは細胞内ではタンパク質と複合体を形成して機能する．他方，低分子量リボザイムには3種類が知られている．

1) **ハンマーヘッド型リボザイム**（図9・4a） 三つの幹（ステム，stem）から構成され，触媒領域がハンマーヘッド形をしている．標的RNAをMg^{2+}イオン存在下でNU(A, C, U)，特にCUC配列のすぐ後で切断する．
2) **ヘアピン型リボザイム**（図9・4b） 四つのヘリックスと二つのループから成り，基質RNAループの$A_{-1}G_{+1}$間のホスホジエステル結合を特異的に切断する．
3) **HDVリボザイム**（図9・4c） 四つのステムから成り，ホルムアミドや尿素などのRNA変性剤で活性化される点が特徴的である（HDV：肝炎デルタウイルス）．

このほか，tRNAのアンチコドンを塩基配列特異的に切断するリボザイムとしてコリシンE5および大腸菌のPrrC（アンチコドンヌクレアーゼ）が発見されている．これらはRNAを標的として特定の塩基配列を認識して切断する酵素であるた

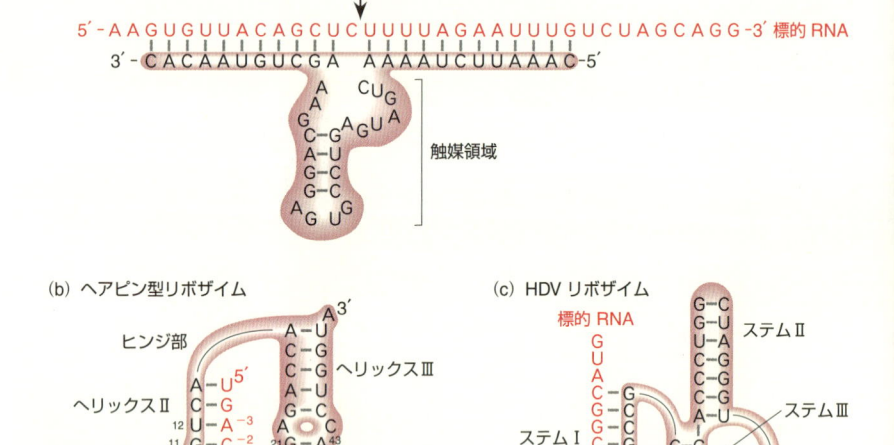

図9・4 リボザイムの構造 切断部位は矢印で表示．

め，RNA制限酵素（RNA restriction enzyme）とよばれることもある．

マキシザイム（maxizyme：minimized active x-shaped intelligent ribozyme）は慢性骨髄性白血病の原因となる染色体転座で生じたキメラmRNAを特異的に切断するように設計されたハンマーヘッド型リボザイムで，異常型mRNAのみを切断できる．マキシザイムをtRNAと連結した形で発現するベクターを用いてこのがん細胞に導入すると，異常型mRNAを発現しているがん細胞のみが高効率でアポトーシスにより死んだことから，この病気の治療薬としての期待がかかっている．

> このほか，人工的な改造酵素としてはガイドDNAを用いて，それとアニールさせたRNAをRNase Hを用いて切断することでRNA制限酵素としての活性をもたせたり，リボザイムを改造して塩基配列特異的に切断する能力をもたせようとする工夫もなされている．

9・1・3 アプタマー

アプタマー（aptamer）は特定の生体物質（特にタンパク質）に特異的に結合して作用する小さなRNAあるいはDNA分子である．合成語で，語源はラテン語で適合するという意味をもつ語（aptus）とオリゴマーの接尾語（mer）に由来する．塩基配列に依存してさまざまな特徴ある立体構造をとりやすいRNAは，その立体構造を介してタンパク質を含むあらゆる物質に結合できるという性質をもつ．この特性は標的物質に結合する分子を系統的に探索するための有用な技術として，創薬をはじめとした幅広い分野への応用が期待される．四つの塩基配列の組合わせによる天文学的な数字（たとえば25ヌクレオチドならば$4^{25} \risingdotseq 10^{15}$種類）をもつ多様な立体構造をもつRNA分子集団の中からアフィニティークロマトグラフィー（affinity chromatography）によって選択すれば標的分子に結合するRNA分子が純化できるという発想は素晴しい．

実はこの概念は基礎生物学である進化の研究の成果に由来する．すなわち，1984年にM. Eigenらによって提唱されたダーウィンの進化論に基づいた新しいバイオテクノロジーである進化分子工学（molecular evolution engineering）の成果の一つなのである．この発想は"有史以来長い時間をかけて起こった進化の道すじを試験管内でごく短時間に達成することで有用な分子を創製する"という理念に基づいている．変異（mutation），選択（selection），増幅（amplification）という三つの基本単位を効率良く短時間で繰返すシステムの構築が重要となる．

> この手法はSELEX（systematic evolution of ligands by exponential enrichment）とよばれることもある．

a. **アプタマー作製の手順**　具体的には PCR 法を主軸とした以下の手順で人工合成し，選択する（図 9・5）．

❶ T7 RNA プロモーターを含む 34 塩基と逆転写酵素のプライマーとなる 18 塩基にはさまれた，N（AGCT すべて）が 25 個連なったオリゴヌクレオチドの集団（$4^{25} \fallingdotseq 10^{15}$ 種類）を化学合成する．

❷ これを鋳型にして T7 RNA ポリメラーゼを働かせ，ランダムな RNA 分子集団を合成する．

❸ この分子集団を標的タンパク質を結合させた樹脂を詰めたガラス筒（カラムクロマトグラフィー）を塩濃度を高めた状態で通過させると，標的タンパク質に親和性をもつ RNA のみが樹脂に吸着される．

❹ 吸着した RNA 画分を低塩濃度の条件下で溶出させる．

❺ 溶出した RNA を鋳型にし，18 塩基部分をプライマーとして逆転写酵素を働かせてもう一度 DNA に転換する．ここで 1 サイクルが終了する．

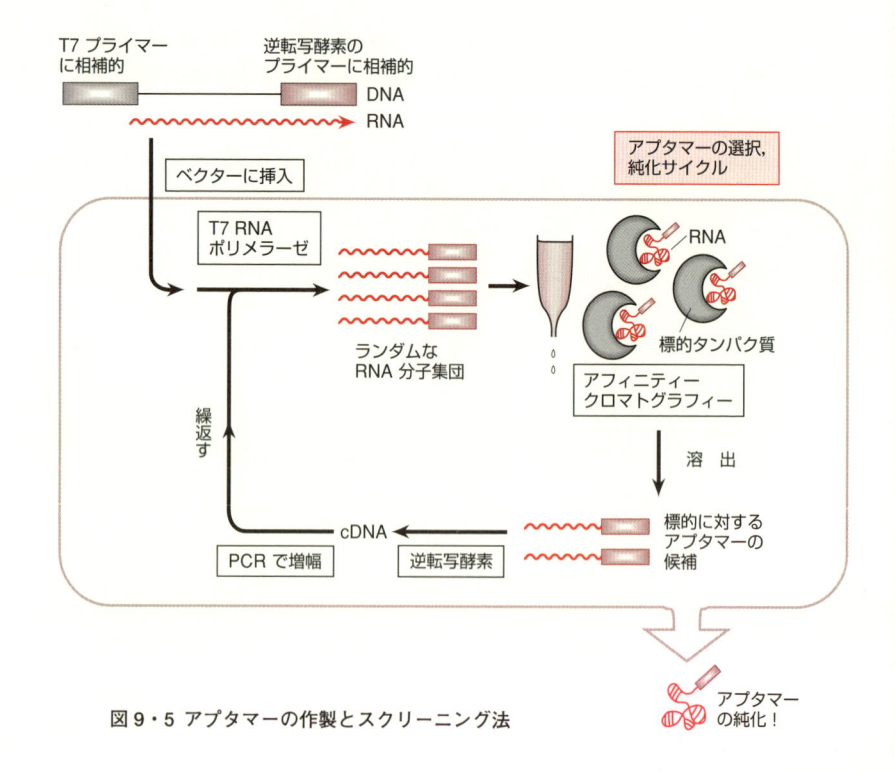

図 9・5　アプタマーの作製とスクリーニング法

❻ この DNA を PCR 法により再び増幅する.
❼ 増幅された DNA を用い, ❷〜❺ のプロセスを何回も繰返して特異的に結合するアプタマーを純化してゆく.

b. タンパク質結合性アプタマー　細胞内にはすでに多種類の RNA 結合タンパク質が存在するので, タンパク質と結合するアプタマーは比較的容易に単離できると期待される. たとえば血液凝固にかかわるトロンビンを標的にし, トロンビンに結合して活性を阻害する DNA アプタマーが DNA プールから単離された. このアプタマーは G と T の反復配列をもち, 立体構造を解析すると分子内四重鎖構造 (G-quartet) を形成していた (図 9・6). トロンビンに結合して活性を阻害する RNA アプタマーも 2 種類得られたが, 両方ともヘアピン構造をもっていた. これらは競合的には結合しないのでトロンビンの異なる部位に結合していると考えられる.

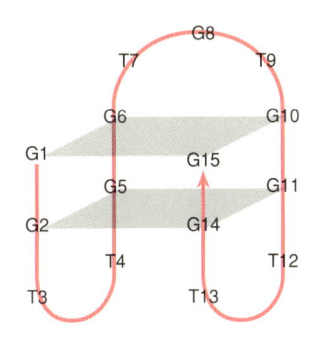

図 9・6　トロンビンに結合する DNA アプタマーの分子内四重鎖構造

病原性ウイルス由来のタンパク質に対するアプタマーの探索は医療への応用を期待してさかんに行われている. たとえばエイズウイルス (HIV-1) のコードする Rev タンパク質はウイルス RNA 中の RRE (rev responsive element) とよばれる領域に結合することによって自己 mRNA のスプライシングを制御している. この RRE 領域の RNA 配列の一部のみをランダムにしてアプタマーを選択したところ天然型 RRE より 3 倍高い親和性をもつアプタマーが多数とれた.

> このように一部のみをランダムにしてアプタマーを探索することを**ドープ選択** (dope selection) とよぶ.

それらのもつ共通配列は RRE のステム-ループ-ステム構造と同一だったことから, RRE のこの RNA 配列と Rev が直接結合していることが推定された. さらにループを構成する RNA 配列をランダムにしたドープ選択を行って親和性が天然型 RRE より 15 倍高いアプタマーをとった. このアプタマーの配列をもつ RRE を作

製して細胞内で発現させると，それが天然型 RRE と同等に Rev と結合することが確認されたので，これを HIV-1 感染細胞で発現させて HIV-1 の増殖を抑制する試みがなされている．

> 医薬品としての RNA アプタマーの安定性を増すため，不安定性の原因となっている 2′-OH をアミノ基やハロゲンに変えたヌクレオチドをプールにした RNA の合成も可能である．2′-アミノ誘導体を用いた bFGF（繊維芽細胞増殖因子）結合性アプタマーは bFGF と強く結合して活性を阻害するのみでなくヒト血清中での安定性が通常のアプタマーの千倍以上も高まったという．RNA 骨格のリン酸基をチオリン酸に変えて bFGF などに結合性のアプタマーを単離した例もある．

c. アミノ酸結合性アプタマー　I型イントロンの反応に必要な GMP（guanosine mononucleotide）が結合する領域に L-アルギニンが結合して反応を阻害することが見いだされた．多数の生物種の I 型イントロン（447 例）の GMP 結合領域を調べると 442 例がアルギニンのコドンに相当する AGR（R=A/G）または CGN（N=A/G/C/U）配列をもっていた．

> この事実は太古の時代にはコドンを構成する三つのヌクレオチドがアミノ酸と直接結合していたことを示唆するという考え方もある．

そこでアルギニンに結合するアプタマーをスクリーニングしたところ，得られた三つとも GMP にも親和性を示し，そのうち一つには AGG 配列が含まれていた．GMP を構成するグアノシンの 1 位のイミノ基と 2 位のアミノ基の立体構造がアルギニン側鎖のグアニジノ側鎖のそれと類似しているからであろう（図 9・7）．このアプタマー（D-RNA）と鏡像関係にある L-RNA を L 体のヌクレオチドを用いて化学合成したところ，この L-RNA は通常の D-アルギニンよりも L-アルギニンに高い親和性を示したという．L-RNA はヌクレアーゼによる分解を受けにくいので医療用の素材としての応用が考えられる．

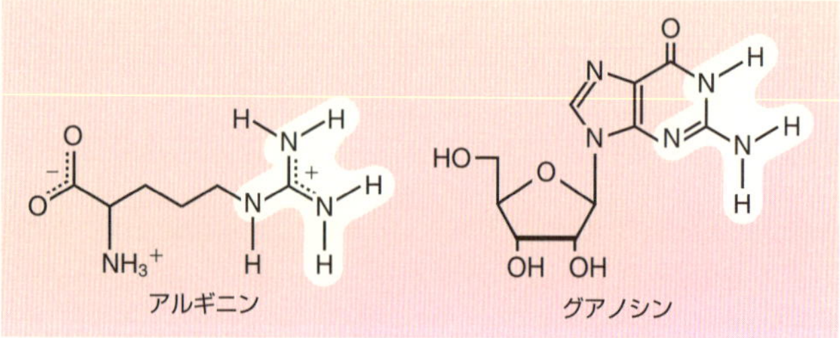

図 9・7　アルギニンの側鎖とグアノシンの塩基部分の類似

d. 抗生物質結合性アプタマー　リボソーム中の rRNA に結合してタンパク質生合成を阻害するアミノグルコシド系抗生物質は，ハンマーヘッド型リボザイムや I 型イントロンにも結合することがわかった．そこで，抗生物質を標的としたアプタマー探索がなされ，実際さまざまな抗生物質に結合するアプタマーが単離されてきた．立体構造を解析すると，これらアプタマーには抗生物質がすっぽりはまるような結合ポケットがあった．抗生物質であるカナマイシンに特異的に結合する RNA アプタマーを大腸菌内で発現させることにより，大腸菌をカナマイシン抵抗性に形質転換できる．同様にして，色素結合性 RNA アプタマーの配列をある mRNA の 5′ 末端非翻訳領域に挿入し，培養液に色素を加えて真核生物細胞内で転写させると，このタンパク質の翻訳が特異的に阻害されたという．

9・1・4　転移メッセンジャー RNA

　大腸菌で ssrA 遺伝子にコードされた 10Sa と名づけられた RNA (362 ヌクレオチド) が tRNA と mRNA の機能を併せもつことが発見された．このような RNA 分子は**転移メッセンジャー RNA** (transfer-messenger RNA, **tmRNA**) と総称され，それが果たす機能は**トランストランスレーション** (trans-translation) とよばれている (図 9・8)．これまでの研究から，すべての tmRNA が CCA(3′) 末端を含むアミノ酸受容ステムと TΨC アームに相当する tRNA 様の構造 (p.14, 図 1・8 参照) をもつことや，細胞内では多くの tmRNA が 70S リボソームに結合しており，*in vitro* でアラニル tRNA 合成酵素に認識されてアラニンを付加される点で tRNA に類似の挙動をすることがわかっている．tmRNA は一つの酵素を二つの遺伝子から合成する現象を仲介するという点で例外的であるが，遺伝子操作の可能性を探るうえでも注目すべき分子である．

　トランストランスレーションの生理的意義は "翻訳を終止できずに困っているリボソームの救出" である．一般に大腸菌はストレスを受けると細胞内に転写が途中で阻止されたり，RNA 分解酵素によって壊されてタンパク質への翻訳を終止できない (終止コドンを欠損した) mRNA が少なからず蓄積してしまう．誤ってこの種の mRNA に対して翻訳を開始してしまったリボソームは翻訳プロセスを終止できないため mRNA の 3′ 末端まで届いたまま立往生している．そのようなリボソームを標的として以下のような仕組みでトランストランスレーションが起こる．

❶ まず 10Sa RNA が，立往生しているリボソームと mRNA の複合体に結合する．
　　　その際，10Sa RNA はクローバー葉構造をもっているおかげで tRNA の代わりにリボソームの P 部位へ入り込むことができる．

9. RNA工学とタンパク質工学

❷ 運んでいたアラニン（図9・8では色文字のAla）をtRNAと同様の仕組みで途中で翻訳を停止していたタンパク質に付加する．

> 本来ならmRNAが入り込んでいるはずのリボソーム内の隙間にも10Sa RNA自身が入り込み，*ssrA*の塩基配列をmRNAの情報としてリボソームに認識させてしまう．

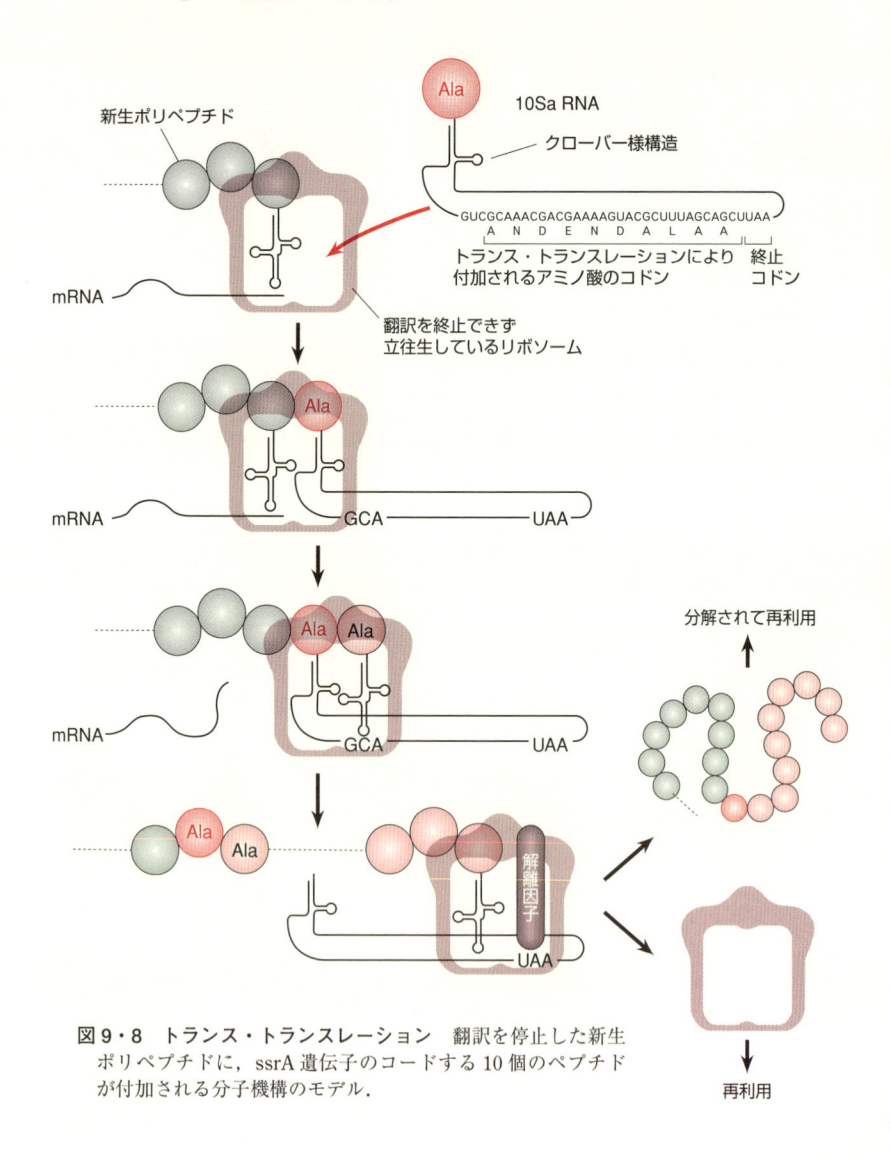

図9・8　トランス・トランスレーション　翻訳を停止した新生ポリペプチドに，ssrA遺伝子のコードする10個のペプチドが付加される分子機構のモデル．

❸ 先客の mRNA は排除され，細胞内の正常な tRNA（図では黒文字の Ala）を利用して新たな翻訳が開始される．
❹ 通常の翻訳どおり ssrA の塩基配列に従ってつぎつぎとアミノ酸が付加される．
❺ ssrA の終止コドンに到達すると解離因子が入り込み，翻訳ずみのタンパク質と 10Sa RNA がリボソームから解離する．リボソームは再利用されて新たな mRNA の翻訳を開始する．
❻ 一方，ssrA のコードする 10 個のペプチドが付加されたタンパク質は，これをシグナルとして認識する大腸菌細胞内のタンパク質分解酵素系によって壊され，その結果生じたアミノ酸もまた再利用される．

> 同様な役割を担う tmRNA がマイコプラズマ（*Mycoplasma capricolum*）や枯草菌（*Bacillus subtilis*）などからもつぎつぎと単離され，現在までに 70 種類以上の細菌で発見されてきた．しかし，真核生物では藻類の葉緑体に存在することが示唆されているのみで，古細菌（*Archea*）からも見つかっていない．

9・1・5 RNA 干渉

RNA 干渉（**RNAi**，RNA interference）は，21〜23 ヌクレオチド（nt）からなる二本鎖 RNA 分子が外部から細胞に導入されたときに，それと同じ塩基配列をもった遺伝子の発現を抑制する現象である（図 9・9）．

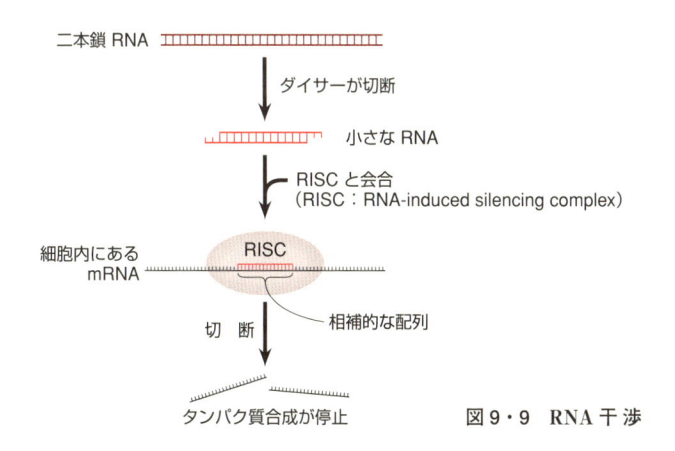

図 9・9 RNA 干渉

RNA 干渉を起こす RNA（**siRNA**，small interfering RNA）は最初，線虫（*C. elegans*）で発見され，その後ヒトを含む多くの細胞で RNA 干渉を起こすことがわかってきた．RNA 干渉は RNA ウイルスやトランスポゾンなどの外敵から細胞を守

る防衛機構（一種の免疫反応）である．

　一方，ヒト細胞の中に siRNA と同じ働きをする 20～25 nt の一本鎖 RNA 分子が約千種類見つかり，**miRNA**（microRNA）と総称された．miRNA は約 70 nt の前駆体 RNA（ヘアピンを構成する）として転写されたのち，**ダイサー**（Dicer）とよばれる酵素で切り出されてから，標的 mRNA の翻訳阻害や標的 DNA の構成するクロマチンの不活性化などを起こす（図 9・10）．

　miRNA と siRNA は以下の諸点において異なっている．

1) siRNA は原則として外来性（ごく一部は内在性）だが，miRNA は内在性でゲノムから転写される．
2) miRNA は一本鎖 RNA としてハイブリダイズすることで標的 mRNA の"翻訳を阻害する"．一方，siRNA は dsRNA のまま（あるいは一本鎖 RNA として）作用して標的 mRNA の"分解を誘導する"．このとき，dsRNA の相補鎖側がガイドとなって標的 mRNA をウラシルの位置で切断する．
3) 翻訳阻害や mRNA 分解に作用する RNA・タンパク質複合体の構成因子が異なる．
4) siRNA は標的 mRNA に 21 塩基にわたる完全な一致をもってハイブリダイズするが，miRNA では標的 mRNA とハイブリダイズする塩基は完全にマッチしないものもある．

　ゲノムの中には miRNA の鋳型配列がクラスター（群）を構成しており，さまざまな遺伝子発現を制御していることがわかってきた．

　なかでも**オンコミア**（OncomiR）とよばれる一群の miRNA はがん治療の標的として脚光を浴びている．ヒトの多くのがんではがん抑制遺伝子（p53, Rb, Lats2 など）が欠損していることが知られている．これらのがん抑制遺伝子を標的とする miRNA が過剰発現されると発現阻害（翻訳抑制）が起こり，遺伝子欠損と同等の結果を生じてがんの発生にかかわることが見いだされた．たとえば miR-372, miR-373 はヒト精巣胚細胞腫瘍において過剰発現され，標的である Lats2 の発現を抑制することによってあたかもがん遺伝子（オンコジーン）のように作用している．また miR-21 はこれまで解析されたほとんどのタイプの腫瘍で過剰発現しており，miR-21 をある条件下で過剰発現するように改変したマウスは高率にプレ B 細胞リンパ腫を誘導する．各種の OncomiR に対して不活性化を起こす薬剤の開発と薬物送達システムの研究が進んでいる．

　生殖細胞でも新種の miRNA が数多く見つかっている．**piRNA**（PIWI-interacting RNA）はゲノム上で主として一方の DNA 鎖にクラスターを形成して偏在している

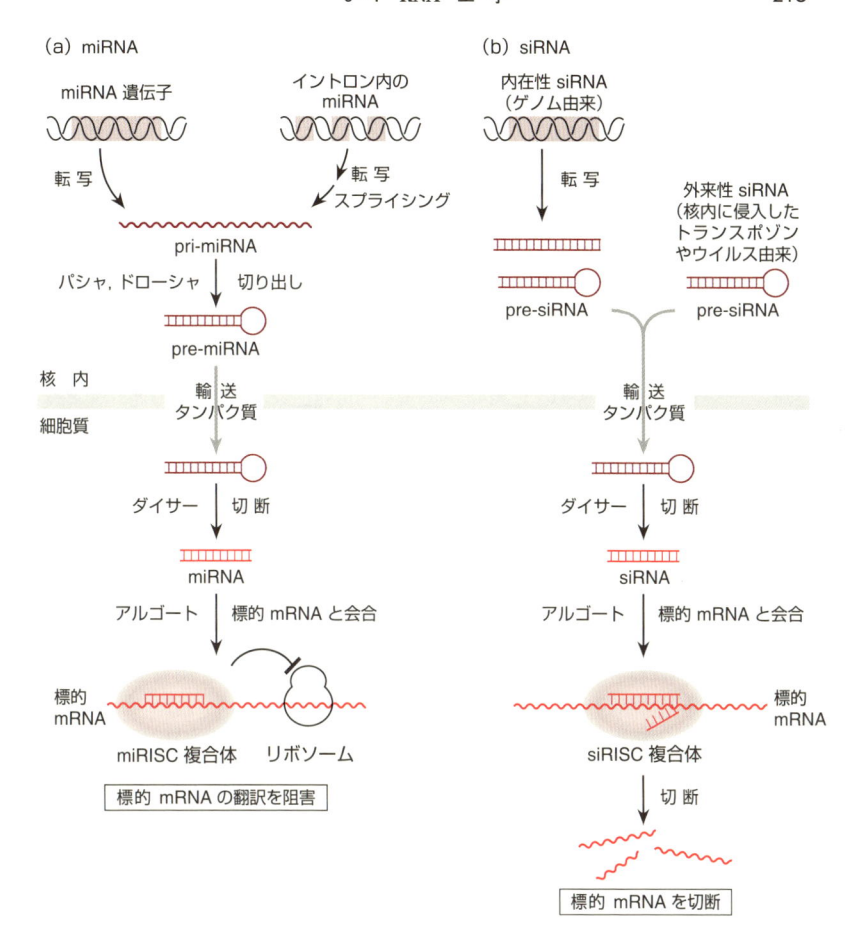

図9・10 miRNA と siRNA RNA干渉は多くのタンパク質が関与する制御された機構である．(a) miRNA は標的 RNA の翻訳を阻害して RNA 干渉を起こす．miRNA 遺伝子から転写された前 miRNA 前駆体 (pri-miRNA) を，パシャとドローシャというタンパク質が切り出し，miRNA 前駆体 (pre-miRNA) となる．miRNA 前駆体は細胞質へ運ばれ，そこでダイサータンパク質により切断されて成熟 miRNA となる．miRNA はアルゴノートタンパク質のはたらきで標的 mRNA に運ばれ，RISC とよばれるタンパク質と会合して miRISC 複合体として標的 mRNA の翻訳を抑制する．miRNA には他の遺伝子のイントロンとして転写され，スプライシングで切り出されてくるものもある．(b) siRNA は標的 RNA を切断することで RNA 干渉を起こす．ウイルスやトランスポゾンにより核内にもち込まれた siRNA 前駆体は，核膜孔を通って細胞質へ運ばれ，ダイサーで切断されて成熟 siRNA となる．miRNA と同様にアルゴノートのはたらきで標的 mRNA に運ばれ，RISC と会合して siRISC 複合体として標的 mRNA を切断する．siRNA にはゲノムから転写される内在性のものある．

LNA

　LNA（locked nucleic acid，別名 BNA）は今西　武（阪大）が発明した人工核酸で，これを取込んだ核酸の融解温度を上昇させることができる．これを用いると従来は困難であった miRNA の *in situ* ハイブリダイゼーションが可視化され，miRNA の時空間発現解析が可能となった．一方，構造のよく似た 2′ *O*-メチルオリゴヌクレオチドもショウジョウバエの胚に導入することで miRNA の機能を効率良く阻害できる．

2′ *O*-メチルオリゴヌクレオチド　　　　LNA

　小分子 RNA（26〜31 塩基対）の総称で，哺乳動物で精巣の生殖細胞で特異的に発現されているため，精子形成過程に重要な役割を果たしていると推測されている．**rasiRNA**（repeat-associated small interfering RNA）はショウジョウバエで見つかったヘテロクロマチン領域などの反復配列やレトロトランスポゾンに由来する 24〜26 塩基ほどの小さな RNA 分子の総称で，rasiRNA の形成にはダイサーが関与していないので，miRNA や siRNA とは別の経路で働いている新しいタイプの低分子 RNA である．ゲノム上では主として一方の DNA 鎖に偏って存在し，生殖細胞特異的に発現されて，卵では RNA 分解作用によるトランスポゾンの発現抑制をしている．また，精巣ではパキテン期精母細胞から減数分裂後の円形精子細胞にかけて発現しており，精子形成に関与しているらしい．

9・1・6　リコーディング

　正確さを誇る翻訳機構でも 1 万コドンに 1 回はミスが生じる．ところが翻訳ミスではなく，わざと読み間違えをしている現象が数多く見つかってきた．**リコーディング**（recoding）とよばれる現象は通常のルールに従わない翻訳機構によってタンパク質が生合成されることで，reprogrammed genetic decoding の略称である．タンパク質生合成全体の秩序を保つため，リコーディングは特定の mRNA の特別

な位置でしか起こらず，そのmRNAの中にそれを指定する塩基配列が存在する．それをうまく応用すれば新たなRNA工学的な応用技術が生まれよう．

⬚リコーディング例その1⬚　最初の例は大腸菌のタンパク質翻訳の最終段階で必須なRF-2 (release factor 2) において見つかった．RF-2の終止コドン26 (UGA) のうち，30%のリボソームでは塩基1個分ほど右にずれた（+1）フレームシフト変異を起こしていて，代わりにアスパラギン酸 (Asp) を取込んでいたのである（図9・11）．この現象を起こす原因となるシグナルは5′上流にある塩基配列 (ACUA) で，リボソームの構成因子の一つである16S rRNAの3′末端と塩基対を形成して結合してフレームシフトを助長するらしい．

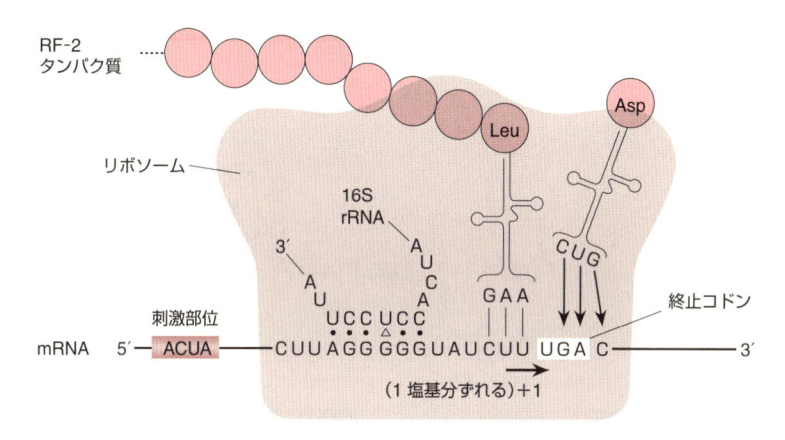

図9・11　大腸菌RF-2タンパク質mRNAの翻訳におけるフレームシフト・リコーディングの機構

⬚リコーディング例その2⬚　コロナウイルスIBV (infectious bronchitis virus) にはF1, F2とよばれる二つの読み枠が存在する．IBVが感染した細胞内にはF1由来のタンパク質 (45 kDa) と未知の大きなタンパク質 (95 kDa) が見つかるが，F2由来のタンパク質は見つからない．調べてみるとF1とF2との境界領域で（−1）フレームシフトリコーディングを起こしてF1とF2の二つのフレームが融合して翻訳されていた（図9・12）．F1とF2の境界領域の塩基配列にはステムループ (stem loop) 構造が可能な塩基配列が存在する．F2の下流の塩基配列がシュードノット (pseudoknot) とよばれる特殊な立体構造をとってリボソームに影響を及ぼし，本来はUUA・AACと読んでいた読み枠を（−1）フレームシフトにより

UUU・AAAと読みずらせて，ステムの中にある終止コドンを無効にしているらしい．実際，この3′下流部分を取除くとリコーディングの効率がぐんと下がるという．

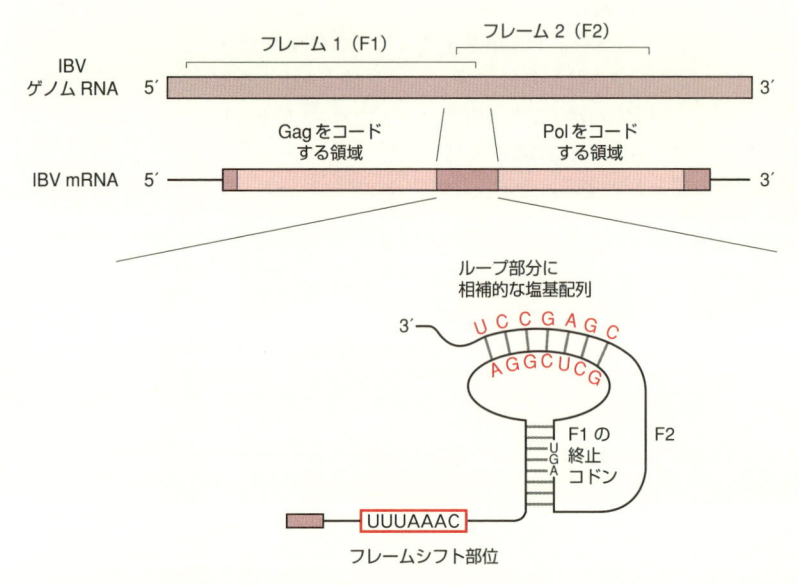

図9・12 フレームシフト・リコーディングにより産生されるコロナウイルス（IBV）のGag-Pol融合タンパク質の産生モデル

(リコーディング例その3)　ラットのポリアミンの生合成酵素オルニチンデカルボキシラーゼ（ornithine decarboxylase, ODC）に結合して活性を阻害する**アンチザイム**（antizyme）の遺伝子においてもリコーディングが見つかっている．アンチザイムはポリアミンの存在によって発現誘導され，ODCの分解を促進する．アンチザイムのmRNAは二つの読み枠（ORF1,ORF2）をもつが，ORF1は終止コドンがすぐに出現して小さなタンパク質しかコードしないし，ORF2には開始コドンが見つからない．詳しく調べてみるとORF1は終止コドン（UGA）が（+1）フレームシフトリコーディングを起こしており，ふだんは不完全なmRNAしか発現されていないので活性をもつアンチザイムは翻訳されない．ところがポリアミンの量が増えてくると，それ以上のポリアミンを合成しないようにODCを分解する必要が生じ，フレームシフトリコーディングが起こってODC分解活性をもつアンチザイムが翻訳されてくるのである．

9・1・7 RNA 編 集

RNA 編集（RNA editing）とは転写後の mRNA の塩基配列を変化させる現象である．セントラルドグマ（第 1 章参照）の原則をはずれる例外として，発見当時は大きなインパクトを与えた．初めて見つかったのは原生生物の一種であるトリパノソーマ（*Trypanosoma*）で，ミトコンドリアに相当するキネトプラスト（kinetoplast）の細胞質にあるマキシサークル（maxicircle）という環状 DNA から転写された mRNA が RNA 編集を受けていた（1986 年）．この mRNA にはウリジン（U）の挿入が多くの箇所で起こっており，本来の遺伝子がコードするものとは異なるアミノ酸配列をもつタンパク質が生合成されていたのである．ついで，原生生物 *Leishmania tarentolae* のミトコンドリアのシトクロムオキシダーゼサブユニット Ⅲ（CO Ⅲ）では，U の付加だけでなくチミジン（T）の削除による RNA 編集も見つかった（図 9・13）．

---

mtDNA（ミトコンドリア DNA）
5′…CG・G・・A・・・・G・・・G・GTTTTGATTTTTGTTTGTTTTGTTG…3′
5′…CGuGuuAuuuuuGuuuGuG・・・UGA・・・・G・UG・・・・G・UG…3′
mRNA

図 9・13 原生生物の一種 *Leishmania tarentolae* のミトコンドリアのシトクロムオキシダーゼサブユニットⅢ遺伝子（COⅢ）で見つかった RNA 編集の例 ミトコンドリア DNA にはコードされていないウリジン（u）の挿入のみでなく，コードされていたチミジン（T）の削除があちこちでみられる．

トリパノソーマで明らかにされた RNA 編集の分子機構では，編集される部位の前後にある短い配列に相補的な**ガイド RNA**（gRNA）が重要な働きをする（図 9・14）．

❶ まず，転写された元の mRNA に，編集酵素と複合体を構成した gRNA が U の挿入される位置の手前まで塩基対（G・U 塩基対も含める）を形成することで**エディトソーム**（editosome）が構成される．
❷ エディトソームのもつ RNase P 様のリボヌクレアーゼ活性は標的 mRNA と gRNA がハイブリダイズしなくなった位置（図では ＃1 で示す）を認識して切断する．
❸ その後やはりエディトソームのもつ RNA リガーゼ活性によって標的 mRNA の 5′切断端と gRNA の 3′側が連結される．
❹ つぎに，gRNA の内部の A-U 塩基対が伸長して新たなハイブリダイズの境目（図では ＃2 で示す）ができる．

❺ これをエディトソームが認識して切断したうえで，今度は先ほど切断した標的 mRNA の 3′ 末端と連結し U 連結の RNA 編集が完結する．

その後，さまざまな生物種で RNA 編集が見つかってきた（表 9・1）．ヒトのアポ B（ApoB, apolipoprotein B）にはおもに肝臓で生合成されるアポ B100 とおもに小腸で生合成されるアポ B48 がある．これらの cDNA と唯一のアポ B 遺伝子の塩基配列を比較したところ，グルタミンのコドン（CAA）が小腸では終止コドン（UAA）に RNA 編集されていることがわかった．C から U への変換は原生生物と

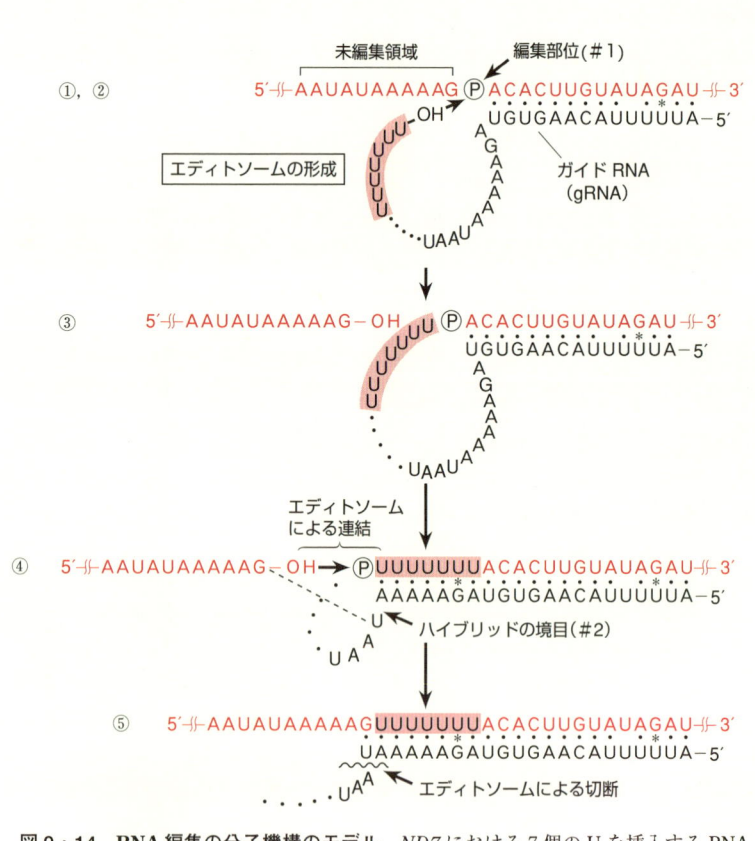

図 9・14 RNA 編集の分子機構のモデル *ND7* における 7 個の U を挿入する RNA 編集の例を示す．＊印は弱い水素結合を示す．Ⓟはホスホジエステル結合が切れたリン酸基を示す．

9・1 RNA 工 学

は違ってアポ B mRNA 特異的な編集酵素エディトソームであるアポ B エディターゼ（ApoB editase, APOBEC1）が特定の位置のアデニンのみを標的として脱アミノして達成される．構造式（図 9・15）から明らかなようにシトシンからアミノ基を一つ奪ってしまえばウラシルになる．

> このほか，脳のグルタミン受容体（GluR-B）遺伝子，セロトニン 2C 受容体 G タンパク質遺伝子，ウィルムス腫瘍（Wilms' tumor）の原因遺伝子，などのコードする mRNA で哺乳動物版の RNA 編集がつぎつぎと見つかっている．

表 9・1　多様な RNA 編集

生 物 種	RNA 編集の様式
トリパノソーマ（キネトプラスト）	U の挿入・欠失
植物（ミトコンドリア）	U から C への置換，C から U への置換
植物（葉緑体）	C から U への置換
真正粘菌（核およびミトコンドリア）	おもに C の挿入
哺乳動物（*apo*B 遺伝子）	C から U への置換
哺乳動物（*gluR*-B 遺伝子）	A からイノシンへの置換
ヒト，デルタ肝炎ウイルス	A からイノシンへの置換

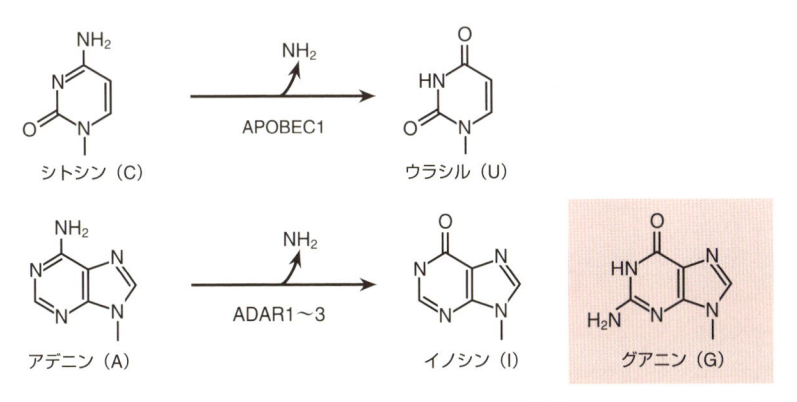

図 9・15　**哺乳動物における脱アミノによる RNA 編集**　ApoB mRNA では APOBEC1 に触媒されて特定の位置のアデニンがウラシルに変換されたため，肝臓の mRNA ではグルタミンのコドン（CAA）が小腸の mRNA では終止コドン（UAA）に変化する．GluR-B などでは ADAR2 などに触媒されて特定の位置のアデニンがイノシン（I）に変換される．CIG コドンは CGG のように読まれてアルギニンをコードするため，グルタミン（CAG）がアルギニン（CIG）に置換される．

この酵素はRNA工学の道具として有用なので，将来さまざまな技術開発に重宝されるであろう．

> 陸上植物の研究からRNA編集の意義が推測されている．TTは紫外線によりチミン二量体を形成して変異しやすい．そんなとき，DNAではTCであるが転写後のmRNAでUUとなるようにRNA編集する植物が出現し，大量の紫外線に曝されていた太古の地上（約4億年前に植物が陸上に出現した）で生育できるようになった．実際，紫外線の危険が少ない水中の植物ではRNA編集が発見されていない．

9・1・8 リボスイッチ

タンパク質を介さずにmRNAの一部分に，そのmRNAの代謝産物である低分子物質などが直接結合してmRNA発現量のフィードバック調節をする仕組みを**リボスイッチ**（riboswitch）とよぶ．大腸菌のコバラミン輸送タンパク質であるBtuB（coenzyme B_{12}）をコードする遺伝子（*btuB*）のmRNAは，そのmRNAの5′非翻訳領域が，代謝産物であるビタミン B_{12} 補酵素に選択的に結合し，その結果mRNAの構成する立体構造を変化させて翻訳制御を受ける（図9・16）．反応制御の仕組

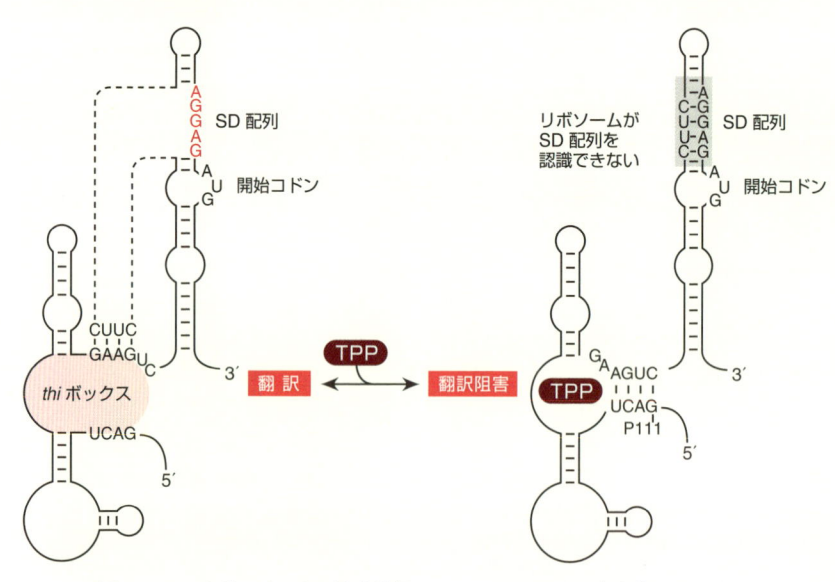

図9・16 リボスイッチの働く仕組み このmRNAの反応産物であるTPP（thiamine pyrophosphate）がmRNAの立体構造に取込まれるとヘアピン構成が変化して翻訳が阻害される．

みが"オン・オフ"制御するスイッチのように見えるので"リボスイッチ"と名づけられた．大腸菌の *thiM*, *thiC* の mRNA も，その 5′ 非翻訳領域にある "*thi* ボックス" とよばれる特殊な立体構造に，その代謝産物であるチアミン（ビタミン B_1）補酵素が結合して，18〜110 倍もの翻訳抑制を受けている．これらの反応はタンパク質を必要としない．

リボスイッチが関与するとわかった代謝経路自体は数十年前から研究されてきた古い研究分野である．リボスイッチの存在を見逃してしまった原因は，"遺伝子発現を調節するのはタンパク質である" という思い込みに起因する．発想の転換が大切であったのだ．その意味で，これまで見過ごしてきた多くの反応においても未発見のリボスイッチが自然界に広く存在する可能性が高い．

こうした mRNA-補酵素複合体がリボソーム結合部位を封鎖する構造は，補酵素分子による調節を受ける一種のアロステリック・リボザイムであるともいえる．これら補酵素は，タンパク質がまだ地球上に出現していない "原始 RNA ワールド" においてすでに存在していたと考えられるので，リボスイッチが遺伝子発現制御の最も原始的な仕組みではないかと指摘されている．その意味ではリボスイッチは生きた分子化石である．

9・1・9 リボソームディスプレイ

mRNA-リボソーム-タンパク質から構成される複合体の形で，たとえば抗体が入手できる標的タンパク質の mRNA（cDNA）を単離する方法である．実際には終止コドンを欠く mRNA を用いて無細胞タンパク質合成系の中で mRNA-リボソーム-タンパク質の複合体を形成させ，mRNA（遺伝子型）とタンパク質（表現型）とを，リボソームを介して関連づける（図 9・17）．

通常，翻訳されたペプチドとリボソームとの解離は，mRNA 上の終止コドンに結合する解離因子群によって触媒される．mRNA 上に終止コドンが存在しないと，合成したペプチドを抱え込んだリボソームが mRNA 上で立ち往生する．これを利用するのである．たとえば，cDNA ライブラリーの中にある標的遺伝子由来の cDNA の塩基配列から終止コドンを除いておく．ライブラリー DNA ごと無細胞タンパク質合成系で転写・翻訳させると，標的遺伝子由来の mRNA だけが，その 3′ 末端で複合体のまま翻訳を停止する．この状態で，固定化リガンドによるスクリーニングをすれば，標的タンパク質-リボソーム-mRNA 複合体が単離できる．その mRNA を用いて RT-PCR 反応を進めれば，標的タンパク質をコードする遺伝子（cDNA）を単離することができる．

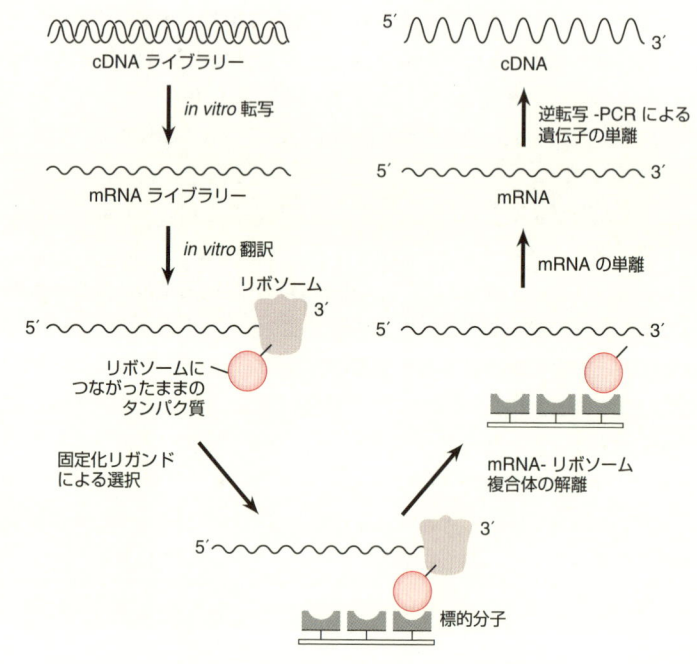

図9・17　リボソームディスプレイ法の原理

9・2　タンパク質工学

　3個の塩基配列から構成される遺伝暗号（コドン）は $4^3 = 64$ 種類あり，そのうち三つは停止信号として使われているが，あとの61個はアミノ酸をコードする．不思議なことに，自然界には多種類のアミノ酸が存在するのにタンパク質に取込まれるのは20種類（例外として後述のセレノシステインがある）に限られており，コドンは重複して一つのアミノ酸をコードしている．たとえばL-オルニチンやL-シトルリンなどはL-アルギニンを生合成する過程で産生されるため細胞の中にはたくさん存在し，コドンの種類にも十分な余裕があるのに，なぜこれらのアミノ酸を排斥したのかという謎は未だに解けていない．しかし，そこにこそタンパク質工学のヒントが存在するのである．

9・2・1　アミノアシル tRNA 合成酵素

　タンパク質がリボソームで生合成されるとき，各コドンに特異的に結合するアンチコドンをもった61種類の tRNA に対して，特定のアミノ酸をおのおのの 3′ 末端

に共有結合させる反応を触媒するのがアミノアシル tRNA 合成酵素（aminoacyl-tRNA synthetase, aaRS）である（図 9・18）．細胞には少なくとも 20 種類の aaRS が存在するが，これらはサイズもアミノ酸配列も多彩で，サブユニット構成だけでも α, α_2, α_4, $\alpha_2\beta_2$ と 4 種類もあり，とても同一祖先のタンパク質由来とは思われない．aaRS はアミノ酸を 0.1〜1％ という高い確率で誤認して tRNA に付加してしまうほど不正確な酵素だが，その欠点を補うかのように aaRS の別のドメインには誤認されたアミノ酸を加水分解によって外すという校正機能もある．これら aaRS の特徴もタンパク質工学に大きなヒントを与えるといえよう．

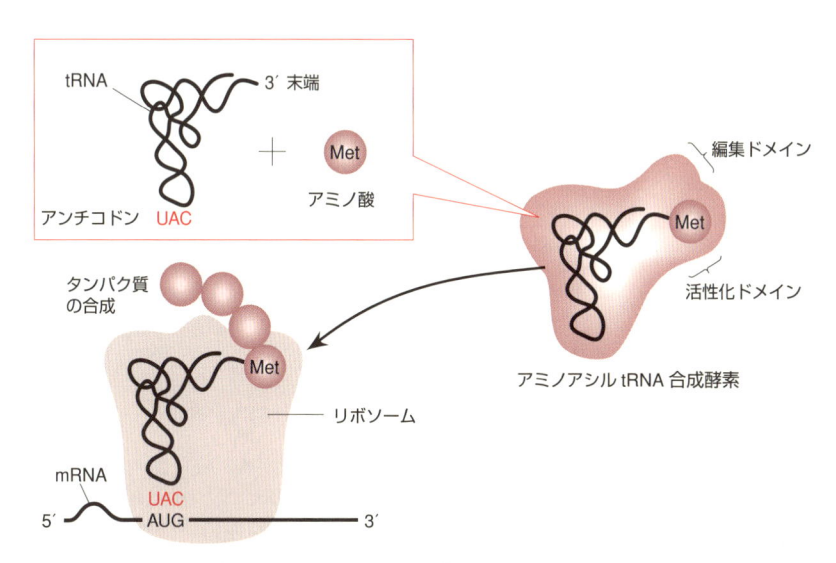

図 9・18 タンパク質生合成の最初のステップ アミノアシル tRNA 合成酵素は，tRNA にアミノ酸（この図ではメチオニン）を結合させる役割を担う．アミノ酸が結合した tRNA はリボソームへ移動し，mRNA の遺伝暗号に従ったタンパク質合成に関与する．

9・2・2 人工アミノ酸を取込んだタンパク質の創製

aaRS のアミノ酸を認識する活性ドメインに変異を起こすことで新種のアミノ酸を認識してタンパク質に取込む系が開発されてきた（図 9・19）．

まず好熱性古細菌（*Methanococcus jannaschii*）のチロシル tRNA 合成酵素（tyrosyl-tRNA synthetase, TyrRS）遺伝子と tRNA^{Tyr} 遺伝子を大腸菌に導入すると，種の障壁により TyrRS は自身の tRNA^{Tyr} しか基質としない．ところが古細菌

tRNA^{Tyr}のアンチコドンを大腸菌の終止コドンであるCUAに変異させた遺伝子（tRNA$_{CUA}^{Tyr}$）を大腸菌に導入すると，終止コドンの位置にチロシンが挿入されたタンパク質を生合成できた．この結果は古細菌TyrRSが厳密性を欠いて大腸菌内で働くことを意味する．そこでTyrRSのTyr結合部位（活性部位）にある五つのアミノ酸（Tyr32, Glu107, Asp158, Ile159, Leu162）をすべてアラニンに置換した変異TyrRS遺伝子を作製して厳密性をさらに低下させた．これを大腸菌に導入してマーカー遺伝子としてのCAT（クロラムフェニコールアセチルトランスフェラーゼ）の終止コドンの位置に人工的に合成したチロシンの類似体を挿入できないか試してみたところ，O-メチル-L-チロシンというチロシン類似体を取込んだCATを生合成した大腸菌を選択できたのである．

もし変異TyrRSがtRNA$_{UCA}^{Tyr}$にチロシン類似体を付加できれば終止コドンが消滅し（抑圧され）活性のあるCATが生合成されて抗生物質（クロラムフェニコール）が分解される．そのため，クロラムフェニコールを培地に入れて大腸菌が生存できるか否かで選択できる．

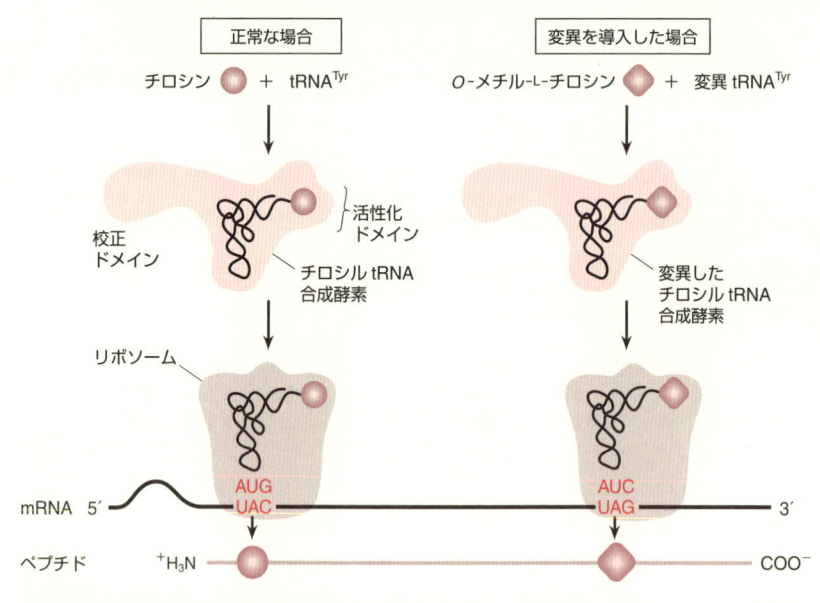

図9・19 Wangらの実験の原理 正常な場合（左），大腸菌は自身のチロシルtRNA合成酵素とtRNA^{Tyr}を使ってペプチド中に正しくチロシンを導入している．この経路を利用し，TyrRSのアミノ酸認識部位に変異を起こした酵素と，コドンに手を加えた変異tRNA^{Tyr}を使うことによって，望みの場所（終止コドンの位置）にチロシン類似体，つまり非天然のアミノ酸を組込むことが可能になる（右）．

この結果は自然界にないアミノ酸を挿入した人工タンパク質が生合成できたことを意味する.

他方，ValRS と IleRS のアミノ酸結合ドメインの立体構造が酷似しているにもかかわらず，正しいアミノ酸が正確に取込まれる点に注目した系も開発されている（図 9・20）. tRNA^{Val} には Cys, Thr のみでなく，α-アミノ酪酸（Abu, aminobutyric acid）も誤って付加される. しかし ValRS に備わっている優れた校正機能が速やかに加水分解するため，リボソームまで運ばれてタンパク質に取込まれることはない. 校正機能は活性部位とは別のドメインにあるので，校正機能のみを失わせた ValRS 変異が作製された. これを用いると Abu-tRNA が校正を免れてリボソームにもち込まれ，Abu を取込んだタンパク質が生合成された. さらに大腸菌のゲノム全体をランダムに変異させ，tRNA^{Val} に誤ってシステインを付加する変異株を多数樹立してそれらの変異の位置を決定すると，いずれも ValRS の変異であった. この大腸菌変異株では 20% 以上のタンパク質に Abu が取込まれており，抽出した全タンパク質のアミノ酸組成を調べたところ全バリンの 24% が Abu に置

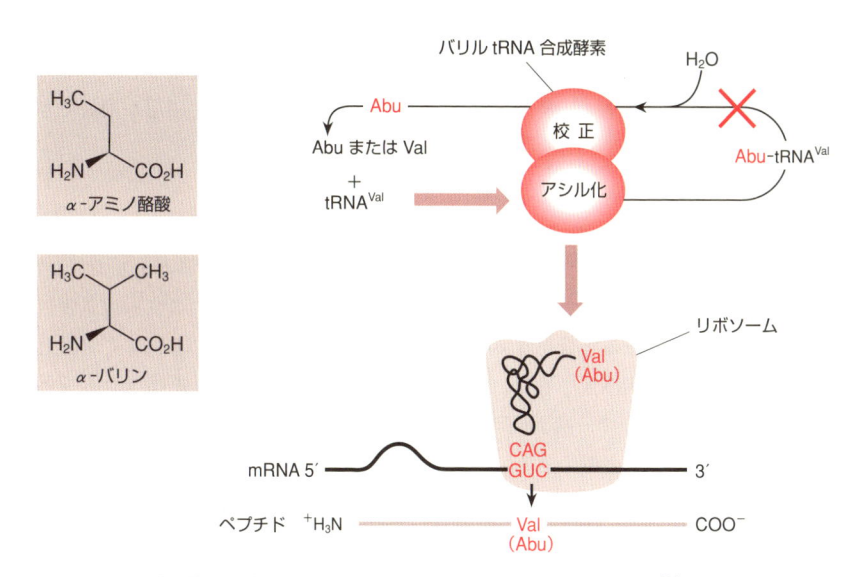

図 9・20 校正機能の変異を利用した人工タンパク質の合成法 tRNA^{Val} には，しばしば α-アミノ酪酸（Abu）などが誤って結合するが，バリル tRNA 合成酵素（ValRS）の編集機能（校正機能）によって速やかに加水分解を受けるようになっている. しかし，× 印で示したように，ValRS の編集機能を変異させることで，本来使われることのないアミノ酸（Abu）もペプチドに組込むことが可能になる.

ペプチドアンチコドンと分子擬態

トリペプチド（tripeptide）アンチコドンともいう．アミノ酸の翻訳における停止信号（終止コドン）に対するtRNAは存在しないが，代わりにタンパク質である解離因子（RF1, RF2）がtRNAの働きをする．tRNAがコドンを識別するために三つの相補的な塩基配列によってアンチコドンを構成しているのをまねて，解離因子が三つのアミノ酸からなるペプチドによって構成するものを**ペプチドアンチコドン**（peptide anticodon）とよぶ．大腸菌ではアンチコドン終止コドンのうちUAGはRF1のうち三つのアミノ酸（Pro-Ala-Thr）の構成する立体構造が，UGAはRF2のうち三つのアミノ酸（Ser-Pro-Phe）が，UAAはRF1とRF2がともに100万回に1回ほどしか間違いを起こさないほどの正確さをもってコドンを読み分けている．実際，RF1もRF2も立体構造がtRNAと驚くほど類似しており，リボソームの中のtRNA用の指定席にすっぽりとはまり込む．この現象を解離因子によるtRNAの**分子擬態**（molecular mimicry）とよぶ．真核生物では1種類の解離因子（eRF1）がUAG, UGA, UAAの3種の終止コドンを認識している．

換されていたという．aaRSの校正機能を変異させただけで新たな人工的なアミノ酸をタンパク質に取込ませる技術はタンパク質工学において幅広い応用が期待できる．

9・2・3 セレノシステインの挿入

セレノシステイン（selenocysteine, Sec）はシステインの硫黄原子がセレン（Se）に置換された修飾アミノ酸である．多くの生物種においてタンパク質にも取込まれており，酵素に含まれる場合には多くは活性中心に見つかる．他の修飾アミノ酸と異なるのは，独自なtRNAをもち，終止コドンの一つであるUGAを指定コドンとして採用していることで，翻訳段階でタンパク質に挿入される．この意味で21番目のアミノ酸とよぶこともできる．大腸菌では3種類のタンパク質（ギ酸デヒドロゲナーゼなど）がSec含有タンパク質として知られている．

終止コドン（UGA）をSecと読み替えるためには，UGAコドンの3′側に隣接した必要なmRNA上の信号としてb-SECIS（bacterial selenocysteine insertion sequence）とよばれるステム-ループ構造が必要である．さらに*selA*, *selB*, *selC*, *selD*遺伝子によってコードされるセレノシステイン合成酵素（SELA），セレノシステイン特異的伸長因子（SELB），セレノシステイン特異的tRNA（tRNA^{Sec}），セレ

ノリン酸合成酵素（SELD）という四つの因子も必要とされる．
　tRNAにはセリルtRNA合成酵素によりまずはセリンが付加され，このセリンがSELAとSELDによりSecに置換される．SELBのC末端側はb-SECISのステム-ループに特異的に結合し，Sec-tRNA^{Sec}-SELB-GTPをリボソームに供給して終止コドンの読み取りをじゃましながらタンパク質にSecを取込ませてしまう．

> この反応はb-SECISをもつUGAに特異的なので，通常の終止コドン（UGA）がSecに変換されることはない．

　動物でもグルタチオンペルオキシダーゼ，セレン含有タンパク質やヨードチロニン脱ヨウ素酵素などで酵素活性に必須なSecが活性部位に見いだされている．これらのmRNAではUGAのすぐ下流ではなく3′非翻訳領域にあるステム-ループ構造がSECISとして働く．ラットのセレン含有タンパク質Pではタンパク質内に10個ものSecが含まれており，それを指示するSECISが3′非翻訳領域に2個並列して見つかっている．

> 大腸菌と共通な相同因子も見つかっているため，Sec取込みの仕組みは大腸菌と類似であると考えられている．となると，この仕組みの起源は原核生物と真核生物の分岐よりも古いことになる．この仕組みをもっと深く研究すれば思いのままの人工アミノ酸をタンパク質の任意の位置に挿入するというタンパク質工学の夢に一歩近づけるのではなかろうか．

9・2・4　ペプチド核酸

　ペプチド核酸（peptide nucleic acid, PNA）は特殊なアミノ酸である*N*-(2-アミノエチル)グリシン（*N*-2-aminoethylglycine）がペプチド結合により連なった基本骨格をもつ核酸様の人工物質で，1991年にP. E. Nielsenらによって初めてペプチド固相合成法によって化学合成された（図9・21a）．このペプチド核酸におけるペプチド結合の立体構造や化学的性質は，DNAにおける糖-リン酸部分の骨格構造と驚くほど類似している．それゆえ，DNAにおいて塩基の占める位置に相当するペプチド核酸の場所に4種類の塩基を適当に配置すればDNAにそっくりのPNA分子鎖ができあがる．このペプチド核酸のもつ塩基はDNAやRNAのもつ塩基と塩基間の水素結合を形成してDNA-PNA混成物（ハイブリッド）をつくることができる．
　ペプチド核酸は以下に列挙するようなDNAにはないいくつかの有利な点をもち合わせている．

1) 不斉中心がなく，酸性のDNAに対してペプチド核酸は中性である．
2) ペプチド核酸はDNAより水溶液によく溶けるためDNAでは困難であった高濃

(a) ペプチド，PNA，DNA の構造の比較

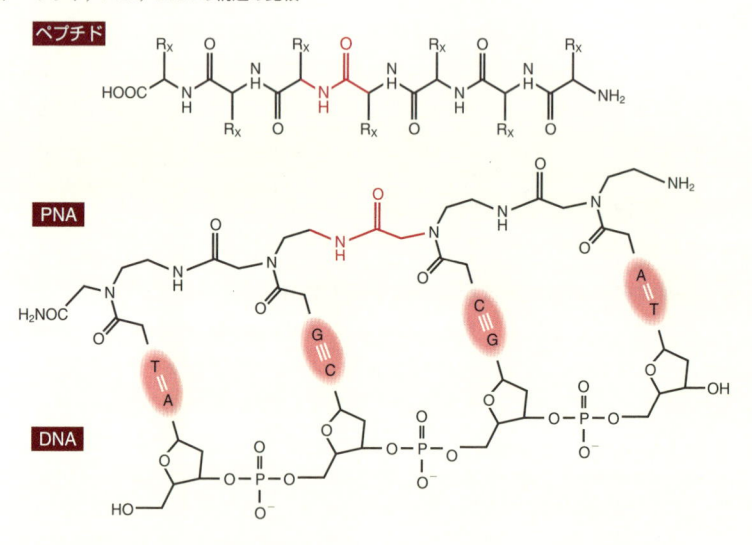

(b) PNA が起こしうるさまざまな鎖内への挿入

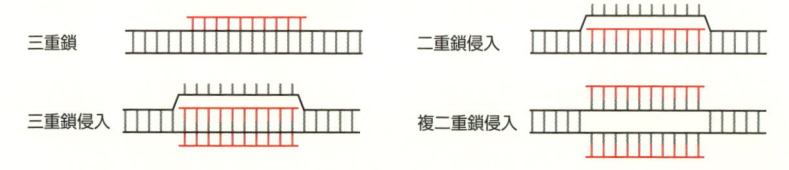

三重鎖　　　　　　　　　　　　　　　　二重鎖侵入

三重鎖侵入　　　　　　　　　　　　　　複二重鎖侵入

(c) PNA 基本骨格の改変型

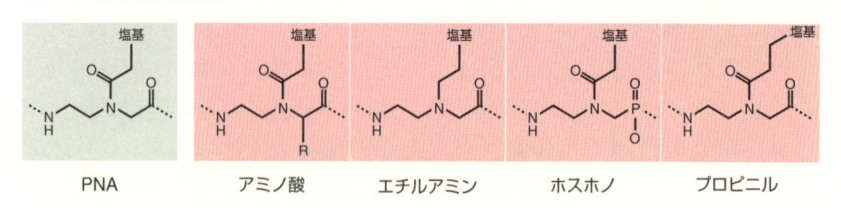

PNA　　　アミノ酸　　　エチルアミン　　ホスホノ　　　プロピニル

(d) PNA と DNA のキメラ分子 (H-PNA-5′-DNA-3′-PNA) の構造

図 9・21　ペプチド核酸 (PNA) の基本構造

3) 核酸分解酵素の基質にならないため分解されない.
4) DNAと同じ鎖長ならばより高温で安定なDNA-PNA混成物（ハイブリッド）を形成できる.
5) 容易に三重らせん (triplex) 構造も形成する（図9・21b）.
6) この三重鎖はペプチド核酸が中性であることから安定で，DNAの二本鎖を押し破って新たな三重鎖を形成することもできる (strand invasion).
7) 基本骨格を改変したペプチド核酸も多種類作製できる（図9・21c）.
8) ペプチド核酸とDNAの構成物質（キメラ）も合成できる（図9・21d）.

これらの諸性質からペプチド核酸は有用な試薬として期待されている．たとえば特定の塩基配列をもつプラスミドベクター (pGeneGrip) を蛍光物質やビオチンで標識する**ジーングリップ** (gene grip; 図9・22) がペプチド核酸を用いて合成されている．蛍光物質やビオチンで標識されたペプチド核酸でできたクランプはベクターのジーングリップ領域にある特定の塩基配列（図9・22では5′-GAGAGAG-3′）に自身の塩基配列（5′-CTCTCTC-3′）を介して三本鎖を形成して特異的に結合する

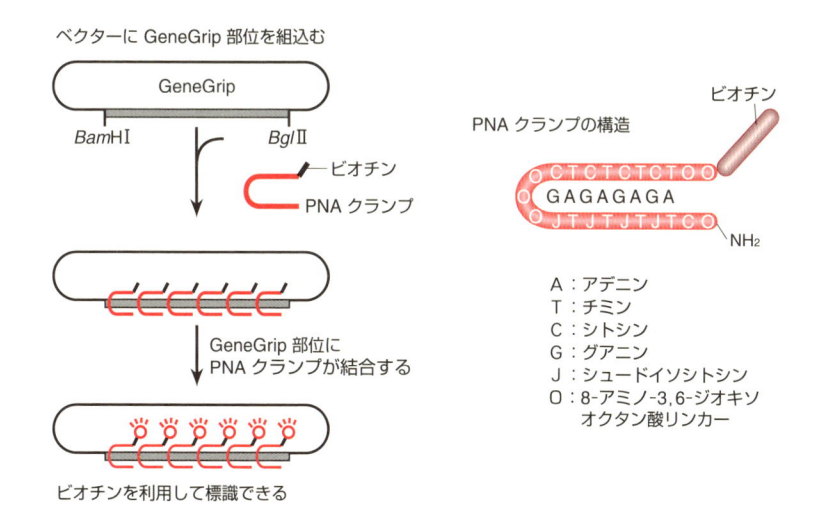

図9・22 ジーングリップの原理と使用法 pGeneGrip部位には，PNAクランプが結合するタンデム配列が組込んであるため，外部から導入したPNAクランプがその位置に特異的に結合してDNAを標識する．制限酵素サイトを介してGeneGrip部位を挿入すれば，任意のプラスミドベクターにおいてPNAクランプや標識化合物が利用できる．

ため標識できる．この結合はプロテアーゼやヌクレアーゼに耐性なので細胞内で安定に保持され，これによってDNAの生体内分布や追跡が可能となるためDNA輸送の研究などに有用である．また適当な制限酵素認識部位を末端にもつオリゴヌクレオチドを任意のベクターに挿入して，これをジーングリップ部位（gene grip site）として用いればジーングリップとともにその標識化合物が自在に使えるようになる．

一方，**エムベーダー**（mVADER）**法**はペプチド核酸を用いて細胞や組織から直接に高純度のmRNAを分離する方法で，ポリ（A）尾部との特異的な結合にはオリゴ（dT）配列を有した2種類のペプチド核酸, HypNA (hydroxyproline peptide nucleic acid) と pPNA (phosphono peptide nucleic acid) の結合した安定な HypNA-pPNA を用いる．ふつうのmRNAの場合には直線型 HypNA-pPNA を用いて三重らせんを形成させる（図9・23a）．また高次構造のためポリ（A）尾部が隠されている特殊なmRNAの場合にも，クランプ型 HypNA-pPNA を用いれば高次構造の中に侵入してmRNAと三重らせんを形成するため捕捉できる（図9・23b）．こうして従来の

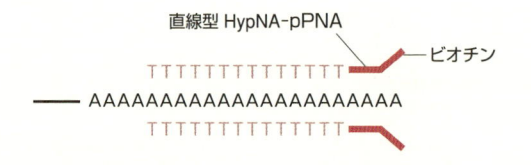

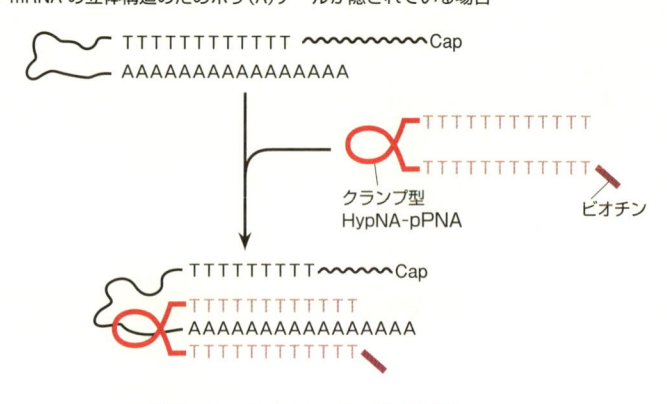

図9・23 エムベーダー法の原理

オリゴ（dT）を用いる方法では捕捉が困難であった mRNA まで完全に捕獲できるため，本来の細胞内での mRNA 集団全体を反映した mRNA が分離できる点は有用である．

非リボソーム型ペプチド合成酵素

微生物界に見いだされる巨大な酵素複合体（>1000 kDa）である NRPS（non-ribosomal peptide synthetase, 非リボソーム型ペプチド合成酵素）はセントラルドグマに反して，アミノ酸を基質としながらも mRNA-tRNA-リボソームにより構成される翻訳装置を一切使わずに特定のタンパク質を生合成する．枯草菌の一種が産生するペプチド性抗菌物質（グラミシジン S, チロシジン A）が NRPS の触媒により直接に生合成されることが 1960 年代には報告されていた．油田土壌に生息する微生物（*Pseudomonas* sp. MIS38）が産生するアルトロファクチン（arthrofactin）も，特定の NRPS（アルトロファクチン合成酵素）に触媒されて脂肪酸が付加した 11 個のアミノ酸からなる環状ペプチドとして生合成される．アルトロファクチン合成酵素（*Arf*）は 40 キロ塩基対に広がる遺伝子領域から三つの巨大な読み枠（*ArfA, ArfB, ArfC*）として翻訳されるが，そのアミノ酸配列は 11 個のモジュール構造（C-A-T ドメイン）とよばれる規則正しい繰返し配列から構成される．11 個のモジュールはアルトロファクチン合成に必要とされる 11 回のアミノ酸結合においてリボソーム型翻訳装置が担うコドンの役割を果たす．個々のモジュールには縮合（condensation, C），アデニル化（adenylation, A），チオール化（thiolation, T）というステップを担う三つのドメインが備わっている．反応には，まず C ドメインが基質アミノ酸を認識して取込み，A ドメインにおいて ATP を加水分解して AMP として付加することで活性化する（アミノアシルアデニル化）．ついで T ドメイン上にある補酵素（リン酸パンテテイン）がもつ SH 基と共有結合したのち，2 番目の C ドメインに運ばれて待機している次のアミノ酸と縮合反応を起こす．こうしてつぎつぎとドメインの間をバケツリレーのように順繰りに運ばれて，最後の 11 番目のアミノ酸が付加された時点でチオエステラーゼ（TE）ドメインによって完成された環状ペプチドが切り離される．このように，特定の NRPS は 1 種類のペプチドしか生合成できない．この点で，mRNA という設計図さえあればどのようなペプチドも生合成できるリボソーム型翻訳装置とは本質的に異なる仕組みをもっている．この意味で NRPS はゲノム工学における新たなツールとして期待できよう．

10. 遺伝子診断とゲノム医療

病気はある遺伝性素因に環境因子が作用して発症すると考えることができる．二つの要因の寄与率は個々の病気で異なるが，いわゆる体質までも考慮すればすべての病気には特定の遺伝性素因を当てはめて考えることができる．病気にかかわっている遺伝子を診断して治療するという遺伝子医療の考え方は20世紀後半になって出てきた概念である．

1953年のDNA二重らせんの発見と，それに続く1970年代に始まった遺伝子操作技術の開発は，瞬く間に遺伝子診断と遺伝子治療を含む遺伝子医療へと進展していった．21世紀の開始とともに始まった，ヒトゲノム全塩基配列が決定されてから後の"ポストゲノムの時代"に入ってからは"ゲノム医療"とよばれるにふさわしいより精密で包括的な技術へと進展しつつある．

遺伝子診断はまず遺伝病（遺伝性疾患）とよばれる，遺伝性素因の寄与がほとんど100%の病気の原因を探る研究から始まった．ついで，病態が複雑すぎて，従来の医学の知識や技術では原因がとうていわかりそうもなかった多くの遺伝性の難病も遺伝子工学を使った地道な努力によって原因遺伝子の同定が進んできた．遺伝子診断とそれに基づく遺伝子医療は医学を大きく変えた20世紀の記念碑となる業績として後世に語り継がれるであろう．

21世紀においては，既知のヒトゲノム全塩基配列を参照できるおかげで原因遺伝子の同定は随分と楽になった．それとともに始まったゲノム全体の検査を視野に入れた診断法と，それを基盤としたゲノム医療技術の開発は現在も目覚ましい勢いで進んでいる．

10・1 遺伝子診断

遺伝子のレベルで異常がないかどうか調べることを**遺伝子診断**（genetic diagnosis）とよぶ．ヒトの全ゲノム塩基配列が決定されている現在では，マクロな染色体レベルで見つかった異常もDNAの塩基配列レベルで検出できるようになった．

10・1・1 ヒトゲノム間の相異の検出

約2億5千万塩基対から成るヒトゲノムの塩基配列には，千塩基に1箇所程度の**遺伝子多型**（genetic polymorphism）とよばれる1塩基の違いが個体差として存在することが明らかとなってきた．さらにすべてのヒトは両親由来の1対の相同染色体をもつが，それら1対の**対立遺伝子**（allele）の間にも塩基配列の小さな差異が見つかる．これらの多型マーカーを検出する方法が開発されてきた．

まず1980年代前半には第1世代の多型マーカーとして**制限酵素断片長多型**（**RFLP**, restriction fragment length polymorphism, リフリップと読む）が開発された．ゲノムDNAを適当な制限酵素で切断し，標的遺伝子をプローブとしたサザンブロット法によって生じるバンドのパターンの違い（これを多型とよぶ）を検出するこの方法は，主としてゲノム上のマクロな欠失，挿入を検出できるため有用である．制限酵素の認識部位が変化している場合には点変異も検出できる（図10・1a）．

> 解析には1制限酵素当たり数μg以上のDNAが試料として必要な点が難点である．

1980年代後半には反復単位が7～40塩基対で反復回数に個人差がある**VNTR**（variable number of tandem repeat）とよばれる反復配列が発見され，第2世代の多型マーカー，別名**ミニサテライト**（minisatellite）として登場した．VNTRをは

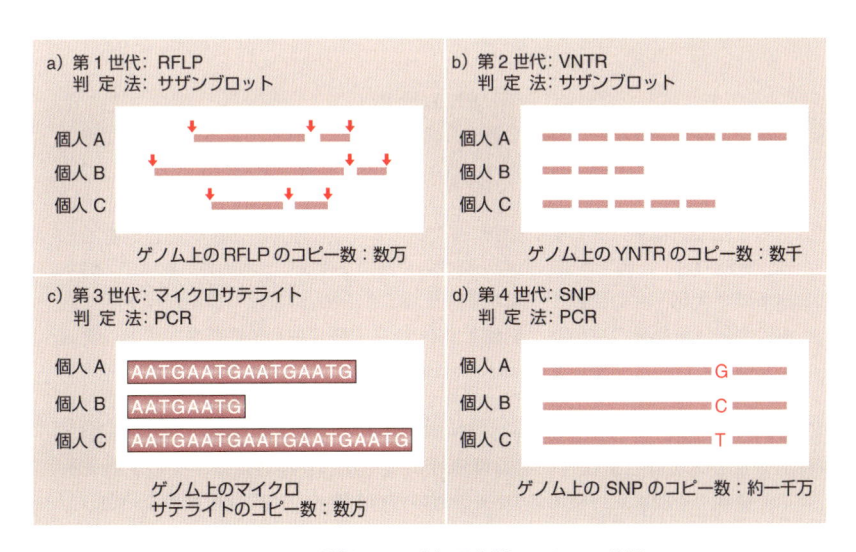

図10・1 4種類のヒト遺伝子多型マーカーの特徴

さむようにプライマーを設計して PCR で増幅すると反復回数の多い人ほど長い DNA 断片を生じるので，それをアガロースゲル電気泳動を用いて VNTR（ミニサテライト）マーカーとして検出する（図 10・1b）．

> PCR とサザンブロット法を組合わせて用いた検出結果は，商品に張り付けられたバーコードそっくりの 20 本程度の濃淡のバンド模様で示されることから DNA バーコードあるいは DNA 指紋（DNA フィンガープリント）ともよばれる．これらは全ゲノム中に数千から数万箇所で検出できるはずであると予想される．

1990 年代に入ると第 3 世代の多型マーカーとして**マイクロサテライト**（microsatellite）が実用化された．マイクロサテライトとはヒトゲノムに存在する 2〜7 塩基の短い反復配列で（§11・1 参照），ミニサテライトと同様に反復回数に個人差があるので PCR とアガロースゲル電気泳動によって検出できる（図 10・1c）．PCR で短い塩基配列の繰返しを検出するので試料は少量（10 ng）ですみ，たとえば試料 DNA が古くて少しは分解していても検出できることが利点である．

> ただし繰返し数の幅が 7 種類と小さいので一つのマイクロサテライトだけでは個人の特定はできず，いくつかのマイクロサテライトを同時に使用して確度を高める必要がある．ヒトゲノム内には数万箇所でマイクロサテライトが見つかると予想されている．

2000 年に入って注目されてきた個人差としての 1 塩基多型である **SNP**（single nucleotide polymorphism，スニップと読むこともある）は第 4 世代の多型マーカー

RNA 診断

遺伝子診断のうち，設計図である DNA 塩基配列の異常を検出して診断することを DNA 診断（DNA diagnosis），遺伝子の働き具合を RNA（mRNA，miRNA など）の発現レベルで調べて診断することを RNA 診断（RNA diagnosis）と区別してよぶこともある．DNA 診断が個人レベルでの DNA 塩基配列の違いをもとに，原則的に"不変"遺伝情報を調べる"静的な検査"であるのに比べて，時々刻々と"変化"する遺伝子発現の動態を調べる RNA 診断は"動的な検査"である．実際，遺伝子の活動状況を検査する RNA 診断は体調や病状など現況によって変動するため，一生変化しない DNA 診断に比べてゲノム倫理上の問題も少ない．血液を試料とするのが簡便で，異常な働きをしている遺伝子を特定できれば病因遺伝子に迫ることもできる．その際，遺伝子の働きを指令する異常が DNA 上に書き込まれた遺伝性である可能性が高くなった場合には，そのプロモーター領域での変異点の検出は DNA 診断の管轄となる．まだ実績は少ないが，ゲノムの機能における RNA の重要性が増してきたので今後の進展が期待される．

である（図10・1d）. SNP の有利な点は結果がプラスかマイナスかの2通りしかないためデジタル信号化でき，大量の SNP 情報を高速コンピューターで解析できることにある．ゲノム全体では 300 万～1000 万箇所（約千塩基に一つ）くらい存在する SNP を"体質の個人差"を検出するマーカーとして"医療の個別化"あるいは"オーダーメイド医療"として実用化する研究が進んでいる（§10・1・3 参照）．

> SNP は発生する位置によって以下のように分類される．非翻訳領域（uSNP, untranslated SNP），翻訳領域だがアミノ酸が置換しないもの（sSNP, silent SNP），翻訳領域でアミノ酸が置換する（あるいは終止コドンに変化する）もの（cSNP, coding SNP），プロモーター領域が変化するもの（rSNP, regulatory SNP），イントロン領域が変化するもの（iSNP, intronic SNP），表現型の変化はないと考えられるその他のゲノム領域が変化するもの（gSNP, genomic SNP）．

10・1・2 遺伝子変異の検出法

これまでに数多くの遺伝子変異検出法が開発されてきた（表 10・1）．

表 10・1 遺伝子診断における変異部位解析法

解析法の略称[†1]	野生型	変異型（▲は変異点）	解析法の略称[†1]	野生型	変異型（▲は変異点）
ASA			DGGE		
ASO			HET		
CCM		切断	PEX		

[†1] 正式名称は本文を参照．

a. 対立遺伝子特異的増幅法（allele-specific amplification, ASA） 変異部を認識するようなプライマーを用いて PCR を行う．変異 DNA はプライマーとアニールしないので PCR 反応が開始せずに増幅されない．

b. 対立遺伝子特異的オリゴヌクレオチド法（allele-specific oligonucleotide, ASO）標的部位と結合するオリゴヌクレオチドを標識する．変異点では弱くしか結合できない（変異点があると標識シグナルが弱くなる）．

c. ミスマッチ化学切断法（chemical cleavage of mismatch, CCM） 変異点がハイブリッドを形成できず立体構造が変わる性質を利用し，ここを DNase で切断して断片を検出する．

d. 変性勾配ゲル電気泳動法（denaturing gradient gel electrophoresis, DGGE） 変異により生じるヘテロ二本鎖を変性させ，尿素やホルムアミドなど無荷電の変性剤の濃度勾配をかけたゲルで電気泳動する．患者あるいは正常人由来のバンドが異なった位置に電気泳動されるのを検出する．

e. ヘテロ二本鎖法（heteroduplex, HET） 変異により生じるヘテロ二本鎖が中性ゲルで遅れて電気泳動されるのを検出する．

f. プライマー伸長法（primer extension, PEX） 変異点近傍に設定したプライマーを用いた PCR で直接塩基配列を決定して変異点を検出する．ミニシークエンス法ともよばれる．

g. DNA リガーゼ法（DNA ligase, DL） 鎌状赤血球貧血（β^S）で最初に用いられた DNA リガーゼを利用する方法はとりわけ有用である（図 10・2）．この方法で

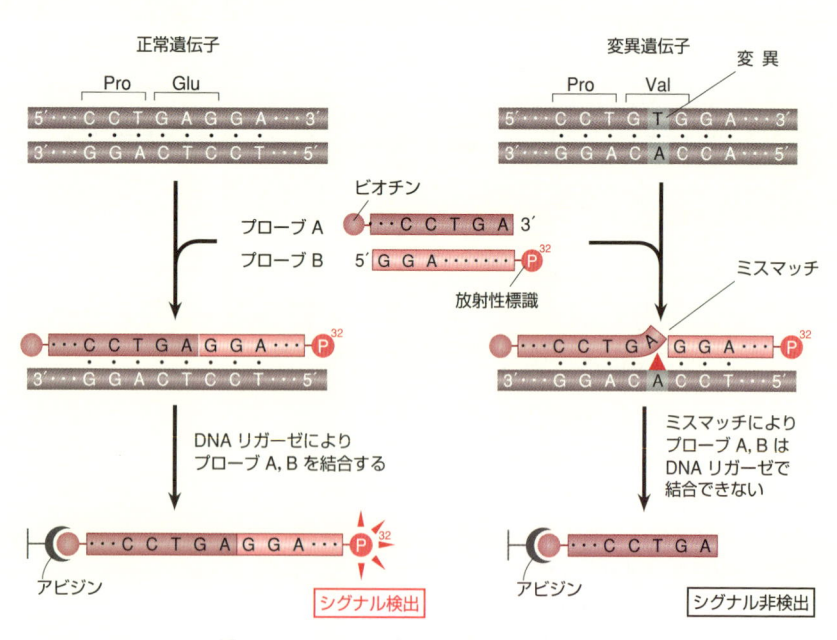

図 10・2　DNA リガーゼを用いた変異点検出法

はまず変異点部位を含む正常遺伝子の配列と相補的なオリゴヌクレオチド（プローブA）を用意し，5′末端をビオチンで標識する．一方，そのすぐ下流の塩基配列に相当するオリゴヌクレオチド（プローブB）の3′末端を放射性同位体^{32}Pで標識する．これらを試料DNAとハイブリッド形成させた後にDNAリガーゼを作用させると，変異によりミスマッチを起こしたプローブどうしは連結されない．このハイブリッドを変性させて両鎖を分離したうえでストレプトアビジンを結合させたアガロース樹脂と混ぜて特異的に吸着させて単離し，放射能を検索すると正常遺伝子β^Aの場合のみシグナルが検出される．逆にプローブAに患者遺伝子の配列を用いた場合には患者遺伝子β^Sの場合のみシグナルが検出される．

> この原理を応用し，耐熱性DNAリガーゼを用いて増幅反応を同時に行いながら検出するLCRが考案され（§5・9参照），感度の良い遺伝子診断法として注目されている．

h. SSCP法（single-strand conformation polymorphism）　一本鎖DNAは塩基配列に依存して特異的な立体構造をとるため1塩基置換でも立体構造の差異に由来する電気泳動度の違いとして検出できることがある．この特徴を利用したSSCP法では，5′末端を標識したプライマーを用いて試料DNAをPCRにより増幅したのち加熱変性して一本鎖にし，中性のポリアクリルアミドゲル電気泳動にかけてバンドの位置の移動を検出する（図10・3）．

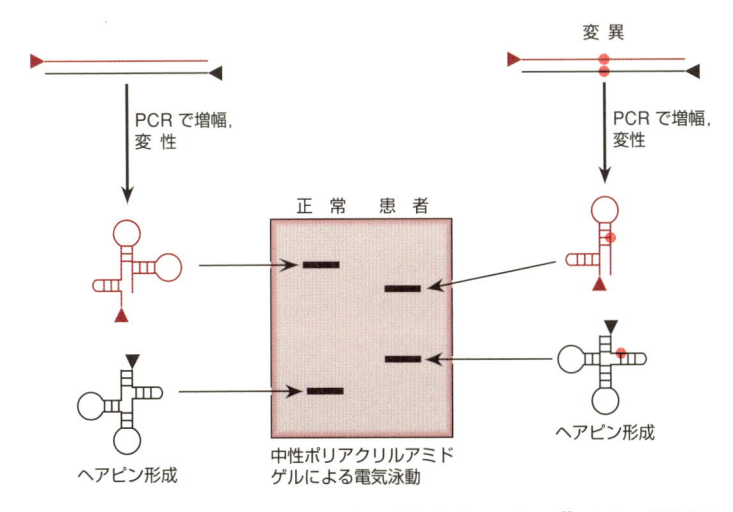

図10・3 SSCP法による変異点検出法　5′末端（▶,▸）は^{32}Pなどで標識する．

陰陽ハプロタイプ

同一遺伝子座に見つかった 2 種類（陰と陽）の 1 塩基多型（SNP ハプロタイプ）が拮抗した効果をもたらすという興味深い現象が見つかっている．たとえば *TPH2* 遺伝子で見つかった 2 種類の SNP のうち，陰ハプロタイプをもつ人はうつ病を発症しやすく，陽ハプロタイプをもつ人はうつ病を発症しにくいという．うつ病や自殺にはセロトニン作動性の機能不全が関与していることが知られている．TPH2 は脳内のセロトニン合成における律速段階酵素であるトリプトファン水酸化酵素（TPH）をコードするため，この陰陽ハプロタイプ（Yin-Yang haplotype）は診断に有用であるかもしれない．

10・1・3 SNP タイピング技術

ヒトのゲノム全体で 300 万箇所以上存在する 1 塩基の差異として個人差 SNP を系統的に決定して分類解析する **SNP タイピング**（SNP typing）の研究が急速に進んでいる．従来"体質"という言葉で漠然と表現されていたものが 1 塩基の違いのレベルで科学的事実として語られるようになる日は近い．SNP タイピングには電気泳動が不要なため大規模で体系的な解析が可能である．

> "オーダーメイド医療"とよばれるこの発想は，遺伝子レベルで理解した体質に合わせて薬の量や質を最善の条件に設定することで，患者により薬の効き方が異なるという問題を解決するのに役立つであろう．酒に強い人と酒に弱い人，あるいはまったく酒を受けつけない人がいるように薬の効き方も違うのである．

a. タクマン法（TaqMan PCR）

臨床検査の現場で重宝されているタクマン法は以下の手順で進める．

❶ 5′ 末端を蛍光物質で，3′ 末端を消光物質（quencher）で標識した約 20 塩基から成る対立遺伝子（アリル）特異的なオリゴヌクレオチド（SOA；別名タクマンプローブ）を準備する（図 10・4a）．

❷ これを試料 DNA にハイブリダイズさせたうえで，その上流に設定したプライマーから *Taq* DNA ポリメラーゼで相補鎖を生合成させる．

> ただし，タクマンプローブが PCR のプライマーとしては働かないように，その 3′ 末端は前もってリン酸化してある．

❸ 反応が進むとタクマンプローブに突き当たった時点で *Taq* DNA ポリメラーゼの 5′ ヌクレアーゼ活性により標識した蛍光物質が切り取られ，消光物質の影響を受けなくなって蛍光が発せられる．

　PCR により鋳型が増幅されるにつれ，この蛍光強度は指数関数的に増強する．もし，SNP をもつ 2 人のアリル特異的なタクマンプローブを個別の蛍光物質（図 10・4b では FAM と VIC）で標識して PCR を行ったのち，蛍光測定器で比較測定すると試料がアリル 1 のホモ接合体なら FAM のみの蛍光が，アリル 1 とアリル 2 のヘテロ接合体なら FAM と VIC 両方の蛍光が，アリル 2 のホモ接合体なら VIC のみの蛍光が観察されることで SNP タイピングができる（図 10・4c）．

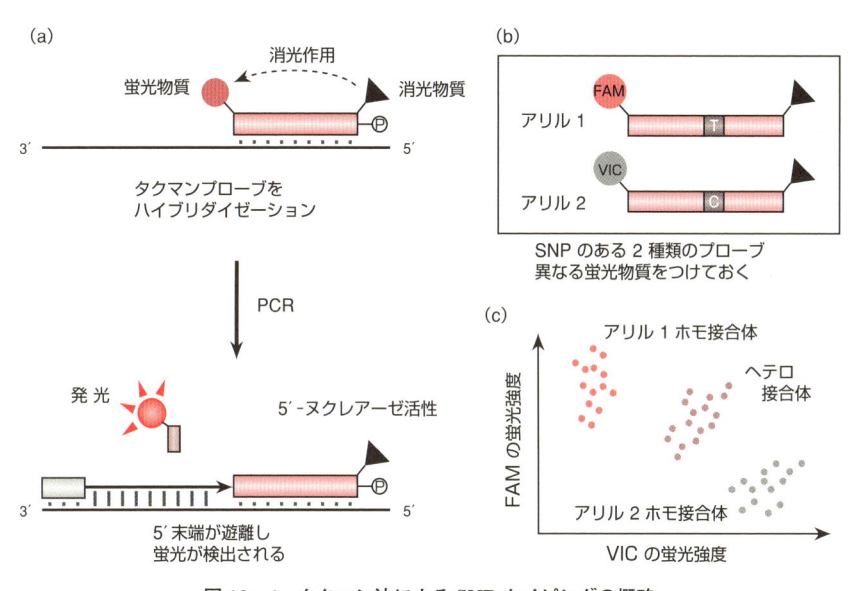

図 10・4　タクマン法による SNP タイピングの概略

b. 侵入法 (invader method)

　アリルプローブ，侵入プローブ，FRET (fluorescence resonance energy transfer) プローブの三つのオリゴヌクレオチドを用いる（図 10・5）．

1) アリルプローブの 3′ 側には SNP 部位近くの鋳型に相補的だが 5′ 側には無関係な配列（フラップ，flap）がハイブリダイズしないでぶらついている．
2) 侵入プローブは隣接して設計してあり，アリルプローブと一緒にすると SNP 部

位を境にして侵入するような形で試料DNAにハイブリダイズする．SNP部位は任意の塩基（N）をもたせてある（すなわちA, G, C, Tの4種類ある）．
3) FRETプローブはアリルとは無関係な普遍的に使えるプローブで，5′側はヘアピンを構成し，そこに蛍光物質で標識してあるが，そばに消光物質も標識してあるのでこのままでは蛍光は発しない．3′側はアリルプローブのフラップと相補的な配列をもつ．

実験ではまずアリルプローブと侵入プローブのハイブリッドのうち特殊な立体構造をもってしまうSNP部位（図ではA·T）を認識するヌクレアーゼによってフラップ部位でアリルプローブが切断される．遊離したフラップはFRETプローブとハイブリダイズするが，このときSNP塩基（T）が侵入して立体構造が変化し，ヌクレアーゼによって蛍光色素が切り出され発光する．もしアリルとマッチしなければ，フラップは切断されないため蛍光は発せられない．

> ここで遊離のアリルプローブがフラップ領域でFRETプローブとハイブリダイズしても蛍光が遊離してしまうが，この反応効率は無視できるほど低いように設計してある．

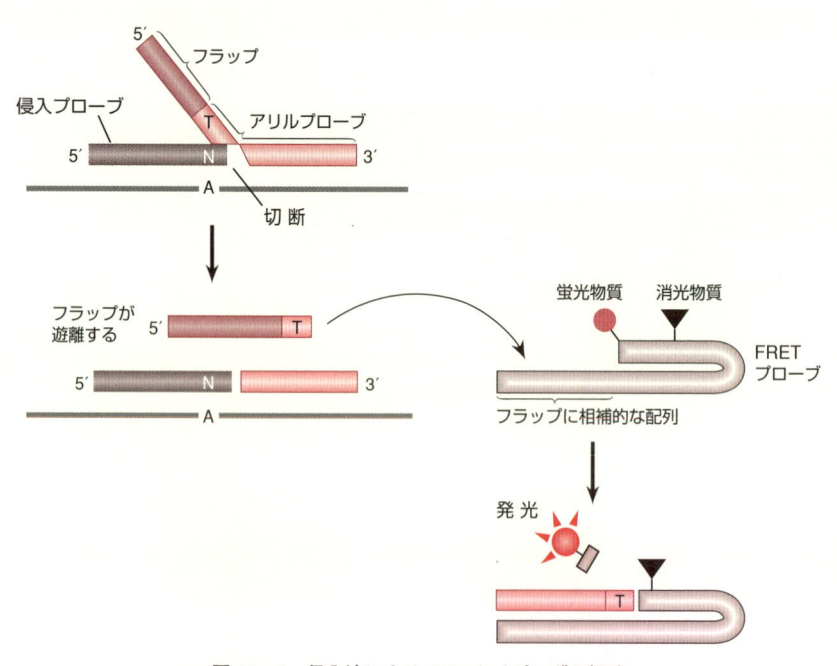

図10·5 侵入法によるSNPタイピングの概略

c. STA法 (shifted termination assay)

点変異を蛍光色素の発光によって迅速に検出するシステムであるSTA法は、点変異の位置わかっているSNPの検出に有用である。たとえば、AからC（G、Tでも同様）へ点変異が起こっている場合には（図10・6）、反応液にジデオキシチミジン（ddT）とA、C、G（蛍光標識）を加えてDNAポリメラーゼを反応させる。その検出原理は、

1) 変異が起こっていない場合には最初のAで反応が停止するので伸長鎖は光らない。
2) Aが変異していると、次のAがくるまで反応が進むので、蛍光標識したGが取込まれる。この場合には伸長鎖は蛍光を発するので、AからC（あるいはG、T）への点変異が検出できる。

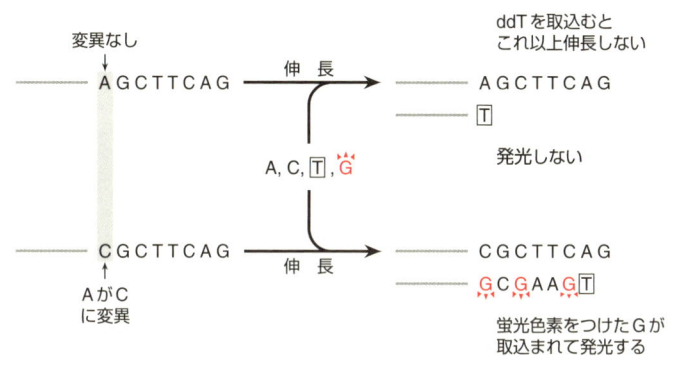

図10・6 STAの原理

d. RCA法

RCA法（§5・9参照）を用いたSNPタイピングも有用である。たとえばTアリルとGアリルを区別したい場合、この方法では二つのアリルをそれぞれ特異的に識別できるSNP部位だけ塩基が異なる二つの**パドロックプローブ**（padlock probe, 南京錠型プローブ）を準備する（図10・7a）。もし試料DNAがTアリルのホモ接合体の場合にはハイブリダイズさせてDNAリガーゼを作用させると、マッチする場合だけ環状になってRCA反応を開始し増幅されるので識別でき、試料DNAはTアリルのホモ接合体であると判断できる。さらに異なるアリルに対して別個の配列をもつプローブを準備し、異なる蛍光色素で標識した別個のプライ

マー（P1,P2）を用いれば1本のチューブ内で反応させてもアリルの識別はつく（図10・7b）．この方法は一定温度で少ないステップで実行できるので自動化する目的には有利である．

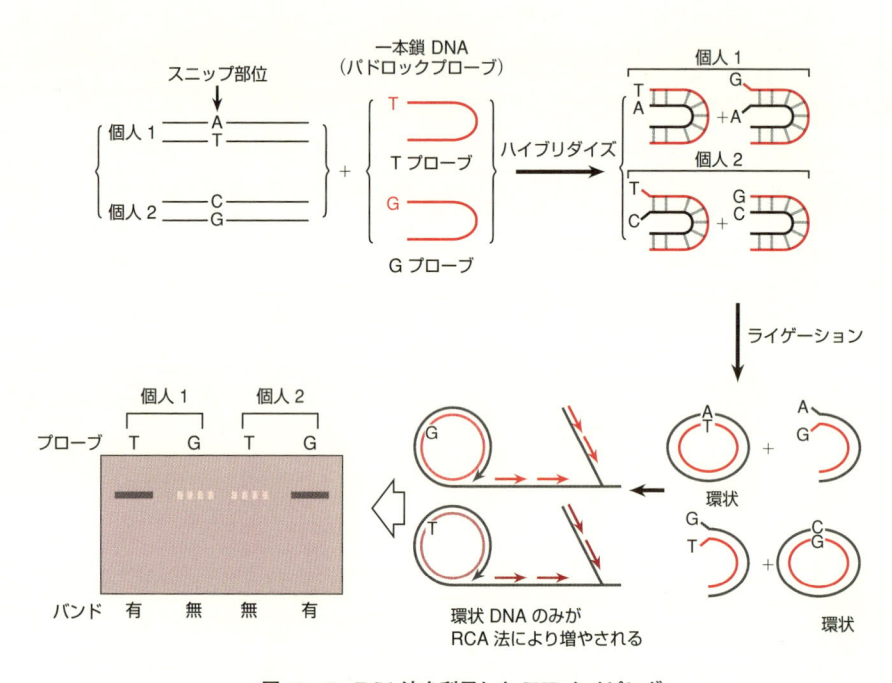

図10・7 RCA法を利用したSNPタイピング

e. 分子ビーコン（molecular beacon）

中央に標的と相補的な塩基配列を，5′末端に蛍光色素を，3′末端に消光分子をもつ一本鎖オリゴヌクレオチドプローブで，ふだんはヘアピン構造をとって消光している（図10・8）．

1) リアルタイムPCRのプローブとして用いた場合，標的とハイブリダイズするとヘアピン構造が解けて消光分子から遊離した蛍光色素が発光する．その蛍光強度は標的の量に比例するため定量ができる．
2) SNP部位の塩基と蛍光色が異なる4種の分子ビーコンを用いると，標的に相補的な分子ビーコン由来の蛍光のみがPCR増幅に伴って観察されるため蛍光波長ごとの強度を測定することで均一系でのSNPタイピングができる．

3) 一方,これら4種のプローブを RCA 法におけるパドロックプローブの代わりに使うと,同じ原理で反応が進みながら蛍光を使えるので威力を発揮する.この技術は**スナイパーアッセイ**(sniper assay)とよばれる.

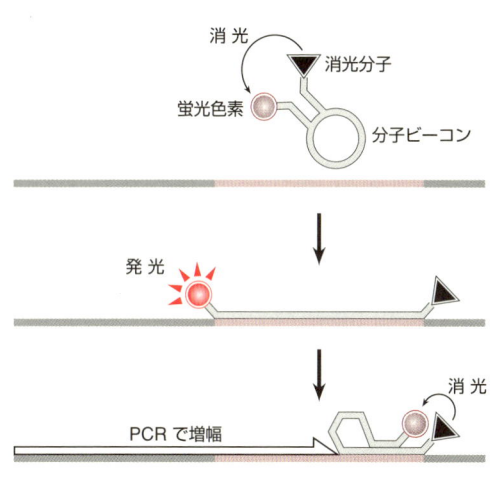

図10・8 分子ビーコンの原理

10・1・4 医療の個別化

おもに SNP 情報をもとにして,患者の遺伝的な個人差に合わせた医療を行う**個別化医療**(personalized medicine)という考え方はポストゲノム時代には避けて通れない.これを**オーダーメイド医療**または**テーラーメイド医療**とよぶこともある(両方とも和製英語である).医学的には同一の疾患でも,体質により薬の効き方が異なるという問題点を解決するために考え出されたもので,遺伝的なリスクに基づいた病気発症予防や,体質(SNP 情報からわかるものに限る)に合わせた薬剤の使い分け,あるいは適用量の加減などが考えられている.

> 酒についていえば,ウイスキー1本を空にしても平気な人と,ビールをコップ1杯飲んだだけで顔が真っ赤になる人がいるように,薬の効き方も違うのだと考えるとわかりやすい.

実際,多くの薬剤は肝臓などで代謝・分解されて排出され,それにかかわる遺伝子も数多く知られている.一般に,ある薬物に対して代謝能力の高い人を**エクステンシブ・メタボライザー**(extensive metabolizer, EM),低い人を**プア・メタボライザー**(poor metabolizer, PM)とよぶ.分解作用の弱い人に対しては薬剤の量

を減らさないと，血中の薬剤濃度がふつうの人より高くなって，この人にだけ副作用が出るかもしれない．遺伝的なリスクに基づいた病気発症予防や，体質に合わせた薬剤の使い分けや適用量の加減などがいずれは可能となるだろう．

新薬開発において，民族独自のSNP情報をもとにして民族差に応じた薬の使用量などを考慮することを橋渡し研究（bridging study）とよぶ．たとえば欧米人（コーカソイド）を対象にした研究から生まれた薬を日本人（モンゴロイド）に使うときには，得られたデータをそのまま当てはめることをせずに日本人の体格や体力を考慮して適応量や使用法を決めるべきである．一般に欧米人はアルコール分解酵素の活性が強いため日本人より酒に強いが，これと同じことが薬についても起こるかもしれないというのがその理由である．

> 米国の食品医薬品局（Food and Drug Administration, FDA）は新薬の申請に際して遺伝学的投薬基準（genetically-based point-of-care, gPOC）とよばれるSNP情報を含めた基準データを添付することを検討している．近い将来米国ではすべての薬剤について，それがどの遺伝子に関係するのか，その副作用にかかわるのはどの遺伝子であるかの情報を提出しなくてはならなくなる可能性が出てきた．その影響はまたたく間に日本へも波及し，多くの医薬品にgPOCのラベルが貼られることが予測される．

将来は病院などで血液を採取してDNAチップで数多くの病因遺伝子の診断をするという**ゲノム診断**（genome diagnosis）が日常的となろう．そこから得られたゲノム情報をICカードに記録し，次回から病気になったときにはその情報をもとに個々人の体質に合った最適の個別化医療を受ける，あるいは，その情報をもとに発病を予防する生活上のアドバイスを受けることもできるようになると考えられる．

10・1・5　ハップマップ計画

生物学の定義とは少し異なり，ゲノム医療におけるハプロタイプ（haplotype）とは"ゲノムの特定の領域に集積した遺伝的に連鎖している一塩基多型（SNP）の一群"を意味する．**ハップマップ計画**とはゲノム全域でハプロタイプの分布を調べて地図を作り，ゲノム医療の基盤となる情報を世界で共有しようという壮大な計画である．元来，ハプロタイプという遺伝学における用語は"半数体の遺伝子型（haploid genotype）"の略で，"父母由来の各染色体における相同の位置（遺伝子座位）にある一組の遺伝子（対立遺伝子）のいずれか一方の組合わせ"を意味する．たとえば二つの遺伝子座位（第1と第2）それぞれに2種の対立遺伝子（第1が A または a，第2が B または b）をもつ個体において遺伝子型が $AaBb$ の場合には，

ハプロタイプには *ABab* または *AbaB* という二つの型がある（図10・9a）．遺伝子座位の数が多くなれば組合わせの数も膨大になるはずだが，生殖細胞ができる際の減数分裂における遺伝子組換えにおいては近傍の遺伝子座はまとまって移動(連鎖)するので，ハプロタイプの種類は絞られる．

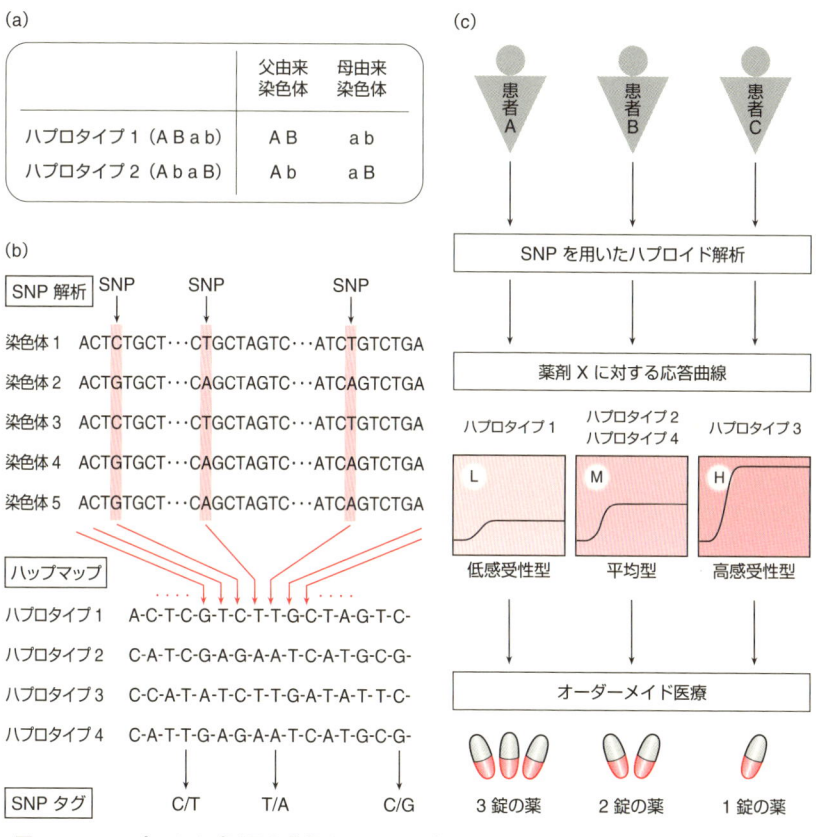

図10・9 ハプロタイプ地図を基盤としたオーダーメード医療の原理 (a) ハプロタイプは父または母に由来する遺伝子型の組合わせである．(b) ハップマップ計画では蓄積してきたSNP解析の結果をまとめてゲノム上の地図として公開する．たとえばある遺伝子のSNPが特定のゲノム地図上でハプロタイプ1～4に分類できたとする．このうち三つのSNPをSNPタグとして選ぶ．(c) これを用いて患者A, B, Cのハプロタイプを調べる．たとえば薬剤Xに対する応答曲線を多くの患者についてハプロタイプ調べてデータを蓄積して薬剤感受性について低・平均・高の三つの型に分類しておけば，患者A, B, Cがどの型に相当するかを速やかに診断できる．その結果，患者に合わせた錠剤の数を調製することでオーダーメード医療を進めることができる．

千塩基対に1個は個人差として存在する塩基配列の1箇所の違い（一塩基多型：SNP）はゲノム全体に数百万箇所も存在し，個人の体質を決定しているとされる．SNPは，いくつかがセットになって親から子に受け継がれるため，ゲノム内で隣接して存在するSNPをセット単位で抜き出して並べてみると，大半のヒトは基本的なハプロタイプに分類される（図10・9b）．実際，複数の日本人を対象として数十万箇所のSNP解析を行ったところ，多くのヒトは共通の位置にSNPを保有していることが判明した．こうして見つかったSNPだけを順番に並べてみると，おおむね少数の（図では四つの）ハプロタイプに分類できた．実際には，これらすべてのSNPを調べなくても，代表的な少数の（図では三つの）SNPについてだけ調べると，どのハプロタイプに所属するかが高い精度で決定される．こうして，あるゲノム領域での患者のハプロタイプが血液検査で確定できるのである．

日本・米国・英国・カナダ・中国の14の研究センターが参加して2002年に始まった国際的なハップマップ計画では，アフリカ人，欧州人，日本人を含むアジア人270名のDNAについてSNP解析が進められ，2005年にはゲノム全域のSNP情報をデータベース化したハップマップの作成が完了した．これにはアフリカ人では92万箇所，欧州人では87万箇所，アジア人では82万箇所のSNPの情報が含まれる．現在，カナダ，中国，日本，ナイジェリア，英国，米国の科学者と各国政府，財団などの協力により，100万種類以上のSNPの遺伝子型，頻度，多型相互の関連性の程度などが解明され，ゲノム全体にわたるSNPパターン群を表示したハップマップがインターネット上で公開されている（http://www.hapmap.org/index.html.ja）．これを利用すれば，すべてのSNPを調べなくても，ハプロタイプごとの目印となるSNPを調べるだけで，効率的に遺伝情報の個人差としてのハプロタイプを知ることができる．SNPには，人種差があり，欧州人とアフリカ人は差が顕著で，日本人と中国の漢民族は非常に似ているということもわかってきた．

ハプロタイプを利用して患者ごとにきめ細やかな治療を進めるテーラーメード医療の試みが進んでいる．たとえば，ハプロタイプによって反応性が違う薬剤が見つかった場合には，患者がどのハプロタイプに分類されるかを調べたうえで，薬剤の量を処方すれば，薬の効果を最大限にして副作用を最小限に抑える治療が可能となるであろう（図10・9c）．

10・1・6 コピー数多型

すべてのヒトは父母それぞれに由来する遺伝子を1個ずつ計2コピーもつと信じ

られてきた．ところが複数の健常人DNAを試料として決定した全ゲノム塩基配列を比較すると，あるゲノム領域では1コピーのみ，あるいは3コピー存在するといったコピー数の個人差があることがわかってきた（図10・10）．ゲノム領域によっては，複数の遺伝子を含む大規模な塩基配列が重複もしくは欠損しているため，数千塩基対～数百万塩基対程度の大きな領域のコピー数が個人間で異なる．**コピー数多型**（copy number variation, CNV）とよばれるこの現象は個人の体質差や病気の原因として注目され研究が進んでいる．多様な人種を含む大規模な比較研究によると，ヒトゲノムの約1500箇所に3000を超えるコピー数多型が見つかり，その中には先天性疾患だけでなく，生活習慣病や自己免疫疾患といった遺伝とのかかわりが少ない病気に関する遺伝子も含まれていた．

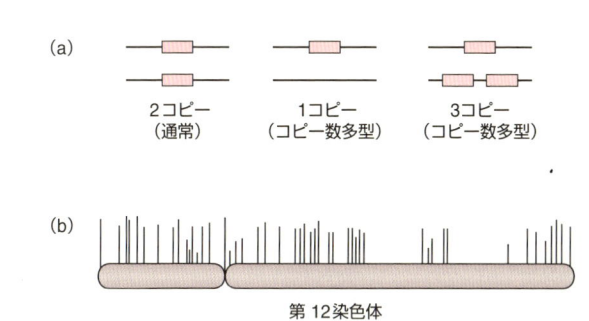

図10・10 コピー数多型（CNV）の原理 (a) あるヒトゲノム領域では1コピーのみ，あるいは3コピー存在するといった個人差としてのコピー数多型が存在する．(b) たとえば第12染色体では，横棒の位置に，棒の長さに比例した範囲でコピー数多型が生じていた．

コピー数多型領域近傍のSNPの分布状態との比較から，SNPが検出された0.3％のゲノム領域よりも広範な12％超の領域にコピー数多型が発見された．コピー数多型領域に含まれる多数の遺伝子では発現量が変化するため，コピー数多型が点変異であるSNP以上に個人差検出やDNA診断に有用であると期待される．たとえば，エイズウイルスの感染にかかわるCCL3L1という遺伝子では，コピー数が多い方が感染しにくいこと，アフリカ人にはこのコピー数が多い傾向にあることが判明した．このほかにも，がん，アルツハイマー病，パーキンソン病などのなりやすさもコピー数多型に左右されることがわかってきた．コピー数多型と疾患との関連に基づいて個別化医療に応用する研究が進んでいる．

10・2　遺伝子治療

　遺伝子診断により DNA 塩基配列レベルの異常の存在が確定すると，それを治療しようという**遺伝子治療**（gene therapy）の試みがなされるようになった．当初はほかに治療法がなく放置しておくと死しかない重篤な遺伝子疾患のみを対象としていたが，最近ではいわゆる遺伝子疾患ではないが，現在ではほかに治療法のない重篤ながんなどにも応用範囲が広がりつつある．

10・2・1　遺伝子治療の歴史

　遺伝子治療の原型ともいえるウイルス療法の試みがすでに 1960 年代の終わりに行われている（S.Rogers ら）．彼らはショープパピローマウイルスのもつアルギナーゼ遺伝子を利用してアルギナーゼ欠損症の患者にウイルスを投与したが，治療効果はなかった．1980 年には米国カリフォルニア大学の M.J.Cline らが倫理的・技術的議論のないままサラセミア患者にグロビン遺伝子を導入するという遺伝子治療を強行して大きな社会的問題をひき起こした．この事件が契機となって 1985 年には米国国立衛生研究所（National Institutes of Health, NIH）に"遺伝子治療に関する小委員会"が設けられ，その後の遺伝子治療は認可制となった．1989 年には NIH の S.A.Rosenberg らによって悪性黒色腫患者に遺伝子導入腫瘍浸潤リンパ球の投与が行われた．彼らは投与したリンパ球をあらかじめマーカー遺伝子（*neo*）で標識しておいて体内での動きを観察したが，この実験によりヒトにおいて初めて遺伝子導入ベクターの安全性や効率が詳しく調べられたことになる．それを受けて，1990 年には重症免疫不全症である**アデノシンデアミナーゼ（ADA）欠損症**の患者への遺伝子治療への認可がおりた．すぐに NIH のクリニカルセンターにおいて 4 歳の女児患者からリンパ球を採取し，試験管内で正常 *ADA* 遺伝子を導入したうえでこの患者に戻すという遺伝子治療が行われた．

> この患者は治療前は感染を防ぐため 1 日中家に閉じこもっていたが，治療開始から 1 年後には幼稚園に通い始め，現在では正常な数に戻ったリンパ球の半数で導入した正常遺伝子が働いているおかげでふつうの子供と変わらない生活を送っているという．

　この成功に勇気づけられて，さまざまな疾患に悩む数多くの患者に対して遺伝子治療が試みられるようになった．1993 年には嚢胞性線維症の遺伝子治療も始まり，ついで対象となる遺伝性疾患も種類が増えて，2000 年時点では米国において約 400 件ほどの遺伝子治療の研究報告がなされており，実施数は世界で 3000 件を超えるまでに至っている．

日本で最初に遺伝子治療が試みられたのは1995年のことで，北海道大学医学部でアデノシンデアミナーゼ欠損症の4歳の男児に対して同様の遺伝子治療が行われた．1998年からは主としてがん患者に対してこれまでに7件の申請に許可がおりて遺伝子治療が試みられている．

10・2・2　遺伝子治療の原理

遺伝子治療の原理は，遺伝子の異常で病気になった患者に正常遺伝子を外部から導入して患者の体内で発現させることで，欠損遺伝子により生じた病態を改善することにある．*ex vivo* 遺伝子治療と *in vivo* 遺伝子治療の2種類があり，疾患の特徴と用いるベクターの特性を考慮して適当な方を採用する．*ex vivo* 遺伝子治療法は標的細胞を患者から体外に取出し，培養下で正常遺伝子を導入した細胞を再び患者の体内に戻す自家移植による方法である（図10・11）．遺伝子導入した細胞の安全性などを患者に投与する前にチェックできる点では有利だが，培養細胞を大量に準備するための手間とコストが膨大である．*in vivo* 遺伝子治療法は遺伝子を直接患者に投与する方法で，省力化とコストダウンは期待できるが安全性に疑問が残る．今後ベクターの工夫も含めて大幅な技術開発が進めば実用的となろう．

遺伝子導入法には主としてウイルスベクターに頼る方法と化学的（リポフェクション法など）あるいは物理的（エレクトロポレーション法）な操作に頼る方法が試みられている．現状では遺伝子導入の効率の点から臨床現場ではウイルスベクターに頼っており，その多くはレトロウイルスベクターを採用している．

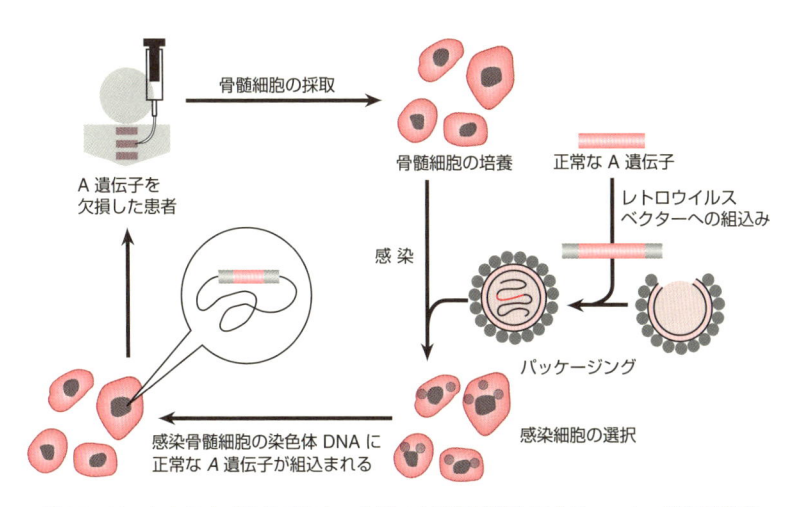

図10・11　レトロウイルスベクターを用いた遺伝子導入による *ex vivo* 遺伝子治療

10・2・3 レトロウイルスベクター

現在，遺伝子治療において主流であるレトロウイルスベクターのなかでも最も古くから開発が進んでいる代表格は哺乳類 C 型レトロウイルスに属するマウス白血病ウイルス（MoMLV, Moloney murine leukemia virus）を由来としており，自分では増殖できないように複製機構などを破壊してある．

遺伝子治療における患者への正常遺伝子導入法が潜在的な感染の危険性をもつレトロウイルスベクターを用いる場合には，以下に列挙する基礎実験を前もって行い有効性と安全性を確認しておくべきであるとされる．

1) 導入した遺伝子が効率良く発現し，長期間脱落しないで発現効率が保持される．
2) 遺伝子導入された細胞がレトロウイルスの影響で将来がん化しないことを保証できる安全性の高い細胞系を選択できる．
3) 遺伝子導入されたレトロウイルスが患者の変異遺伝子を取込んだうえで将来感染性を獲得しないことを保証できる安全性の高い細胞系を選択できる．
4) レトロウイルスベクターによる遺伝子導入が体細胞に限り患者の生殖細胞に感染しないことが確約できる．
5) モデル動物を用いて遺伝子治療による治療効果を前もって確認できる．

レトロウイルスベクターは形質転換効率が高く，感染後にはウイルスゲノムが宿主染色体に組込まれるため安定かつ長期的に発現できる点で有用である．しかし以下の難点もある．

1) 分裂中の細胞にしか遺伝子導入できない．遺伝子治療の対象となる造血幹細胞や神経細胞など，個体内ではふだん分裂していない細胞には遺伝子導入できない．
2) ベクター DNA が細胞内で予期しないタイプの組換えを起こし，がん遺伝子などの危険な遺伝子を取込んだうえで強い増殖能力をもつウイルスが出現する可能性がある．
3) ベクターが染色体に組込まれる際に重要な遺伝子を不活化したり抑制すべき遺伝子を活性化したりして発がんの危険性を増幅させる危険がある．

> ただし，これまで行われてきた多くの動物実験からはレトロウイルスベクターの安全性は非常に高いとされている．

非分裂細胞にも遺伝子導入できるベクターがレトロウイルス科に属するレンチウイルス（*Lentivirus*）を用いて作製されている．細胞は，分裂する直前には核膜を消滅させるためレトロウイルスが宿主染色体に接近できるが，非分裂細胞ゲノムに外来遺伝子を組込むには核膜を通過できる核移行シグナルがウイルスベクターに

存在しなくてはならない．エイズ（AIDS，後天性免疫不全症候群）の病原体であるHIV-1（ヒト免疫不全ウイルス1型）は代表的なレンチウイルスで4種類の核移行シグナルをもつため有用と期待され，実際エイズウイルスベクターが開発された．このベクターでは粒子形成と感染に必要なシス配列だけを残して複製不可能にしたエイズウイルスゲノムに外来遺伝子の発現に必要なプロモーターを組込んである．粒子形成と感染に必要な構造タンパク質は別のプラスミド DNA から供給されるように設計して安全性を高めている．また HIV-1 は CD4 陽性細胞にしか感染できないので宿主域を広げるためエンベロープには水疱性口内炎ウイルス G タンパク質（VSV-G）を用いるよう設計されている．

10・2・4 アデノウイルスベクター

アデノウイルスベクターは非分裂細胞にも遺伝子導入できるのみでなく，動物個体で直接発現させることができるという利点がある．しかし，発現持続時間が短く，免疫原性が高く，炎症を誘発し，感染特異性が低いという欠点もある．また宿主染色体へ組込まれることはないので発現は一過性である（ただし，1カ月くらいは安定に発現する）．

> これを改善するため制限増殖型，キャプシド変異型，ファイバー変異型など各種の変異アデノウイルスが作製されている．

アデノウイルスベクターはウイルスゲノムからウイルスの増殖に必須な *E1A*, *E1B* 遺伝子および *E3* 遺伝子を欠失させて代わりにプロモーターにつないだ外来遺伝子（約7kbまで）を挿入できるようにしてある．

> これは F.L.Graham がアデノウイルス5型の *E1A*, *E1B* 遺伝子がヒト胎児腎由来細胞の染色体に組込まれて持続発現することで不死化した細胞株（293細胞）を樹立できたという報告（1977年）を参考としたものである．

組換えウイルスは293細胞に遺伝子導入すると宿主から E1A, E1B タンパク質が供給されるため野生型ウイルスと同等の複製・増殖を起こし細胞当たり数千の子ウイルス粒子を産生できる．患者細胞に遺伝子導入すると，ウイルスゲノムは通常の感染どおり細胞核内に効率良く到達できるが，*E1A* の欠失により転写制御因子としての E1A が発現されないのでウイルスゲノム上の遺伝子はすべて転写が始まらない．その点で細胞への毒性や個体への免疫原性が非常に低いという期待があったが，実際には微量のウイルスタンパク質の発現が見つかった．そこで改良版としての gutted ベクターが開発されたが，まだ普及はしていない．

10・2・5 アデノ随伴ウイルスベクター

アデノ随伴ウイルス（AAV: *Adeno-associated virus*）はアデノウイルスの培養液に混入しているウイルスとして発見されたパルボウイルス科に属する一本鎖DNAウイルスで，複製にはアデノウイルスやヘルペスウイルスの共存が必須である．分裂型，非分裂型細胞のいずれも高い効率で形質転換できるのみでなく，ヒトの特定の領域（第19番染色体長腕の19q13.3-qterにあるAAVS1）に組込まれるという特徴をもつため，組込みによって宿主細胞をがん化させる恐れがなく導入遺伝子の長期発現も期待できるという利点がある．

> 約8割の成人が抗AAV抗体をもつが何も起こっていないのでヒトへの病原性はないとされている．ウイルスの受容体として細胞膜の普遍的成分であるヘパラン硫酸プロテオグリカンを利用するので宿主域は広く，ヒト以外の哺乳動物のみでなく鳥類にも感染する．

ウイルス粒子はエンベロープはもたずキャプシド（capsid）のみで構成されているが物理化学的にとても安定な構造をしている（図10・12）．ウイルスゲノムは複製

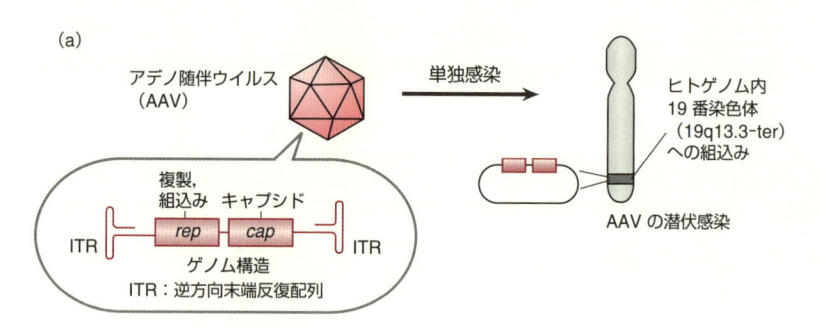

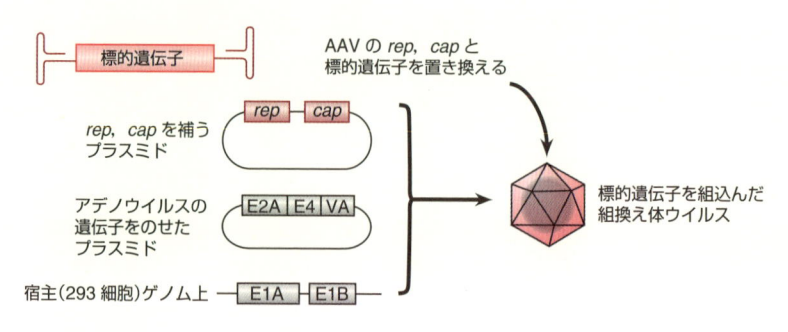

図10・12　アデノ随伴ウイルス（AAV）の特徴と組換え体AAVウイルスベクターの作製法

と宿主ゲノムへの組込みに作用する *rep* とキャプシドをコードする *cap* の二つの遺伝子から成っており，一本鎖DNAの両端はITR (inverted terminal repeat) とよばれるT字形のヘアピン構造をしている．AAVベクターにおいては，まずITRを挟んで *rep* と *cap* の代わりに遺伝子治療に使う標的遺伝子 (4.5 kb 以下) を挿入し，これを *rep* と *cap* を発現する別のプラスミドおよびアデノウイルスのE2A, E4, VAを発現しているプラスミドとともに293細胞 (E1A,E1Bを発現している) に遺伝子導入すると，標的遺伝子を組込んだAAVウイルスが産生される．これを患者の非分裂細胞に遺伝子導入して遺伝子治療に用いる．

> 現状ではウイルス調製の過程が煩雑で高力価のウイルスが得にくいこと，*rep* を欠如させたおかげで染色体のランダムな位置に組込まれてしまうことなど改良すべき点は多いが，安全性も高いのでさらなる研究が期待されている．

10・2・6 非ウイルス型および混成型ベクター

非ウイルスベクターとは化学物質を用いて標的DNAを導入する方法の総称で，安全性の面で優れているのみでなく組換え体ウイルスを作製する操作が不要となるため，操作も簡便である．問題点は形質転換効率がウイルス法に比べて格段に低いことで，その改善のためにさまざまな技術が開発されつつある．

1) 化学的な形質転換法として，DNAと複合体を形成し細胞に付着してからエンドサイトーシスにより遺伝子を細胞内へ運び込む正電荷リポソームが用いられる．

> ただし，リポソームには細胞毒性があり，血清による導入阻害を防ぐために無血清培地で形質転換しなくてはならないという制限がある．

2) 物理的な形質転換法としてはパーティクルガン法が採用される．
3) そのほか，組織特異的に存在する細胞表面抗原に対する抗体にDNAを結合させたり，細胞表面にある受容体に特異的に結合するリガンドとDNAの複合体を形成させてDNAを取込ませる受容体介在性遺伝子導入法などがある．
4) さらに裸のDNAを直接生体組織に導入させて発現させる試みも成功している．

しかし，いずれも効率的にはウイルス性ベクターに及ばない．

そこでウイルスとリポソームの特徴を生かした混成ベクターを用いたHVJ-リポソーム法が開発されてきた (図 10・13)．HVJ (hemagglutinating virus of Japan, 別名センダイウイルス) はパラミクソウイルス属に分類されるマウスのパラインフルエンザウイルス．ゲノムは約 15 kb の一本鎖RNA (マイナス鎖) から成る．

> 1950年代に東北大で分離されたのでセンダイウイルスともよばれる．細胞融合能をもつことは大阪大学微生物病研究所で発見された (岡田善雄，1957年)．

この方法では，

❶ 核タンパク質の一種である HGM-1 と結合させた標的遺伝子を負電荷リポソームで内包する．

❷ これを紫外線照射により不活性化した HVJ（細胞融合能をもつ）と融合し，融合小胞体を形成させる．この小胞体は標的細胞膜表面にある HVJ 受容体と結合し，HVJ 由来の融合タンパク質（F タンパク質と HN タンパク質）の作用でウイルス粒子と同様に細胞膜と融合する．

> この小胞体は DNA のみでなく RNA，タンパク質，薬剤までをも細胞質に注入できるので DDS（drug delivery system）としても有用である．

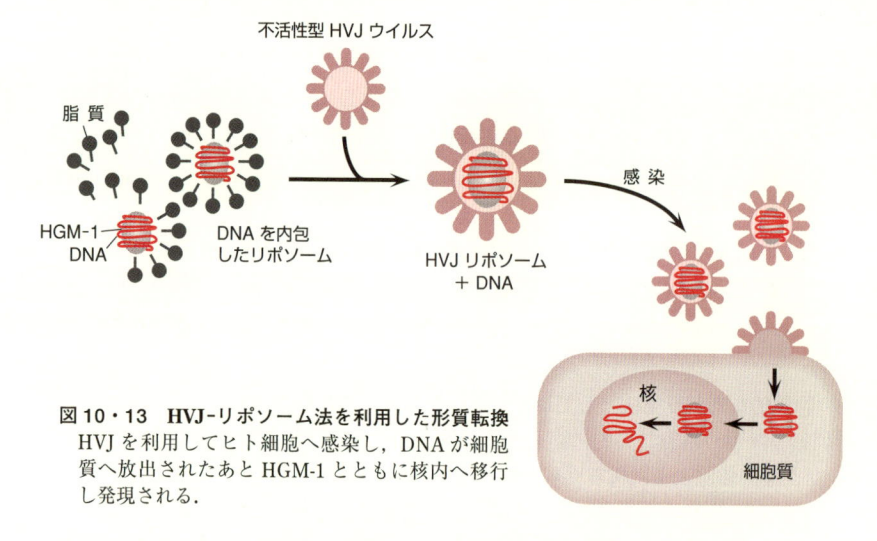

❸ 内包した DNA（100 kb まで可能）/HGM-1 複合体を細胞質に導入し，やがて DNA は核内に移行して発現する．

図 10・13　HVJ-リポソーム法を利用した形質転換
HVJ を利用してヒト細胞へ感染し，DNA が細胞質へ放出されたあと HGM-1 とともに核内へ移行し発現される．

HVJ の細胞表面受容体はシアル酸のついた糖脂質・糖タンパク質なのでリンパ球以外のほとんどの分裂・非分裂細胞とわずか 10 分程度混ぜるだけで融合を完了する．ウイルスゲノムは紫外線処理により破壊してあるのでウイルスタンパク質は生合成されず，非ウイルス性で，安全性も高い．また，負電荷性により組織への浸透性に優れ血管内皮をすり抜けて組織内部へ拡散してゆくという利点もある．

導入した DNA を長期間安定に持続発現させることも大きな課題である．ヒト B リンパ球に潜伏感染するエプスタイン・バーウイルス（EPV）の潜伏要素である *oriP* 配列と EBNA-1 タンパク質をもつように構築されたプラスミド（replicon plasmid DNA）は核マトリックスに結合して安定に維持されるのみでなく宿主DNAとともに自律複製も行う．これをHVJ-リポソームに封入して組織内に導入すると1箇月以上の長期発現が可能になったという．

10・2・7　遺伝子治療の実用化

がんに対する遺伝子治療には以下のような戦略が考えられてきた．

1) **脱がん化療法**：がん細胞で変異している遺伝子（*p53*など）の正常型，あるいはがん細胞で発現が減少している遺伝子（*REIC/DKK3*など）を導入してがん細胞の増殖を抑制する．
2) **アンチセンスRNA法**：大量発現していることが原因でがん化していると考えられる遺伝子（*K-ras*，*c-fos*，*c-myc*など）に対するアンチセンスRNAを用いてがん細胞の増殖を抑制する．
3) **リボザイム法**：リボザイムを用いて異常発現している遺伝子のmRNAを特異的に切断する．
4) **プロドラッグ療法**：毒性を生じる遺伝子をがん細胞に導入して自殺させる．
5) **免疫療法**：抗腫瘍免疫能を高めるような遺伝子を導入する．
6) **抗化学療法**：多剤耐性遺伝子（MDR，GST-p，トポイソメラーゼ）を正常組織細胞に導入して抗がん剤の副作用から正常組織を守る．

このほか，おとり型核酸医薬（デコイ）を用いた滲出性中耳炎や血管病変の遺伝子に対する遺伝子治療などの研究も進められているが，がんの遺伝子治療と同様，当初期待されたほど迅速に医療現場で実用化されるレベルには達していない．ところが最近になって，まれに発生する先天性視覚障害であるレーバー先天性黒内障で，失明しつつある患者らに実施した遺伝子治療による視力回復例がつぎつぎに報告されたことで再び遺伝子治療に大きな期待がかけられるようになってきた．この疾患は，光や色を検知する光受容細胞を覆う保護層を維持する酵素をつくり出す*RPE65*遺伝子に欠陥があった．そこでアデノウイルスを使って健全な*RPE65*遺伝子を患者の眼に送り込み，酵素の産生を活発にして，残されている光受容細胞が正常に機能できるようにしたところ，大幅に視力が回復したという．この成功を機に他の疾患でも実用化へ向けての研究が進むことが期待される．

10・3　倫理的諸問題

将来，ゲノム医療が普及して医療の個別化が一般的になると，誰もが病院などで採取された血液によってDNAチップで遺伝子診断を受けるというゲノム診断を日常的に経験する事態が生じてくる．もちろん，患者から血液や組織を採取するとき

には，その目的などをわかりやすく説明したうえで同意を書面（サイン）にて得るという**インフォームドコンセント**（informed consent）を行って，試料提供者のプライバシーを保護しなければならない．

　ゲノム医療の進展は便利な反面，恐ろしい結果をもたらす側面をももっていることを知るべきである．まず，さまざまな形での**遺伝子差別**（genetical discrimination）が起こる恐れが出てくる．

> ゲノム情報は本人だけでなく，家族や血縁の一族すべての人にかかわる情報でもある．一族皆に影響を及ぼす形での就職，結婚，医療保険加入などでの差別が生じる事態はぜひとも避けねばならない．

また，遺伝子診断における"知る権利"と"知らないでいる権利"の論争もさかんになろう．

> "あなたは60歳以降に90％の確率でアルツハイマー病になりますよ"などという遺伝子診断を20歳のときに受けることにいったいどれほどのメリットがあるだろうか．

さらに医療の現場では遺伝子診断や遺伝子治療を受けるか否かの判断を患者個人が責任をもってしなければならない時代が到来しよう．そのためには国民すべてがある程度のゲノム医療の知識をもつことが大切である．いずれにせよ，これらが大きな社会問題となる前に個人のゲノム情報をプライバシーとして厳密に保護する法律を早急に制定すべきである．一方，遺伝子診断が行われ，異常が指摘された場合の精神的なダメージを和らげ，就職や結婚あるいは保険の加入などにおいて遺伝子差別を受けた場合の社会的問題の解決に関する相談を受けるための**遺伝子カウンセリング**（gene counseling）制度の充実と専門の遺伝子カウンセラーの育成が望まれている．

　このようなゲノム情報やヒトクローンなどの生殖医療における倫理的な諸問題を解決するため，各国でいくつかの諮問委員会が構成され議論されて詳細な報告書が提出されるとともに，それをもとにした倫理規制法が制定されてきた．フランスでは1983年にはすでに国家生命倫理諮問委員会（CCNE）が設置され，出生前遺伝子診断，着床前遺伝子診断，HIV，遺伝子治療，クローン人間産生，ヒト胚性幹細胞の樹立と利用などについての意見書を出している．米国では1995年に国家生命倫理諮問委員会（NBAC）が設立され，クローン人間の可否，ヒト胚性幹細胞研究などについての倫理問題を審議してきた．また1996年には集団的医療保険は遺伝子差別をしてはならないとする内容を盛り込んだ法律ができ，2000年にはクリントン大統領によって米国連邦政府職員は遺伝子診断の結果によって採用・昇進に差別をしてはいけないことが明文化された．英国では研究分野ごとに諮問委員会が

つくられており,たとえば1996年にできた人類遺伝学諸問委員会(HGAC)は保険における遺伝子診断,クローン技術などについて審議してきた.日本では1997年に科学技術会議に生命倫理委員会が設置され,倫理問題を審議してきており,2000年には"ヒトゲノム研究に関する基本原則"を提出した.またゲノム情報の秘匿に関する制限をさらに強めるため2001年には"ヒトゲノム・遺伝子解析研究に関する倫理指針"が出された.

国際レベルではユネスコ(UNESCO,国連教育科学文化機構)が"ヒトゲノムと人権に関する世界宣言"(1997年)を,世界保健機構(WHO)が"遺伝医学と遺伝サービスにおける倫理的諸問題に関して提案された国際的ガイドライン"(1998年)を出して,ヒトゲノム研究や遺伝子診断における留意点を盛り込んだ規制を打ち出した.条約や法律については,EC各国の間で"人権と生物医学に関する条約"が締結され,"生命倫理法"(フランス),"胚保護法"(ドイツ),"国民データベース法"(アイスランド;1998年)が制定されている.日本が主催した主要国首脳会議(沖縄サミット;2000年)では"ゲノム研究は人権を尊重しながら進めるべき"との声明が出された.

遺伝情報は究極のプライバシー

血液が1滴でも採取されれば,あるいはバンドエイドについた血痕がゴミ箱から盗まれれば無断で疾患の可能性も含めた個人の遺伝情報が掌握できる時代が到来している現在,個人のゲノム情報が脅迫などの犯罪に使われないという保証はない.究極のプライバシーともいえる遺伝情報には,本人の将来の発病の可能性のみでなく親戚一族の情報もわかってしまうという特殊性があるため,遺伝情報をもとにした差別が生まれる可能性が大いにある.現に2000年7月には遺伝子診断を受けたばかりに傷害保険金がもらえなくなったとして保険会社を相手取った訴訟が起こっている.この30代の男性は1989年に保険に加入した時点では原因不明であった病気がその後悪化し両足の機能が失われ身体障害者1級に認定されたため高度障害保険金を申請した.しかし保険会社は"遺伝子診断の結果障害の原因となった病気は小児発症性の遺伝性疾患であり発病は契約以前である"という理由で支払いを拒否している.1995年ごろ遺伝子診断を受けて遺伝性疾患であることが判明した事実をもとに保険会社は責任回避を主張したわけで,遺伝子診断を受けず原因不明のまま申請していれば保険金がもらえたことになる.生命保険での差別は就職・結婚の差別とともに最も危惧されていたことであり,21世紀の社会問題と考えられていたのだが,問題は予想以上に早く起こってしまった.

11 DNA技術の多彩な応用

遺伝子工学の魅力は，この技術が思いもかけないほど多彩な場面で応用が可能なことである．この章ではこれまでに工夫されたさまざまな応用技術を紹介する．これらの応用技術によってDNA技術は単に理科系の諸分野のみでなく，裁判のからむ法曹の世界や考古学といった従来は文系の守備範囲であった分野にも大きなインパクトを与えながら広がりつつある．

11・1 親 子 鑑 定

第10章で取上げたようにヒトゲノムの塩基配列に存在する個体差を識別するさまざまな方法が開発されている．これらのうちマイクロサテライトを用いる技術は，従来は血液型の検査に頼ってきた親子鑑定や双子の診断に用いられて威力を発揮している．

> 最も多いDNA鑑定のケースは，結婚していない男女間に生まれた子どもの父親認知請求事件，ついで夫婦間に生まれた子どもを夫が自分の子どもでないと訴える嫡出子否認請求事件で，このいずれにおいても非常に高い確度で結論を出すことができるようになっている．

よく用いられるMCT118鑑定法ではヒト第1染色体短腕(端)に存在する16塩基の繰返しをもつVNTRミニサテライトマーカーに注目し，鑑定はPCRの結果をアガロースゲル電気泳動で解析することによって行う（図11・1）．ヒトには14〜41回の28種類の繰返しパターンが見つかっており，各個人は父親・母親由来のバンドを合計2本示す．たとえば被験者Aは18回と38回の繰返し塩基配列をもつ(18・38型) と鑑定され，被験者Bは25・31型，被験者Cは21・35型と鑑定される．理論的には $28 \times 28 = 784$ 通りの組合わせが存在することになるが，実際にはバンドの組合わせには分布の偏りがあるため，同じ組合わせをもつ人も多数おり，一つのDNA鑑定だけでは個人を特定できない．

他方TH01鑑定法では第11染色体短腕(端)に見つかったAATGというマイクロサテライトに注目し，この4塩基配列の繰返し数が個人によって5〜11回という違いを示すことを利用する（図11・2）．ただし繰返し数の幅が7種類と小さいだけでなく，日本人には型の分布に偏りがみられるのでこれだけでは個人の特定はで

11・1 親子鑑定

(a) VNTR ミニサテライトマーカーの原理

7〜40塩基対を単位とした反復配列

被験者A
- 父由来 3回反復
- 母由来 4回反復

被験者B
- 父由来 2回反復
- 母由来 5回反復

↓ PCR で増幅

	A	B	
B 母由来		■	5
A 母由来	■		4
A 父由来	■		3
B 父由来		■	2

(b) よく使われる MCT118 鑑定法の実際

第1染色体短腕(端)
(14〜41回の繰返し)

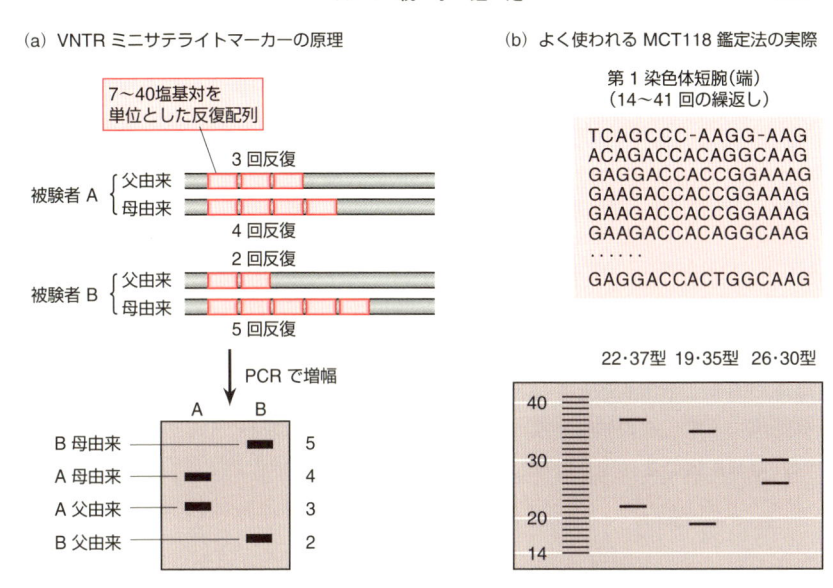

```
TCAGCCC-AAGG-AAG
ACAGACCACAGGCAAG
GAGGACCACCGGAAAG
GAAGACCACCGGAAAG
GAAGACCACAGGCAAG
GAAGACCACACGGCAAG
　……
GAGGACCACTGGCAAG
```

22・37型　19・35型　26・30型

図 11・1　ミニサテライトマーカーによる個人識別の方法

(a) マイクロサテライトマーカーの原理

CA を単位とした反復配列

被験者C
- 父由来 CACACACA　4回反復
- 母由来 CACACACACACACA　7回反復

被験者D
- 父由来 CACACACACA　5回反復
- 母由来 CACACACACACACACACA　9回反復

↓ PCR で増幅

	C	D	
D 母由来		■	9
C 母由来	■		7
D 父由来		■	5
C 父由来	■		4

(b) よく使われる TH01 鑑定法の実際

第11染色体短腕(端)
(5〜11回の繰返し)

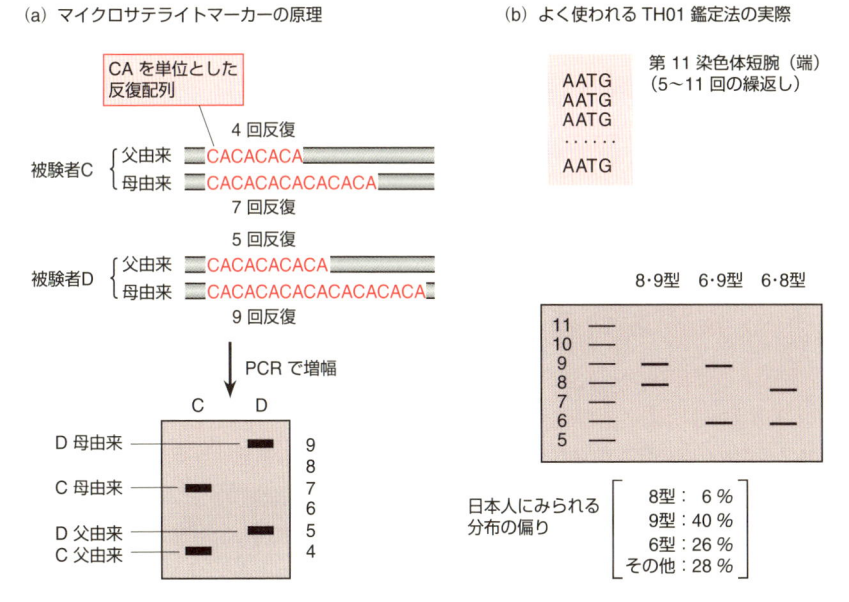

```
AATG
AATG
AATG
　……
AATG
```

8・9型　6・9型　6・8型

日本人にみられる分布の偏り
- 8型： 6 %
- 9型：40 %
- 6型：26 %
- その他：28 %

図 11・2　マイクロサテライトマーカーによる個人識別の方法

きない．しかし，この二つの鑑定法を組合わせるだけでもかなり高い正確さで個人が特定できるようになる．このほかの繰返しの多寡（縦列型反復配列多型）を比べる方法として，YNH24，YNZ22，MS1 などの遺伝子マーカー DNA 鑑定法が用いられている．

11・2　DNA鑑定に有用なミトコンドリアDNA

　古い試料や変性の激しい試料については，**ミトコンドリア DNA**（**mtDNA**, mitochondrial DNA，図 11・3）を解析する方法が有用である．実際の手順においては細胞試料より mtDNA を抽出して PCR により増幅し，数百塩基対ほどの塩基配列を決定する．その結果を他の mtDNA の塩基配列とコンピューターを用いて比較し，塩基配列の変異度を計算して違いを数値化して解析する．

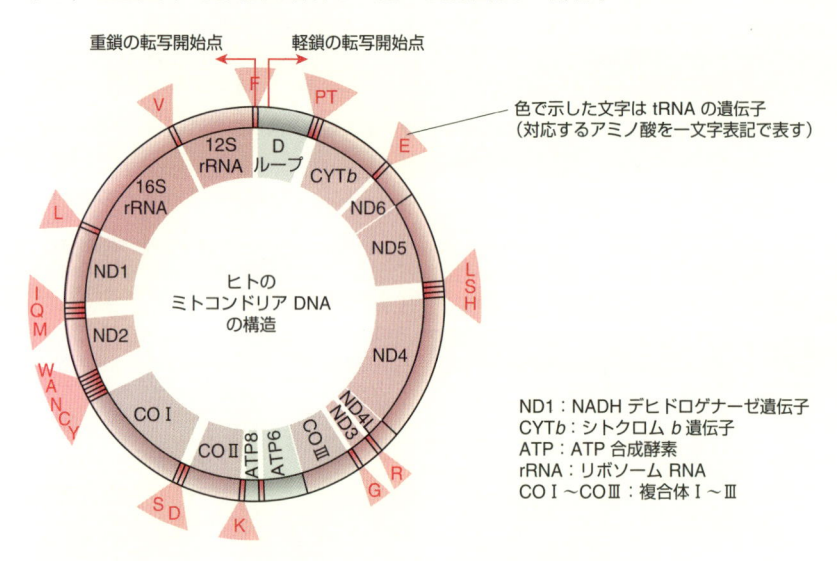

図 11・3　ミトコンドリア DNA の構造

　細胞の中にある小さな器官であるミトコンドリアは 30 億年以上も前に細胞に侵入して寄生した細菌の名残だと考えられており，mtDNA は環状二本鎖 DNA として細胞核にある DNA とは独立に細胞質のミトコンドリア内に存在する．長い寄生によってほとんどの遺伝子は脱落しているが，個人差の大きいリボソーム RNA，tRNA および十数種類のタンパク質をコードする遺伝子と，D ループ（displacement loop) とよばれる変異性の高い非コード領域をもつため，個人識別に有用である．

> ヒトの場合 mtDNA の全長はわずか 16,569 塩基対である．これだけ短ければ試料内の核 DNA が少々断片化していても mtDNA だけは部分的に生き残っている可能性が高くなる．さらに細胞当たりのミトコンドリア量が多いため回収される mtDNA はゲノム DNA に比べて多くなる．実際毛髪などの試料からはゲノム DNA は回収されなくても mtDNA ならば回収される例が多くある．

　mtDNA で特に着目すべき点は，母性遺伝であって遺伝に父親はかかわらないことにある．すなわち，受精のときに精子（右図）からは DNA の入った核だけが卵子の中に入り，ミトコンドリアのある尻尾は切り捨てられるため，受精卵には卵子（母親）側のミトコンドリアしか残らないのである．ゲノム DNA だと両親の遺伝子が混ざっているので個人レベルで先祖をさかのぼることは不可能だが，mtDNA は母から子どもにそっくり伝わるため，母親のみを何代でもさかのぼって推定できる．

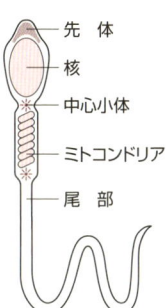

11・3　犯罪捜査

　DNA を試料とした DNA 鑑定は以下の点で他の個人識別法より有利であるため犯罪捜査にも威力を発揮してきた．

1) バンドの長さと，その組合わせで区別するため結果が正確であいまいさが残らない．これは冤罪を避けるために必須の特性である．
2) PCR 法を利用できるので試料とする DNA が極微量で十分である．証拠試料の希少さが捜査の障害にならない点は他の方法に抜きん出て優れている．

> たとえば 6 カ月以内の試料の場合，血痕の大きさが 2 mm 以上，あるいは 1 μL 以上あれば実用的な DNA 鑑定が可能であるという．

3) DNA の抽出が技術的に容易であるため短時間に多数の試料を鑑定にかけられる．
4) DNA は長期間安定な物質で熱や乾燥に対しても変性しないので，古い，保存状態の悪い試料からも回収できる．

> たとえば犯罪現場に残った毛髪 1 本（一つの毛根細胞が付いている）や 20 年前の犯行時に衣服に付いていた 1 滴の血痕の染みからでも解析に十分な量の DNA が採取できる．

　警察の鑑識では上述の MCT118 などのミニサテライトマーカー以外に 4 塩基の繰返しを基本とするマイクロサテライトを利用した STR（short tandem repeat）シ

ステムが各国の捜査用に導入されている．その理由は PCR による増幅断片が 300〜800 塩基対と大きなミニサテライトに比べマイクロサテライトは 100〜300 塩基対と小さく，高度に変性した試料からも判別可能な結果が得られやすいからである．検出技術の進展により 1 塩基差の対立遺伝子でも正確に判定できる装置が開発されている．実際の鑑識では古い試料などについては mtDNA を対象として DNA 鑑定する場合も多い．

> 日本では 1992 年に水戸地裁で初めて DNA 鑑定の結果が証拠として採用されて判決に引用された．この事件では強盗や窃盗のほかに強姦致傷行為が容疑の一つとしてあがり，車の助手席シートに残された精液や被害女性の膣内精液の血液型と 4 種類の DNA 鑑定結果が被告人のものと一致し，しかもその型の出現頻度が 1600 万人に 1 人の確率であると計算されて決定的な証拠となった．これ以後，DNA 鑑定は犯罪捜査における一つの有力な証拠としての地位を確立しつつある．

11・4　歴史の検証

　DNA 鑑定は歴史の検証にも役立っている．1991 年，ロシア革命（1917 年）の後に銃殺された帝政ロシア最後の皇帝ニコライ 2 世とその家族の遺骨の DNA 鑑定が行われた．伝説で指定されたウラル地方の埋葬場所から 9 体の遺骨が掘り出され，これら 70 年以上も前の遺骨から DNA が採取されて，ニコライ 2 世とその家族の遺骨かどうか鑑定された．ニコライ 2 世が明治 24 年（1891 年）来日した際，滋賀県の大津市で暴漢に切りつけられ，そのとき止血に用いた 100 年前の血染めのハンカチが対照試料として日本から提供された．乾いた血を水に溶かして DNA が採取され，DNA 鑑定にかけた結果，両方がぴったり一致したというのである．実際には試料が古くてこの DNA のみでは結論できず，現在も続いている欧州の血縁皇族の血液の DNA 鑑定の手助けを得たという．しかし，この結果は 2001 年になると覆ることになる．別のグループで保存されていたニコライ 2 世の衣類に付いていた汗の染み，墓地から発掘された弟ロマノフ大公の毛髪・爪・下顎の骨および妹オリガの長男チホン氏の生前の血液からミトコンドリア DNA を採取して比較したところ特徴的な領域の 600 塩基対がすべて一致したためこれらの試料は同じ一族由来と結論できた．ところが上述のニコライ 2 世とされる遺骨から決定された塩基配列はこの領域で 5 箇所も異なっていたのである．この領域は 3000〜4000 年に 1 度くらいしか変異しないため，明らかに遺骨は別人のものと推測されるという．これでニコライ 2 世にまつわる謎は振り出しに戻ってしまった．

　一方，フランス革命で断頭台の露と消えたマリー・アントワネットの残した唯一

の息子であるルイ17世のDNA鑑定は今のところ成功している．ルイ17世はフランス革命後は幽閉されてわずか10歳（1795年）で獄死したとされる．心臓がガラスの壺に入れられて教会に残されているが，身代わり，替え玉説があり，その後ルイ17世を名乗る人物やその子孫であると主張する多くの人々が現れるなど話題に事欠かない人物となっていた．そこで，2000年になって，その真偽を決定するため，保存されている心臓からDNAを抽出し，マリー・アントワネットの残した毛髪を基準にしてDNA鑑定を行ったところ，この心臓は確かにルイ17世のものであることが確定した．長年のフランス革命史の謎の一つが200年の時を経て科学の力でやっと解決したことになる．

　35歳で早世した天才モーツァルトは満足な葬式も行われず，遺体はウィーンの共同墓穴に多くの死体と一緒に埋められた（1791年）．モーツァルト生誕250年を記念し，共同墓穴から拾われて保存されているモーツァルトの頭蓋骨の真贋性を確定するためDNA鑑定がなされた（2006年）．あらかじめ掘り出したモーツァルトの親族から抽出したDNAを用いて比較したが，いずれにおいても血縁関係が確認されないという，あいまいな結果に終わっている．

11・5　古代DNAの解析

　DNAは，数十年前よりもっと古い試料からも採取できることがわかり，考古学に新しい展望を与えている．たとえば縄文時代の人骨やエジプトのミイラからミトコンドリアDNAが採取され塩基配列が決定されている．1994年にはシベリア凍土で冷凍状態で見つかったマンモスの骨（約4万年前）からもDNAが採取され，アフリカゾウと近縁であることとが示された．1999年には2万年前の雄マンモス（愛称ジャコフ）のほぼ全身が冷凍状態で発見され，損傷の少ない良好な保存状態のため今後の研究材料として期待されている．現在では数万年前程度の試料から得られたミトコンドリアDNAの塩基配列も信頼できる結果とされる．さらに1997年には数万年以上も前のネアンデルタール人の化石（しかも1856年発見のオリジナル標本）からミトコンドリアDNAが抽出され塩基配列の決定に成功したという報告も出た．このように古い試料から採取したDNAは**古代DNA**（ancient DNA）と総称される．

> 古代DNAに関して特に注意すべき点は，PCRで増幅するので実験者や環境から現代のDNAが混入する危険が常につきまとうことである．たとえ1分子でも致命的となるため実験には細心の注意が必要である．

　鳥取県にある青谷上遺跡では約2000年前の弥生時代後期のヒトの脳組織が良い

状態で出土しDNAが抽出された．ミトコンドリアDNAが解析され，日本人の起源に関する研究が新たな展開を始めている．出土した頭骨や背骨などは100体近くに及び，そのうち3体から脳が見つかり，なかでも二つの脳の保存状態は良くて核にあるゲノムDNAも採取できるという．遺跡は低湿地帯の粘土層にあるため適度な水分と遮断された空気のおかげで細胞が保存されたと考えられている．従来のミトコンドリアDNAとは違い，ゲノムDNAの解析から父系の系譜がたどれる点で新たなデータが得られると期待されている．このほか，遺跡を掘り起こして出てきた人骨からつぎつぎとDNA鑑定にかけられる程度のDNAが採取されており，DNA鑑定は今では考古学研究に欠かせぬものとなりつつある．弥生時代や縄文時代の遺跡にあった人骨からDNAを採取してDNA鑑定を行い，隣り合わせで埋葬されていた複数の人骨の血縁関係を調べて当時の社会生活や生活環境を探る一つの手段として用いるような研究も進んでいる．

11・6　分子考古学の勃興

　考古学への貢献は人骨だけではない．1996年には，青森市の三内丸山遺跡で栗を栽培していた可能性を示すという考古学の常識を破る大きな発見がDNA鑑定によってなされた．約5000年前（縄文中期）の遺跡にあった栗の木柱と，貯蔵穴から出土した殻付きの栗の実からDNAを採取してDNA鑑定をしたところ，3本の栗の木柱のDNAには大きなばらつきがみられたので天然木と判断されたが，栗の実はどれも同じDNAのパターンを示したのである．この結果は，同じ遺伝子をもつ複数の栗の木が集落のまわりに植えられており，栗の実はそこから得られたので同一の遺伝子をもつことを示す．従来は食物の栽培の歴史は弥生時代の稲作から始まったとされていたが，それを一挙に縄文中期にまでさかのぼらせたのである．

　一方，弥生時代の環濠集落である池上曽根（大阪）と唐古・鍵（奈良）両遺跡から出土した水稲の炭化米を同様にPCRでDNA鑑定したところ，中国より直接伝わった米が混在していたことが明らかにされ，すべて古代朝鮮半島を経由して伝わったという従来の説に波紋を投げかけている．水稲に適している温帯ジャポニカ米はDNA鑑定によると8種類に分類できるが，このうち一つは中国に広く分布するものの朝鮮半島には存在しない．両遺跡からはこのタイプの米が1粒ずつ見つかったことで，約2200年前の稲作文化の中心であった中国の長江流域から直接伝わったという少数派の"大陸直接ルート説"が科学的に裏づけられた．この結果は，DNA鑑定の威力を考古学会に示したという意味でも重要な発見であった．

この勢いで考古学の中にDNA考古学あるいは**分子考古学**（molecular archaeology）ブームがわき起こってきた．世界各地の遺跡の人骨のDNAや，現在世界各地に残る先住民のDNA，あるいは世界各地の現代人のDNAのDNA鑑定を行って民族の系譜をたどろうという研究も始まっている．長い間論議の多かった日本人の起原の問題，特に南方系か北方系かの区別やアイヌ民族とヤマト民族の関係，縄文人と弥生人のかかわりなどDNA鑑定によって近い将来，分子考古学は目覚ましい発展を遂げるに違いない．

琥珀に閉じ込められた太古のDNA

琥珀（コハク，amber）の中に閉じ込められて何千万年も静かに眠っている太古の昆虫は高価な宝石，琥珀をいっそう高価にしている．琥珀は木の幹からじわじわと流れ出る樹脂（松ヤニのようなもの）が化石化したものである．今から1億年以上も前の太古の時代，甘い樹脂の香りに誘われて近寄った昆虫はねばねばとした樹脂に脚をとられて脱出できなくなってしまい，やがて大量の樹脂に丸め込まれて地表へ落ち，そのまま長い眠りについた．黄金色にうっすらと染まった透明な琥珀は理想的な天然のタイムカプセルである．恐竜時代の昆虫が薄い羽の細部に至るまで元の姿を保ったまま保存されている様子は，古代を目の当たりにしているのだと考えただけでも感慨深い．

1990年に約1700万年前とされる米国アイダホ州北部の湖底の土から採取したモクレン科の樹木の葉の化石からDNAを抽出し800塩基対からなるDNA断片をPCRにより増幅できたという報告が出たが，これはまれな成功例で一般に化石からのDNA採取は難しい．ところが樹脂の中に生き埋めになった昆虫は，土の中に死骸が埋まって化石となった場合と異なり外界にさらされることなく何千万年も地中に埋められている．外から見える姿の良好な保存性と同等にDNAの保存状態もかなり良いと期待される．実際，1992年，米国のG.O. Poiner Jr.らは約4000万年前の琥珀に閉じ込められたハチやシロアリからDNA断片を抽出し，PCRで増やしてそのDNA塩基配列を決定した．1993年に大ヒットしたスピルバーグ監督のSF映画"ジュラシックパーク"では，琥珀の中に閉じ込められた蚊の腹の血の固まりから恐竜のDNAを採取する場面がでてくる．恐竜の血を吸ったであろう蚊を利用するという設定である．そこから恐竜を胚操作で甦らせるというアイデアは，全ゲノムの回収が困難であろうから実現性は低いだろうが，まったくの夢物語ではないと思わせてくれるところがロマンティックな良い発想と言えるであろう．

11・7　分子人類学の誕生

　古代DNAがさかんに採取されるにつれて人類の起原などを研究する人類学においてもDNAレベルの議論がなされるようになり，DNA人類学あるいは**分子人類学**（molecular anthropology）という分野が誕生している．人類の起原にDNA塩基配列レベルから迫る研究は，mtDNAに生じるDNA変異の程度を比較して分子時計として計測するという手法により大きく進展してきた．多数の化石の完全ミトコンドリアゲノムの配列を比較して統計的に処理する学問は集団ゲノム学とよばれる．

　1986年には，米国の研究グループがPCRを使って，さまざまな人種から採取したミトコンドリアDNAの特定の部分のDNA塩基配列を決定し，微妙な塩基配列の違いをコンピューターを用いて統計的に解析することで，世界各地の人々の系統樹をつくった．それによるとすべての現代人は20万年前，東アフリカに住んでいた少数の人の集団を共通の祖先とするという驚くべき結論が得られた．この学説を旧約聖書にある人類の祖先アダムとイブにちなんで"イブ仮説"とよぶこともある．類人猿の化石の研究から類推されていた現代人 Homo sapiens の東アフリカ起原説がDNAレベルでも確認されたことになる．Homo sapiens の最初期の化石は13万年前であることも併せて Homo sapiens の出現はDNAの解析からは13～46万年前と推定されている．さらにアフリカから世界各地へのヒトの移動は10万年前以降と見積もられた．われわれに近い種属としては欧州では Homo neanderthalensis が，アジアでは Homo erectus が化石として見つかっているが，これら絶滅した類人猿と Homo sapiens とは大規模な異種交配はなかったことが遺伝子レベルで証明されている．

　しかしながら，このイブ仮説では人類の共通祖先としてはあまりにも新しすぎるという反論もある．類人猿の骨格化石の研究においては，人類の祖先がチンパンジーから分かれた人類誕生の時期は約500万年前，東アフリカのエチオピア付近を南北に走る大地溝帯（リフトバレー）においてであることが定説である．アファール猿人（ルーシーの愛称でよばれる）は約350万年前の化石であり，骨盤などの特徴からすでに二足歩行をしていたと類推される．エチオピアで発見された約440万年前の化石であるラミダス猿人は最古の人類につながるとされる．イブはルーシーとは年代が離れすぎているのである．しかし，イブ仮説は"20万年前以降にアフリカよりやってきたのが現代アジア人のルーツであって，50万年前に住んでいた北京原人もすでに絶滅して Homo sapiens に取って代わられた"と主張する．そして，この説が徐々に認められつつある．

DNA 暗号

　ゲノム工学的な技術を基盤にした DNA 暗号（DNA steganography, DNA cryptography）の研究が進んでいる．便利なことに 20 種類のアミノ酸と 3 種類の終止コドンは 26 文字からなるアルファベットに対応させやすいため（3 文字足りない分は六つもある Arg, Leu, Ser コドンの二つを割り当てる），DNA の 3 塩基の組合わせ（コドン）を一つの暗号文字に対応させておけば暗号文を構成しやすい．実際，つぎのような DNA マイクロドット（microdot）とよばれるスパイ用の暗号システムが考案され試されている（下図）．本来のマイクロドットは 1930 年代後半にドイツで開発された暗号法で文字や点などが無数に並んだ文書や写真の中に暗号文を忍ばせる技術であるが，これにならって DNA マイクロドット法ではまず DNA の 3 塩基の組合わせ（コドン）を一つの暗号文字に対応させておき，

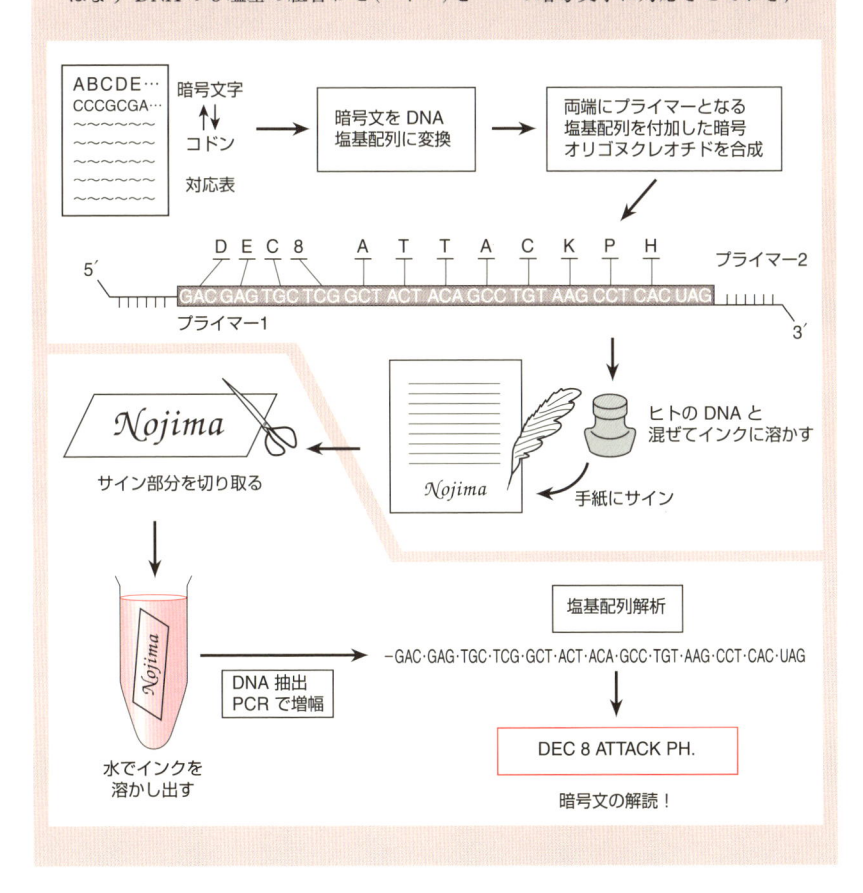

暗号文を DNA 塩基配列に変換する．両端には暗号文ではないプライマーとなる塩基配列を1組付加しておくが，これらプライマーにはさまれた塩基配列の中に暗号文が潜んでいることを知らせる役割ももつ．諜報機関とスパイは何らかの方法でプライマーの塩基配列と対応表（コドン⇄暗号文字）を事前に連絡して知っておく．この二つを別々の方法で知らせておけば機密性は高まる．発信者はこの塩基配列を含むオリゴヌクレオチドを合成し，ヒトのゲノム DNA と一緒にインクの中に溶かして，そのインクを用いて手紙の最後にサインをする．受信者はこのサインの部分を手紙からはさみで切り取って水に浸してから DNA を回収し，あらかじめ教えられていた塩基配列をもとに自身で化学合成したプライマーを用いた PCR によって暗号文を含む DNA 断片を大量に増幅し，塩基配列を決定して暗号文を読む．ヒトのゲノム DNA をインクに混ぜておくのは，これが基質となって間違ったプライマーを用いた場合に偽の DNA 断片が増幅されるので，暗号を破ろうと試みた別のスパイが訳がわからなくなるという作戦である．

12 生殖・発生工学

ヒトの一生は受精卵から始まる．受精卵から始まって個体が発生してくるまでの過程を研究する学問分野を発生生物学とよぶが，それと遺伝子工学が結びついた学問を発生工学とよぶ．そのうち特に生殖現象を操作する分野を生殖工学とよぶ．

12・1　生殖・発生工学の歴史

マウスの卵管から採取した初期胚を培養することで着床前の胚にまで発生させる技術は1950年代にはすでに確立されていた．1961年になるとポーランドのA.K.Tarkoskiが二つの異なる胚をくっつけたまま発生させて**キメラマウス**（chimera mouse）を誕生させた（図12・1）．

> キメラという名称はギリシャ神話に出てくる，頭はライオン，胴体はヤギ，尾は大蛇から成る火を吐く架空の怪獣の名前である．

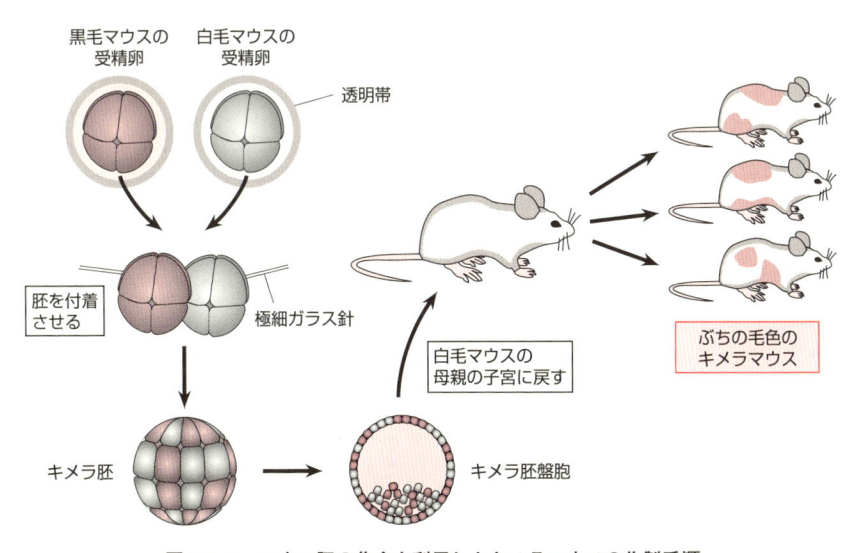

図12・1　マウス胚の集合を利用したキメラマウスの作製手順

彼は，黒毛マウスと白毛マウスの卵管から，それぞれ受精後3回ほど分裂をすませた8細胞期の胚を採取し，顕微鏡下で胚の外側の透明帯を切り裂いて取出した両方の胚を極細のガラス針を使ってくっつけた．これを培養液につけたまま培養器内で数時間培養すると両方の胚は付着したまま2倍の大きさの1個の胚として成長した．この集合胚を仮親マウスの子宮に移植し，生育させると毛色が白黒混ざった"ぶち"のキメラマウスが生まれてきたのである．

1962年にはタンパク質分解酵素で胚の透明帯を溶かし，赤血球凝集因子（hemagglutinin factor）を培養液に加えれば胚が高効率で付着することを英国のB.Mintzらが見いだし，胚操作の発展が加速した．1984年には英国のS.M.Willadsenらによってヒツジとヤギのキメラであるギープが作製され，ギリシャ神話の現実化として社会的に大きな衝撃を与えた．

> ギープ（geep）という名称はヤギ（goat）とヒツジ（sheep）との合成語．ひげや全身の骨格はヤギに似ており，角や毛色はヒツジの特徴を備えている．ただしヤギとヒツジとは染色体数が異なるため，ギープは不妊で1代限りの動物である．

12・2　クローン動物

生物個体は体中の細胞核の染色体の中にまったく同一のゲノムDNAをもつ．**クローン動物**（cloned animal）とは，別個体だが全ゲノム塩基配列がまったく同一な個体を意味する．

> 一卵性双生仔は自然界で発生するまれなクローン個体で，1個の受精卵が発生の途中で偶発的に2個に分かれてしまい，それぞれが独立に生育して生まれたものである．しかし，人為的にクローン動物をつくることはとても困難であった．

1962年，英国のJ.B.Gurdonは両生類のアフリカツメガエル（*Xenopus*）を操作して多数のクローンガエルをつくることに成功した．核を抜き取った未受精卵に，オタマジャクシの肺・腎臓・小腸など生殖器以外の器官の細胞から取出した核を注入したところ，**核移植**（nuclear transplantation）された卵はそのまま正常に発生・生育してカエルにまで成長したのである．（図12・2）．

哺乳動物ではカエルのようには簡単にいかなかったので，クローン動物をつくる試みはもっぱら胚操作に依存してきた．まずドナーウシから，受精卵が1回だけ分裂したときに卵管から受精卵を採取し，シャーレの培養液中に移してからプロナーゼにより外側の透明帯を溶かす．ついで顕微鏡下で毛細ガラス管の中に胚を出し入れして各細胞（割球）を分離し，二つの独立した卵子としてシャーレの中の培養液

12・2 クローン動物

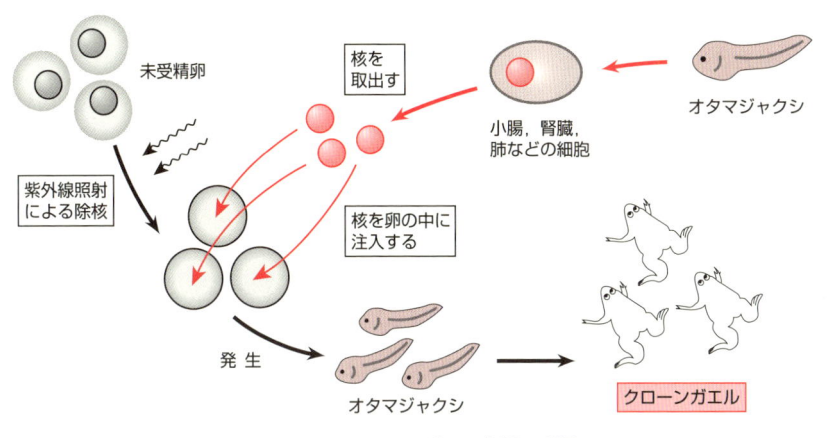

図12・2　クローンガエル作製の手順

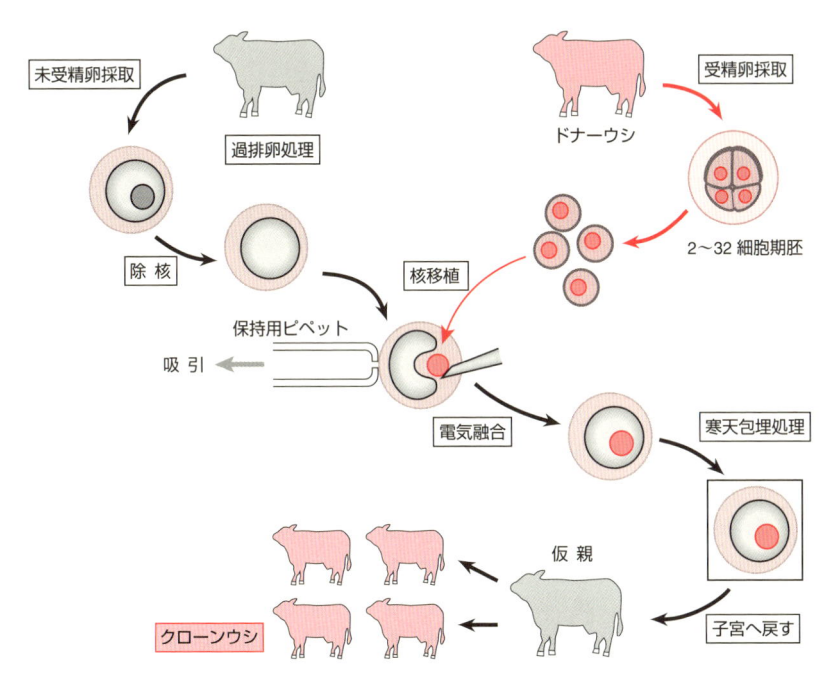

図12・3　核移植によるクローンウシ作製の手順　受精卵を吸引によって固定したうえで吸引した核を含む溶液を注入する．直径が約 10 μm という小さな受精卵に正確にガラス針を突き刺すために μm（1 μm は 1000 分の 1 mm）単位で先端を自在に動かせるマイクロマニピュレーターという道具を特別に作製した．

中で培養すると正常な胚盤胞にまで成長する．これらを別々に仮親に移植して，仮親の胎内で生育をさせると正常に出産し2匹のクローン動物が生まれる．

ウシでは32細胞期胚でも同様の操作が可能であるが，各細胞が小さすぎて細胞質の量が不足する．そこで除核しておいた未受精卵にこれら細胞から取出した核を別々に導入して細胞質を補充する．この受精卵を16頭のホルスタイン種の子宮に1個ずつ移植したところ順調に生育して8頭のクローンウシが生まれたという（図12・3．1987年）．

1997年，英国のロスリン研究所のI. Wilmutらは"体細胞由来のクローンヒツジ"を誕生させることに成功したという衝撃的な報告をした．成長したヒツジの乳腺から採取した細胞より細胞核を取出し，他のヒツジの未受精卵に移植したのち代理母の子宮に移して生育させたところ，元のヒツジとまったく同じ遺伝子をもった1匹の仔ヒツジが誕生したのである（図12・4）．1998年にはハワイ大学の若山照

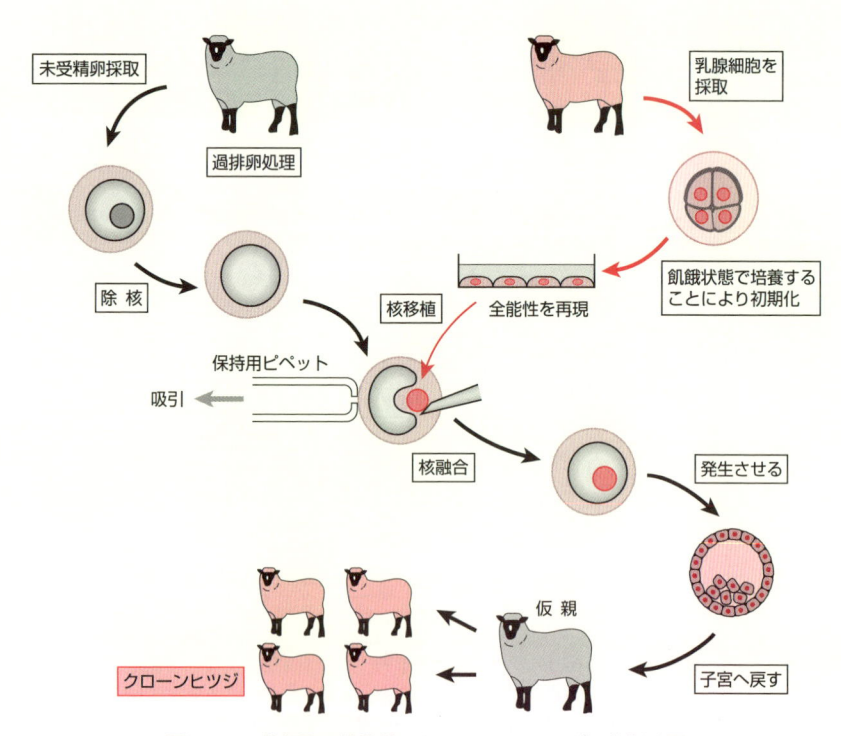

図12・4　体細胞の核移植によるクローンヒツジの作製手順

彦らが体細胞由来のクローンマウス（Cumulinaと命名）をつくり出すことに成功した．

> このマウスは誕生後2年半経っても元気で，寿命も正常であった．彼らは数代にわたってクローンマウスの子孫をつくり続けるのにも成功したが，不思議と受精率が代を重ねるごとに低下し，6代以上の子孫はできなかったという．

これまでの研究ではクローン生物は成功率が低く，生まれてもさまざまな病気で長生きできなかったり子供は生まれるが生殖能力が低い．この理由の一つとして，遺伝子発現のスイッチの役割を果たしている **DNAのメチル化** の異常が指摘されている．すなわち，受精卵から発生してゆく過程で組織特異的なメチル化が入って特定の遺伝子がオフの状態になっている．クローニングのために用いる体細胞には組織特有の受精卵とは違うパターンでメチル化が入っているため，そこからまた新たに発生を始めた場合に不都合が起こる確率が高くなるのだというのである．実際，クローンマウスの組織ではふつうのマウスと異なるメチル化パターンがマウスごとに違う状態で検出されている．

いずれにせよ，これで **クローン人間** の誕生も技術的には可能となった．一人の体細胞は60兆個もあるから，原理的には60兆人のクローン人間さえできてしまうのである．この技術は放っておくと倫理的にも政治的にも非常に危険な技術となる可能性があるため，研究の進んでいる米国ではクローン人間づくりにつながりかねないとして，核を除いた卵子に体細胞の核を移植して作製するヒトのクローン胚の研究を全面禁止した（2001年）．

> 日本や英国ではすでにクローン人間禁止法が制定されている．ただし，妊娠を目的としないクローン胚は，拒絶反応がまったくない代替臓器の開発へと発展する可能性があるため日本や英国では実施の道を残している．

12・3　トランスジェニック生物

1980年，米国のJ.W.Gordonらが発表した外来遺伝子を導入したマウスを育てる技術の確立は発生工学の先駆けとなった．一般に哺乳動物の受精卵は受精してしばらくの間は受精卵の中に **雌性前核**（female pronucleus；卵子由来の核）と **雄性前核**（male pronucleus；進入した精子由来の核）が離れて存在する．しばらくすると両方の核は融合して一つの核となって各染色体が2倍に複製されてつぎつぎと細胞分裂を繰返しながら胎仔へと発生してゆく．Gordonらはこの特徴をうまく利用して

以下のような実験をした．

❶ 核が融合する前にマウスにホルモン注射をして強制的に排卵させる．
❷ 受精卵を一つ選んで顕微鏡下で操作し保持用ピペットをマイクロシリンジで吸引して卵が動かないように固定する．
❸ 極微ガラス針の先端部を受精卵に突き刺して，ガラス針内部にあるウイルス DNA 溶液を雄性前核に微量注入する（図 12・5）．
❹ 操作を施した受精卵を偽妊娠状態にした雌マウスの卵管内に移植する．あるいはしばらく体外で培養して桑実胚（morula）や胚盤胞（blastocyst）に発育させたのち子宮内へ移植する．

> 偽妊娠状態とは，実際は妊娠していないのにホルモンや子宮の状態が妊娠時と同じになった状態で，あらかじめ輸精管の結紮によって不妊状態にしておいた雄マウスと雌マウスを交尾させてつくる．

❺ 移植された胚子が無事に子宮壁に着床して発育すれば 20 日ほどで仔マウスが誕生する．

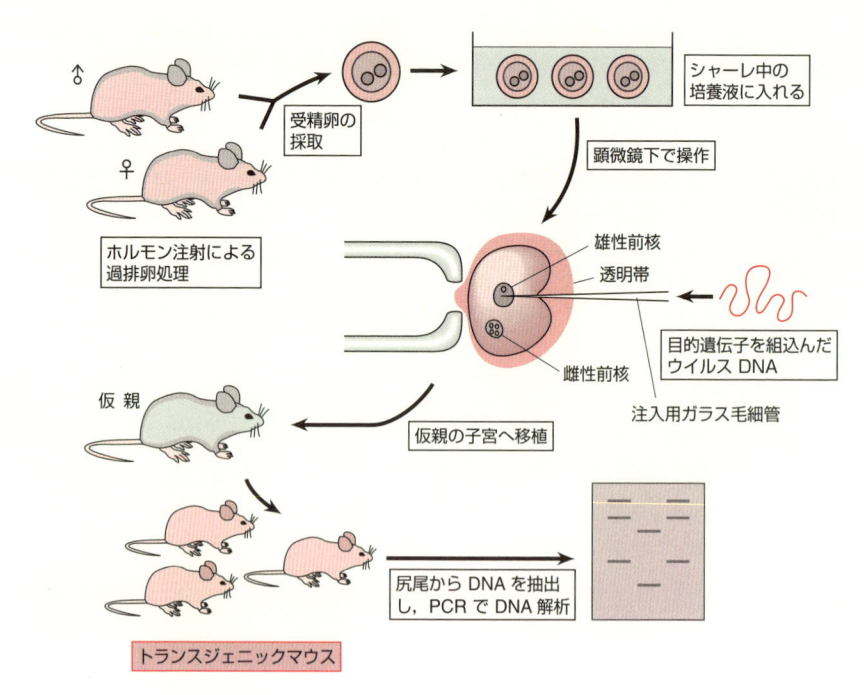

図 12・5　トランスジェニックマウス作製の手順

これら仔マウスが離乳するまで4週間ほど育ててから尾（しっぽ）の端を切り取ってゲノム DNA を抽出し，サザンブロット解析を行うと，注入したウイルスの DNA がマウスの染色体 DNA に組込まれた個体が見つかった．このマウスでは，生殖細胞も含めた個体全体の細胞の DNA にウイルス DNA が組込まれていた．これらを成長させて受精させると，期待どおり子孫にもウイルス DNA が引き継がれていた．つまり，注入されたウイルス DNA が染色体ゲノムに安定に組込まれることによってウイルス DNA をもつ新たなマウスの系統が樹立できたことを意味する．こうしてできたマウスは**トランスジェニックマウス**（transgenic mouse）とよばれる．

> その後，この実験はマウス以外の生物でも実現可能なことがわかり，マウス以外にもラット・ウシ・ヒツジ・ブタなどを対象として数多くの種類のトランスジェニック生物が作製され，モデル疾患動物系統の樹立，品種改良，有用医薬物質の生産，臓器移植の提供動物飼育などに応用されている．またニワトリ・カエル・メダカ・ゼブラフィッシュなどを対象としたトランスジェニック生物は発生生物学の基礎研究にすでに大きな貢献をしている．

12・4　遺伝子ターゲッティング

1981年，英国の M.J.Evans と M.H.Kaufman は以下のような実験を成功させて，全能性をもつマウスの**胚性幹細胞**（ES 細胞，embryonic stem cell）株を樹立した．

❶ 交配（受精）4日後に卵巣を除去することでホルモン制御を狂わせて，受精卵（胚）が子宮に着床するのを遅らせる．その後すみやかに空洞をもつ着床前の胚（胚盤胞）を回収する．

❷ 胚盤胞の内部にある**内部細胞塊**（ICM，inner cell mass）を顕微鏡下で分離して採集する（図 12・6）．

> 内部細胞塊はあらゆる細胞に分化できる**全能性**（totipotency）をもつ未分化細胞である．

❸ これを特殊な培養液で培養することで ES 細胞株として樹立する．このとき，支持細胞なしで培養すれば分化を誘導できる．

正常細胞でありながら**不死性**（immortality）を獲得している ES 細胞は，シャーレの中で培養して増殖させることができるという利点がある．そのうえで分化の全能性をもつので，培地に分化誘導能をもつ物質やタンパク質を加えるだけで脳や筋肉などの特殊に分化した細胞へ分化誘導できる．

> ES 細胞を同系統のマウスの腹腔内や皮下に移植すると，多種類の組織が混在する**奇形腫**（teratoma）をつくることができる．

ES 細胞が有用なのはシャーレの中で培養中に外来遺伝子を導入した後に仮親マウスの胚盤胞に注入すると，ES 細胞と内部細胞塊とが混ざり合うことである．これがそのまま発生して生育すると母親由来の細胞と ES 細胞由来の細胞が混在するキメラマウスが生まれてくる．

> もし，黒毛のマウス由来の ES 細胞を白毛の母親マウスの胚盤胞に注入すると，毛色が白黒のぶちマウスが生まれてくることになる．しかも，キメラマウスの交配を繰返すと，何世代か後の子孫マウスは個体のほとんどすべての細胞が ES 細胞由来となった新たなマウスの系統をつくり出すこともできる．

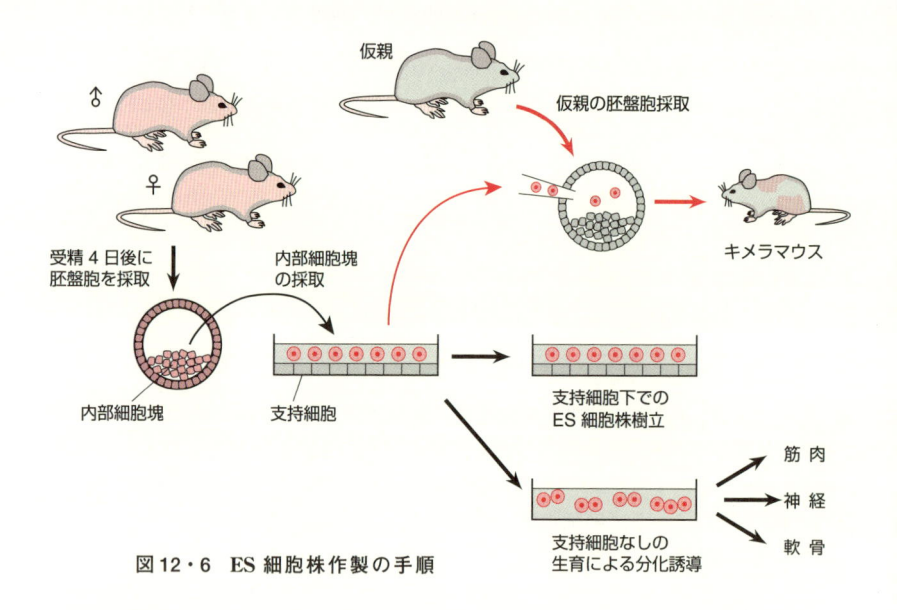

図 12・6 ES 細胞株作製の手順

この技術のように，ゲノムの中の特定の遺伝子を標的にして個体を操作することを一般に **遺伝子ターゲッティング**（gene targeting）とよぶ．ES 細胞の発見により，マウスゲノムの任意の遺伝子を ES 細胞中で置換することで，われわれは人為的に改変された遺伝子をもつ動物個体を得ることができるようになったのである．

12・5 遺伝子ノックアウトマウス

遺伝子ターゲッティングの技術を応用すれば，標的遺伝子を部分的あるいは完全に欠損させたマウスの系統を樹立することも可能になった．こうしてできたマウス

12・5 遺伝子ノックアウトマウス

は**遺伝子ノックアウトマウス**(gene knockout mouse)とよばれる。この技術によって標的遺伝子が欠損することの個体レベルでの影響が観察できるようになり、対象とする遺伝子産物が本来もっている機能を深く理解できるようになった。

遺伝子ノックアウトマウス作製の実際は以下のようである（図 12・7）。

❶ 標的遺伝子を単離して塩基配列を決定したのち、**ターゲッティングベクター**(targeting vector)とよばれるプラスミドベクターに挿入し、遺伝子の一部分を破壊するかたちでマーカー遺伝子（ネオマイシン *neo* など）を挿入する。

> 欠損の影響を観察する目的には遺伝子全体を欠如させるのが望ましいが、マーカー遺伝子のサイズとあまりにかけ離れているとノックアウトマウス作製の確率が大きく低下する。そこで、開始コドン付近を壊すことで遺伝子産物の発現を阻害することがよく行われる。

❷ このプラスミド DNA を ES 細胞に導入し、マーカーを指標にして（*neo* を用いた場合は G418 という薬剤に抵抗性となった細胞）相同組換えを起こした細胞の

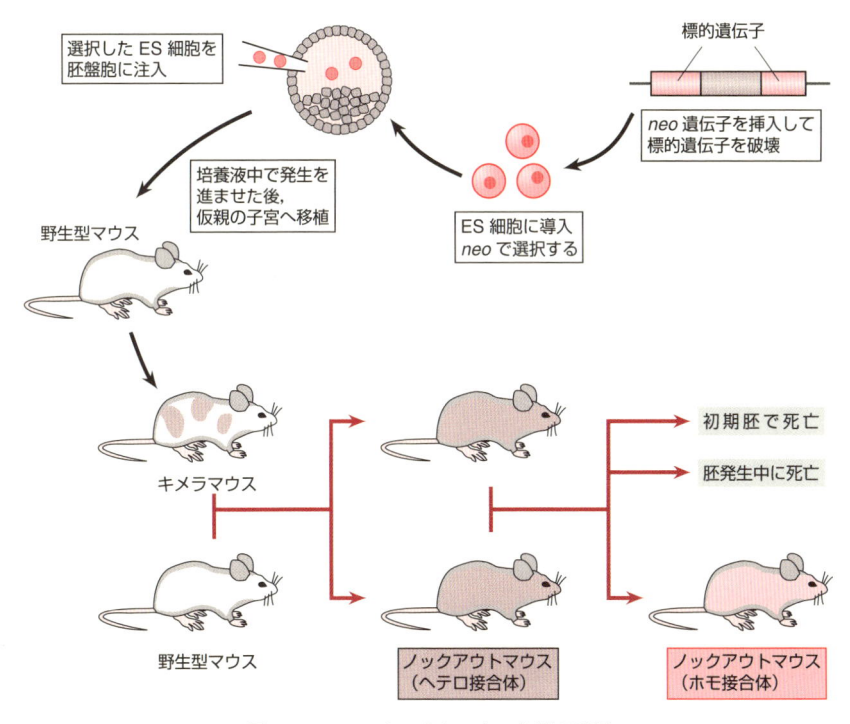

図 12・7　ノックアウトマウス作製の手順

コロニーを選別する．
❸ 選別された ES 細胞を胚盤胞に注入してキメラ胚を作製する．
❹ キメラ胚を仮親（野生型）の子宮に移植して生育させキメラマウスを産ませる．
❺ このキメラマウスを野生型マウスと交配させ，ここから生まれてきたキメラマウスの尾を一部切り取って採取する．PCR によるバンドサイズの変化を指標にして，破壊された遺伝子を片方の染色体にもつ**ヘテロ接合体**（＋／−）である仔マウスを選択する．
❻ ヘテロ接合体マウスどうしを交配して，生まれてきた仔マウスから破壊された遺伝子を両方の染色体上にもつ**ホモ接合体**（−／−）である仔マウスを選択する．

このとき，標的遺伝子が生育や発生に必須な遺伝子であれば，その遺伝子を破壊されたホモ接合体は生まれてこない．その際は発生途中で死んだ胚を子宮から取出し，どの時点で異常を生じて死んだかを解析し，標的遺伝子が発生のどの段階で必

天才マウスの創生

生殖工学技術はついに天才マウスを生み出した．とはいっても別に言葉をしゃべったり計算ができるマウスが誕生したわけではない．しかし，一つの遺伝子を外部から導入しただけで記憶力が増強したトランスジェニックマウスが誕生した事実は，記憶力増強剤の開発など今後の発展を考えると衝撃の大きいニュースである．

記憶・学習の成立は同時に活動したニューロン間でのシナプス伝達効率が変化することで達成されると考えられている．そこで記憶・学習能力を向上させるにはシナプス同時活動の検出器（その本体は NMDA（N-methyl-D-aspartate）受容体であることがわかっている）の能力を高めてやればよいことが推測される．

米国プリンストン大学の銭卓（Joe Z. Tsien）らは 2B 型 NMDA 受容体の一部をマウスの脳で普通のマウスの 2 倍過剰発現するように遺伝子操作したトランスジェニックマウスを作製した．このマウスの知的行動をテストしたところ，さまざまな課題に対して通常マウスより優れた記憶・学習能力を示したという．たとえば，濁ったプールに入れて見えない足場を探させる実験をしたところ，遺伝子操作したマウスはより早く足場の場所を覚え，その記憶を保つ能力も高かったという．米国の人気テレビドラマの主人公である天才少年ドギー・ハウザー博士にあやかってドギーマウスと名づけられたことも手伝い，ドギー君は全米で最も有名なマウスとして一躍脚光を浴びることになった．Tsien らは知能や記憶といった心理や認知に関する機能を遺伝的に改良することは可能であると指摘している．

須であるのかを推測する．組織から培養細胞系を樹立することができれば細胞レベルでの標的遺伝子の機能が推測できる．

12・6　Cre-loxP系と遺伝子ノックイン

標的遺伝子が生育や発生に必須であってもノックアウトマウスが作製できる技術も開発されている．**Cre-loxP系**では，ある条件下あるいはある組織の中でのみ標的遺伝子が欠損するように制御できる．その原理はバクテリオファージP1の産生する**Creリコンビナーゼ**（Cre recombinase）が**loxP**とよばれる塩基配列（34塩基から成る）を認識し，その位置で組換えを起こすことを利用している．

❶ loxPはCreが存在しないかぎりは組換えを起こさないので，Creをある組織特異的プロモーターにつないで特異的に発現するようになったトランスジェニックマウスを作製しておく（図12・8右のマウス）．

❷ 一方，標的遺伝子をloxPではさんで，組換えが起こったときにのみ標的遺伝子が欠損するように設計したターゲッティングマウスを作製しておく（図12・8左のマウス）．

❸ これらをかけ合わせたマウスでは，ある組織でのみCreが発現されているため，組織特異的な遺伝子ノックアウトが実現できる（図12・8下のマウス）．

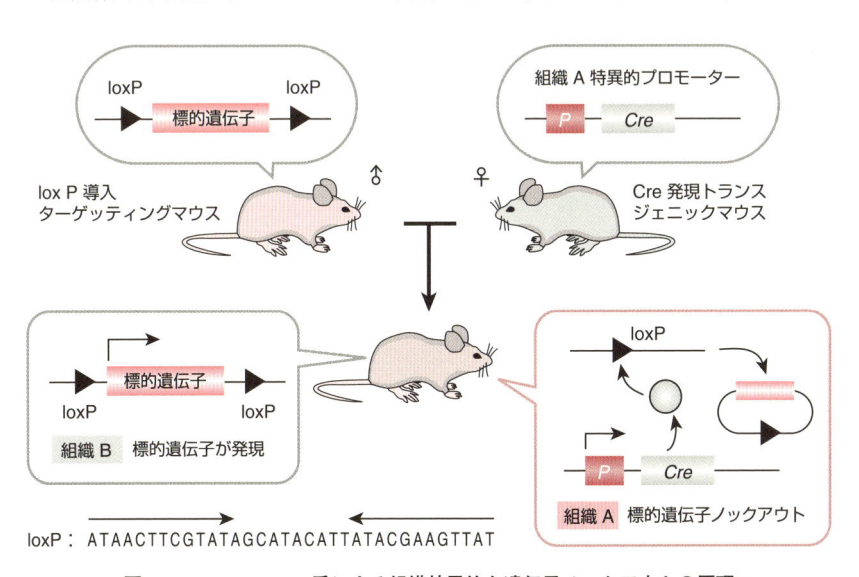

loxP： ATAACTTCGTATAGCATACATTATACGAAGTTAT

図12・8　Cre-loxP系による組織特異的な遺伝子ノックアウトの原理

相同組換え現象を利用して望むような発現を示す遺伝子座位に標的遺伝子を導入する**遺伝子ノックイン**（gene knockin）という技術も開発されている．この技術はある染色体座位に標的遺伝子を別の遺伝子に置換する目的にも使われるし，*lacZ* などのマーカー遺伝子に置き換えれば標的遺伝子の個体レベルでの発現動態を解析することも可能となる．

12・7 絶滅動物の保存

　これら生殖工学の応用として，絶滅の危機にある野生動物の保存に役立てようという計画が進んでいる．

　トキ（朱鷺，*Nipponia nippon*）は日本産の美しい鳥であるが，1995年の春，最後に残ったミドリという名の1羽（雄）が死亡して絶滅した．ミドリの細胞は将来鳥類における生殖工学がもっと進展したときにミドリの細胞核を外国産のトキの卵に移植することでよみがえらせるために冷凍保存されている．オーストラリアでは絶滅したタスマニアンタイガーを再生させるため130年前のホルマリン漬け標本から完全なDNAの採取に成功したという．

　シベリアには永久凍土の中に氷河期のマンモスが良い保存状態で残っている．このマンモスから精子を採取してゾウの卵子に注入して培養し，ゾウを仮親として現代にマンモスを出現させようという，日本・ロシア共同の"マンモス再生プロジェクト"もある．この計画では保存状態の良い雄マンモスの精子をゾウの卵子に顕微鏡下で人工授精させ，仮親ゾウの子宮に戻してまずマンモスが混血したゾウを数多く誕生させる．この混血ゾウのうち，よりマンモスの血を濃く受け継いでいる仔ゾウどうしをかけ合わせて仔を生ませ，よりマンモスに近い仔ゾウを選び出す．こうして時間はかかるが交配を繰返せばやがては限りなくマンモスに近い混血ゾウが生まれるであろうとの構想である．はたして精子が再生するか，マンモスとゾウの種の壁を越えて受精が成立するか否か障壁は多いが，夢の多い話である．

　このような技術が進んでくると，絶滅した民族や古代人などをクローン人間としてでも再びこの世によみがえらせたいという考えが出てくるかもしれない．あるいは家族や恋人，さらには自分自身をよみがえらせてほしいと遺言する人も出てこないとは限らない．先進国ではクローン人間の研究は禁止されているが，世界中の国が禁止しているのではないので，どこかでクローン人間研究所ができないとも限らないのである．しかし，仮にクローン人間として生まれ変わっても，ゲノムの塩基配列が同じだけで新たな別個人として生まれるのであることを理解しておくべきである．

記憶や感情まで一緒によみがえるのではないし,後天的に獲得したものは引き継がれない.一卵性双生児が時差をもって生まれることの意味しかないのであって,子孫が生まれるのと大差ないことになろう.

12・8 幹 細 胞

　自己増殖能と分化能を併せもつ未分化な細胞を一般に**幹細胞**(stem cell)とよぶ.受精卵の一部を培養して樹立されたES細胞も,マウスの個体すべての細胞へと分化する潜在能力(**全能性**)をもつ幹細胞の一種である.ヒトのES細胞も全能性をもつかどうかは実験が禁止されているのでわからないが,さまざまな指標がマウスES細胞と類似しているので全能性だと考えられている.一方,受精後5～9週で妊娠中絶処理を受けたヒト胎児から,将来生殖細胞に分化することが知られている**始原生殖細胞**(PGC, primordial germ cell)を培養することで樹立された**EG細胞**(embryonic germ cell)も少なくともマウスでは全能性をもつ.ヒトのES細胞とEG細胞はまとめて**ヒト胚性幹細胞**とよばれる.

　受精卵は発生を始めてしばらく経つと原腸陥入を始め,その後は**内胚葉**,**外胚葉**,**中胚葉**の三つの胚葉に分かれる.内胚葉は腎臓や肝臓などの臓器に,中胚葉は筋肉,骨,軟骨,腱,血液,血管内皮などに,外胚葉は神経と皮膚に分化する(図12・9).これらの臓器には特定の幹細胞が存在することが近年になってわかってきた.たとえば骨髄には**造血幹細胞**(hematopoietic stem cell)と**間葉系幹細胞**(mesenchymal stem cell)の二つの幹細胞がある.造血幹細胞は多彩な血液細胞に分化でき,個体が一生の間ずっと枯渇することなく血球を産生するという大きな仕事をしている.間葉系幹細胞は脂肪細胞,軟骨細胞,骨細胞などに分化する**多分化能**(pluripotency)をもち,遺伝子治療の運搬細胞としても脚光を浴びている.

　分化は非可逆現象とこれまで信じられてきたが,クローンヒツジドリーの誕生によって分化のリセットが可能であること,すなわち分化はある条件下では可逆であることが証明された.近年では移植による幹細胞の分化能転換が可能になっている.たとえば移植された神経幹細胞が血液細胞に分化した例などが報告されている.ラットにおいては骨髄細胞を移植することである種の肝細胞が分化誘導された例が報告され,研究を進めればヒトの肝臓病の治療に応用できるのではと期待されている.成人の骨髄には胎児に特有だと考えられていた"血管内皮前駆細胞(EPC, endothelial primordial cell)"も見つかっており,これが特定の場所に集まって分化し血管を形成するらしい.女性では生理周期のたびに子宮内膜に集まり

毛細血管をつくることもわかってきた．骨髄中の細胞を心臓や筋肉細胞に分化させる培養法も研究が進んでいる．ES細胞を神経に分化させることで，神経細胞が抜け落ちるパーキンソン病の治療を目指す研究もある．

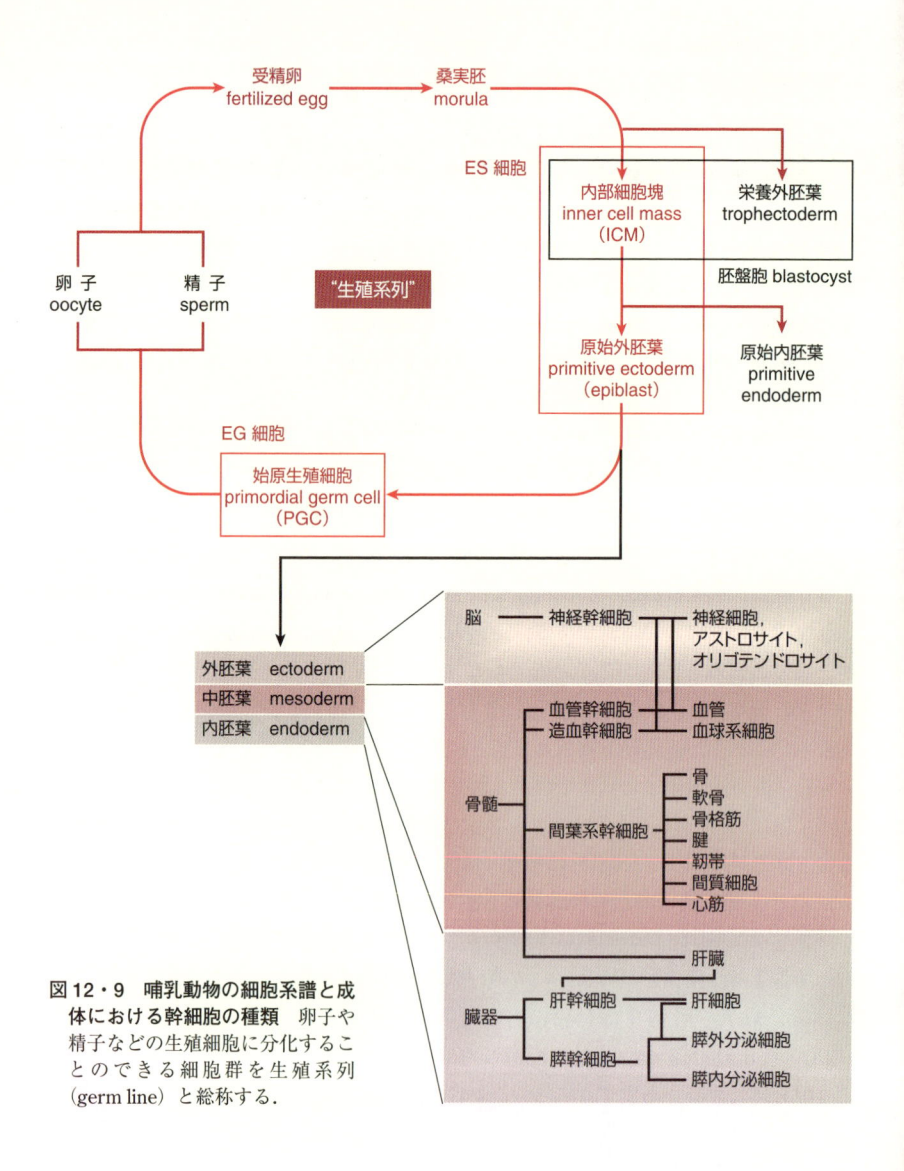

図12・9 哺乳動物の細胞系譜と成体における幹細胞の種類 卵子や精子などの生殖細胞に分化することのできる細胞群を生殖系列（germ line）と総称する．

12・9　再 生 医 療

　事故や病気によって失われた組織を元通りに戻せるようになったらどんなにか素晴らしいことだろう．その夢が実現しそうな勢いで**再生**（regeneration）**医療**が目覚しく進展している．従来はヒトの受精卵からあらゆる細胞に分化できる ES 細胞（胚性幹細胞）を採取する方法しかなかった．ただし"人は受精卵の時から人であり受精卵を破壊する行為は殺人に等しい"といった立場をとる個人や宗教団体から強く反対されているため，実現には障壁が高い．この問題を一挙に解決する夢の技術として山中伸弥らが開発した**人工多能性幹細胞**（**iPS 細胞**；induced pluripotent stem cell）が実用化されつつある（図 12・10）．

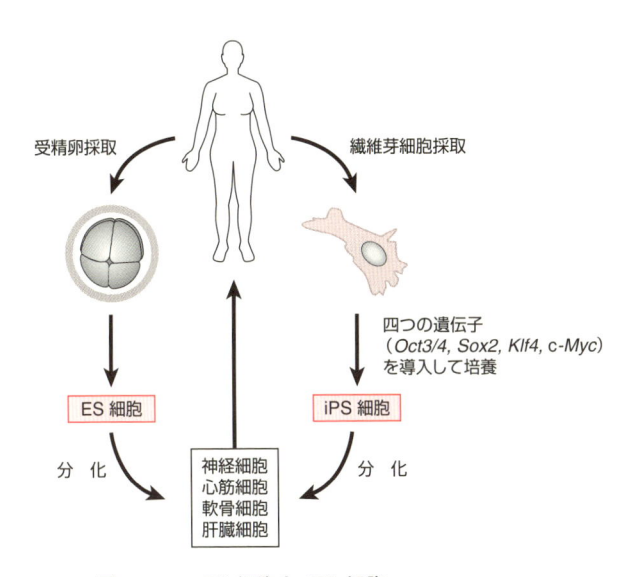

図 12・10　ES 細胞と iPS 細胞

　iPS 細胞とはマウスの胚性繊維芽細胞に四つの遺伝子（*Oct3/4, Sox2, Klf4,* c-*Myc*）を外部から導入して強制的に発現させることで ES 細胞のように分化多能性をもつようになった細胞である（2006 年）．続いて発表した改良型 iPS 細胞（Nanog-iPS）は，当初の iPS 細胞（Fbx15-iPS）に比べて，より ES 細胞にきわめて近い遺伝子発現パターンを示し，キメラマウスとの交配で次世代の子孫に iPS 細胞に由来する個体が産まれた（germline transmission の達成）．こうしてヒトの皮膚由来の繊維芽細胞を iPS 細胞に変えたのち，適切な刺激によって肝臓や心筋，神経，筋肉，

軟骨などさまざまな組織の細胞に分化させるという歴史的偉業が達成されたのである（2007年）．その後，実用化の障壁となっていたレトロウイルスを使わずにiPS細胞を作成する方法も発表された（2009年）．

iPS細胞を使えば患者の皮膚から移植用の臓器を作れるため拒絶反応も起きない．病気や事故で臓器や組織が損なわれた場合でも，iPS細胞をもとに組織を再生させたり補充したりすることも夢ではなくなった．再生した心筋細胞を心筋梗塞の治療に使ったり，神経細胞を再生して脊髄損傷を治したりできるようになるかもしれない．薬剤の効果判定や副作用の有無の検査にも有用である．たとえば心臓薬のテストには数百人分の患者皮膚由来のiPS細胞を心筋に分化させた細胞を使って事前にテストすれば迅速・安価に薬効が評価できる．ただし，この技術を使ってヒトの生殖細胞を生み出す技術が開発されればクローン人間を作製することも可能であることを考えると，適切な研究指針の作成と規制が必要となってこよう．

iPS 細胞

iPS細胞（山中伸弥：京都大学）が発表よりわずか6年でノーベル生理学・医学賞（2012年度）を受賞したことは日本人として誠に喜ばしい限りである．この受賞が誇らしいのは，すべて国内でやり遂げたのみならず，その成功を支えた三つの革新的な技術・成果もすべて国産だったことにある．共同受賞したJ. B. Gurdon（英国ケンブリッジ大学）は除核した卵に成体の核を移植することでクローンガエルを作り出し，初期化（reprogramming）の可能性を示唆した（1962年）が，その後の進展は遅々として進まなかった．

2001年，マウスのリンパ球とES細胞を電気ショックで融合させるとリンパ球が初期化されて受精卵のようになるという仕事（多田 高：京都大学）は，ES細胞に初期化因子が存在することを示唆した．同年，マウスの全cDNAデータベースが作成され，さまざまな組織や細胞での発現量のデータが公開された（林﨑良英：理化学研究所）．山中の偉大さは，この二つを結びつけ，ES細胞で発現されている初期化因子をコードする遺伝子を，コンピューターを使って20個に絞込み（その後4個が追加された），これらを体細胞に同時に導入して発現させれば初期化されるのではないかと大胆に発想して，それを実行したことにある．その実現には1993年に発表されていた第三の国産技術であるpMXウイルスベクター（北村俊雄：東京大学）が鍵だった．24個の遺伝子を同時に導入するという常識はずれの大胆な実験は，実際にやってみるとあっけなくマウスの皮膚の細胞を受精卵のように変化させた（高橋和利：京都大学）．そこから巧妙な実験で山中因子とよばれる四つの遺伝子まで速やかに絞り込むことでiPS細胞が誕生したのである．

13 遺伝子組換え作物

遺伝子組換え作物とは昆虫などの外来遺伝子を植物ゲノムに導入して形質を転換し，新たな特徴をもたせた作物である．植物の間での形質転換は自然界でも起こるが，遺伝子操作技術を用いることで，自然界ではまず起こりえないような種類の遺伝子導入がされるようになってきた．それが何十年という長い時間帯の中で，作物を摂取するヒトの健康や生態系にどのような影響を及ぼすかが懸念されるが，それを無視して技術はどんどん進んでいる．

日本ではトウモロコシやダイズのほぼすべてを輸入に頼っているため，米国の耕地の25％以上が何らかの**遺伝子組換え作物**（genetically modified organism, GMO）を栽培しているという統計から眼をそらすわけにはゆかない．1996年には厚生省（当時）が米国やカナダの企業が開発した遺伝子組換え作物7品目（ダイズ，ナタネ，トウモロコシ，ジャガイモなど）を"安全"と判断し，それ以降これらが自由に日本へ輸入されることになった．遺伝子組換え作物が知らない間に加工食品として体の中に入ってしまう時代に入ったのである．遺伝子組換え作物活用に積極的な米国では現在120種以上の遺伝子組換え作物が商業栽培を認可されている．この章では遺伝子組換え作物の原理を解説し，それがどのようなものであるか，何が問題とされているかについて正しく理解できるようにしたい．

13・1 高等植物におけるバイオテクノロジー

高等植物を対象としたバイオテクノロジーはオールドバイオとニューバイオに分けることができる．オールドバイオは古くから行われてきた古典的な交配を現代化した技術で遺伝子を操作しないで行うものである．胚培養，細胞培養，組織培養，人工種子などが含まれる．ニューバイオは遺伝子組換え，細胞融合などを用いて遺伝子を操作するものである．遺伝子を導入するための形質転換の方法については§4・3で述べた．

13・1・1 胚培養と人工種子

わが国でキャベツとコマツナ（小松菜）のかけ合わせ野菜として"千宝菜"とい

う品種が開発されたが，これに使われたのが**胚培養**という技術である．緑黄色野菜は一般に夏場に弱く柔腐病にかかりやすい．そこでこの病気に強いキャベツとかけ合わせて夏場に栽培・収穫できる緑黄色野菜を生み出そうとしたのである．この二つの野菜は同じアブラナ科に属するが種属（species）が遠いので交配してできた胚は途中で死んでしまう．そこで子房を切開して胚を取出してやり，それを培養すると生育して成熟した植物体に成長する．これは遺伝子操作ではないが，遺伝子組換え作物をつくる際に有用な技術である．この技術を応用して白菜とキャベツをかけ合わせた"ハクラン"という新たな品種も開発されている（図 13・1）．

一方，**人工種子**（artificial seed）はふつうの種苗と違って大量生産できるのみでなく長期間保存が可能という点で便利である．つくり方は，まず植物の組織の一部を取出してから軟寒天培地で培養すると**カルス**（callus）とよばれる不定形の細胞の塊として成長する（図 13・2）．これを液体培地で半年も培養すれば，1gのカルスから数百万以上の**不定胚**（adventive embryo）が作製できるという．

> 不定胚とは植物の体細胞から生じる胚のことで，動物の受精卵の発生と同様な形態的変化の過程を経てできる．

これを養分を含めたゼリーに包埋し小さなカプセルに収めたものを人工種子とよぶ．ただし，土壌にまくと病原体が侵入しやすいためかうまく成長しないので，発芽には水耕栽培が必要である．

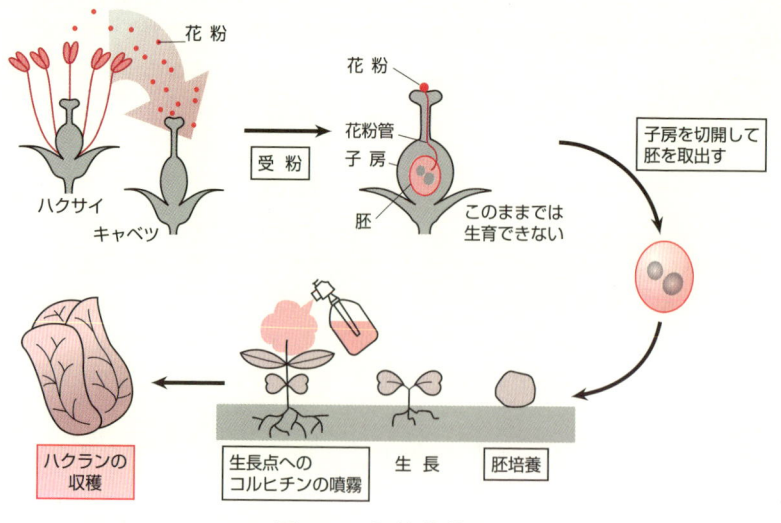

図 13・1　胚培養技術

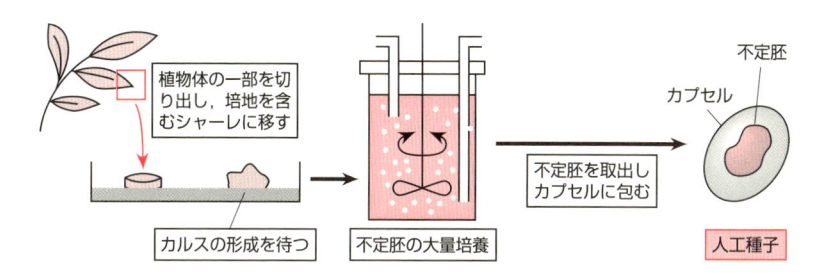

図 13・2　人工種子作製法

13・1・2　細胞融合

細胞融合は二つ以上の植物細胞の細胞膜を融合させて一つの細胞とする技術で，自然界では起こるはずのない種属の遠い植物どうしのかけ合わせができるという点で革新的である．1978 年にドイツのマックスプランク研究所が，ジャガイモ（ポテト）とトマトを細胞融合でかけ合わせて"ポマト"と名づけた新種の野菜を生み出した．その手順は下記 ❶〜❹ の通りで，地上部はトマトで地下部はポテトという新種のポマトが生まれた（図 13・3）．一般に種属が遠いと植物体にまで生育させることは困難だが，ポテトとトマトは同じナス科であったことがうまくいった理由であろう．

> ただし，食べられるような実が成熟したわけではなく，食べても安全かどうか疑わしかったせいか商品化されることはなかった．実際，ポマトにはソラニンとよばれるジャガイモの芽に多く含まれる有害なアルカロイドがたくさん含まれていたのである．
>
> このほか，オレンジとカラタチを細胞融合させてつくった"オレタチ"，イネとヒエの融合品種"ヒネ"，メロンとカボチャをかけ合わせた"メロチャ"などが開発され，植物体にまで育ったが商品化はなされていない．

❶ まずポテトとトマトの細胞を取出し，酵素を働かせて細胞壁を分解して**プロトプラスト**（protoplast）とよばれる細胞膜だけの状態にする．
❷ ついで細胞融合促進剤としてポリエチレングリコール（polyethylene glycol）を加えて二つのプロトプラストを効率良く融合させる．
❸ 融合後，二つの細胞核も融合して一つになり，ポテトとトマトの遺伝子を併せもつ核が生じる．
❹ この融合細胞を培養して生育させる．

より実用的なのは酵母どうしの細胞融合により新種の酵母をつくることである．清酒酵母と焼酎酵母を細胞融合してつくった新種酵母は，独特な匂いのする焼酎を

花のような香りのする焼酎に変えた．これは実用化され1年間に50万L以上も売れたという．心配なのは遺伝子組換えではないせいかこれら細胞融合により生まれた食品は安全性の評価がなされないまま市場に出回っていることで，何らかの規制が必要であるという意見が出ている．

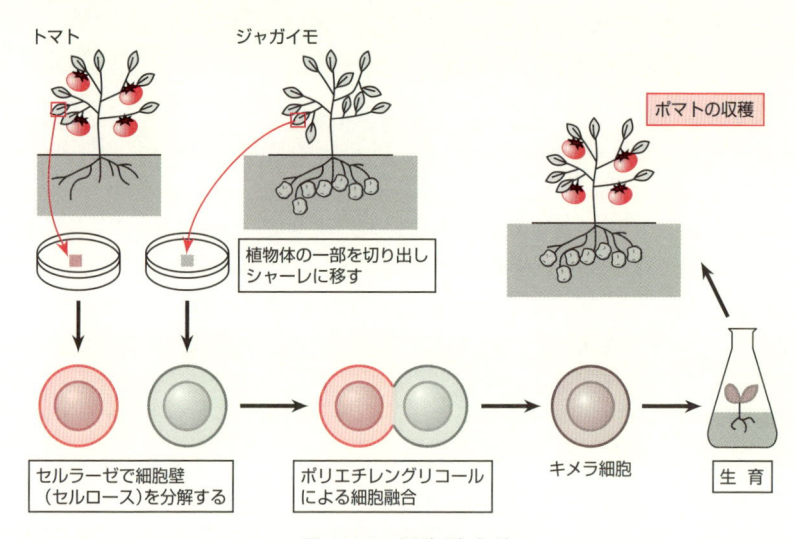

図13・3　細胞融合法

13・2　遺伝子組換え作物の実例
13・2・1　害虫を殺す遺伝子組換え作物

作物を害虫から守るために遺伝子組換えが行われてきた．たとえば細菌 (*Bacillus thuringiensis*) がコードするタンパク質に，昆虫が食べると昆虫体内で**BTトキシン**という昆虫にとっての毒物に変化するものがある．国際的な化学企業 Monsanto 社（本社米国）は，この遺伝子をトウモロコシに組込んで新品種"スターリンク"を生み出した．この作物に取りついた害虫（アワノメイガなど）は死ぬので殺虫剤を散布しなくてすみ安全だと宣伝されている．しかし，BTトキシンは害虫ではないチョウなどの幼虫も殺すことから生態系の破壊も問題視されている．またこの遺伝子が雑草に移動した場合などの長期間にわたった環境への影響が心配されている．BTトキシンがアレルギーを起こすという報告もあるため，米国では家畜の飼料用以外には使用が禁じられている．しかし，トウモロコシ（スナック菓子，

コーン油，ビールに使われているコーンスターチなどに使用）のほぼすべてを輸入に頼っている日本では，米国産の遺伝子組換え作物を食べないですますのは難しいのが現状である．

> 現状では日本の消費者はスターリンクを嫌っており，輸入した加工食品の原料のトウモロコシにスターリンクが混入しているということで問題になったくらいだが，輸入を禁止する法律はないので混入を完全に避け続けるのは困難であろう．なお，日本では遺伝子組換え作物の原材料が5%以下ならば表示義務がない点も注意しよう．

ジャガイモも同様な方法で害虫抵抗性になるように細菌の遺伝子を組込んだ品種が開発されている．

13・2・2 ウイルスに抵抗性をもつ植物

タバコのみでなくトマトやピーマンに感染するタバコモザイク病は伝染力が強く，品質や収穫量を著しく低下させるため恐れられているが，感染を予防したり感染病を治療したりする農薬は開発されていない．そこで感染性をなくしたタバコモザイクウイルス（*Tobacco mosaic virus*, TMV）の遺伝子の一部を導入したトマトをつくると，ウイルス抵抗性になったという．このトマト細胞内でウイルス遺伝子が特定のタンパク質を産生するため，ちょうど動物の免疫を誘起するワクチンのような働きで植物が抵抗性を示し，トマトにもつくタバコモザイクウイルスに感染しにくくなるらしい．免疫機構のない植物で起こるこの現象は，2種のウイルスが感染したときに一方のウイルスの増殖が阻害されるときに起こる干渉（interference）作用として理解する．

> 同様な発想でウイルスコートタンパク質遺伝子の一部を対象作物のゲノムに組込むことで，縞葉枯病ウイルス（RSV）抵抗性のイネ，キュウリモザイク病ウイルス（CMV）抵抗性メロン，CMV抵抗性トマト，トマトモザイク病ウイルス（TMV）抵抗性トマト，ポテトウイルスY（PVY）抵抗性ジャガイモ，ササゲ退緑斑紋ウイルス（CCMV）抵抗性タバコ，パパイヤ輪点（ring spot）ウイルス（PRSV）抵抗性パパイヤなどが開発されている．また，ポテト葉巻ウイルス（PLY）のDNAレプリカーゼ（replicase）遺伝子を導入することでPLVのレプリカーゼ活性を抑制し，PLY抵抗性にしたジャガイモもある．

13・2・3 除草剤に強い植物

ナタネ（菜種）油として揚げ物で日常的に口に入るナタネは，栽培にあたって強い除草剤をまくと枯れてしまうため，弱い除草剤を選んでは何回もまかなければならなかった．Monsanto社は農家の省力化を図るため自社が開発した強力な除草剤

であるグリホサート（商品名：ラウンドアップ）にだけ耐性を示すように遺伝子操作を施したダイズやナタネを開発した．このナタネならラウンドアップを1～2回まくだけで済むので農家にとっては手間が省けるだけコストが下げられる．水で希釈して雑草の生育期に散布されたグリホサートは茎や葉から吸収され，アミノ酸生合成系の酵素（EPSP シンターゼ）の活性を阻害することで芳香族アミノ酸（Tyr, Phe, Trp）の生合成を抑制し，その結果効率良く雑草を死滅させる（図13・4）．アグロバクテリア（*Agrobacterium*）の変異株（CP4）の EPSP シンターゼはグリホサートに親和性が低く，阻害されないため抵抗性を示す．そこで，この変異 EPSP シンターゼ遺伝子をクローニングし，遺伝子銃を用いてダイズに導入したものが遺伝子組換えダイズ "Roundup ready" である．

> アグロバクテリアの酵素である GOX（glyphosate oxidoreductase）がグリホサートを分解して不活性化することがわかったので GOX 遺伝子をナタネに導入した遺伝子組換えナタネも開発されている．

ここで問題になるのは遺伝子組換えされたナタネの種子だけでなく除草剤までもが Monsanto 社の独占となることである．除草剤と種子がセット販売され，作付面積に応じて技術料が徴収され，収穫した種子は使えない契約のため，農家は毎年種子を購入しなくてはならない仕組みとなっている．もう一つの問題は生命力の強い雑草にはラウンドアップに対して抵抗性を獲得するものが出てきて，その遺伝子が雑草に移動して除草剤抵抗性の雑草ができてしまうことである．ナタネへの拡散も予想以上に早く，すでに半数以上が遺伝子組換えナタネで占められたカナダでは，大半のふつうのナタネさえラウンドアップ・レディーの遺伝子が汚染してしまって，遺伝子組換えナタネを認めない欧州へはもう輸出できない事態に陥っている．

> また，大量のラウンドアップを取込んだナタネを食べることが長期的にヒトの健康に及ぼす害毒は未知のままである．

農家と会社の都合を優先した発想は欧州と日本の消費者から反発を受けており，日本の農家は栽培していない．

> ナタネ以外にも除草剤抵抗性作物が開発されている．除草剤抵抗性イネは田植えや草取りの手間が省けるため大規模農場において効率良く大量生産できるようになって生産コストが抑えられる．すでに自由化された米市場で大量に海外の米が輸入されるようになると日本の農家は破たんしてしまう．すでに 2001 年に入るとスイスの化学企業の Syngenta 社がイネの全ゲノム塩基配列を解読したと発表し，世界をリードしていたはずの日本の農林水産省を慌てさせた．このように米市場はすでに国の威信をかけた国際問題となっている．

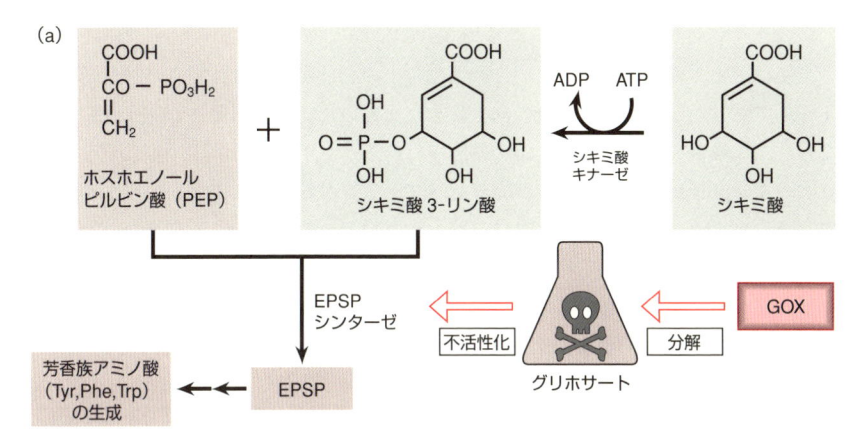

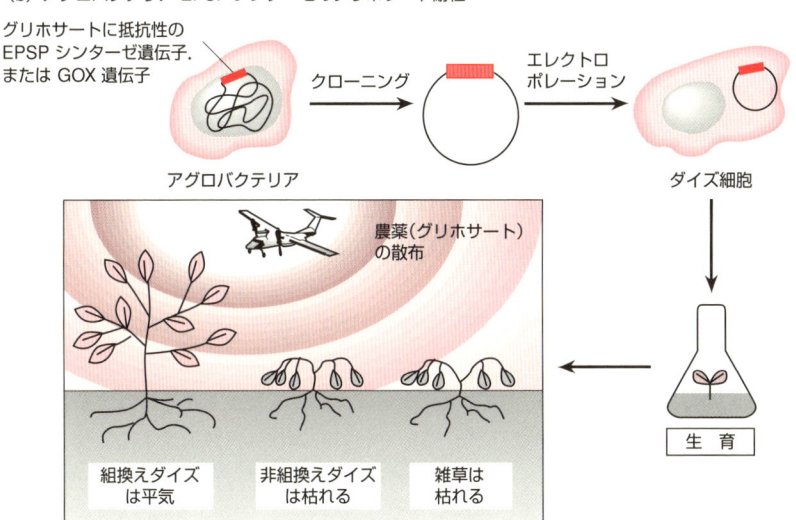

図13・4　除草剤に強い遺伝子組換え作物の作製原理　(a) 除草剤の一つであるグリホサートが活性を阻害する標的は EPSP シンターゼ（5-enolpyruvylshikimate-3-phosphate syntase）である．EPSP シンターゼはシキミ酸代謝経路を構成する一群の酵素の一つで，植物細胞内で芳香族アミノ酸（Tyr, Phe, Trp）を生合成する．(b) グリホサートに抵抗性の変異型 EPSP シンターゼをコードする遺伝子をアグロバクテリアの変異株（CP4）からクローニングする．あるいはグリホサートを分解する酵素 GOX（glyphosate oxidoreductase）を正常なアグロバクテリアゲノムからクローニングする．それらをエレクトロポレーションによってダイズに導入すると除草剤（グリホサート）に耐性を示す遺伝子組換えダイズができる．

13・2・4 遺伝子組換えによる品質の改善

当初は害虫や除草剤に強いという栽培効率上の利益が重視されてきた遺伝子組換え作物であったが，やがて品質の向上に重点を置いた商品が開発されるようになってきた．成熟後のトマトでは，実の細胞中にあるペクチン分解酵素（ポリガラクツロナーゼ，polygalacturonase）の働きでペクチン質が分解されて実が柔らかくなってしまう（ペクチン質はガラクツロン酸という糖の一種が鎖のように連なった多糖で細胞どうしを接着させる機能をもつ）．米国の Calgene 社はアグロバクテリアを利用して，ペクチン分解酵素をコードする遺伝子の発現を抑制するようにアンチセンス遺伝子を組込んで熟成の速度を遅くしたトマトの品種，"フレーバーセーバー (Flavr Savr)" をつくり出した．

> 従来のトマトはすぐに柔らかくなるため青いうちに収穫する必要があり，完熟トマトに比べて味が落ちるという難点があった．このトマトは成熟しておいしくなってから収穫しても，ペクチン質が分解されないため熟成に時間がかかり，果肉は1カ月たっても変化しないほど日もちが良くなったという．

米国食品医薬品局（FDA, Food and Drug Administration）が"このトマトの食物としての安全性は従来のトマトとまったく同じである"と発表したため，1994年に遺伝子組換え野菜の第1号として米国で発売された．この発表をきっかけにして他の遺伝子組換え作物もつぎつぎと安全性が認められるようになった．

イチゴやジャガイモなどに霜の害が起こるのは葉に住み着く細菌がつくるタンパク質が霜の核になるためであることがわかっている．米国の AGS（Advanced Genetic Sciences）社はこのタンパク質をコードする遺伝子を抜き取った新たな細菌株（Frostban）をつくり出し，イチゴやジャガイモに散布して感染させた．この細菌を大量に感染させると野生型の細菌を数において凌駕するようになり，結果として霜害が防げるようになった．この遺伝子組換え操作は当該遺伝子を除去しただけなので安全性は高いという判断をした米国環境保護局（EPA, Environmental Protection Agency）は1986年には野外実験を許可した．この EPA の許可によって遺伝子組換え作物の反対派は勢いを失い，それがきっかけとなって，その後は他の遺伝子組換え作物についてもつぎつぎと野外実験が許可されるようになった．

13・2・5 珍しい色や形をもつ花

食物は人体への影響が未知のため消費者の評判が芳しくないので，国内での栽培はおろか研究でさえも下火になりつつある．その点，花の色や形を遺伝子組換え技術で珍しいものに変える技術は，人体に摂取しない点で安全であるとして研究が盛

んになってきた．

　花の色は，花弁の細胞が酸性かアルカリ性かというpHの状態と，糖がグリコシド結合によって付加した配糖体（glycoside）であるアントシアニン（anthocyanin）の構造変化に由来する．特にB環（図13・5）に付くヒドロキシ基の数と位置の違いで色調が変わり，シアニジン（赤），ペラルゴニジン（橙），デルフィニジン（青）という色素となる．これらのうち，どの成分が花弁で合成されるかで花の色が決まる．ただし黄色のバラはこれらとはまったく異なる化合物であるカロテノイドに由来する．

　バラは欧州では宮廷文化の花咲く時代から多くの貴婦人をとりこにしてきた．数多くの変種や多彩な色合いをもつバラが交配によって開発されてきたが，どんな天才園芸家でも実現できない幻のバラがあった．青いバラである．バラはそもそも青色色素の構成成分であるデルフィニジン（delphinidin）をつくる酵素（フラボノイド3′,5′-ヒドロキシラーゼ）の遺伝子をもっていないので，交配による園芸技術で

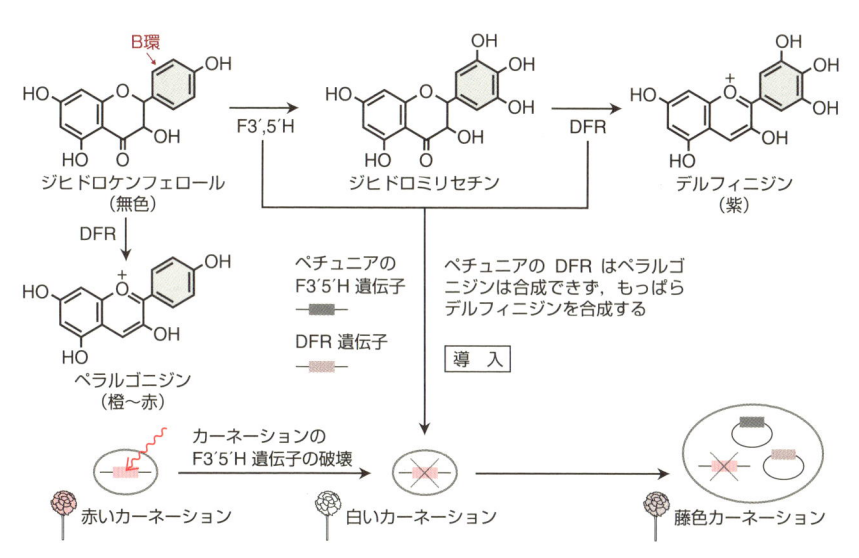

図13・5　藤色カーネーションの咲くしくみ　花の色調変化はフラボノイド系色素であるアントシアニンの構造変化，特にB環のヒドロキシ基の数と位置の変化，によって起こる．これらの構造変化はフラボノイド3′,5′-ヒドロキシラーゼ（F3′,5′H）やジヒドロフラバノール4-レダクターゼ（DFR）によって触媒される．バラやカーネーションはF3′,5′H遺伝子を欠損しているため，自然交配では青く発色するデルフィニジンを合成することはできない．ペチュニアという別種の花の同遺伝子を遺伝子組換えで導入することによって初めて青色の花を咲かせることができる．

は花びらを青くできないのである．日本のサントリー社はこの難題に挑戦し，ペチュニアのF3′, 5′H遺伝子をクローニングしてバラに組込み，植物体にまで育てた．しかし，ペチュニアの青色遺伝子はバラではまったく機能せず，デルフィニジンが生産されなかったため花の色は変わらなかった．しかし辛抱強くいくつかの青い花の咲く植物を試し，2004年，ついにパンジーの青色遺伝子を導入することで青いバラの花を咲かせることに成功した（図13・5）．この青いバラは，花びらに含まれる色素のほぼ100％を青色色素が占めているという．さらに興味深いのは，この青いバラの青色色素・デルフィニジンを蓄積する能力が通常の交配によって遺伝することである．いろいろな花色をもつバラと交配させるだけで，多彩な色合いをもった青色系のバラを多種類生み出すことにも成功した．

この試みは同時にカーネーションについてもなされた．まず赤色カーネーションにペチュニアのF3′, 5′Hを導入してみたところ，赤色色素であるペラルゴニジン（pelargonidin）由来の赤色と混じり合うため赤紫色となった．そこでペラルゴニジン合成に必要な酵素（DFR：dihydroflavonol 4-reductase）の遺伝子を欠損している白色カーネーションにペチュニアのF3′, 5′HとDFRを共に導入したところ，ほぼすべてのアントシアニンがデルフィニジンとなって藤色のカーネーション（ライラックブルー）になったという．その後プロモーターを改善したりして発現効率を上げ，より濃い青色の花を咲かすムーンダスト・ディープブルーという品種も発売されている．これらはすでに高級花として販売され，愛好家にもてはやされている．

13・2・6　次世代遺伝子組換え作物

第1世代遺伝子組換え作物では害虫や除草剤に強いという性質を遺伝子組換えによって作物に付加するという生産者の利益が重視されてきた．第2世代遺伝子組換え作物では消費者の利益になる性質を付加することが計画されている（図13・6）.

たとえば特定の栄養成分を増減させてダイエットや糖尿病予防に良い作物とか，高血圧症を防ぐ食物，骨粗鬆症を防ぐカルシウムを多く含む米や野菜などが開発されている．カボチャやニンジンに多く含まれるβ-カロテン（carotene，β-カロチンともいう）を含む米（ゴールデンライス）や大豆成分を組込んだ高タンパク質の米，善玉コレステロールの素であるオレイン酸を多く含む大豆，あるいはビタミンCを多く含む美容に良い小麦などは大きな需要が生まれるかもしれない．日本酒の雑味を生む原因となるグルテリン（glutelin）生合成反応を触媒する酵素をコードする遺伝子をアンチセンスRNA法により発現抑制した"低グルテリン米"も開発されている．

このほか，ラウリン酸高生産性ナタネ，ナズナから単離した耐冷性遺伝子を組込んだ冷害に強い米，α-アミラーゼ遺伝子を導入して芽を出す時期を早めた早期収穫米などが続々とつくられている．

　医薬に直結した食物を開発する動きもあり，pharmacy（薬学）と farming（農業）を組合わせた造語としてバイオファーミング（biopharming）と総称される．たとえばジャガイモにある種の薬を産生する遺伝子を組込めば，ジャガイモを食べるだけで治療ができる．また胃腸では分解されないタイプのワクチンを産生する遺伝子をウシに組込んで乳で分泌されるように工夫しておけば，牛乳を飲むだけでワクチンを接種したのと同じ効果が期待できる．飢餓対策と病気予防が同時にできる遺伝子組換え作物は，病院はおろか食料さえ満足にない発展途上国の子供たちの助けとなるかもしれない．

図 13・6　消費者の利益を目指した第 2 世代遺伝子組換え作物の例

　コレラ毒素遺伝子の一部をイネに組込んだコレラワクチン米も開発されている．実際，この米を粉末にして食べさせておいたマウスでは，コレラ毒素を与えても下痢などの症状が出なくなったという．スギ花粉症予防イネにはアレルギー症状を起こすタンパク質の遺伝子が組込まれているため，この米を食べると体が慣れて花粉に耐性となるという．逆にアレルギー抗原となるグロブリン系タンパク質をコードする遺伝子を欠如させることで，アレルギー成分が発現しないように操作した米（低アレルゲン米）や小麦もある．

13・2・7　不毛の地でも成育する作物

　遺伝子組換えにより従来の技術では不可能であった不毛の地でも生育する作物がつぎつぎと開発されてきている．

　藻類は光なしでは生育できないのが常識であったが，遺伝子操作によって暗闇で

も効率良く育つ藻類をつくり出すことに米国のバイオ産業が成功した．彼らは光合成をする微小藻類（*Phaeodactylum tricornutum*）に糖（グルコース）を細胞へ運ぶ機能をもつ酵素（グルコース輸送体：Glut1 と Hap1）の遺伝子を導入してエネルギー源を光から糖へ変えた．薄い糖液で培養したところ，光の有無にかかわらず増殖速度は同じであった．従来は，増殖するにつれて光が当たらない部分が増えて増殖速度は低下していたが，この遺伝子操作によっていつまでも増え続け，野生型藻類の 15 倍の密度にまで達したという．この技術によって環境を管理しやすい屋内施設で生育できれば生産効率が上がることから，ドコサヘキサエン酸や β-カロテンなどの栄養補助食品（サプリメント）の生産現場には大きな技術革新となっている．

土壌改善に役立つ微生物の改良も，作物の育つ環境の拡大に役立つはずである．たとえば空気中の窒素を取込んで栄養分に変える窒素固定能力をもつ根粒菌の遺伝子を根の周辺に寄生しているさまざまな細菌に組込み，窒素固定能力をもつ細菌株を作る試みがある．これが成功すればこの細菌が感染した植物は新たに窒素固定能力を獲得することになるため，窒素分の少ない痩せた土地でも育つ作物が開発できるとの期待がかかっている．

太陽光が強く水分が少ない砂漠では植物体内に活性酸素が蓄積しやすい．そこで活性酸素を分解する大腸菌カタラーゼ遺伝子を導入して砂漠条件下でも育つタバコが開発された．また，ペンペン草の異名をもつシロイヌナズナ（*Arabidopsis*）は乾燥した環境下でも繁茂できる雑草である．他方，ユーカリは 1 年で 3 m 以上も伸びる成長の速さを誇っているが，年間降水量は東京の 4 倍も必要なほどの潤沢な水を要求する．シロイヌナズナに耐乾性を与える遺伝子を同定してユーカリに導入し，少雨・乾燥地をユーカリの森に変える研究が進められている．同様にしてサボテンなどのもつ乾燥に強い遺伝子を組込むことによって乾燥地でも育つ野菜や穀物を生み出す遺伝子組換え植物をつくる試みも始まっている．

塩分に富む海水に生育している植物の細胞内にはグリシンベタインという酵素が多量に蓄積して浸透圧を調節している．そこでこの酵素をコードする遺伝子を導入した海の塩分にも耐えて生育できる遺伝子組換えイネが誕生した．また，沖縄・西表島の海岸線に広がるマングローブの根は海水に浸かって水分を補給できるほど塩分に強い．耐塩性を与える遺伝子を単離して野菜などに組込み，塩分の高い海岸線の低地などで育つ作物の開発も試みられている．

これらの技術の発展は 21 世紀の食糧問題を解決する鍵になるという楽観論もある．

13・3 遺伝子組換え作物の抱える諸問題

　遺伝子組換え作物は将来地球が抱えるであろう食糧問題や，食物ワクチンや栄養強化食品などによる予防医学の進展などに寄与する点においては歓迎すべきであろう．しかし，現状では消費者が不利益をこうむる事態を放置したままつぎつぎと認可が下りて市場に出回っている．自らのみでなく子孫にとっての健康や健全な環境を守るためにもどこに問題があるのかを正しく理解しておかなければならない．

13・3・1 遺伝子組換え食品は安全か？

　遺伝子組換え食品は2種類に分類される．一つは組換え体そのものを食べるタイプである．組込まれた細菌が植物細胞内で産生したタンパク質や毒素のみでなく，ベクターDNAや細菌DNAも一緒に体内に取入れることになる．トマトやキュウリなどの野菜をサラダとして生食すれば，これらも生のまま体内に入る．二つには，加工によって組込まれた細菌やベクターDNAなどは除去あるいは分解されるタイプで，組換え大豆を使ったしょう油などがこれに当たる．組換え細菌を用いてアミノ酸やビタミンをつくらせ，それを抽出・精製したのちに食品添加物などに利用する場合も含まれる．

　現状では，これらの物質については，マウスをモデルとした急性毒性がないか，あるいは細菌を用いた発がん性がないかなどの検査は合格している．しかしこれは，"食べてすぐに死んだりがんになったりしない"ことが確認されているだけともいえる．それもマウスでの話である．"ヒトの体内でさらに有害な物質に代謝されていないか？" "長期間摂取したのちの毒性はないか？"などの安全性試験は行われていない．栽培され始めたのが1996年であるため，長期試験は不可能で，まさに現代人が人体実験されている状態となっている．昨今の原因未知なアトピー患者の急増を鑑みて，アレルギー体質の人ばかりでなく，普通の人にもアレルギーを誘発しないかとの懸念が残る．なぜ，こんなに早期に販売を許可したのだろうかと不思議なくらい安全性のテストは不完全なままである．

　マウスで安全性が確認された薬物を臨床で用いた後，しばらく経ってから多くの患者で深刻な副作用が問題となり裁判になった薬害の例があるのを忘れるべきではない．マウスにはない酵素をヒトがもっていたため，それが薬物を代謝して毒性のある物質に変え，それが長期間蓄積されて初めて副作用が問題となったもので，安全性チェックとはそれほど難しいものなのである．ほとんどの消費者が知らない間に摂取する食品の安全性について無知であることは危険が大きすぎる．

13・3・2 農家の側の問題点

　遺伝子組換え作物は農業の将来を左右するほどの影響力をもつという点で政治的な問題にも発展しつつある．

　遺伝子組換え作物の特徴は，その多くに不稔技術を施していることにある．米国農務省と種子会社（Delta & Pine Land 社；現在は Monsanto 社に買収されている）が 1998 年に開発して特許を取得した "作物から採った種子が発芽しないように遺伝子操作する技術" は，その意味で，根絶やし技術（terminator technology）と酷評され大きな波紋を広げた．この技術では，発芽を阻害する物質をつくる遺伝子 X を組込んだ作物に，その遺伝子の働きを阻害する遺伝子 Y を重ねて組込み，Y 遺伝子は特殊な薬剤に浸すことで 1 回の発芽にだけ働くように操作しておく．種子製造農場では栽培するたびに薬剤に浸すことで発芽・成長させて種子を増やせる．農家は薬剤に浸した種子を購入するので 1 回だけは栽培できるが，収穫した種子は薬剤が手に入らないかぎり発芽させることができない．農民は高いお金を支払って毎年種子を購入しなくてはならないわけで，土地を持った小作農民に成り下がってしまう．

　有機農業に携わる農家にも大きな問題が生じている．それは組換え品種の花粉が飛散したり昆虫によって運ばれて，自分の畑の有機農産物と受粉したら，知らない間に遺伝子組換え作物を栽培したことになって "有機農産物" の看板に偽りが出てしまい，商品価値がなくなってしまうことである．

> 特にトウモロコシは風によって花粉が飛散しやすいため，交雑が心配されている．これを防ぐには遺伝子組換え作物を閉鎖系で栽培するしかないが，今のところ外の畑での栽培許可という方針を変える気配はない．

　一方，**ハイブリッド種子**（hybrid seed, F_1 seed）の問題も深刻である．ハイブリッド種子とは遺伝的に固定された 2 種類の純系植物品種どうしを交配してできた雑種第一代（F_1）の種子のことで，両親の優れた形質を受け継いだ多様な品種を育種できるのみでなく，純系の品種に比べて成長速度や収量に優れている（これを**雑種強勢**とよぶ）．しかし，農家が収穫した雑種第二代（F_2）種子をまくと，劣性形質が現れて非生産的となる．優れた作物を得るために農家は毎年 F_1 種子を購入しなくてはならない．

> 一般にマメ科の植物はおしべとめしべが花弁に包み込まれていて自家受粉しやすい．これらの品種は一般に F_1 化が難しかったが，バイオテクノロジーの進展によって開発が進んできた．

　このような技術の進展が穀物相場と種子市場を舞台にした世界の食料支配という政治問題に発展しているのである．

13・3・3 生態系への影響

　遺伝子組換え作物が生態系や環境へ深刻な悪影響を与える可能性があることにはさらなる注意が必要である．遺伝子組換え作物の開発実験は文部科学省の出した"組換え DNA 実験指針"の規制に従って設備の整った実験室で行われ，栽培実験は管理された隔離温室で行われる（図 13・7）．ついで周りを金網などで囲っただけの隔離圃場で栽培実験が継続され，そこで周辺環境へ影響を与えないと認められれば一般圃場での栽培が許される．問題は，たとえば Ti プラスミドを使った場合，周りに感染がいったん広まってしまったら，すでに取返しのつかない事態に陥っているわけで，その時点で実験を中止させても遅いのではないかという懸念である．さらに遺伝子組換え作物が生野菜の商品として市場に出回れば，商品に混入した組換え体細菌のアグロバクテリアが環境に拡散するのは防ぎようがない．少なくとも外界に出れば生き延びられないような操作をアグロバクテリアに施す必要があるが，現状ではそのような技術は開発されないまま市場に出回っている．

　現実には遺伝子組換え作物の種子の周辺への拡散は避けられそうにない．花粉が風に乗って飛んだり昆虫の脚について運ばれると，周辺のふつうの作物と交配して

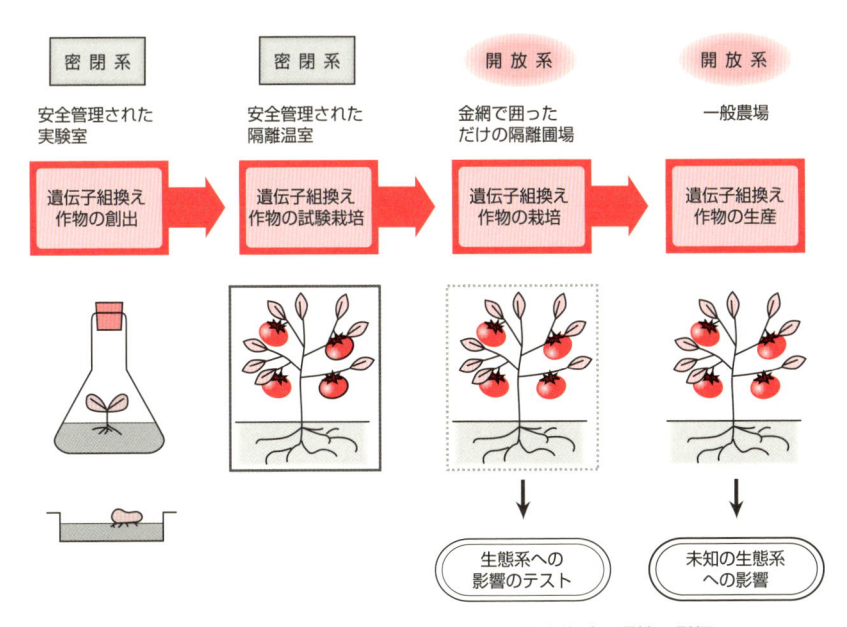

図 13・7　遺伝子組換え作物が及ぼすであろう生態系や環境へ影響

しまうため，導入遺伝子が入り込むのである．すなわち周りの作物がつぎつぎと遺伝子組換え作物に変化していってしまう．遺伝子組換えに使った細菌が飛散すれば予想だにしなかった除草剤耐性雑草や害虫耐性雑草が生まれ，害虫も益虫も殺されて，化学物質としての農薬による自然破壊以上に寂しい自然になってしまうかもしれない．

2001年に入って，この問題にとって象徴的な判決がカナダの連邦裁判所で下りた．カナダのある農家がMonsanto社から無断で遺伝子組換えナタネを栽培したとして特許侵害の訴えを受け，それが認められて賠償金の支払いを命じられたのである．この農家は自然のナタネだけを栽培してきたが，隣の畑から種子や花粉が風に乗って飛散して，知らないうちに遺伝子組換えナタネが根づいてしまったという．この判決は企業による農業支配にお墨付きを与える既成事実になってしまった．

ウイルス抵抗性にした遺伝子組換え作物の場合は別の恐怖のシナリオがある．自然界には多くの細菌やウイルスがあるが，遺伝子組換えで植物ゲノムに導入したウイルス遺伝子の一部が，その植物に感染した別のウイルスに取込まれて無害なウイルスが有害なウイルスへと変化したという実験結果が報告されたのである．今，世の中を騒がしている病原性の大腸菌O157も元来はヒトの大腸に寄生して有益な大

マーカー補助選抜

農産物の品種における優れた形質と連鎖するDNAマーカーを見つけ出し，それを利用して交雑育種することで効率的に品種改良を行う技術のことを"マーカー補助選抜（marker-assisted selection, MAS）"とよぶ．環境に優しい新しい技術として，遺伝子組換え作物（GM）が時代遅れとなりそうな勢いでマーカー補助選抜が推進されつつある．ゲノムプロジェクトの推進の結果，数多くの植物に関する膨大な遺伝情報が蓄積されつつあり，ゲノムが完全に解読されていない植物についてもDNAマーカーの整備が進んできた．ゲノムにおいてDNAマーカーは住所における"番地"に相当する．ある農産物の品種において優れた形質が見つかれば，その形質と連鎖するDNAマーカーを見つけ出すことは比較的容易である．その優れた形質を支配する遺伝子をDNAマーカーで判別できれば，伝統的な交雑育種のスピードが加速される．マーカー補助選抜における新種の育成は交雑ができる種の中で行われるため，環境を乱す心配や食物としてとった場合に健康に与える害に対する懸念も，遺伝子組換え作物に比べると大幅に低減される．マーカー補助選抜はすでに市場に導入ずみで，遺伝子組換え作物に反対してきた環境保護団体も支持に傾きつつある．

腸菌が，有害な遺伝子を取込んで病原性に変わったものである．自然界で起こるこのような変化を遺伝子組換え作物の出現によって加速させることで，予想もしなかったような有害なウイルスや細菌が出現することに恐れを抱くのは杞憂であろうか．現状の遺伝子組換え作物に用いるベクター-宿主系にはこのような危険を前もって防ぐ何の手立ても施していないことが問題である．早急に知恵を絞って防御システムを施すべきである．

　生態系の撹乱の問題は長期間にわたった試験がなされていないのでさらに深刻である．たとえば殺虫効果のある成分をつくるように遺伝子操作した農作物が，害虫のみでなく土壌細菌やミミズなどの植物に有益な生物も殺したとの報告がある．また，ごくありふれた細菌の遺伝子を組換えて農作物の廃棄物を肥料に換えてエタノールもつくれるようにしたところ，エタノールが作物の根についている根菌を殺して植物の生育が阻害されてしまった．根菌は根が水・鉄分・リンなどの栄養を吸収するのを助けることで植物と共生している大切な菌なので，それを殺すことで根に病気が増えたのである．

> カルタヘナ議定書（Cartagena Protocol）：南米コロンビアにあるカルタヘナという都市で開催された国際会議（1999年）において制定された国際協定で，地球上の生態系バランスを崩さないようにバイオテクノロジーによって改変された生物の移送，取扱い，利用の手続き等についての規制を明記してある．遺伝子組換え農作物や微生物および科を超える細胞融合などが対象となるが，ヒト用の医薬品は除外されている．日本は，カルタヘナ議定書に対応する国内法を2003年6月に成立させ，2003年11月に議定書を批准した．

　生態系は思いのほか複雑であり，生態系への影響はわずか数十年の経験くらいでは潜在する危険は予知できないことを思い知るべきである．クーラーの冷媒やスプレーの媒体としてもてはやされたフロンガスを思い起こしてみよう．フロンガスは他の物質とは反応しないため確かに化学的には人体に無害であった．しかし，その性質が災いして，大気中に放たれたのちに分解されることなく成層圏にまで上がりオゾンを分解してしまうことを当時誰も指摘できなかった．人体を太陽の紫外線から守っていたオゾン層を長い年月の間に徐々に破壊した結果，オゾン層の薄いオゾンホールが南極・北極を中心に年々広がっており，今こうしている間にも地球上に危険な紫外線が大量に降り注いでいるのである．

14. ポストゲノム時代のゲノム工学

2001年にヒト全ゲノム塩基配列の大すじが決定されたことは, 21世紀の幕開けを飾る人類の誇るべき偉業である. すでに大腸菌をはじめとする各種細菌, 出芽酵母, 線虫, ショウジョウバエ, シロイヌナズナなど基礎生物学のモデル生物は, 全ゲノム塩基配列が決定され, マウス, ラット, イネ, ブタなどがこれに続いた. 第2世代シークエンサー (§5・11・2参照) の登場により対象となる生物種は膨大な数に上りつつある. これらの成果は基礎生物学, 医薬学, 農学など幅広い分野に革命をひき起こし, 新しいバイオ産業を拓くであろう. この全ゲノム塩基配列決定後に変革される新たな時代を総じて "ポストゲノム時代" とよび, 従来とはまったく発想の異なる新しい科学の方法論が提出され, つぎつぎと実現に向かって進んでいる. 本章ではそれらを順を追って解説しよう.

21世紀が始まると早々にポストゲノム (postgenome) 時代に入り, ゲノム医療 (genome medicine) が現実のものとなってきた. 本来, **ゲノム** (genome) という用語は "一つの生物がもつすべての遺伝子のセット" を定義とする用語である. しかし研究が進むにつれて, 機能を発揮する遺伝子産物 (gene product) を発現する従来の遺伝子とは異なり, 意味不明なDNAが全ゲノムの約9割を占めることがわかってきた. これらをまとめて**ジャンクDNA** (junk DNA, junkはがらくたの意味) とよぶ. ジャンクDNAの機能の多くは未知だが, 何らかの役割を担っていると考えられている. そこで, 拡大解釈した "ゲノムとは一つの生物がもつ全DNA" というゲノムの定義が受け入れられている. "ヒト全ゲノム塩基配列決定" という使い方は後者の定義によっている.

14・1 ヒトのゲノム情報の概略
14・1・1 タンパク質をコードする遺伝子

ヒト全ゲノム (約31億塩基対) の塩基配列がわかって (§1・15参照) 誰もが最初に驚いたのはタンパク質をコードする遺伝子が22,287個しか存在しないことであった. その後, マウス (約26億塩基対), ニワトリ (約10億塩基対), フグ (約3.4

億塩基対）など他の脊椎動物の全ゲノム塩基配列からも同程度の数が見つかってきた．これはショウジョウバエのわずかに2倍弱である．たったこれだけの遺伝子でどうやってまかなっているのだろうか？　その謎は，続いて進められたヒトやマウスの全cDNA塩基配列決定により解決された．1個の遺伝子から選択的（可変）スプライシング（alternative splicing）によりエキソンを多様に選択することで，10万種類以上のタンパク質を産生していたのである（図14・1）．

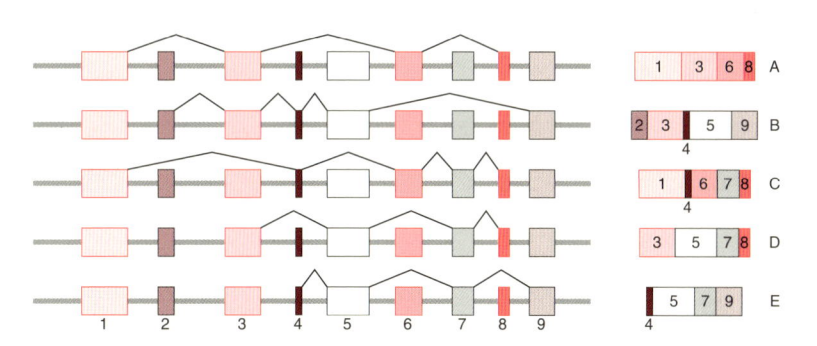

図14・1　選択的（可変）スプライシングの概念図　転写mRNAが成熟する過程で選択的スプライシングが起こると，一つの遺伝子から異なるエキソンの組合わせをもつ多種類のmRNAが産生される．おのおののmRNAからは部分的に異なるアミノ酸配列をもつ多種類のタンパク質が産生される．それらの多くは共通の塩基（アミノ酸）配列をもつが，たとえばAとEのように，共通するアミノ酸配列をもたないタンパク質が産生されることもありうる．

14・1・2　ゲノムを占拠するジャンクDNA

つぎに驚いたのは，タンパク質をコードする遺伝子領域はイントロンも含めてわずかにゲノム全体の数%を占めるにすぎず，残りの90%以上が反復配列や機能不明な"がらくた（ジャンク）DNA"だったことである（図14・2a）．それらのうちの多くはゲノム内を自由に動き回る遺伝子断片で，トランスポゾン（transposon）と総称される．トランスポゾンは以下の4種類が括弧内の割合でヒトゲノムを占拠している．

1) 自律増殖可能なLINE（21%）
2) LINEの一部が欠失したSINE（14%）
3) いったんRNAに変わるレトロトポゾン（18%）
4) DNAのままのトランスポゾン（3%）

a. LINE（long interspersed repetitive element） 数百塩基以上の長い DNA 断片を反復単位とする LINE はゲノム内に約 50 万コピーの反復をもつ．LINE はレトロウイルスと同じく逆転写酵素遺伝子をもつだけでなく，自身を切り出してゲノム上の別の位置に挿入する可動性の塩基配列ももっている（図 14・2b）．LINE は本来なら RNA ポリメラーゼⅡにより mRNA に転写されるべき遺伝因子で，長い進化の時間をかけてつぎつぎとヒトのゲノム内に潜入してきたウイルス遺伝子の残骸と考えられている．LINE と SINE は長い年月にわたってゲノム内への侵入と拡散を繰

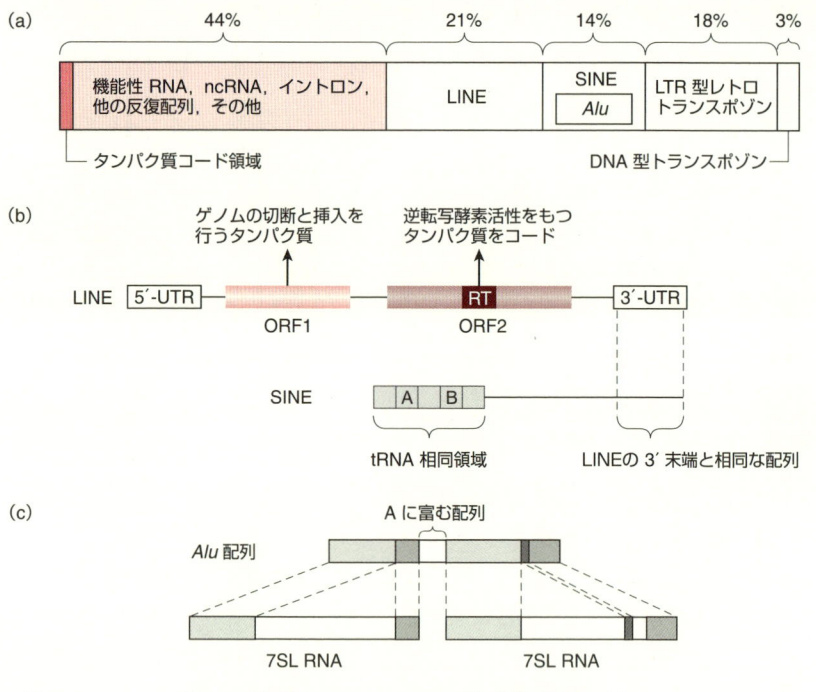

図 14・2 ヒトのゲノムの内訳と LINE，SINE の構造模式図　(a) ヒトのゲノムを構成する遺伝情報の分類と占有割合．タンパク質を産生する mRNA が占める割合は数%にすぎず，残りは機能が未知な非コード領域で占められている．(b) LINE と SINE の比較．3′-UTR（untranslated region）は似ているが，その他の領域は塩基配列が異なる．LINE は mRNA として転写されたあと，DNA を切断して組込む ORF1 と逆転写酵素（RT）の活性をもつ ORF2 という二つのタンパク質に翻訳される．これらの作用によりゲノムの中に挿入されたり，切り出されたりしてゲノム内を転移・拡散する．tRNA を起原とする SINE は逆転写酵素の配列をもたないが 5′-UTR と 3′-UTR で挟むようにして同様にゲノム内を転移・拡散する．(c) *Alu* は A に富む塩基配列を挟んで両側に 7SL RNA と似た塩基配列をもつ．

返すことでコピー数を増やしてきた（図14・3）．

b. SINE（short interspersed repetitive element）　数百塩基以下の短いDNA断片を反復単位とするSINEは約100万コピーの反復でゲノム内に拡散している（図14・2b）．LINEの欠損型，あるいはRNAポリメラーゼⅢにより転写されたtRNA，rRNA，その他の核内低分子RNAの残骸と考えられている．シグナル認識粒子（SRP）の一部を構成する7SL RNAの残骸である*Alu*配列は約300塩基対を単位とするSINEの一種で（図14・2c），霊長類にしか見つからないヒトやチンパ

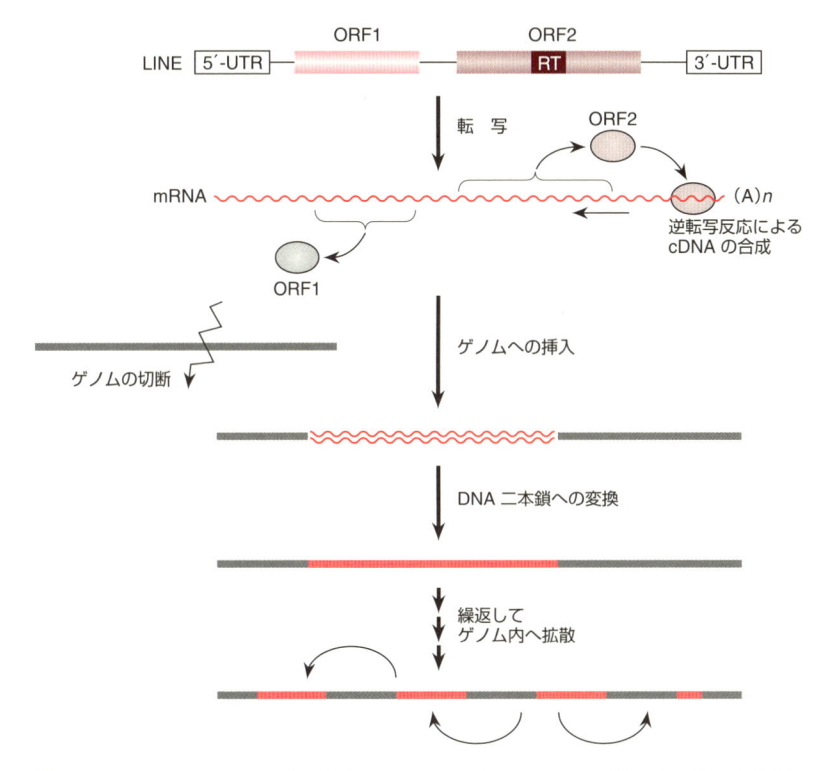

図14・3　**LINE/SINEの発現とゲノム内への挿入（侵入）・転移（拡散）の仕組み**
LINEはmRNAとして転写されたあと翻訳され，DNAを切断し挿入する活性をもつORF1と，逆転写酵素活性をもつORF2を産生する．このmRNAはORF2によりDNAへと逆転写され，二本鎖としてORF1によって切断された任意のゲノムDNAの位置でゲノム内へ侵入する．潜伏後，長い時間をかけて転写・挿入・転移を繰返しながら広範なゲノム領域にわたって拡散する．

ンジーといった真猿類が，原猿類（メガネザルなど）から分かれた後の約4千万年前に真猿類で急増していて，ヒトではチンパンジーの8倍もの*Alu*が見つかる．ヒトの知性と*Alu*の数には関係があるのかもしれない．

　c. レトロ偽遺伝子　レトロポゾン（retroposon）の一種であるレトロ偽遺伝子（retro-pseudogene）は，レトロウイルスが潜り込んで活動を休止したまま，あるいは死んで残骸（偽遺伝子）となった数百塩基にわたる塩基配列である．レトロウイルスがゲノム内に侵入した証拠となる数百塩基の2回反復配列であるLTR（long terminal repeat）をもっている．レトロウイルスは中央DNA領域に三つの遺伝子（*gag, pol, env*）をもち，その両端をLTRが挟んでいる．LTRはU3, R, U5の三つの要素からなり，その中には下流の遺伝子の転写を促進する塩基配列が含まれる．各種生物のゲノム塩基配列の比較から，レトロポゾンは哺乳類が登場した2億5千万年前ごろに爆発的に増えたことがわかってきた．DNAを複製する機能をもつため，自らのコピーをつくってはゲノムに挿入していくレトロポゾンはゲノムサイズが大きくなるもう一つのメカニズムで生物の進化に重要な役割を果たしたと考えられている．さらにヒトの細胞内で発現されて自己免疫疾患やがんの発症の原因と疑われているものもあり，HERV（human endogenous retrovirus）と総称されている．

14・1・3　マイクロサテライトとミニサテライト

　占拠率は低いが，マイクロサテライトとよばれる2～7塩基の繰返しが数十回以上も続く反復配列がヒトのゲノム全体に散在している．なかでもCAリピートはヒトゲノム中には数千塩基当たり一つという高頻度に存在する．特にCAGなどの3塩基反復配列では反復回数の増大によって発症する病気が数多く見つかって3塩基反復病（triplet repeat disease）と総称されている．これらでは反復回数が臨床的に重要な診断マーカーとなっている．

> たとえばハチントン病ではCAG配列の反復回数が40～120程度で発症する（正常では10～30程度）．また，その数が多いほど若くして発症する可能性が高まり，より重度になる傾向にある．

　一方，反復単位が7～40塩基の反復配列はミニサテライトとよばれ，これもゲノム全体で数万カ所にわたって散在している．これらの反復回数には個人差があるので個人の識別に有用な遺伝子マーカーとしてDNA鑑定や病気の診断に使われる（第10章参照）．

14・1・4　イントロンの起原

　タンパク質を産生するヒト遺伝子の大半は成熟 mRNA を構成する**エキソン**（exon）とよばれる塩基配列が**イントロン**（intron）とよばれる塩基配列により分断されている．これが**スプライシング**（splicing）という仕組みによってイントロンが取除かれて成熟 mRNA となる．エキソンの差し替えによる遺伝子の再編成は**エキソン混交**（exon shuffling）とよばれ，遺伝子に多様性を与えることで生物進化に貢献してきたと考えられている．

　イントロンの起原には二つの説があった．一つは"イントロンは太古の時代から祖先遺伝子に存在していたが，効率化のために取除かれていった"という先住（intron-early）説である．他方は"イントロンは太古には存在しなかったが，進化の過程で真核生物のゲノムの中に侵入して拡散していった"という後生（intron-late）説である．この論争は，スプライシングの逆の反応を通じてゲノムの中に DNA 断片を挿入する能力をもつグループⅡイントロンとよばれる感染性の動く遺伝子の発見により後生説が優勢となっている．グループⅡイントロンは，特徴的な二次構造をとって自己スプライシングを起こし，ゲノムに潜入あるいは脱出する．太古に生まれたグループⅡイントロンは長い時間をかけてほとんどの真核生物ゲノムの中に感染し，拡散していったと考えられるが，それが排除されなかったのは，イントロンの存在が進化の過程で何らかの有利さをもたらしたからかもしれない．

14・1・5　"RNA 新大陸"の発見

　ヒトゲノムプロジェクトと並行して進められた全ゲノム cDNA プロジェクトは，ヒトゲノムの約 40% をイントロンなどを含む機能未知の塩基配列が占拠しているという発見をもたらした．ゲノム全体から転写された全 cDNA（数万種類の mRNA 由来）と全ゲノム塩基配列を比較したところ，タンパク質をコードする遺伝子が密集している領域（遺伝子密林）と，タンパク質をコードする遺伝子のない一見して不毛な領域（遺伝子砂漠）が分布していた（図 14・4）．驚いたことに，この遺伝子砂漠の領域を含む全ゲノムの約 7 割から RNA が転写されていた．しかも，そのうち半数以上の RNA が mRNA と同様なポリ A 尾部をもつにもかかわらずタンパク質へ翻訳されない**非コード RNA**（non-coding RNA, ncRNA）だったのである．

　タンパク質をコードする mRNA とは異なり，単独あるいはタンパク質との複合体として RNA 自体が機能をもつ "機能性 RNA" としては，すでに tRNA や rRNA が知られていた．それ以外にも小数の機能性 RNA はすでに研究されてきたが，ゲノム解析によって予想よりもはるかに多くの非コード RNA（機能性 RNA の候補）

がゲノム全体にわたって存在していることは驚きであった．従来はタンパク質をコードするものだけを"遺伝子"とよんでいたのだが，ここに至って"遺伝子"という概念を根本から覆さなくてはならなくなってしまった．この発見は，コロンブスのアメリカ大陸発見になぞらえて，"RNA新大陸"の発見（2005年）とよばれている．

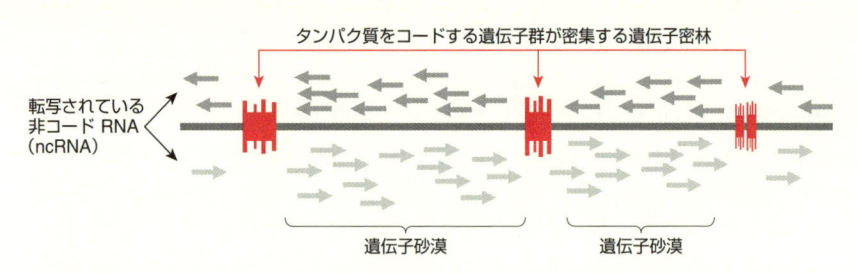

図14・4　ヒトゲノム内の遺伝子密集度の偏り　全ゲノム塩基配列の決定により，本来の（タンパク質に翻訳されるmRNAが転写される）遺伝子はヒトゲノム内で密集してオアシスのように点在し，その間には遺伝子の存在しない広大な"遺伝子砂漠"があることが判明した．しかし膨大な数の非コードRNAがこの砂漠の中に広範に広がって存在していることもわかり，遺伝子砂漠は不毛の地ではなく実際は豊穣の地であるとの指摘もある．

tRNAやrRNA以外の非コードRNAは以下のように分類されるが，それらが実際にRNA分子として機能しているかどうかを含めた機能解析は今後の問題として残されている．

a. mRNA型ncRNA（mRNA-like non-coding RNA）　mRNAと同様に数百塩基の大きさでRNAポリメラーゼIIによって転写され，poly(A)鎖をもち，スプライシングを受けることもある．マウスで同定された44,147種類のpoly(A)$^+$ RNAのうち23,218種類（53％）が非コードRNAだと指摘されている．たとえばXistや逆向きのTsixはX染色体のゲノムを覆い尽くすことで哺乳類の遺伝子量補償に重要な役割を果たす．すなわち，ヒトの雌（XX）では雄（XY）に比べてX染色体の遺伝子量は2倍あるが，Xist/Tsixによって雌では発生初期にどちらか一方のX染色体が不活性化されることで発現量に男女差がないように補償している．ステロイドホルモンの受容体と結合するSRA（steroid hormone RNA activator）は転写を活性化する機能をもつ．

b. 核内低分子RNA（small nuclear RNA, snRNA）　1970年代から研究が進んできた一群の低分子RNAであるsnRNAはsnRNP（small nuclear ribonucleoprotein）

とよばれるタンパク質と複合体を形成してRNAスプライシングや，テロメアの維持に働いている．

c. 核小体低分子RNA（small nucleolar RNA, snoRNA）　核小体に局在する一群の低分子RNAであるsnoRNAはタンパク質と複合体（snoRNP）を形成しrRNAなどの化学的修飾（メチル化など）を促進する．

d. マイクロRNA（microRNA, miRNA）　miRNA（§9・1・5参照）は特定のmRNAに対する相補的配列を介して，その翻訳を抑制する．

e. mRNAの非翻訳領域　mRNAにおける非翻訳領域（untranslated region, UTR）の中に，シスに（同じDNA鎖の塩基配列上で）機能するシスエレメントが見つかっている．リボスイッチ（特定の代謝産物と直接結合することで転写終結や翻訳を制御する）として働く塩基配列や，翻訳終止の代わりにセレノシステイン挿入を指示する配列SECIS（セレノシステイン挿入配列）が知られている．

f. ガイドRNA（guide RNA, gRNA）　gRNAは，トリパノソーマにおけるキネトプラスチド（ミトコンドリア）のRNA編集に働くRNAである．トリパノソーマにおけるRNA編集（§9・1・7参照）において，標的mRNAの対応する配列に相補的に結合する配列を含むgRNAは，編集複合体（エディトソーム）の構成因子として数塩基のウラシル（U）の挿入・除去するmRNA編集を先導する．

g. シグナル認識粒子RNA（signal recognition particle RNA, SRP RNA）　シグナル認識粒子（SRP）は細胞質にあるRNA-タンパク質複合体で，細胞外に分泌されるタンパク質のシグナル配列を認識する．真核生物のシグナル認識粒子（SRP）におけるRNA成分は4.5S RNAとよばれる．

14・1・6　エピジェネティクス

"DNA塩基配列の変化を伴わずに子孫や娘細胞に伝達される現象を研究する学問領域"を**エピジェネティクス**（epigenetics）とよぶ．エピジェネティクスの実体は遺伝子の働きの調節，すなわち遺伝子発現スイッチの"オン・オフ"制御である．これまでに以下の4種類のエピジェネティックな制御が報告されている．

a. DNA塩基のメチル化

DNMT1, DNMT3a, DNMT3bという三つの**DNAメチル基転移酵素**（DNA methyltransferase）によって触媒される，標的遺伝子のプロモーター上にあるアデニンとシトシン（AとC）のメチル化は，過渡的あるいは非可逆的に**転写の鎮静化**（gene silencing）を制御する．ヒトにおけるシトシンの5位のメチル化はほとんど

がCGという並びのCで起こり，**CpGアイランド**（CpG island）とよばれるCG塩基配列が密集する部位でゲノムのメチル化が高頻度で観察される．転写鎮静化がプロモーターに存在する対立遺伝子特異的な**ICR**（imprinting control region）という領域（図14・5）を介して，父母由来遺伝子の片方のみで起こると**対立遺伝子排除**（allelic exclusion）という現象が起こる．このメチル化修飾のいくつかは細胞分裂後も保存され，世代を超えて子孫へも伝達される（遺伝する）．

> 対立遺伝子排除とは父母由来の一対の対立遺伝子のうち片方のみが発現される現象のこと．多くの遺伝子では父母由来の片方の遺伝子しか発現しないことがわかっている．

ゲノム刷込み（genomic imprinting）は"父親と母親由来の対をなす遺伝子の片方だけが発現し，他方はメチル化により発現されない現象"である．たとえばインスリン様成長因子遺伝子（*igf2*）は父由来の染色体では発現してマウスの成長を促進するが，母由来の染色体ではまったく発現しない．この仕組みは以下のように要約できる（図14・5）．まず母方のゲノムではH19という非コードRNAが近くのエンハンサー（転写を促進する塩基配列）により転写されて*igf2*遺伝子に覆いか

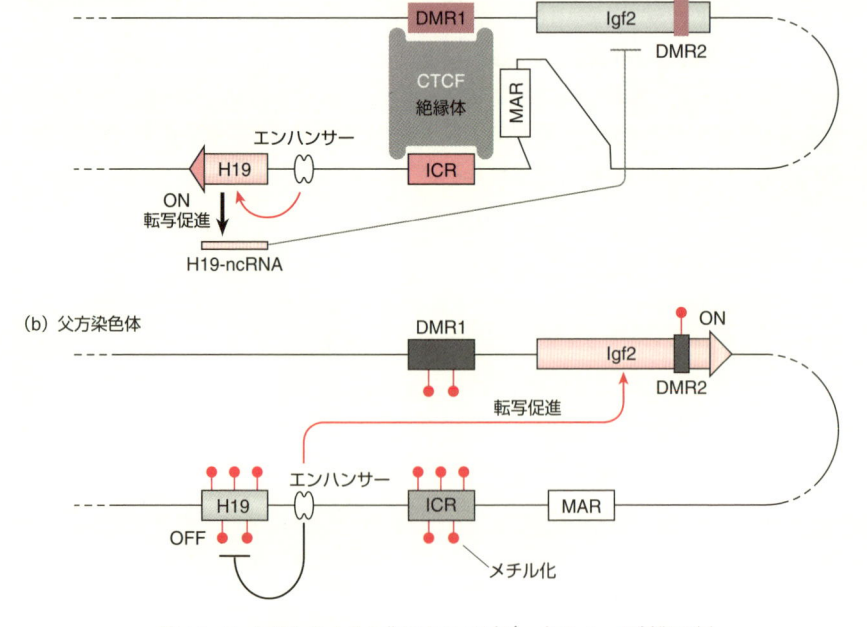

図14・5 DNAのメチル化によるエピジェネティック制御の例

ぶさり Igf2 の発現を抑制する．このエンハンサーは *igf2* 遺伝子の転写を促進する作用ももつが，CTCF（CCCTC binding factor）とよばれる転写制御タンパク質が ICR や DMR1（differentially methylated region 1）とよばれる配列に結合することで絶縁体（insulator）となって邪魔しているために働けない．この二つの作用により母由来の染色体ではまったく発現しないのである．

一方，父方のゲノムでは ICR や DMR1 にある多数のシトシン塩基がメチル化されていて CTCF が結合できないため絶縁から解放されており，エンハンサーはもっぱら *igf2* の転写を促進し Igf2 が大量に発現する．さらに H19 遺伝子や DMR2 もメチル化されているためエンハンサーの働きは阻害されて転写されず，阻害因子は *igf2* 遺伝子へ結合できない．そのため父由来の染色体では *igf2* が発現する．

ゲノム刷込みは受精・発生後の体細胞分裂において安定に維持されるが，次世代の精子や卵子の形成過程においては，新たな刷込みが起こる．

b. ヒストンの修飾

ヒストンはヌクレオソームの構成因子（八量体）として DNA が巻き付いており，遺伝子の転写に対しては阻害的に働く．ヌクレオソームの中でのヒストンの構造は球形のカルボキシ末端と，直鎖状のアミノ末端（ヒストン尾部）に分けられる（図 14・6a）．ヒストン尾部の特定のリシンやアスパラギン残基はアセチル化，メチル化，リン酸化，ユビキチン化といった化学修飾を受けてクロマチン構造を変化させ，巻き付いた DNA の働きを調節することでエピジェネティックな制御を起こす（図 14・6b）．この制御は DNA のメチル化と協調して行われることが多い．これら化学修飾のパターンは次世代に継承されるところから，この現象を遺伝コードになぞらえて**ヒストンコード**とよぶ．遺伝子発現にとってヒストンコードは DNA の塩基配列がもつ遺伝子コードに匹敵する重要な意味をもつという指摘もある．

> ヒストンからアセチル基を除く NAD 依存性脱アセチル化酵素（HDAC）である Sir2 は DNA を堅く保持して遺伝子発現を抑える．Sir2 は飢餓状態になると活性化し，個体の寿命を延ばすことができる老化予防酵素である．低カロリーだと NAD レベルが高くなって Sir2 活性が強められ，ある種の染色体領域の遺伝子発現を抑圧することで細胞の延命効果を助長するという．Sir2 を過剰発現させた酵母や線虫はカロリー制限をしなくても寿命が延びる．赤ワインに豊富に含まれるポリフェノール類のレスベラトロールは最も強力に Sir2 を活性化し，実験に用いた酵母の寿命を 70% も延ばした．延命効果は Sir2 を介したものに限るようで，*sir2* 遺伝子を壊した酵母では延命は起こらなかった．

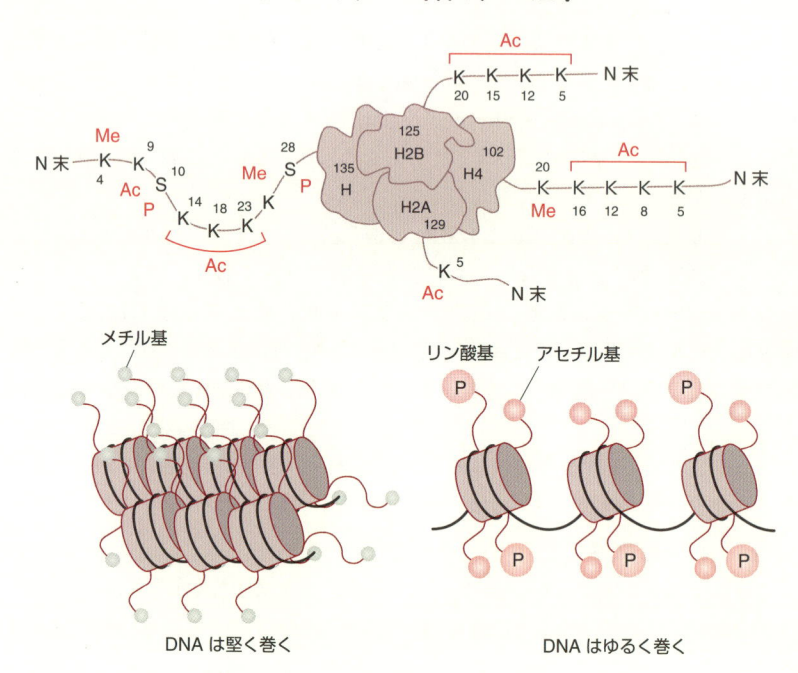

図14・6 ヒストン尾部の修飾と遺伝子発現制御　(a) H2A, H2B, H3, H4 という4種類のヒストンのセリン (S) あるいはリシン (K) がリン酸化 (P), メチル化 (M), アセチル化 (Ac) される位置. 黒字の数字は N 末端から数えたアミノ酸番号. 赤字は各ヒストンタンパク質の総アミノ酸の数. (b) ヒストン尾部がアセチル化されると DNA はゆるく巻いて遺伝子の転写が盛んに起こる. Sir2 が働くと脱アセチル化され DNA が堅く巻き付いて遺伝子発現が抑えられる.

c. 非コード RNA による発現抑制

　エピジェネティックな遺伝子発現制御を行う非コード RNA のサイズは miRNA (21〜25 b) から Air (100 kb) に至るまで広範にわたっている. miRNA は主として翻訳抑制により標的の遺伝子発現を抑制し (§9・1・5参照), ゲノム刷込みには H19 が重要な働きをする (上述). 一方, 哺乳類の雌は自身のもつ2本の X 染色体のうちの1本をほぼ全域にわたって転写不活性な状態に保っているが, これは不活性化される方の X 染色体から転写される $Xist$ (X-inactive specific transcript. イグジストと読む) RNA が X 染色体の DNA 全体を覆うように局在化し, クロマチン制御因子である PRC2 (polycomb repressive complex 2) 複合体の足場となることで達成されている. 興味深いことに $Xist$ 遺伝子の相補鎖 DNA から $Tsix$ (ティー

シックスと読む）とよばれる非翻訳 RNA も転写され，アンチセンス RNA として Xist の働きを抑制することで，不活性化を微妙に調節している．なお，不活性化された染色体のヌクレオソームにはマクロ H2A とよばれる特別なヒストンが使われている．

d. M 期の遺伝子ブックマーク

細胞が 2 倍に分裂する際には…→ G_1 → S → G_2 → M → G_1 …という細胞周期過程を経る．M 期（M phase）においては染色体が凝縮するためすべての遺伝子転写は停止するが，新たな G_1 期に侵入した際に速やかに転写を開始するために，M 期に入る前に不活性化されていた遺伝子に目印がついているといわれている．ちょうど，読みかけの本を閉じる際に目印としてしおりを挟んでおくように，遺伝子にも目印としての遺伝子ブックマーク（gene bookmarking）がつけられているという．これが何らかのエピジェネティックな制御を受けて M 期の状態を保持している（mitotic retention）という指摘がある．myc，hsp70 遺伝子などは G_1 期に入るとすぐに転写されることが必要なので，M 期保持が起こっているという．

分子制御機構の詳細はいまだ不明だが，これまでに分子制御の例として以下の四つが報告されている．

1) M 期特異的なヒストン修飾や特別なヒストン（H3.3）の使用．
2) Lys9 や Lys14 がアセチル化されたヒストン H3 と相互作用する TFIID（RNA ポリメラーゼ II 複合体の構成因子）の標的遺伝子プロモーター領域への結合保持．
3) ヒストンメチル転移酵素活性をもつ転写抑制因子（polycomb）と転写活性化因子（trithorax）のバランスのとれた結合保持．
4) HSF2（heat shock transcription factor 2）の hsp70 遺伝子プロモーター領域への結合保持．HSF2 は PP2A 脱リン酸酵素を携えていて，CAP-G（M 期開始の際に染色体凝縮を起こすコンデンシン複合体の構成因子）と結合して脱リン酸による不活性化を起こすことで，HSF2 が M 期開始時に結合していた DNA 領域の凝縮を防いでいる．

14・1・7 ゲノムのメチル化検索

エピジェネティックな制御を検出する技術も開発されてきた．MS-RDA（methylation-sensitive representational difference analysis）はゲノム全体からメチル化状態が異なる部位を探し出す技術である．たとえば一部のみメチル化のパター

ンが異なる2種類のDNA断片（AとB）を比較する場合，以下の手順で解析する（図14・7）．

❶ 認識配列上のシトシンがメチル化されていると切断できなくなる制限酵素 *Hpa* IIでDNAを切断する．
❷ 切断端に共通なアダプターを接着し，これに対応するプライマーを用いてPCR増幅を行う．BでのみメチルAされた領域では，*Hpa* IIで切断が起こらないため，DNA断片が長いまま残されてPCR増幅が進まない．
❸ 全PCR産物を再び *Hpa* IIあるいはMsp Iで切断してアダプターを外し，PCR産物Aにのみ新しいアダプターを接着する．少量のPCR産物Aと，数千倍量のPCR産物Bを混合する．
❹ 新しく接着したアダプターの配列をもつプライマーでPCR増幅する．Aにのみ存在するDNA断片は，アダプターの付いたDNA断片どうしが再アニールするため，指数関数的に増幅される．
❺ 一方，AとB共通に存在するDNA断片は，アダプターの付いたDNA断片Aに，アダプターの付いていないDNA断片Bが再アニールし，PCR増幅はわずかしか起きない．

以上を繰返すことで，AとBでメチル化状態の異なる部位のDNA断片を濃縮する．この結果を比較すればメチル化状態の違いを検出できる．

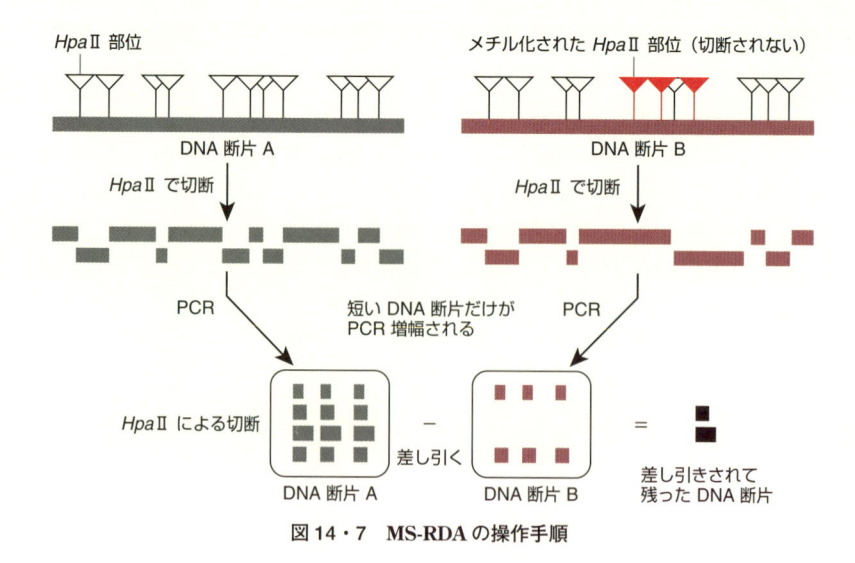

図14・7　MS-RDAの操作手順

14・2 ゲノム解析
14・2・1 ゲノミクス

　ゲノミクス (genomics) とは全塩基配列が決定されたいくつかの生物のゲノム情報をもとに，全遺伝子の発現動態や機能などを網羅的・系統的に解析することを意味する．パーソナルコンピューターの普及とインターネットの整備によって発達してきた情報解析技術の総称である IT (information technology) と融合して，膨大なゲノム情報を効率良く蓄積し，使いやすいように加工する技術を開発して情報科学的解析を行う研究分野も新たに生まれ，"ゲノム情報科学 (genome informatics)" とよばれるようになった．生命科学 (bioscience) と情報科学 (informatics) の融合領域であることを強調して "生命情報科学 (bioinformatics)" とよばれることもある．ゲノムデータベース，スーパーコンピューター，ソフトウェア開発の三つの分野が補い合って急速に進展しており，同定されたすべての遺伝子に系統的なコード番号あるいは名称を与える**アノテーション** (annotation) とよばれる作業によって，複雑なゲノム情報が一般の研究者にとっても使いやすくなりつつある．

　ヒトのみでなく全塩基配列が決定された他の生物のゲノム情報と比較研究する**比較ゲノミクス** (comparative genomics) は貴重な情報を蓄積してきた．**構造ゲノミクス** (structural genomics) はゲノム中にコードされるすべてのタンパク質の三次元立体構造を NMR や X 線結晶構造解析あるいはコンピューターによるシミュレーションなどを駆使して決定し，それを通して総体的なタンパク質の機能を理解しようとするものである．**モディフィコミクス** (modificomics) は修飾 (modification) とゲノム (genome) を融合した用語で，一つの生物あるいは細胞に発現しているすべてのタンパク質の翻訳後修飾と機能の関係を網羅的・包括的に解析する．**機能ゲノミクス** (functional genomics) はゲノム情報をもとにして各遺伝子産物の機能や生理的役割を包括的・系統的に研究する．それらの応用として，ゲノム情報を基盤とした分子薬理学である**薬理ゲノミクス** (pharmacogenomics) や，ゲノム情報を基盤として薬の副作用などの毒性をゲノムレベルで解明しようとする**毒物ゲノミクス** (toxicogenomics) がある．

> 実際，薬の原材料となる化合物がどの遺伝子に作用して副作用を起こすかをゲノムレベルで解析し，化合物と遺伝子の副作用データベースをつくる試みがすでに始まっている．

14・2・2 メタゲノム解析

　ゲノムプロジェクトにより全塩基配列が決定された微生物は主として培養するこ

とで大量に菌体が入手できた微生物である．ところが環境に存在する多くの微生物は培養ができない．そこで，細菌の単離培養をせず，さまざまな細胞が混在する群集まるごとのゲノムを抽出してゲノム解析することで，全遺伝子の動態を解析しようという新たな方法論が生まれた．これを**メタゲノム解析**（metagenome analysis）とよぶ．得られるデータはどの細菌由来かわからないDNA断片（約1 kb）の大量の配列情報であるが，解析しだいで有用な情報が得られる．たとえば，人間の腸管内や湿地の泥から採取される生物（主として微生物集団）のDNAについてメタゲノム解析を行えば，その生態系全体で構成されている物質代謝経路が解析できるし，その中から新規な有用遺伝子の単離も期待できる．最近では次世代シークエンサーの活躍により，深海微生物，ヒトの腸内細菌など幅広い応用が進んでいる．

14・2・3 タイリングアレイ

タイリングアレイ（tiling array）は，ある生物の全ゲノムDNA塩基配列を網羅的に覆うべく，あたかもタイルを敷き詰めるかのごとく膨大な数のDNA断片やオリゴヌクレオチドを貼り付けたDNAチップである．たとえばゲノムサイズが1200万塩基対の出芽酵母の場合，ゲノム全体を漏れなく60塩基のオリゴヌクレオチドで覆うためにはオリゴヌクレオチドを20万個以上貼り付ける必要がある．現実には1枚のDNAチップの中に自動的に60塩基のオリゴヌクレオチド（1枚のタイルに相当する）を30万種類も貼り付ける技術が実用化されているので，1枚のDNAチップでカバーできる．単純計算ではヒトの場合でも300枚程度で実現可能だが，反復配列などの解析困難な塩基配列領域も多いので，完璧に網羅するタイリングアレイは現実的ではない．それでも，転写制御因子の結合位置やゲノムの修飾（メチル化など）あるいはDNAが巻き付いているヒストンの修飾などに着目して解析すれば，ゲノム全体の規模で網羅的に調べることができるので有用である．

タイリングアレイには以下のものがある．

1) BACアレイ：約100万塩基対規模の巨大なサイズをもつDNA断片（BACクローンとよぶ）を数千個用いてヒトゲノム全体を敷き詰めたアレイ．
2) オリゴアレイ：60塩基のオリゴヌクレオチドを数万個貼り付けたアレイ．
3) SNPアレイ：SNPタイピング（§10・1・3参照）の目的で作られたアレイで，SNPが父と母のどちらに由来するかを区別できる．

タイリングアレイを使うことで，たとえばヒトの肝臓の細胞において活発に活動

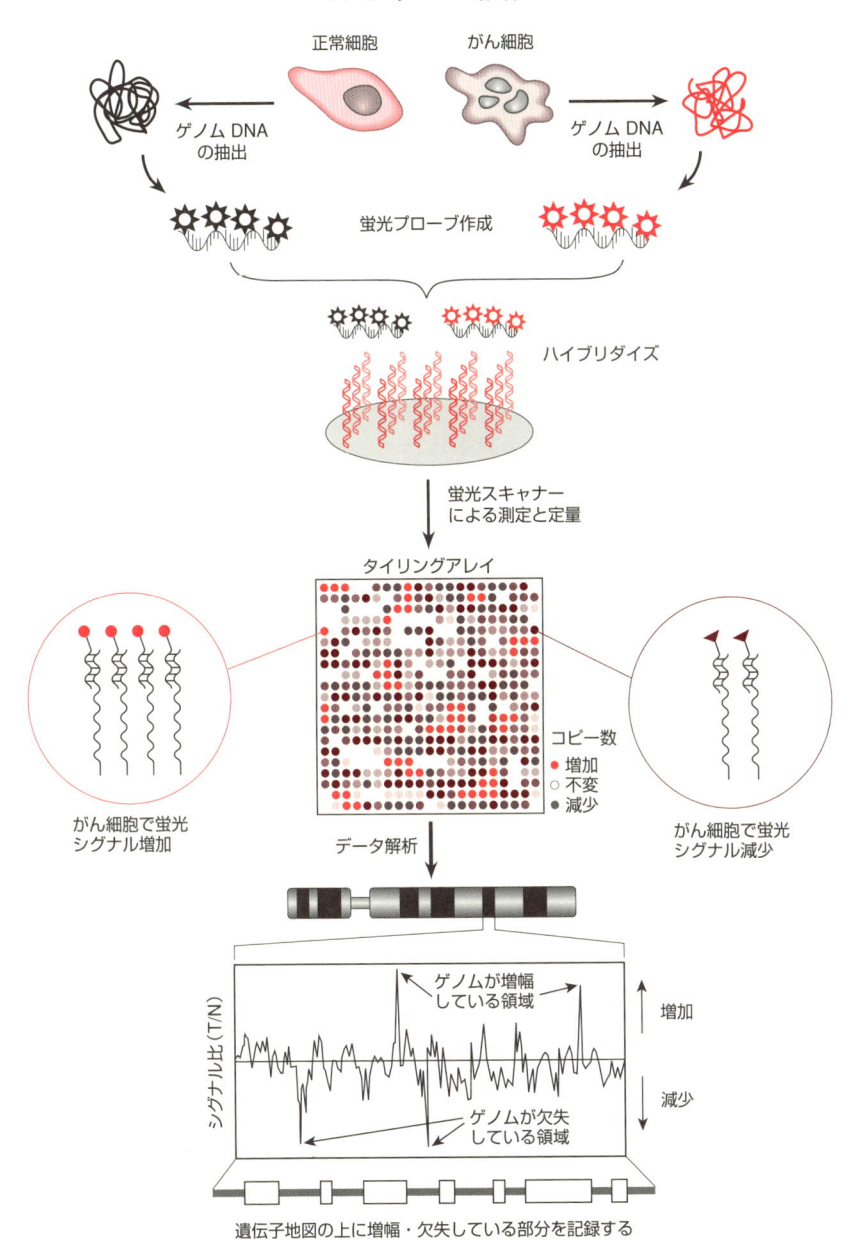

図14・8 タイリングアレイを用いた染色体コピー数の変化（欠失，過剰，増幅）の測定手順

している遺伝子の場所である"転写活性化領域"が1万箇所余りも検出されている．タイリングアレイはゲノムDNAのコピー数を調べる方法としても有用である．たとえばがん細胞においてゲノムDNAの欠失，過剰，増幅という異常を検出できる．そのために，まず腫瘍由来（T）と正常組織由来（N）のゲノムDNAを断片化したうえで別個の蛍光色素で標識して混ぜ，タイリングアレイとハイブリダイズさせる．ついで染色体上の蛍光色素強度（T/N）比を染色体に沿ってスキャンして欠失・増幅している異常部分を全染色体で網羅的に検出する（図14・8）．これら最新のDNAチップで得られる情報をいかにして病気の診断に役立てるかは検討に値する課題である．

14・2・4　ChIP-Chip法とChIP-Seq法

クロマチン免疫沈降（chromatin immunoprecipitation，ChIP）法とDNAチップ（chip）を組合わせて網羅的に転写複合体のゲノムDNAへの結合状態を解析する技術を**チップチップ**（ChIP-Chip）法とよぶ（図14・9）．実験は以下の手順で行う．

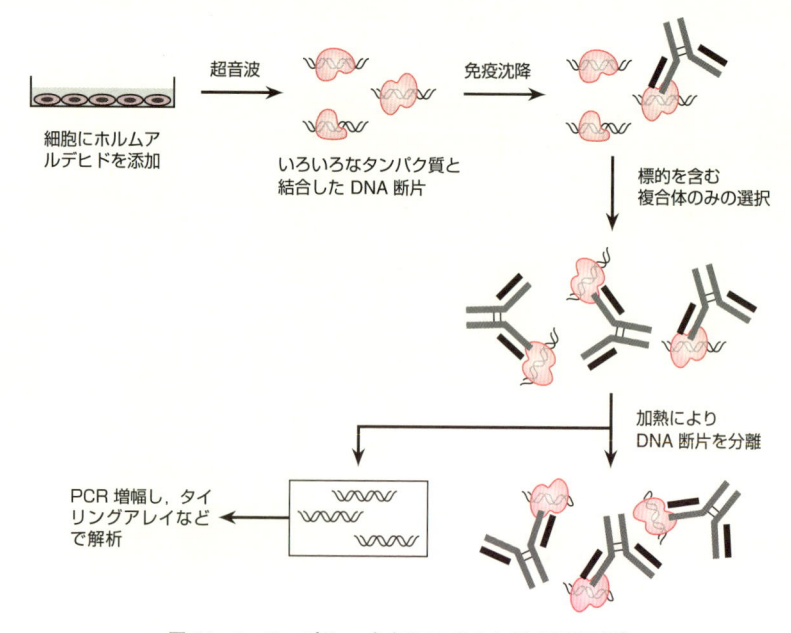

図14・9　チップチップ（ChIP-Chip）法の操作手順

❶ 培養細胞に直接，架橋剤（ホルムアルデヒド）を添加することで，可逆的な共有結合を短時間に導入する．その結果，その瞬間に結合していた標的タンパク質（転写制御因子）と DNA の相互作用が固定化できる．
❷ 超音波破砕により，タンパク質が結合していない DNA 部分をランダムに切断することで免疫沈降が可能となるサイズまで断片化する．
❸ 標的タンパク質に対する抗体を用いて，それが結合している DNA ごと免疫沈降する．
❹ 免疫沈降物に熱を加えて架橋を外し，フェノール処理により除タンパク質して DNA 断片のみを得る．
❺ これを PCR により蛍光色素で標識してタイリングアレイとハイブリダイズすれば，転写複合体が細胞内で結合していた DNA 領域をゲノム全体のレベルで網羅的に同定できる．

あるいはこの DNA 断片群について Hiseq2000 などを用いて大規模に塩基配列決定すれば，ヒストンメチル化などクロマチン構造変化をもたらすエピジェネティックな修飾の分布や DNA 結合タンパク質のゲノム上での結合部位について精密度の高い全ゲノム網羅的な解析ができる．これを**全ゲノムクロマチン免疫沈降シークエンス法**（ChIP-Seq）とよぶ．

14・2・5 トランスクリプトーム

トランスクリプトーム（transcriptome）は転写産物（transcript）とゲノム（genome）を融合した用語で，一つの生物において転写されているすべての転写産物を意味する．**トランスクリプトミクス**（transcriptomics）とはゲノム情報を利用して，一つの生物や細胞に含まれるすべての転写産物について網羅的・系統的に発現動態などを解析することである．解析対象は mRNA のみでなく，miRNA などの機能性 RNA も含む．

トランスクリプトームを推進する技術の中心となるのは **DNA マイクロアレイ**（DNA microarray）である．これは顕微鏡用のスライドガラスなどを基板として，その上に微小な間隔で数千種類もの DNA を規則正しく並べて固定化させた製品（device）で，並べる DNA の種類によって cDNA マイクロアレイ，オリゴ DNA マイクロアレイなどとよび分ける．これをもっと高密度に集積した mRNA（cDNA）の発現レベルを解析するものを当初は **DNA チップ**（DNA chip）とよんだが，現在では上述のようなゲノム全体の解析をするタイリングアレイや miRNA 専用のマイクロアレイも含めて DNA チップと総称している．これは半導体集積回路の製造

で培った光リソグラフィー（lithography）技術を応用して，シリコンなどの基板上で超高密度に多種類のオリゴヌクレオチドを直接合成することで作製されたオリゴDNAマイクロアレイを意味する．現在では1枚のDNAチップ基板に30万個のオリゴヌクレオチド（60塩基）のスポットが自動的に搭載されており，受託合成も可能となっている（図14・10）．

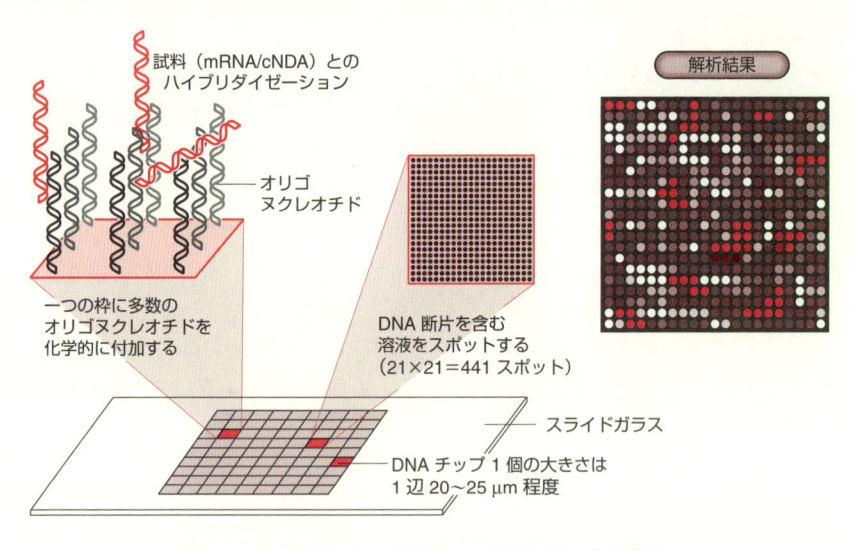

図14・10　DNAチップ（DNAマイクロアレイ）の構造

14・2・6　プロテオームとプロテオミクス

一つの生物がもつすべての遺伝子のセットをゲノムとよぶのにならって，一つの生物に発現しているすべてのタンパク質を集合的に**プロテオーム**（proteome）とよぶ．これはタンパク質（protein）とゲノム（genome）を融合した用語である．プロテオームを解析すること，すなわちゲノム情報を利用して，一つの生物や細胞に含まれるすべてのタンパク質について網羅的・系統的に性質や発現動態を解析することを**プロテオミクス**（proteomics）とよぶ（図14・11）．そのために必要な，ある個体の全ゲノムにコードされる全タンパク質の発現量，発現動態，物理化学的性質などを解析して系統的に記述する作業を**プロテオームプロファイリング**（proteome profiling）と総称する．

プロテオームの一部を構成するものに，**ペプチドーム**（peptidome）があり，一

つの生物あるいは細胞に発現しているすべてのペプチドを包括的・網羅的にとらえて同定・解析し,データベース化する作業が進められている.また,糖鎖などが含まれる**グライコーム**(glycome)を対象とした研究である**グライコミクス**(glycomics)も展開されている.さらに,一つの生物あるいは細胞に発現しているすべての代謝経路や代謝ネットワークを構成するタンパク質群および代謝産物群の全セットを**メタボローム**(metabolome),その総体的な解析を**メタボロミクス**(metabolomics)とよぶ.一方,一つの生物あるいは細胞に発現しているすべてのタンパク質の局在を包括的・網羅的に解析することを**ローカリゾーム**(localizome)とよぶ.代謝現象を包括的・網羅的にとらえて全ゲノムレベルで同定・解析する代謝プロファイリング(metabolic profiling)も進められてきた.

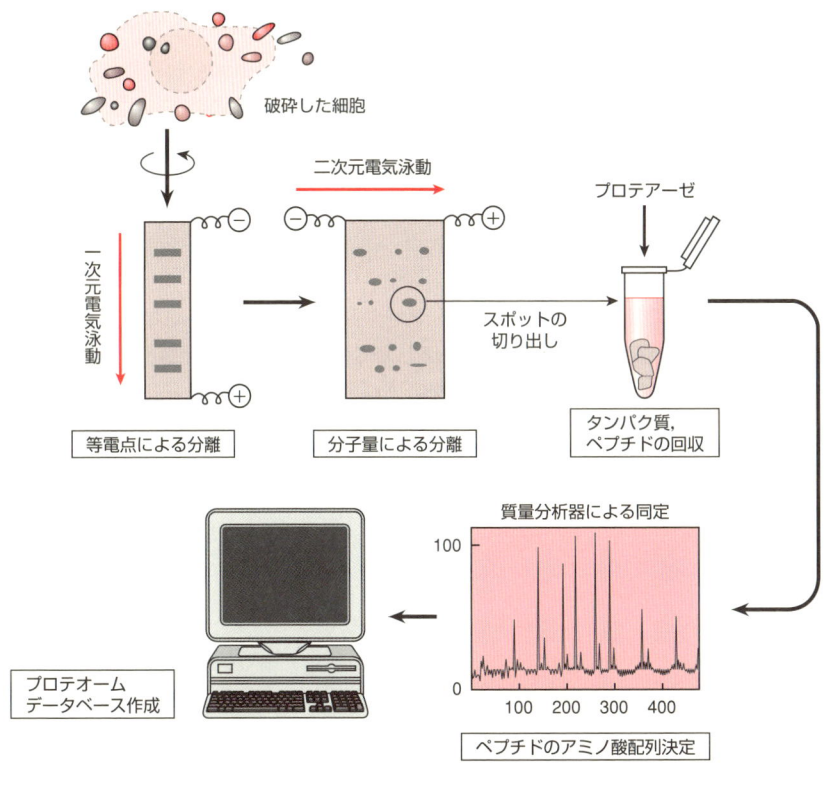

図14・11 プロテオミクスの概略

これらの解析を小スペースで効率良く進めるために，分析化学(生化学)の実験室で使用される機器のもつ機能を集約的に1枚の小さなチップ上に装備し，一連の分離・前処理・測定・解析を一挙に（自動的に）行う実験系であるミュータス（μ-TAS, micro total analytical system, 図14・12）が開発されている．これにより，分析に要する試料の微量化・時間の短縮・コストの低減が可能となった．また，キャピラリーアレイ電気泳動チップ(CAE chip, capillary array electrophoresis chip)は微小技術を用いて小さな基板上に試料の泳動・分岐・合流を可能とする溝（管）を高度に集積させて構成したチップで，たとえば96本の流路を円形基板上に放射状に配置し一挙に多数の試料を電気泳動して解析できるシステムが開発されている．

プロテインチップ（protein chip）はタンパク質を高密度に貼り付けたチップで，目的に合わせてさまざまな化学的性質を表面にもたせて実験し，読取り機器（チップリーダー）によってデータを解析できる（図14・13）．疎水性物質・イオン交換体・金属イオンなどを貼りつけて血清・尿・培養液などのタンパク質発現解析に使われるケミカルチップと，抗体などを貼りつけてタンパク質間の相互作用を解析するバイオロジカルチップの2種類を使い分ける．タンパク質の発現・相互作用・翻訳後修飾などの機能解析を包括的に行ったり，タンパク質精製のモニタリングやペプチドマッピングによる同定を効率的に行う目的でも使われている．

14・2・7 糖鎖アレイ

糖が連なった"糖鎖"が結合した糖タンパク質や糖脂質は，細胞表面で細胞間の情報伝達に重要な働きをする．生命の鎖としての重要性はDNA鎖（遺伝子），ペプチド鎖（タンパク質）に匹敵する．**糖鎖アレイ**（glycan microarray）には糖鎖誘導体を大量に含む"糖鎖ライブラリー"を利用して多種多様な糖鎖を基盤表面上に高密度で固定化してある．糖鎖はタンパク質に比べて熱的・化学的に安定で，常温での長期保存ができ，比較的高温の条件での使用も可能なため取扱いやすい．そこで，がんやウイルス感染の有無を正確かつ迅速に検査するための糖鎖チップの開発が進んでいる．

糖鎖は，病原性ウイルスや細菌毒素の標的になりやすい．たとえば，病原性大腸菌O157の分泌するベロ毒素は，腎臓細胞表面の糖鎖と強く結合する．

> 実際，腎臓細胞に存在する糖鎖を模倣した人工の糖鎖と水晶振動子とを組合わせることにより，検体の中で病原性大腸菌O157が生産しているベロ毒素を1時間以内に検出できる．

リシン（ricin）はヒマ（トウゴマ，*Ricinus communis*）の実から容易に精製できる

14・2 ゲノム解析　　　325

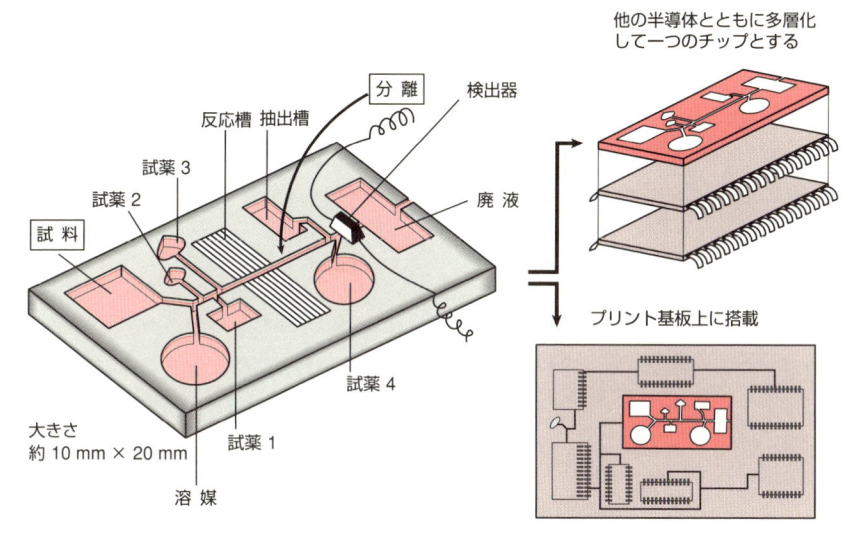

図14・12 次世代マイクロチップとしての超小型集積実験室ミュータス（μ-TAS）の仕組み

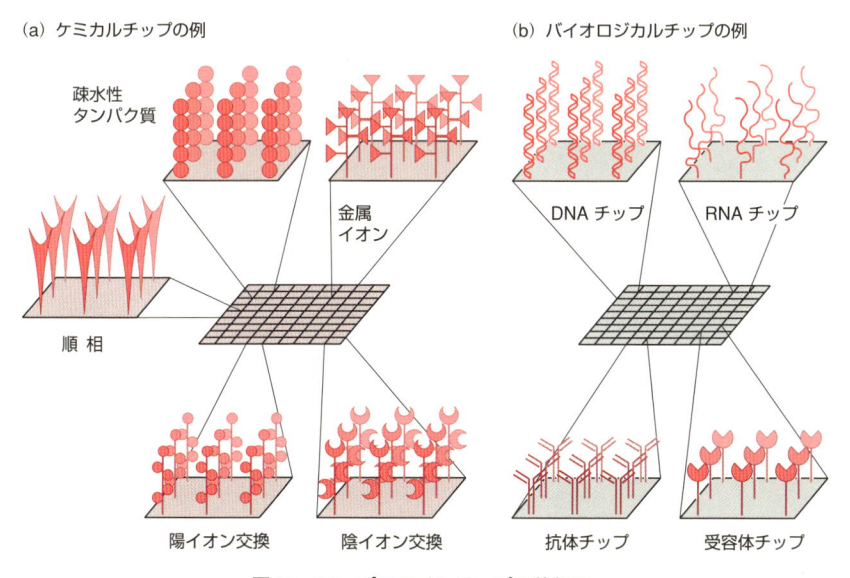

(a) ケミカルチップの例　　　(b) バイオロジカルチップの例

図14・13 プロテインチップの仕組み

タンパク性毒素で，各国が生物化学兵器としてテロに使われることを懸念している．独自に合成した3種類の糖誘導体（糖鎖）を基盤上に固定化した糖鎖チップは，疑惑の"白い粉"を試料としたとき，表面プラズモン共鳴とよばれる光学検出装置によってわずか10分で15 ng（致死量の1万分の一）のリシンを検出できるという．

14・2・8 細胞アレイ

細胞アレイ（cell microarray）または**細胞チップ**（cell chip）は，基盤上に小さな細胞が一つずつ入るウェル（孔）を1 cm^{2}の中に20万個以上格子状に並べたものである．細胞アレイを使えば，多種類の検体について同時並行で多数の高効率な分析ができるだけでなく，同一条件下で培養した多種類の細胞に対して均等な評価ができる．血液中のBリンパ球細胞等の分離・検出，免疫細胞や幹細胞表面にある抗原の迅速なタイピング，あるいは細胞間相互作用の包括的分析などの網羅的データの取得が一挙にできる．基盤に配置するばかりでなくフロー型のチップもある．たとえば，オイル溶液と細胞溶液を別々の流路から送液し，合流したフローチャネル中で細胞溶液をオイル溶液によって一細胞ごとに分離し，流路内で高効率に単一細胞を解析するシステムもある．また，細胞の分離・検出・解析・回収といった一連の反応や分析をすべて一つのチップ上で行うようなシステムも開発されている．さらに，B細胞ライブラリーやそれから由来するヒトの抗体セットを配置して一細胞レベルで抗原刺激に応答する多数のB細胞を同時検出および解析する診断用細胞チップや，個々の患者の細胞診断により個別化医療を行える細胞チップ，抗体医薬・ゲノム創薬などにつながる細胞スクリーニング技術に展開できる細胞チップの開発も進んでいる．

14・2・9 高次なレベルでのゲノミクス

全ゲノムレベルでの解析はより高次なレベルでも展開されつつある．**システオーム**（systeome）は system と genome を融合させた用語で，"ある生物システムのすべての遺伝子変異に対する，ある遺伝子構成をもったシステムの動的挙動のマップの総体"を意味する．ヒト細胞などの複雑なシステムの動的挙動の全体像の把握を目指す．

> たとえば1000個の遺伝子によって構成された生物の場合，各遺伝子に5種類の重要な突然変異または選択的スプライシングが存在する場合には，この生物システムのシステオームは変異型5000種類と野生型の合計5001セットのシステムの動態によって構成される．二つ以上の変異の組合わせまで考えると膨大な数になる．

一方，トランスクリプトーム情報やプロテオーム情報などをもとにして，コンピューター内でシミュレーション実験を行うための模擬的な細胞としてのバーチャル細胞（virtual cell）が生み出されている．これは遺伝子発現やタンパク質の機能の総体的な動態を調べる目的で使われ，シミュレーションと現実の細胞で得られる結果をつき合わせることでより *in vivo* に近いモデルが得られるような努力がなされている．さらにこの試みをより個体のレベルまで高める試みもなされ，実際の生物を用いた実験を並行して行うことで結果を比較しながら研究が進められる．実際，病理現象モデルなどにおいては有用な技術として研究が進んでいる．

このようなゲノム情報やプロテオーム情報をもとにして，総体的な遺伝子ネットワーク経路の働きを調べた結果をコンピューター内でモデル化したうえで再現する実験はポストゲノム時代ならではの新しい生物学であり，*in silico* バイオロジーと総称される．

14・3 ゲノム創薬

ゲノム創薬（genome-based drug discovery）は"ゲノム情報をもとにして新たな薬をつくること"を意味する．さらにゲノミクスやプロテオミクスなどの成果を基盤としたゲノム創薬やゲノム医療へ向けての技術基盤を提供する研究分野をトランスレーショナルリサーチ（translational research）と総称する．

> 特に医療分野への応用を強調する場合にはトランスレーショナル医療（translational medicine）とよばれ，研究上の発見を速やかに医薬品開発へ展開させるため，"ベンチ（実験台）からベッドサイドへ"という標語が基礎医学と臨床医学を結びつける意味で象徴的に用いられる．

現在では薬の開発研究にゲノム研究の成果を利用することは不可欠で，研究開発の効率化と迅速化には目を見張るものがある．

ゲノム創薬の戦略にはいくつか考えられる．まず構造から標的を絞り込む方法がある（図14・14a）．たとえば細胞膜タンパク質である多彩な受容体やイオンチャネルを標的とした薬物は多くの病気の治療に貢献してきたし，細胞核に存在するステロイドホルモン受容体や，多彩な代謝酵素の働きを特異的に制御する薬物も多大な治療成績を上げてきた．これら薬物の標的タンパク質をコードする遺伝子に類似ではあるが機能未知のまま残された遺伝子はヒトのゲノム上にたくさん見つかる．特にリガンドやシグナル伝達経路の不明な受容体（オーファン受容体，orphan receptor）はゲノム創薬の格好の標的となる．

二つめには未知の病気の原因となる分子標的をゲノム情報を使って探りあてる方

法があげられる．たとえばDNAチップを用いて同じ病態を示す多くの患者の試料から包括的・網羅的にトランスクリプトームのデータを採取して解析すれば，その病気に特異的な転写誘導（あるいは抑制）を受ける遺伝子が浮かび上がるかもしれない（図14・14b）．上述のような多様なゲノミクス研究が進展してゆけば，それら遺伝子群の転写を制御する遺伝子を突き止めることも容易となろう．

(a) 構造から標的を絞り込む戦略

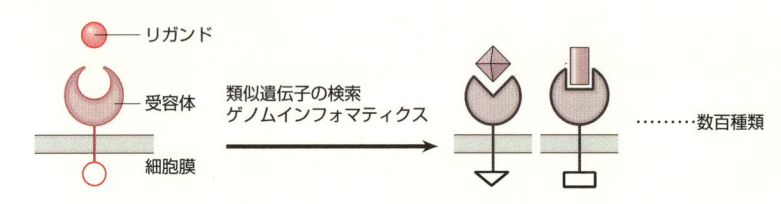

リガンド
受容体
細胞膜
類似遺伝子の検索
ゲノムインフォマティクス
………数百種類

(b) ゲノム情報から標的を探す戦略

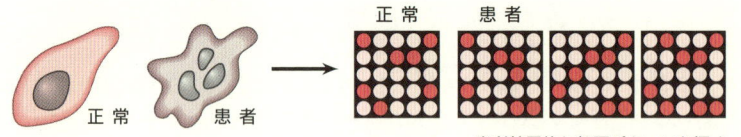

正常　患者
正常　患者
患者特異的な転写パターンを探す

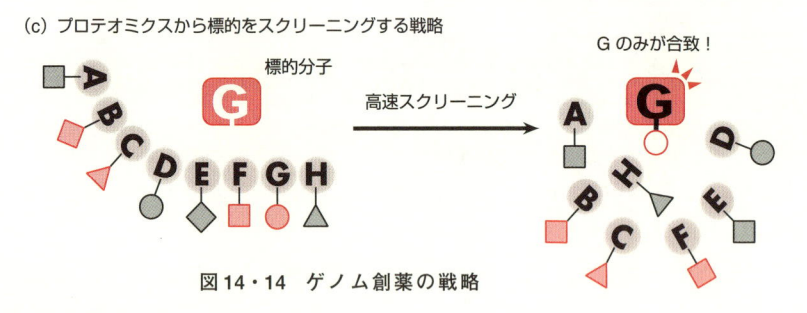

(c) プロテオミクスから標的をスクリーニングする戦略

標的分子　G
高速スクリーニング
Gのみが合致！

図14・14　ゲノム創薬の戦略

プロテオミクスの進展もゲノム創薬の大きな味方となろう．たとえば標的となる分子と結合するタンパク質をプロテインチップなどを用いて高速にスクリーニングする戦略も考えられる（図14・14c）．データが潤沢にそろっていればゲノム創薬への道のりは大幅に短縮されるはずである．

付　録

付録 1．代表的な抗生物質抵抗性遺伝子
付録 2．翻訳を阻害する抗生物質の作用機序
付録 3．翻訳阻害以外の活性をもつ抗生物質の作用機序
付録 4．制限酵素認識配列の両側に余分な塩基を付けた
　　　　ときの酵素活性の比較
付録 5．核酸標識に用いられる放射性核種の特徴
付録 6．ヌクレオシド三リン酸の諸性質
付録 7．コンピテントセルの調製法

付録 1．代表的な抗生物質抵抗性遺伝子

抗生物質名と遺伝子の略号（上段） コードされているタンパク質（下段）	抗生物質の殺菌作用様式（上段） 抵抗性作用様式（下段）
テトラサイクリン（tet）	リボソーム上のA部位へのアミノアシル-tRNAの結合を阻止することによりタンパク質合成を止める．
五つのTetタンパク質（TetA〜E）	テトラサイクリンが菌内に入る輸送経路を阻害する．
アンピシリン（amp）	細胞壁合成阻害．
β-lactamase	β-ラクタム環C−N結合の加水分解（下図参照）．
クロラムフェニコール（cam）	細菌リボソームの50Sサブユニットに結合してタンパク質合成を止める．
chloramphenicol acetyl transferase	アセチルCoAによるクロラムフェニコールのO-アセチル化．
ストレプトマイシン（str）	細菌リボソームの30Sタンパク質の一つ（S12タンパク質）に結合し，タンパク質合成の開始を阻害．
streptomycin phosphotransferase	ATPによるストレプトマイシンOH基のリン酸化．
streptomycin adenylate synthase	ATPによるストレプトマイシンOH基のアデニル化．
ピューロマイシン（pur）	アミノアシル-tRNAの3′末端類似物質として機能し，リボソーム上のタンパク質合成を未成熟のまま停止させる．
puromycin-N-acetyl transferase	アセチル化による不活性化．
カナマイシン（kan）	細菌リボソームの30Sタンパク質の一つ（S12タンパク質）に結合し，タンパク質合成の開始を阻害．
kanamycin acetyltransferase	カナマイシンのN-アセチル化．
ネオマイシン（neo）	細菌リボソームの30Sタンパク質の一つ（S12タンパク質）に結合し，タンパク質合成の開始を阻害．
aminoglucoside phosphotransferase	ネオマイシンのO-リン酸化．

アンピシリン
β-ラクタム環
β-ラクタマーゼによる切断部位

付録 2. 翻訳を阻害する抗生物質の作用機序

抗 生 物 質	作 用 機 序
エリスロマイシン	遊離 50S リボソームサブユニットに結合して 70S 分子の形成を阻害する. 活性をもつ 70S リボソームには作用しない.
ストレプトマイシン ネオマイシン カナマイシン	30S リボソームサブユニットに結合し, fMet-tRNA^{Met} が P 部位に結合するのを阻害する.
テトラサイクリン	アミノアシル tRNA が 30S サブユニット分子に結合して A 部位へ結合するのを阻害する.
ピューロマイシン	アミノアシル tRNA の類似体として取込まれ, ペプチド鎖が未成熟のまま翻訳を停止させる. 真核生物細胞にも同様の機序で作用する.
クロラムフェニコール	70S リボソームのペプチジルトランスフェラーゼを阻害する. 真核生物では細胞質の同酵素は阻害しないが, ミトコンドリアリボソームの同酵素を阻害する.
リンコマイシン	70S リボソームのペプチジルトランスフェラーゼを阻害する.
バイオマイシン	30S, 50S 両サブユニットに結合してペプチド鎖の伸長反応とトランスロケーションを阻害する.
ミカマイシン B	70S リボソームの 50S サブユニットに作用してペプチド鎖のトランスロケーションを阻害する.
フシジン酸	トランスロケーションの後, EF-G がリボソームが遊離するのを阻害してアミノアシル tRNA が A 部位に結合するのを邪魔する. 真核生物では eEF-2 を阻害することでリボソームのトランスロケーションを妨げる.
チオストレプトン	EF-G を阻害してリボソームのトランスロケーションを妨げる.
シクロヘキシミド	高等生物や真菌の 60S サブユニットに作用し, トランスロケーションを阻害し, リボソームからの tRNA の遊離を阻害する.

付録 3. 翻訳阻害以外の活性をもつ抗生物質の作用機序

抗生物質	作用機序
アクチノマイシン D (actinomycin D)	DNA のグアニンと結合し，DNA 依存性の RNA ポリメラーゼによる RNA 合成を阻害する．
アザセリン (azaserine)	L-グルタミン拮抗物質としてプリンヌクレオチド生合成系でグルタミンの関与する反応を阻害する．
アドリアマイシン (adriamycin)	DNA と結合し，それを鋳型とする RNA (DNA) ポリメラーゼの反応を阻害する．
グラミシジン S (gramicidine S)	細菌の細胞膜に作用して膜機能の障害を起こす．酸化的リン酸化における ATP 合成を阻害する脱共役剤としても働く．
ツニカマイシン (tunicamycin)	ウイルス，細菌，酵母などの表層複合糖質合成における脂質中間体の合成を阻害する．
バシトラシン A (bacitracin A)	Mg^{2+} を介してペプチドグリカン・脂質と結合することにより細菌細胞壁生合成を阻害する．
ブレオマイシン (bleomycin)	DNA と選択的に結合して DNA 複製を阻害．また DNA リガーゼの作用を阻止することで DNA の分解を早める．
ペニシリン G (penicillin G)	トランスペプチダーゼによる架橋反応と D-Ala カルボキシペプチダーゼ I 反応を阻害することで細菌細胞壁生合成を阻害する．
モネシン (monesin)	K^+ などの 1 価イオンと複合体を形成してイオン透過担体として作用し，細胞内のイオン流出を起こす．
リファンピシン (rfampicin)	細菌の RNA ポリメラーゼの β サブユニットと 1：1 のモル比で結合し，安定な複合体を形成することで RNA 合成の開始を阻害する．動物の RNA ポリメラーゼは阻害しない．

付録 4. 制限酵素認識配列の両側に余分な塩基を付けたときの酵素活性の比較

制限酵素	オリゴヌクレオチド†	余分な塩基数	%切断 (2 h 後)	%切断 (4 h 後)
Hind III	cAAGCTTg	2	0	0
	ccAAGCTTgg	4	0	0
	cccAAGCTTggg	6	10	75
Not I	ttGCGGCCGCaa	4	0	0
	atttGCGGCCGCaaat	8	10	10
	aaatatGCGGCCGCtataaa	12	10	10
	ataagaatGCGGCCGCtaaactat	16	25	90
	aaggaaaaaaGCGGCCGCaaaaggaaaa	20	25	90

† 小文字は認識配列の両側の余分な塩基．

付録 5. 核酸標識に用いられる放射性核種の特徴

核種	半減期	崩壊形式	標識法	検出限界 $[dpm/cm^2]$	比放射能[†] $[Ci/mA]$
^{32}P	14.3 日	β	ニックトランスレーション ランダムプライマー 末端標識リボプローブ	50	9131
^{35}S	87.4 日	β	ニックトランスレーション ランダムプライマー	400	1494
^{125}I	60.0 日	γ (β)	ニックトランスレーション ランダムプライマー 直接標識	100	2176
^{3}H	12.4 年	β	ニックトランスレーション ランダムプライマー リボプローブ	8000	28.8

† 同位体存在比 100 %のときの比放射能.

付録 6. ヌクレオシド三リン酸の諸性質

	分子量	λ_{max} $[nm(pH 7.0)]$[†1]	λ_{max}における吸光度[†2]
ATP	507.2	259	15,400
CTP	483.2	271	9,000
GTP	523.2	253	13,700
UTP	484.2	262	10,000
dATP	491.2	259	15,200
dCTP	467.2	271	9,300
dGTP	507.2	253	13,700
dTTP	482.2	267	9,600

†1 吸光度曲線が最大値を示す波長.
†2 1 M 溶液を 1 cm 幅のセルを用いて測定した値(pH 7.0).

二本鎖 DNA の吸光度(約 50 μg/mL のとき)	$A_{260} = 1.0$
一本鎖 DNA の吸光度(約 33 μg/mL のとき)	$A_{260} = 1.0$
一本鎖 RNA の吸光度(約 40 μg/mL のとき)	$A_{260} = 1.0$
1 塩基対の平均分子量	635

付録 7. 大腸菌コンピテントセルの調製と形質転換の手順

準備するもの

1 SOB 培地［保存は室温］　下表にミリ Q 水約 990 mL を加え，全量を 1 L に調整してよく混ぜてからオートクレーブで滅菌する．使用前に，別滅菌しておいた 2 M Mg^{2+} 溶液（1 M $MgSO_4 \cdot 7H_2O$ + 1 M $MgCl_2 \cdot 6H_2O$）を 10 mL 加える．

		最終濃度
Bacto Tryptone	20 g	2.0 %
Bacto Yeast extract	5 g	0.5 %
5 M NaCl	2 mL	10 mM
2 M KCl	1.25 mL	2.5 mM

2 SOC 培地［保存は 4 ℃］　SOB 培地に滅菌済み 2 M グルコースを 1/100 量加え，0.22 μm を用いてフィルター滅菌する．

3 TB 溶液（transformation buffer）［保存は 4 ℃］　下表を約 950 mL の滅菌水に懸濁した後，5 N KOH にて pH を 6.7～6.8 に合わせる（低 pH では白濁状態．pH 調整によって溶解する）．ついで，最終濃度が 55 mM となるよう $MnCl_2 \cdot 4H_2O$（10.9 g）を添加・溶解し，液量を 1 L に調整後，0.22 μm を用いてフィルター滅菌する．

		最終濃度
PIPES	3.0 g	10 mM
$CaCl_2 \cdot 2H_2O$	2.2 g	15 mM
KCl	18.6 g	250 mM

4 SOC 培地　SOB 培地に 2 M グルコースを 1/100 加える．
5 LB＋アンピシリン寒天培地
6 液体窒素

コンピテントセルの調整法

❶ 液体窒素（または −80 ℃）保存から取出した大腸菌を LB 培地にまき，37 ℃で 1～2 昼夜培養する．

❷ 1～3 mm 径のコロニーを，まず 1 mL の SOB 培地に懸濁し，一夜（約 12 時間）培養した後で 250 mL の SOB 培地の入った 5 L の三角フラスコに移す．

　　　250 mL/5 L あるいは 50 mL/1 L の割合（1:20）を厳守すること．

❸ 回転型シェーカーで激しく（＞200 rpm）振とうし，18 ℃（無理なら室温でもよい）で 19～50 時間培養する．

❹ OD_{600} = 0.4～1.5（どこでもよい）に達したら，培養を止め直ちに氷中にて，10 分間冷却する．（濁っていればよいので OD_{600} を測定する必要はない．）

❺ 培養液を 500 mL の遠沈管に移し，4℃で 3000 rpm，15 分間遠心する．
❻ 上清を再使用のため元の三角フラスコに戻した後，80 mL の氷冷 TB 溶液に懸濁し，さらに氷中で 10 分間冷却する．

> 上澄みを再度振とう培養し，数時間たって濁った時点で同じ調製をすれば同等なコンピテントセルが調製できる．その上澄みを再度，調製することも可能である．

❼ 4℃で 3000 rpm，15 分間遠心する．
❽ 沈殿物を 20 mL の氷冷 TB 溶液に懸濁した後，1.5 mL の DMSO（最終濃度 7%）を添加し，氷中で 10 分間冷却する．
❾ 0.1〜0.5 mL ずつ 1.5 mL チューブに分注し，直ちに液体窒素に浸し凍結させる．(このコールドショックは必須)
❿ そのまま液体窒素あるいは −80℃冷凍庫で保存する．

> 液体窒素保存なら 1 年以上効率は変化しない．−80℃冷凍庫の保存では 1 カ月で 10 分の 1 くらいに効率が低下するので作り直そう．

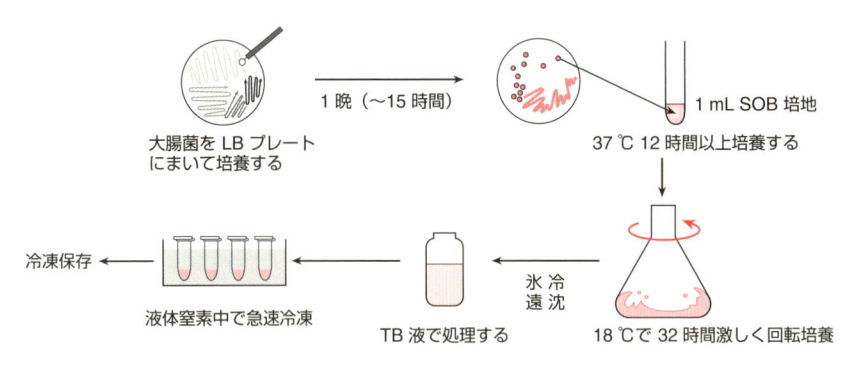

付録図1 **高効率コンピテントセル作成の手順** 大切なのは大腸菌を低温（18℃）で 32 時間以上激しく振とう培養することである．

形質転換操作

❶ 冷凍庫から取出したコンピテントセルを手のひらの中で融解後，氷中に置く．
❷ 10〜50 μL ずつ 1.5 mL チューブに分注し，1〜20 μL の DNA 試料を加え，氷中で 30 分間冷却する．
❸ 42℃のヒートブロック中で 30 秒間保持し，氷中で 2 分間冷却する．
❹ 40〜200 μL（4 倍量）の SOC 液体培地を加え，37℃で 1 時間ほど振とう培養する．
❺ LB ＋アンピシリン寒天培地にまくか，あるいは軟寒天培地にまいた後，37℃で一晩培養する．

和文索引

あ

iSNP（intronic SNP） 237
アイキャン（ICAN）法 120
ICR（imprinting control region） 312
アイソシゾマー 27
iPS 細胞 285
IPTG 59, 171
IRES（internal ribosomal entry site） 168
青いバラ 295
青白選択 58
アガロースゲル電気泳動 98
アガロビオース 98
アクリルアミド 100
アクリロニトリル 100
亜硝酸 184
アダプター仮説 13
アデニル酸 9
アデニン 5, 9, 11
アデノウイルス
　――による遺伝子導入法 90
　――の生活環 92
アデノウイルスベクター 253
アデノシン 5′-一リン酸（AMP） 9
アデノシン 5′-三リン酸（ATP） 9
アデノシン 5′-二リン酸（ADP） 9
アデノシンデアミナーゼ欠損症 250
アデノ随伴ウイルスベクター 254
アニーリング 105
アノテーション 317
アビジン 106
AviTag 融合タンパク質発現系 162

アピラーゼ 131
アフィニティー精製 156
アプタマー 207
アフリカツメガエル 272
アプロチニン 42
アミノアシル tRNA 合成酵素 14, 225
RISC 215
rec 遺伝子 69
R 因子 48
R 因子系プラスミド 48
rasiRNA 216
rSNP（regulatory SNP） 237
RNase 104
　――保護アッセイ 189
RNA 8
RNAi（RNA 干渉） 213
RNA アプタマー 209
RNA 干渉 213
RNA 工学 202
RNA 新大陸 309
RNA 診断 236
RNA 制限酵素 207
RNA-タンパク質ハイブリッドハンターシステム 150
RNA プローブ 111
RNA 編集 219
RNA ポリメラーゼ 35
　――のプロモーターの塩基配列の比較 169
RNA リガーゼ 33
RNA ワールド 204
RFLP（制限酵素断片長多型） 235
R（rough）型 5
アルカリホスファターゼ 106
アルカリホスファターゼ阻害剤 173
r 決定基 48
アルゴノート 215
RCA（rolling circle amplification）法 127, 243
RTF（耐性伝達因子） 48

RT-PCR（逆転写 PCR） 114
アルトロファクチン 233
Alu 配列 307
α 相補 58
R プラスミド 48
アロステリック効果 171
アンカード PCR 114
アンチコドンヌクレアーゼ 206
アンチザイム 218
アンチセンス RNA 203
アントシアニン 295
アンバーサプレッサー 176
アンピシリン 330

い

ES 細胞（胚性幹細胞） 277
EST（発現配列タグ） 22
Xist 314
ECL（増強化学発光） 109
EG 細胞 283
イソプロピル 1-チオ-β-D-ガラクトシド（IPTG） 59, 171
一遺伝子一酵素説 5
一塩基多型 236
一過性形質転換 152
遺伝暗号 16
遺伝学的投薬基準（gPOC） 246
遺伝子 1
遺伝子カウンセリング 258
遺伝子型の記述法 70
遺伝子組換え作物 287
　――の抱える諸問題 299
遺伝子組換え食品 299
遺伝子組換え体 138
遺伝子組換えダイズ 292
遺伝子組換えナタネ 292
遺伝子クローン 138
遺伝子座位
　――の決定 187

和文索引

遺伝子差別　258
遺伝子銃　86, 94
遺伝子診断　234
遺伝子多型　235
遺伝子ターゲッティング　277, 278
遺伝子治療　250
遺伝子ノックアウトマウス　279
遺伝子ノックイン　282
遺伝子ブックマーク　315
遺伝子変異導入法　181
遺伝子ライブラリー　138
イブ仮説　268
医療の個別化　245
入れ子PCR　117
in situ RT-PCR　190
in situ ハイブリダイゼーション　190
in silico バイオロジー　327
インテインタグ　162
インテグラーゼ　50, 81
イントロン
　──にコードされたエンドヌクレアーゼ　31
　──の起原　309
インパクト(IMPACT)融合タンパク質発現系　160
in vitro パッケージング　63
in vitro 発現系　168
in vivo 遺伝子治療　251
インフォームドコンセント　258
陰陽ハプロタイプ　240

う

ウイルス抵抗性　291
ウェスタンブロット法　104
ウェストウェスタン法　104
ウラシル　5, 9
ウラシル-DNA グリコシラーゼ　38

え

エイズウイルスベクター　253
栄養要求性　55

AMP(アデノシン5′-一リン酸)　9
AMPPD　108
ex vivo 遺伝子治療　251
エキソヌクレアーゼ　32
エキソヌクレアーゼⅢ　186
エキソン　309
エキソン混交　309
エクジソン誘導系　167
エクステンシブ・メタボライザー　245
EcoK 制限性　30, 69
EcoK メチラーゼ　27
siRNA(small interfering RNA)　213
SEAP(分泌型アルカリホスファターゼ)　173
S1 マッピング　188
sSNP(silent SNP)　237
SSC　103
SSCP(single strand conformation polymorphism)法　239
SNP(一塩基多型)　236
　──タイピング　240
SOLR 株　66
S(smooth)型　5
SDS(ドデシル硫酸ナトリウム)　197
STA法　243
Spi 選択　64
SPR(surface plasmon resonance)　194
SV40 プロモーター　166
SYBR グリーン　118
エチジウムブロミド　100
ExAssist/SOLR システム　66
HRP(西洋ワサビペルオキシダーゼ)　109, 146
hsd 遺伝子座　30
Hfr 株　48
HDV リボザイム　206
HVJ-リポソーム法　255
エディトソーム　219
ATP(アデノシン5′-三リン酸)　9
ADP(アデノシン5′-二リン酸)　9
ATP スルフリラーゼ　131
NASBA法　124
エバネッセント波　194
エピジェネティクス　311

エピソーム　67
AP-PCR(arbitrarily primed-PCR)　117
AviTag 融合タンパク質発現系　162
F因子　45
F因子系プラスミド　45
Fプラスミド　45
M13 ファージ　174
miRNA　214
Mrr 制限系　69
mRNA　15
　──の転写開始位置を決める方法　188
mRNA型 ncRNA　310
MS(質量分析装置)　200
MS-RDA　315
MSP(methylation-specific PCR)　120
Mcr 制限系　69
MCS(マルチクローニング部位)　56
MBP(マルトース結合タンパク質)　159
MBP 融合タンパク質発現系　159
エムベーダー法　232
エリスロマイシン　331
LNA(locked nucleic acid)　216
LA-PCR(long and accurate-PCR)　117
LCR(ligase chain reaction)法　126
LTR(long terminal repeat)　87, 308
エレクトロスプレーイオン化　201
エレクトロポレーション　79, 85, 94
塩基　8
塩基配列決定法　129
エンテロキナーゼ　158
エンドヌクレアーゼ　32
　イントロンにコードされた──　31

お

ori　55
黄色蛍光タンパク質(YFP)　193

和文索引

オクトパイン 95
オーダーメイド医療 245
オートラジオグラフィー 13
オパイン 95
オーファン受容体 327
オボインヒビター 42
親子鑑定 260
オレタチ 289
オワンクラゲ 175
オンコミア 214
温度感受性変異株 184

か

開始コドン 16
開始メチオニン 16
ガイド RNA(gRNA) 219, 311
外胚葉 283
回文 25
カエデ(Kaede) 173
化学発光 108
核移植 272
核酸 5, 8
——標識に用いられる放射性核種 333
核小体低分子 RNA(snoRNA) 311
核多角体病ウイルス(NPV) 164
核内低分子 RNA(snRNA) 310
核ランオフアッセイ 190
核ランオンアッセイ 190
カセット式変異誘発 182
カタルヘナ議定書 303
gutted ベクター 93, 253
カナマイシン 330, 331
可変スプライシング 305
β-ガラクトシダーゼ 58, 171, 172
β-ガラクトシドアセチルトランスフェラーゼ 171
β-ガラクトシドパーミアーゼ 171
カルス 288
カルパイン 42
カルパスタチン 42
カルモジュリン結合性ペプチド 162
幹細胞 283

間葉系幹細胞 283
緩和複製 44

き

擬態 24
キチン結合ドメイン 160
キネトプラスト 219
機能ゲノミクス 317
機能発現クローニング 145
ギープ 272
キメラマウス 271
キモトリプシン 42
逆転写酵素 36
逆転写 PCR 114
逆 PCR 114
CASTing 199
CAT アッセイ 186
キャピラリーアレイ電気泳動チップ 324
キャピラリー電気泳動 101
qRT-PCR(リアルタイム定量 PCR) 118

く

グアニン 5, 9, 11
組換え体ファージ抗体系 176
グライコミクス 323
グライコーム 323
クラウンゴール 95
クリオスタット 190
N-グリコシド結合 9
Griffith の実験 6
グリホサート 292
β-グルクロニダーゼ 172
グルタチオン S-トランスフェラーゼ(GST) 156, 192
グループ特異的抗原 87
クレノウ断片 34
Cre リコンビナーゼ 282
Cre-loxP 系 282
クローニング 138
クロマチン免疫沈降法(ChIP) 198
クロラムフェニコール 330, 331

クローン 138
クローンウシ 273
クローンガエル 273
クローン動物 272
クローン人間 275
クローンヒツジ 274
クローンマウス 275

け

蛍光 in situ ハイブリダイゼーション(FISH) 187
蛍光共鳴エネルギー転移法(FRET) 193
蛍光タンパク質 175
形質転換 6, 78
  ——一過性 152
  ——恒常的 152
  ——酵母の 82
  ——植物の 93
  ——トランスフェリン受容体を介する 84
  ——膜透過性ペプチドを用いる 84
  ——リポフェクション法による 83
形質転換効率 78
形質導入 78
K-12 株 70
血管内皮前駆細胞 283
欠失変異体 181
ゲノミクス 317
ゲノム 304
ゲノム情報科学 317
ゲノム診断 246
ゲノム刷込み 312
ゲノム創薬 327
ゲノムプロジェクト 20
ゲノムライブラリー 138
ケミカルチップ 324
ゲルシフトアッセイ 196
厳格複製 44

こ

恒常的形質転換 152
抗生物質
  ——の作用機序 332

和文索引

抗生物質耐性遺伝子　48
構造ゲノミクス　317
酵母人工染色体　67
酵母人工染色体ベクター　55
cos 部位　54
コスミドベクター　55, 64
固相増幅　134
古代 DNA の解析　265
コートタンパク質　87
コドン　16
コドン偏位　163
琥珀　267
コピー数多型　249
個別化医療　245
ColE1 系プラスミド　45
コロニー形成単位 (CFU)　78
コロニーハイブリダイゼーション　142
コンカテマー　62
混成ベクター　55, 64, 255
コンピテントセル　78
——の調製法　334

さ

再生医療　285
細胞アレイ　326
細胞チップ　326
細胞融合　289
SINE　307
サウスウェスタン法　104
酢酸リチウム法　82
サザンブロット法　102
雑種強勢　300
サブクローニング　145
3 塩基反復病　308
サンガー法　129

し

CIP (仔ウシ小腸アルカリホスファターゼ)　38, 111
gRNA (ガイド RNA)　219
cSNP (coding SNP)　237
gSNP (genomic SNP)　237
GST (グルタチオン S-トランスフェラーゼ)　156
——融合タンパク質発現系　156

ChIP (クロマチン免疫沈降法)　198
CHEF (contour-clamped homogeneous electric field gel electrophoresis)　101
CAT アッセイ　186
CFP (青紫色蛍光タンパク質)　193
GFP (緑色蛍光タンパク質)　173, 175, 193
CFU (コロニー形成単位)　78
GMO (遺伝子組換え作物)　287
CMV (サイトメガロウイルス)　166
CMV プロモーター　166
ColE1 系プラスミド　45
紫外線誘発　51
シグナル認識粒子 RNA　311
シクロヘキシミド　331
始原生殖細胞　283
ジゴキシゲニン標識法　108
自己触媒的スプライシング　205
シスタチン　42
システインプロテアーゼ　42
システオーム　326
ジスルフィド結合　39
雌性前核　275
θ 複製　54
ジチオトレイトール (DTT)　40, 162
質量分析
　タンパク質の——　200
cDNA (相補的 DNA)　36
cDNA サブトラクション法　153
cDNA ライブラリー　138
ジデオキシ法　129
シトシン　5, 9, 11
gPOC (genetically-based point-of-care)　246
CpG アイランド　312
ジヒドロウリジン　14
CBP (カルモジュリン結合タンパク質)　162
CBP 融合タンパク質発現系　162
ジメチル硫酸　197
下村脩　173
シャトルベクター　87
シャペロニン　39
シャルガフの法則　9
ジャンク DNA　304

終止コドン　16
修飾
　タンパク質の——　40
　DNA の—— →メチル化
宿主　68
主溝　11
gutted ベクター　93, 253
シュードウリジン　14
ショウジョウバエ　4
除草剤に強い植物　291
進化分子工学　207
ジーングリップ　231
人工アミノ酸　225
人工種子　288
人工制限酵素　27
人工多能性幹細胞 (iPS 細胞)　285
人工タンパク質　225
人工リボソーム　83
侵入法　241

す

水素結合　11
スターリンク　290
ストレプトアビジン　162
ストレプトマイシン　330, 331
スナイパーアッセイ　245
SNP (一塩基多型)　236
——タイピング　240
スプライシング　309
SLIC (single strand ligation to single-stranded cDNA)　117
スリーハイブリッドシステム　149

せ, そ

制限系　68
制限酵素　25
——の発見　28
制限酵素断片長多型 (RFLP)　235
制限性　30
生殖系列　284
生殖工学　271
生命情報科学　317
西洋ワサビペルオキシダーゼ (HRP)　109, 146

和文索引

接合 78
接合誘発 52
ZFN (zinc finger nuclease) 27
絶滅動物の保存 282
セリンプロテアーゼ 42
SELEX (systematic evolution of ligands by exponential enrichment) 207
セレノシステイン 228
全ゲノムクロマチン免疫沈降シークエンス法 (ChIP-Seq) 321
染色体地図 4
センダイウイルス 255
選択的スプライシング 305
選択マーカー 55
セントラルドグマ 15
全能性 277, 283

増強化学発光 109
造血幹細胞 283
相同性クローニング 142
相補的 DNA → cDNA

た

ダイサー 214
代謝プロファイリング 323
耐性伝達因子 48
大腸菌アルカリホスファターゼ (BAP) 37, 111
大腸菌 DNA リガーゼ 33
対立遺伝子 235
　——特異的オリゴヌクレオチド法 237
　——特異的増幅法 237
対立遺伝子排除 312
大量発現 156
　酵母を宿主とした—— 164
　昆虫細胞を宿主とした—— 164
　組換え体の—— 156
タイリングアレイ 318
タグ 56
タクマン蛍光プローブ 118
タクマン法 240
ターゲッティングベクター 279
Taq DNA ポリメラーゼ 35
脱リン酸酵素 37

脱リン酸反応 37
多分化能 283
ターミナーゼ 62
ターミナルトランスフェラーゼ 36
TALEN (transcription activator-like effector nuclease) 27
段階的欠失遺伝子作製法 185
タンパク質
　——が受ける各種の修飾 40
　——の質量分析 200
タンパク質工学 224
タンパク質分解酵素 40
タンパク質分解酵素阻害剤 42

ち, つ

チオストレプトン 331
チオボンド 160
チオレドキシン 159
チオレドキシン融合タンパク質発現系 159
チップチップ法 320
チミン 5, 9, 11
中間ベクター法 95
中心教義 15
中胚葉 283
超らせん 44

ツーハイブリッドシステム 147

て

T7 プロモーター 169
Ti プラスミド 95
　——による形質転換法 95
tRNA (転移 RNA) 14
　——の発見 13
Dam メチラーゼ 27
　——による制限酵素切断への影響 30
Taq DNA ポリメラーゼ 113
DsRed 175
dATP (デオキシアデノシン 5′-三リン酸) 9
DNA 10
　——の半保存的複製 12
　——のメチル化 275

DNA アプタマー 209
DNA 暗号 269
DNA 塩基配列決定法 129
DNA 鑑定 260
DNA シークエンサー 129
DNA チップ 321
DNA ポリメラーゼ 11, 34
DNA マイクロアレイ 321
DNA マイクロドット 269
DNA メチラーゼ 27
DNA メチル基転移酵素 311
DNA リガーゼ 33
DNA リガーゼ法 238
tmRNA (転移メッセンジャー RNA) 211
Dcm メチラーゼ 27
　——による制限酵素切断への影響 30
Tsix 314
TdT (ターミナルトランスフェラーゼ) 36
DTT (ジチオトレイトール) 39, 162
T7 リゾチーム 170
ディファレンシャルディスプレイ法 154
TUTase 220
T4 RNA リガーゼ 33
T4 DNA リガーゼ 33
T4 ファージ 49
T4 ポリヌクレオチドキナーゼ 38
デオキシアデノシン 5′-三リン酸 (dATP) 9
デオキシリボース 9
テトラサイクリン 166, 330, 331
テトラサイクリン誘導系 166
テトラヒメナ 204
テーラーメイド医療 245
デルフィニジン 295
転移 RNA → tRNA
転移メッセンジャー RNA (tmRNA) 211
電気泳動 98
電気穿孔法 → エレクトロポレーション
転写開始点 188
点突然変異体 181
点突然変異導入法 181
伝令 RNA → mRNA

和文索引

と

凍結融解法　93
糖鎖アレイ　324
糖鎖付加
　　タンパク質の――　40
同種指向性ウイルス　87
特殊形質導入　81
毒性ファージ　50
毒物ゲノミクス　317
独立の法則　2
ドットブロット法　104
ドデシル硫酸ナトリウム　197
ドープ選択　209
TOF‐MS (time of flight mass spectrometer)　201
トランスクリプトミクス　321
トランスクリプトーム　321
トランスジェニック生物　275
トランスジェニックブタ　265
トランスジェニックマウス　277, 280
トランストランスレーション　211
トランスフェクション　78
トランスフェリン受容体　84
トランスポゾン　305
トランスレーショナル医療　327
トランスレーショナルリサーチ　327
トリプシン　42
ドローシャ　215
ドロンパ　173
トロンビン　209

な行

内胚葉　283
内部細胞塊　277
ナスバ (NASBA) 法　124
ナノカウンター　127
二重らせんモデル　10
ニッケル樹脂　158
ヌクレアーゼ　32
ヌクレイン　5
ヌクレオシド　9
ヌクレオシド三リン酸
　　――の諸性質　333
ヌクレオチド　9
ネオマイシン　330, 331
根絶やし技術　300
ノコダゾール　187
ノーザンブロット法　103
ノースウェスタン法　104, 146
ノックアウトマウス　279
ノバリン　95

は

肺炎双球菌　5
バイオファーミング　297
バイオマイシン　331
バイオロジカルチップ　324
胚性幹細胞 (ES細胞)　277
バイナリーベクター法　97
胚培養　288
ハイブリダイゼーション　104
　　コロニー――　142
　　プラーク――　144
ハイブリッド　105
ハイブリッド種子　300
バキュロウイルス発現系　164
バクテリオファージ　6, 49
バクミド　165
ハーシー・チェイスの実験　7
ハーシーの楽園　8
パシャ　215
橋渡し研究　246
バーチャル細胞　327
パッケージング　87
発生工学　271
BAP（大腸アルカリホスファターゼ）　37, 111
ハップマップ計画　246
パーティクルガン法　86
パドロックプローブ　243
パニング法　152
ハプロタイプ　246
バミューダ原則　22
パリンドローム　25
パルスフィールドゲル電気泳動 (PFGE)　100
汎生論　2

ハンチントン病　308
半保存的複製　12
ハンマーヘッド型リボザイム　206

ひ

piRNA　214
BIAcore　194
pETシステム　169
非ウイルスベクター　255
PNA（ペプチド核酸）　229
PFGE（パルスフィールドゲル電気泳動）　100
PMSF（フェニルメタンスルホニルフルオリド）　42
ビオチン標識　106
ビオチンリガーゼ　162
比較ゲノミクス　317
非コードRNA　309, 314
PCR (polymerase chain reaction)　112
　　――の誕生　115
pCALベクター　163
PGC（始原生殖細胞）　283
ヒスチジン六量体　158
ヒストンコード　313
ヒストンの修飾　313
非対称PCR　114
BTトキシン　290
ヒトアデノウイルス　92
ヒトゲノムプロジェクト　20
ヒト胚性幹細胞　283
ヒネ　289
pBR322　57
pBluescript　57
非放射能プローブ　106
pUCベクター　45
ピューロマイシン　330
表面プラズモン共鳴測定　194
非リボソーム型ペプチド合成酵素　233
ピリミジン塩基　9
パイロシークエンシング　131
ピロホスファターゼ　38

ふ

ファーウェスタン法　104

和文索引

ファージ 6, 49
ファージディスプレイ 176
ファージベクター 55
ファージミドベクター 65
ファスミド 65
プア・メタボライザー 245
VNTR(variable number of tandem repeat) 235
FISH(蛍光 in situ ハイブリダイゼーション) 187
部位特異的突然変異誘発 181
封入体 39
フェニルメタンスルホニルフルオリド(PMSF) 42
フォトビオチン 106
副溝 11
複製開始点(ori) 55
藤色カーネーション 295
フシジン酸 331
不死性 277
付着末端 25
フットプリントアッセイ 197
不定胚 288
不稔技術 300
普遍形質導入 81
プライマー 11, 34
プライマー伸長法 188, 238
プラーク 144
プラークハイブリダイゼーション 144
フラジェリン変異体 180
プラスミド 43
プラスミドベクター 55, 56
プラスミドレスキュー 153
FLAG 発現ベクター 160
FLAG 融合タンパク質発現系 160
ブリッジ増幅 134
プリン塩基 9
プルダウンアッセイ 192
FRET(蛍光共鳴エネルギー転移法) 193
フレーバーセーバー 294
フレームシフト 16
——リコーディング 217
ブロッティング 102
プロテアーゼ 40
プロテアーゼインヒビター 42
プロテイナーゼK 42
プロテインキナーゼ 39
プロテインチップ 324

プロテオミクス 39, 322
プロテオーム 322
プロテオームプロファイリング 322
プロトプラスト 289
プロトマー 49
プローブ 105
——の標識法 110
プロファージ 50
プロモーター 56
——活性の解析 186
SV40 —— 166
CMV —— 166
不和合性 45
分子擬態 228
分子クローニング 138
分子考古学 266
分子人類学 268
分子ビーコン 244
分離の法則 2

へ

ヘアピン型リボザイム 206
平滑末端 25
PAGE(ポリアクリルアミドゲル電気泳動) 100
ヘテロ接合体 280
ヘテロ二本鎖法 238
ベネトラチン1 84
ペプスタチン 42
ペプチダーゼ 40
ペプチドアンチコドン 228
ペプチド核酸(PNA) 229
ペプチドディスプレイ 178
ペプチドーム 322
ペルオキシダーゼ 106
ヘルパーファージ 65
変性勾配ゲル電気泳動法 238
ペントース 8

ほ

放射性核種
——の特徴 333
放射能標識 110
ポストゲノム 304
ホスファターゼ 39

ホスホジエステル結合 9, 33
ホスホロチオエート 203
ポナステロンA 167
ポマト 289
L-ホモアルギニン 173
ホモ接合体 280
ポリアクリルアミドゲル電気泳動 100
ポリヌクレオチド 9
ポリヒスチジン融合タンパク質発現系 158
ポリメラーゼ 34
ポリリンカー 56

ま 行

マイクロRNA(miRNA) 311
マイクロインジェクション法 85
マイクロサテライト 236, 308
マイクロサテライトマーカー 260
マイクロチップ電気泳動 102
マイクロマニピュレーター 273
マウス白血病ウイルス 87
マーカー補助選抜 302
マキシザイム 207
マキシサークル 219
マクサム・ギルバート法 129
末端核酸付加酵素 36
末端標識 110
マッピング
MALDI(matrix-assisted laser desorption/ionization) 201
マルチクローニング部位 56
マルトース結合タンパク質 159

ミカマイシン 331
ミスマッチ化学切断法 238
ミトコンドリアDNA(mtDNA) 262, 268
ミニサテライト 235, 308
ミニサテライトマーカー 260
ミフェプリストン誘導系 166
ミュータス 324

メセルソン・スタールの実験 12

和文索引

メタゲノム解析　317
メタボロミクス　323
メタボローム　323
メチラーゼ　27
　——の種類　29
メチルアデニン　29
1-メチルイノシン　14
メチル化　27
　——を利用した変異の導入
　　　　184
　　タンパク質の——　40
　　DNAの——　275, 311
メチル基転移酵素　311
メチルシトシン　29
メチロトローフ　164
メロチャ　289
免疫沈降　191
メンデルの法則　3

モディフィコミクス　317
モルホリノ化合物　203

や行

薬理ゲノミクス　317
YACベクター　55, 67
山中伸弥　285

融解温度　105
　DNAの——　105
融合タンパク質発現系　156
優性　2
雄性前核　275
誘導物質　171
優劣の法則　2
uSNP (untranslated SNP)　237

溶菌　53
溶菌サイクル　50
溶菌ファージ　50
溶原化　50
溶原化サイクル　50

溶原性ファージ　50

ら

ライブラリー　138
LINE　306
ラウンドアップ　292
β-ラクタマーゼ　330
ラクトースオペロン　171
λターミナーゼ　54
λファージ　49
　——DNAの複製　53
λファージベクター　59
　——の特徴　62
ランダム突然変異導入法　185
ランダムプライマー　110
LAMP法　121

り

リアルタイム定量PCR　118
リガーゼ　33
リコーディング　216
リシン (ricin)　324
RISC　215
リゾチーム　53
リーフディスク法　97
RFLP (制限酵素断片長多型)
　　　　235
リボザイム　204
リボース　8
リボスイッチ　222
リボソーム　83
リボソームディスプレイ　223
リボチミジン　14
リポフェクション法　83
リボプローブ　111
リボプローブマッピング　189
両種指向性ウイルス　87
緑色蛍光タンパク質 (GFP)
　　　　173, 175, 193

リンコマイシン　331
リン酸化
　　タンパク質の——　40
リン酸化酵素　37
リン酸化反応　37
リン酸カルシウム法　82
リン酸基　8
リンホカイン　152

る～わ

ルシフェラーゼ　131, 173, 186
ルシフェリン　131, 173, 186
ルミノメーター　186

RACE (rapid amplification of
　　cDNA ends)　117
rec遺伝子　69
劣性　2
レトロウイルス　36
　——による遺伝子導入法　86
　——の生活環　89
レトロウイルスベクター
　　　　87, 252
レトロ偽遺伝子　308
レトロポゾン　308
レポーター遺伝子　56
　——システム　172
レンチウイルス　252

ロイペプチン　42
ローカリゾーム　323
沪紙クロマトグラフィー　9
loxP　281
ローリングサークル複製　54

YFP (黄色蛍光タンパク質)
　　　　193
若山照彦　275
和合性　45
ワンハイブリッドシステム
　　　　148

欧文索引

A

α complementation 58
aaRS (aminoacyl-tRNA synthetase) 14, 225
acrylonitrile 100
adenine 5, 9
Adeno-associated virus 254
adenosine 5'- diphosphate 9
adenosine 5'- monophosphate 9
adenosine 5'- triphosphate 9
adenovirus 92
ADP (adenosine 5'- diphosphate) 9
adventive embryo 288
Aequorea victoria 175
agarose gel electrophoresis 98
Agrobacterium tumefaciens 95
agropine 95
alkaline phosphatase 106
allele 235
allele-specific amplification 237
allele-specific oligonucleotide A 237
allelic exclusion 312
allosteric effect 171
alternative splicing 305
amber 267
amber suppressor 176
aminoacyl-tRNA synthetase 14, 225
AMP (adenosine 5'- monophosphate) 9
amphotropic virus 87
AMPPD 108
analyte 196
anchored PCR 114
annealing 105
annotation 317
anthocyanin 295
antiparallel 11
antisense RNA 203
antizyme 218

AP-PCR (arbitrarily primed-PCR) 117
aprotinin 42
aptamer 207
Arber, W. 28
arbitrarily primed-PCR 117
arthrofactin 233
artificial seed 288
ASA (allele-specific amplification) 237
ASO (allele-specific oligonucleotide) 237
asymmetric PCR 114
ATP (adenosine 5'- triphosphate) 9
attB (attachment site of bacteria) 81
attP (attachment site of phage) 81
autoradiography 13
Avery, O.T. 6
AviTag 162

B

bacmid 165
bacterial alkaline phosphatase 37
bacteriophage 6, 49
baculovirus 164
bait 147
bait sequence 148
BAP (bacterial alkaline phosphatase) 37
base 8
base pair 11
Bateson, W. 4
Beadle, G.W. 5
BIAcore (biophysical interaction analysis core) 194
binary vector method 97
bioinformatics 317
biopharming 297
biotin 106

blastocyst 284
blotting 102
blue-white selection 58
blunt end 25
bridging study 246

C

Ca-phosphate method 82
CAE chip 324
calf intestine alkaline phosphatase 38
callus 288
calmodulin binding peptide 162
calpain 42
calpastatin 42
capillary array electrophoresis chip 324
capillary electrophoresis 101
carry-over contamination 38
Cartagena Protocol 303
cassette mutagenesis 182
CASTing (cyclic amplification and selecion of targets) 199
cDNA (complementary DNA) 36
cDNA subtraction 153
cell chip 326
cell microarray 326
central dogma 15
CFU (colony forming unit) 78
chaperonin 39
Chargaff, E. 9
Chase, M. 7
CHEF (contour-clamped homogeneous electric field gel electrophoresis) 101
chemical cleavage of mismatch 238
chimera mouse 271
ChIP (chromatin immuno-precipitation) 198
ChIP-Chip method 320
ChIP-Seq method 320

欧 文 索 引

chitin binding domain 160
chromatin immunoprecipitation 198
chymotrypsin 42
CIP (calf intestine alkaline phosphatase) 38
clone 138
cloned animal 272
cloning 138
CNV (copy number variation) 249
coding SNP 237
codon 16
codon usage bias 163
cohesive end 25
colony forming unit 78
comparative genomics 317
compatibility 45
competent cell 18, 78
complementary DNA 36
concatemer 62
conjugation 78
contour-clamped homogeneous elecric field gel electrophoresis 101
copolymerization 100
copy number variation 249
cosmid vector 64
CpG island 312
Cre recombinase 281
Crick, F.H.C. 10, 15
cross-linking reagent 100
crown gall 95
cryostat 190
cSNP (coding SNP) 237
Cumulina 275
cystatin 42
Cytomegalovirus 166
cytosine 9

D

Darwin, C.R. 2
dATP (deoxyadenosine 5′-triphosphate) 9
Davis, R. 18
DD (differential display) 154
Delbrück, M. 6
deletion mutant 181
delphinidin 295
denaturing gradient gel electrophoresis 238

deoxyadenosine 5′-triphosphate 9
deoxyribose 9
DGGE (denaturing gradient gel electrophoresis) 238
Dicer 214
differential display 154
digoxigenin 108
dimethyl sulfate 197
disulfide bond 39
dithiothreitol 39
DL method 238
DMS (dimethyl sulfate) 197
DNA chip 321
DNA cryptography 269
DNA diagnosis 236
DNA ligase method 238
DNA methylase 27
DNA methyltransferase 311
DNA microarray 321
DNA polymerase 11
DNA steganography 269
dope selection 209
dot blotting 104
double helix model 10
double stranded DNA 32
draft sequence 22
Drosophila 4
dsDNA (double stranded DNA) 32
DsRed 175
DTT (dithiothreitol) 39
dynamic range 186

E

EC cell 89
ecdysone 167
ECL (enhanced chemiluminescence) 109
ecotropic 87
ectoderm 284
editosome 219
EG cell 283
electrophoresis 98
electroporation 79
electrospray ionization 201
embryonal carcinoma cell 89
embryonic germ cell 283
embryonic stem cell 89, 277
endoderm 284
endonuclease 32

endothelial primordial cell 283
enhanced chemiluminescence 109
enterokinase 158
envelope 87
epiblast 284
epigenetics 311
episome 67
ES cell 89, 277
EST (expressed sequence tag) 22
ethidium bromide 44, 100
evanescent wave 194
Evans, M.J. 277
ExAssist/SOLR system 66
exon 309
exon shuffling 309
exonuclease 32
expressed sequence tag 22
expression cloning 145
extensive metabolizer 245

F

F_1 seed 300
far-western blotting 104
female pronucleus 275
fertility factor 45
fertilized egg 284
FISH (fluorescence *in situ* hybridization) 187
FLAG 160
flavr Savr 294
fluorescence *in situ* hybridization 187
fluorescence resonance energy transfer 193, 241
footprint assay 197
frameshift 16
Franklin, R.E. 10
frequency 78
FRET (fluorescence resonance energy transfer) 193, 241
functional genomics 317

G

β-galactosidase 172
β-D-galactoside 172
β-galactoside acetyltransferase 171

欧 文 索 引

β-galactoside permease　171
geep　272
gel shift assay　196
gene　1
gene clone　138
gene bookmarking　315
gene counseling　258
gene grip　231
gene knockin　282
gene knockout mouse　279
gene silencing　311
gene switch system　167
gene targeting　278
gene therapy　250
generalized transduction　81
genetic clone　138
genetic diagnosis　234
genetic polymorphism　235
genetical discrimination　258
genetically-based point-of-care　246
genetically modified organism　287
genome　304
genome-based drug design　327
genome diagnosis　246
genome informatics　317
genome medicine　304
genomic imprinting　312
genomic SNP　237
genomics　317
genotype　70
germ line　284
germline transmission　285
GFP (green fluorescent protein)　175, 193
Gilbert, W.　20, 129
β-glucuronidase　172
glutathione S-transferase　156
glycan microarray　324
glycome　323
glycomics　323
GMO (genetically modified organism)　287
Gordon, J.W.　275
gPOC (genetically-based point-of-care)　299
green fluorescent protein　175, 193
Griffith, F.　5
gRNA (guide RNA)　219, 311
group specific antigen　87
gSNP (genomic SNP)　237

GST (glutathione S-transferase)　156
GST-PSP　156
guanine　5, 9
guide RNA　311
Gurdon, J.B.　272

H

haplotype　246
Hardy, T.　98
hemagglutinating virus of Japan　255
hematopoietic stem cell　283
Hershey, A.D.　7
Hershey's paradise　8
HET method　238
heteroduplex method　238
Hfr (high frequency of recombination)　48
Hjertén, S.　98
homology cloning　142
horseraddish peroxidase　146
HRP (horseraddish peroxidase)　146
HVJ (hemagglutinating virus of Japan)　255
hybrid　105
hybrid seed　300
hybrid vector　64
hybridization　105
hydrogen bond　11

I

ICAN (isothermal and chimeric primer-initiated amplification of nucleic acids)　120
ICM (innercell mass)　277, 284
ICR (imprinting control region)　312
immortality　277
IMPACT (intein mediated purification with an affinity chitin-binding tag)　160
imprinting control region　312
inclusion body　39
incompatibility　45
induced pluripotent stem cell　285
inducer　171

informed consent　258
inner cell mass　277, 284
in situ hybridization　190
insulator　313
integrase　50, 81
intercalate　118
intermediate vector method　95
intron　309
intronic SNP　237
invader method　241
inverted PCR　114
iPS (induced pluripotent stem)　285
IPTG (isopropyl 1-thio-β-D-galactoside)　59
ISH (*in situ* hybridization)　190
isNP (intronic SNP)　237
isopropyl 1-thio-β-D-galactoside　59
isoschizomer　27

J〜L

Jacob, F.　58
Johannsen, W.L.　2
junk DNA　304

Kaufman, M.H.　277
kinetoplast　219
Klenow enzyme　34
Kornberg, A.　11

LA-PCR (long and accurate-PCR)　117
LAMP method　121
law of independence　2
law of segregation　2
LCR (ligase chain reaction)　126
leaf disk method　97
Lederberg, J.　7, 46
leupeptin　42
ligase　33
ligase chain reaction　126
LINE (long interspersed repetitive element)　306
lipofection method　83
liposome　83
LNA (locked nucleic acid)　216
Lobban, P.　17
localizome　323
locked nucleic acid　216
long and accurate-PCR　117

348

欧文索引

long interspersed repetitive element 306
long terminal repeat 87, 308
loxP 281
LTR (long terminal repeat) 87, 308
luciferase 173
luciferin 173
Luria, S.E. 7
lymphokine 152
lysis 53
lysogenic cycle 50
lysogenic phage 50
lysozyme 53
lytic cycle 50
lytic phage 50

M

μ-TAS 324
MacLeod, C.M. 6
major groove 11
MALDI (matrix-assisted laser desorption/ionization) 201
male pronucleus 275
maltose binding protein 159
marker-assisted selection 302
mass spectrometry 200
Maxam, A. 129
maxicircle 219
McCarty, M. 6
MCS (multicloning site) 56
melting temperature 105
Mendel, G.J. 1
Meselson, M. 11
mesenchymal stem cell 283
mesoderm 284
messenger RNA 15
metabolic profiling 323
metabolome 323
metabolomics 323
metagenome analysis 318
methylation-specific PCR 120
methylotroph 164
micro total analytical system 324
microchip electrophoresis 102
microdot 269
microinjection method 85
microRNA 214, 311
microsatellite 236
Miescher, J.F. 5

minimized active x-shaped intelligent ribozyme 207
minisatellite 235
minor groove 11
miRNA 214, 311
mitochondrial DNA 262
mitotic retention 315
modificomics 317
molecular anthropology 268
molecular archaeology 267
molecular beacon 244
molecular cloning 138
molecular evolution engineering 207
molecular mimicry 228
Monod, J. L. 58
Morgan, T.H. 4
morpholino compound 203
morula 284
mRNA (messenger RNA) 15
mRNA-like non-coding RNA 310
MS-RDA (methylation-sensitive representational difference analysis) 315
MSP (methylation-specific PCR) 120
mtDNA (mitochondrial DNA) 262
Müller, H.J. 4
Mullis, K. B. 115
multicloning site 56
Murine leukemia virus 87
murine stem cell virus 89
mVADER 232

N, O

nanocounter 127
NASBA (nucleic acid sequence-based amplification) 124
Nathans, D. 28
ncRNA (non-coding RNA) 309
nested deletion 185
nested PCR 117
Nirenberg, M.W. 16
nocodazole 187
non-coding RNA 309
non-ribosomal peptide synthetase 233
nopaline 95
north-western blotting 104, 146
northern blotting 103

NRPS (non-ribosomal peptide synthetase) 233
nuclear polyhedrosis virus 164
nuclear run-off assay 190
nuclear run-on assay 190
nuclear transplantation 272
nuclease 32
nucleic acid 5
nuclein 5
nucleoside 9
nucleotide 9

Ochoa, S. 16
octopine 95
OncomiR 214
one hybrid system 148
oocyte 284
operator 171
opine 95
ori 55
orphan receptor 327
ovoinhibitor 42

P, Q

packaging 87
padlock probe 243
PAGE (polyacrylamide gel electrophoresis) 100
palindrome 25
pangen 2
pangenesis 2
panning method 152
paper chromatography 9
particle gun method 86
pBluescript 57
pBR322 57
PCR (polymerase chain reaction) 112
pentose 8
pepstatin 42
peptidase 41
peptide anticodon 228
peptide nucleic acid 229
peptidome 322
permanent transformation 152
peroxidase 106
personalized medicine 245
pET system 170
PEX method 238
PFGE (pulsed field gel electrophoresis) 100

phagemid 65
pharmacogenomics 317
phasmid 65
phosphatase 39
phosphate 8
phosphodiester bond 9
phosphorothioate 203
photobiotin 106
piRNA (PIWI-interacting RNA) 214
plaque 144
plaque forming unit 144
plasmid 43
plasmid rescue 153
pluripotency 283
PMSF (phenylmethanesulfonyl fluoride) 42
PNA (peptide nucleic acid) 229
point mutant 181
polyacrylamide gel electrophoresis 101
polycomb 315
polycomb repressive complex 314
polylinker 56
polymerase 34
polymerase chain reaction 112
polynucleotide 9
poor metabolizer 245
postgenome 304
primer 11, 34
primer extension 188
primer extension method 238
primitive ectoderm 284
primitive endoderm 284
primordial germ cell 283
probe 106
promoter 56
prophage 50
protease 41
protein chip 324
protein kinase 39
protein technology 202
proteinase K 42
proteome 322
proteome profiling 322
proteomics 39, 322
protomer 49
protoplast 289
pull-down assay 192
pulsed field gel electrophoresis 100
purine 9

pyrimidine 9
pyrophosphatase 38
pyrophosphate 38

qRT-PCR (quantitative real-time PCR) 118
quantitative real-time PCR 118
quencher 118

R

r determinant 48
RACE (rapid amplification of cDNA ends) 117
radioisotope 106
random primer 110
rasiRNA (repeat-associated small interfering RNA) 216
RCA (rolling circle amplification) 127
recoding 216
recombinant 57, 138
recombinant phage antibody system 176
regenerative medicine 267
regulatory SNP 237
relaxed replication 44
repeat-associated small interfering RNA 216
replicon plasmid DNA 256
reporter fluorescence 118
repressor 50
reprogramming 286
REPSA (restriction endonuclease protection selection amplification) 200
resistance 48
resistance transfer factor 48
restriction 30
restriction enzyme 25
restriction fragment length polymorphism 235
retro-pseudogene 308
retroposon 308
Reuss, A. 98
reverse transcriptase 36
reverse transcriptase-PCR 114
RFLP (restriction fragment length polymorphism) 235
riboprobe 111
riboprobe mapping 189
ribose 8

riboswitch 222
ribozyme 204
ricin 324
RISC 215
RNA diagnosis 236
RNA editing 219
RNA interference 213
RNA restriction enzyme 207
RNA technology 202
RNA world 204
RNAi (RNA interference) 213
RNase 104
RNase H 36
RNase protection assay 189
rolling circle amplification 127
RPAS (recombinant phage antibody system) 176
rSNP (regulatory SNP) 237
RT-PCR (reverse transcriptase-PCR) 114
RTF (resistance transfer factor) 48

S

S1 mapping 188
Sanger, F. 129
Schwartz, D. C. 101
SDS (sodium dodecyl sulfate) 197
secreted alkaline phosphatase 173
selenocysteine 228
SELEX (systematic evolution of ligands by exponential enrichment) 207
semi-conservative replication 12
sensorgram 196
sequencing 129
shifted termination assay 243
short interspersed repetitive element 307
shuttle vector 87
signal recognition particle RNA 311
silent SNP 237
Simian virus 40 166
SINE (short interspersed repetitive element) 307
single-chain fragment variable 176

single nucleotide polymorphism 236
single-strand conformation polymorphism 239
single stranded DNA 32
siRNA(small interfering RNA) 213
site-directed mutagenesis 181
SLIC(single strand ligation to single-stranded cDNA) 117
small inter fering RNA 213
small nuclear RNA 310
small nucleolar RNA 311
Smith, H. O. 28
sniper assay 245
snoRNA(small nucleolar RNA) 311
SNP(single nucleotide polymorphism) 236
SNP typing 240
snRNA(small nuclear RNA) 310
sodium dodecyl sulfate 197
SOLR 71
south-western blotting 104
south-western method 146
Southern, E.M. 102
specialized transduction 81
sperm 284
Spi selection 64
splicing 309
SRP RNA(single recognition particle RNA) 311
SSC 103
SSCP(single-strand conformation polymorphism) 239
ssDNA(single stranded DNA) 32
sSNP(silent SNP) 237
STA(shifted termination assay) 243
Stahl, F.W. 11
stem cell 283
sticky end 25
strand invasion 231
Streptococcus pneumoniae 5
stringency 105
stringent replication 44
structural genomics 317
Sturtevant, A.H. 4

subcloning 145
SURE 71
surface plasmon resonance 194
Sutton, W.S. 4
SV40(*Simian virus 40*) 166
systeome 326

T

TALEN(transcription activator-like effector nuclease) 27
TaqMan PCR 240
targeting vector 279
Tarkoski, A.K. 271
Tatum, E.L. 5
Tatum, L. 46
TdT(terminal deoxyribo-nucleotidyl transferase) 36
temperate phage 50
temperature-sensitive 184
teratoma 277
terminal deoxyribonucleotidyl transferase 36
terminase 62
terminator technology 300
Tetrahymena 204
Thermus aquaticus 35
Thermus thermophilus 38
ThioBond 160
thioredoxin 159
three hybrid system 149
thymine 5, 9
tiling array 318
tmRNA(transfer-messenger RNA) 211
TOF‐MS(time of flight mass spectrometer) 201
totipotency 277
toxicogenomics 317
trans-translation 211
transcriptome 321
transcriptomics 321
transduction 78
transfection 78
transfer-messenger RNA 211
transfer RNA 14
transferrin 84
transformation 6, 78
transgenic mouse 277
transient transformation 152

translational medicine 327
translational research 327
transposon 305
triplet repeat disease 308
trithorax 315
tRNA(transfer RNA) 14
trophectoderm 284
trypsin 42
Tsix 314
two hybrid system 147

U〜Z

Ullman, A. 58
untranslated region 311
untranslated SNP 237
uracil 5, 9
uracil‐DNA glycosylase 38
uSNP(untranslated SNP) 237
UTR(untranslated region) 311
UV induction 51

variable number of tandem repeat 235
Venter, C. 21
virtual cell 327
virulent phage 50
VNTR(variable number of tandem repeat) 235

west-western blotting 104
western blotting 104, 146
western method 128
Wilkins, M.H.F. 10
Wilmut, I. 274

X‐gal 59
X-inactive specific transcript 314
Xist 314
Xenopus 272

YAC(yeast artificial chromosome) 67
yeast artificial chromosome 67
Yin-Yang haplotype 240

ZFN(zinc finger nuclease) 27
zygotic induction 52

野島 博 (1951〜2019)
1951 年 山口県に生まれる
1974 年 東京大学教養学部 卒
1979 年 同大学院理学系研究科
　　　　生物化学専攻博士課程 修了
元 大阪大学微生物病研究所 教授
専門 分子細胞生物学
理学博士

第1版 第1刷 2013年 6月10日 発行
第4刷 2019年12月20日 発行

遺伝子工学 ―基礎から応用まで―

Ⓒ 2013

著 者　野 島　博
発行者　住 田 六 連
発　行　株式会社 東京化学同人
東京都文京区千石3丁目36-7(〒112-0011)
電話(03)3946-5311・FAX(03)3946-5317
URL: http://www.tkd-pbl.com/

印　刷　日本フィニッシュ株式会社
製　本　株式会社 松岳社

ISBN 978-4-8079-0804-2
Printed in Japan
無断転載および複製物(コピー,電子データなど)の無断配布,配信を禁じます.

よく使われる制限酵素の認識配列と切断部位

切断部位	AATT	ACGT	AGCT	ATAT	CATG	CCGG	CGCG	CTAG	GATC	GCGC	GGCC	GTAC	TATA	TCGA	TGCA	TTAA
▼□□□□		Tsp509I							DpnII MboI Sau3AI							
□▼□□□		HpyCH4IV				MspI HpaII		BfaI		HinP1I		Csp6I		TaqI		MseI
□□▼□□			AluI CviJI				BstUI		DpnI		HaeIII CviJI	RsaI			HpyCH4V	
□□□▼□										HhaI						
□□□□▼		TaiI			NlaIII				ChaI							
A▼□□□□T	ApoI		HindIII		PciI AflIII	AgeI BsrFI BsaWI	MluI AflIII	SpeI	BglII BstYI							
A□▼□□□T	AclI													ClaI BspDI		AseI
A□□▼□□T				SspI						AfeI	StuI	ScaI				
A□□□▼□T																
A□□□□▼T					NspI					HaeII					NsiI	
C▼□□□□G	MfeI				NcoI StyI BtgI	XmaI AvaI BsoBI	BtgI	AvrII StyI			EagI EaeI	BsiWI	SfcI	TliI XhoI AvaI	SfcI	AflII SmlI
C□▼□□□G				NdeI								BsoBI SmlI				
C□□▼□□G		PmlI BsaAI	PvuII MspA1I			SmaI	MspA1I									
C□□□▼□G						SacII	PvuI BsiEI			BsiEI						
C□□□□▼G															PstI	
▼G□□□□C	EcoRI ApoI					NgoMIV BsrFI	BssHII	NheI	BamHI BstYI	KasI BanI	PspOMI	Acc65I BanI		SalI	ApaLI	
G▼□□□□C		BsaHI								NarI BsaHI		AccI	AccI			
G□▼□□□C			Ecl136II	EcoRV		NaeI				SfoI		BstZ17I		HincII		HpaI HincII
G□□▼□□C																
G□□□▼□C																
G□□□□▼C		AatII	SacI BanII BsiHKAI Bsp1286I		SphI NspI					BbeI HaeII	ApaI BanII Bsp1286I	KpnI			Bsp1286I BsiHKAI	
T▼□□□□A					BspHI	BspEI BsaWI		XbaI	BclI		EaeI	BsrGI				
T□▼□□□A														BstBI		
T□□▼□□A		SnaBI BsaAI					NruI			FspI	MscI		PsiI			DraI
T□□□▼□A																
T□□□□▼A																